"101 计划"核心教材
物理学领域

固体物理学

主　编　薛德胜
副主编　钱　冬　范小龙

中国教育出版传媒集团
高等教育出版社·北京

内容简介

本书为物理学领域“101 计划”核心教材。

本书从原子的键合出发，讨论了晶体结构的描述和确定，介绍了晶格振动、电子自旋进动和电子能带结构，引入了电子能带结构的新视角：拓扑；同时，增加了相关的现代表征方法，为描述固体性质提供了完整的基础知识体系。本书内容具有先进性、系统性，也具有理论和实验相结合的实战性。本书也配备了各类习题。

本书可作为高等学校物理学类和材料科学与工程类专业本科生的固体物理学教材，也可供相关专业研究生和教师参考。

图书在版编目(CIP)数据

固体物理学 / 薛德胜主编 ；钱冬，范小龙副主编. 北京 ：高等教育出版社，2024. 9（2025.6重印）

ISBN 978-7-04-063037-4

Ⅰ. O48

中国国家版本馆 CIP 数据核字第 2024KP6417 号

GUTI WULIXUE

策划编辑	张海雁	责任编辑	张海雁	封面设计	王　洋	版式设计	杜微言
责任绘图	于　博	责任校对	陈　杨	责任印制	赵义民		

出版发行	高等教育出版社	网　　址	http://www.hep.edu.cn
社　　址	北京市西城区德外大街 4 号		http://www.hep.com.cn
邮政编码	100120	网上订购	http://www.hepmall.com.cn
印　　刷	北京盛通印刷股份有限公司		http://www.hepmall.com
开　　本	787 mm × 1092 mm　1/16		http://www.hepmall.cn
印　　张	14.25		
字　　数	300 千字	版　　次	2024 年 9 月第 1 版
购书热线	010-58581118	印　　次	2025 年 6 月第 3 次印刷
咨询电话	400-810-0598	定　　价	38.00 元

物 料 号　63037-00

出版说明

为深入实施科教兴国战略、人才强国战略、创新驱动发展战略，统筹推进教育科技人才体制机制一体化改革，教育部于2023年4月19日正式启动基础学科系列本科教育教学改革试点工作（下称“101计划”）。物理学领域“101计划”工作组邀请国内物理学界教学经验丰富、学术造诣深厚的优秀教师和顶尖专家，及31所基础学科拔尖学生培养计划2.0基地建设高校，从物理学专业教育教学的基本规律和基础要素出发，共同探索建设一流核心课程、一流核心教材、一流核心教师团队和一流核心实践项目。这一系列举措有效地提高了我国物理学专业本科教学质量和水平，引领带动相关专业本科教育教学改革和人才培养质量提升。

通过基础要素建设的“小切口”，牵引教育教学模式的“大改革”，让人才培养模式从“知识为主”转向“能力为先”，是基础学科系列“101计划”的主要目标。物理学领域“101计划”工作组遴选了力学、热学、电磁学、光学、原子物理学、理论力学、电动力学、量子力学、统计力学、固体物理、数学物理方法、计算物理、实验物理、物理学前沿与科学思想选讲等14门基础和前沿兼备、深度和广度兼顾的一流核心课程，由课程负责人牵头，组织调研并借鉴国际一流大学的先进经验，主动适应学科发展趋势和新一轮科技革命对拔尖人才培养的要求，力求将“世界一流”“中国特色”“101风格”统一在配套的教材编写中。本教材系列在吸纳新知识、新理论、新技术、新方法、新进展的同时，注重推动弘扬科学家精神，推进教学理念更新和教学方法创新。

在教育部高等教育司的周密部署下，物理学领域“101计划”工作组下设的课程建设组、教材建设组，联合参与的教师、专家和高校，以及北京大学出版社、高等教育出版社、科学出版社等，经过反复研讨、协商，确定了系列教材详尽的出版规划和方案。为保障系列教材质量，工作组还专门邀请多位院士和资深专家对每种教材的编写方案进行评审，并对内容进行把关。

在此，物理学领域“101计划”工作组谨向教育部高等教育司的悉心指导、31 所参与高校的大力支持、各参与出版社的专业保障表示衷心的感谢；向北京大学郝平书记、龚旗煌校长，以及北京大学教师教学发展中心、教务部等相关部门在物理学领域“101 计划”酝酿、启动、建设过程中给予的亲切关怀、具体指导和帮助表示由衷的感谢；特别要向 14 位一流核心课程建设负责人及参与物理学领域“101 计划”一流核心教材编写的各位教师的辛勤付出，致以诚挚的谢意和崇高的敬意。

基础学科系列“101 计划”是我国本科教育教学改革的一项筑基性工程。改革，改到深处是课程，改到实处是教材。物理学领域“101 计划”立足世界科技前沿和国家重大战略需求，以兼具传承经典和探索新知的课程、教材建设为引擎，着力推进卓越人才自主培养，激发学生的科学志趣和创新潜力，推动教师为学生成长成才提供学术引领、精神感召和人生指导。本教材系列的出版，是物理学领域“101 计划”实施的标志性成果和重要里程碑，与其他基础要素建设相得益彰，将为我国物理学及相关专业全面深化本科教育教学改革、构建高质量人才培养体系提供有力支撑。

物理学领域“101 计划”工作组

前　言

固体物理学作为认识固体力、热、光、电、磁学性质的专业基础课程，早已成为高等学校理工科学生必修的重要课程。固体物理学针对离子实和价电子构成的周期性多粒子固体系统，已经形成了基本的研究范式：求解单粒子薛定谔方程。这一范式成功地处理了晶格振动、电子能带结构和电子自旋进动的自旋波。

涉及固体物理学的优秀教材很多。Kittel 教授编著的 *Introduction to Solid State Physics* 简洁明了，内容全面；Ashcroft 和 Mermin 教授编著的 *Solid State Physics* 以输运性质为主线，理论性强；Turton 教授编著的 *The Physics of Solid* 用语言描述代替了复杂的数学。国内有黄昆先生编著的《固体物理学》、胡安和章维益老师编著的《固体物理学》、阎守胜老师编著的《固体物理基础》等。

本书在总结固体物理学领域不断涌现的新现象、新物态和新技术的基础上，以夯实基础和发展新质生产力为出发点，归纳了认识固体性质必须具备的基础知识点，它们形成了本书的主要内容。第 1 章从大家熟悉的静电相互作用出发，介绍了固体中原子的主要变化是价电子的键合，并由此引入了固体的五类键合类型；从吸引和排斥的简单对势形式，分别介绍了五类晶体的特征和实例，构建了认识晶体结构中原子周期性排列的图像。第 2 章与传统教材类似，介绍了从实空间认识晶体结构必要的基本概念和基础知识。第 3 章以如何确定晶体结构为目的，介绍了实空间与倒易空间的关系；以 X 射线衍射为主介绍了衍射原理和确定晶体结构的实验方案，并介绍了可同时确定固体磁结构的中子衍射方案。第 4 章从经典和量子两个方面，介绍了简谐近似下晶格振动的描述，并用晶格振动的能量量子(声子)反过来描述了原子振动和非简谐效应，同时介绍了晶格振动的实验研究方案。第 5 章从静电相互作用的角度，介绍了电子的运动方程和波函数满足的布洛赫定理；以克朗尼克-彭奈、近自由电子近似和紧束缚近似三个模型为例，回答了电子结构的带隙打开和能带结构，并由此引入了处理一般周期势场中电子运动的方案。第 6 章从狄拉克方程入手，介绍了自旋的来源，并引入了自旋进动的经典方程；类似于第 5 章晶格振动的格波，介绍了晶体中原子自旋进动的自旋波描述。第 7 章介绍了同时包含静电和自旋耦合作用的电子结构计算思想，重点介绍了理论基础和实际计算的三个关键量(势场、波函数和波矢 $\boldsymbol{k}$ 点)的选择；同时，介绍了电子在电磁场的运动和电子结构测试方案，为理解和分析电子结构提供了有效途径。第 8 章介绍了理解固体性质的新视角：拓扑，从决定固体电子性质的倒易空间电子结构出发，以固体拓扑发现的历史脉络为线索，介绍了该拓扑理念的新发现：拓扑绝缘体，同时介绍了拓扑物态的测量技术。

本书内容具有三个特色：在传统范式的基础上，引入描述固体的新范式——拓扑，具有先进性；在以电子电荷为主的传统内容的基础上，引入电子自旋，具有系统性；引入现代固体研究的新方法，具有理论与实验结合的实战性。同时，本书配备了基础类、提高类和课题类习题，为提高学生的学习能力和创新能力提供了选择。

薛德胜编写了第 1—7 章，钱冬编写了第 8 章，范小龙和钱冬编写了本书的所有电子资料。在此，作者感谢北京大学杨金波教授、同济大学周仕明教授和南京大学丁海峰教授在本书成稿过程中的讨论和建议，感谢本书的评审专家浙江大学许祝安教授、复旦大学袁哲教授和中国科学技术大学曾长淦教授的宝贵建议，感谢兰州大学高存绪教授、司明苏教授、贾成龙教授、常鹏和王涛讲师的修改和补充，更要感谢上海交通大学张杰院士细致的指导和对全文的审阅，还要感谢高等教育出版社编辑的支持和耐心工作。总之，没有他们，本书难以面世。

由于作者学识有限，书中定有错误和不妥之处，祈请各位老师和同学予以批评指正。

薛德胜

2024 年 3 月于兰州大学

目　录

第1章

对固体中原子键合类型的认识

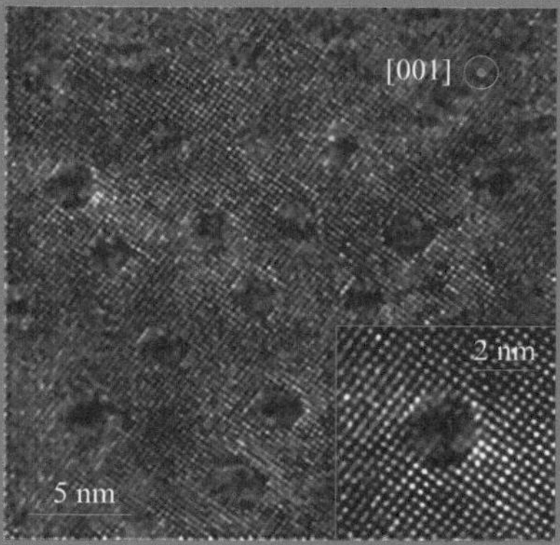

$SrTiO_3$ 基体中 Ni 纳米线自组织生长的高分辨透射电镜图像. 插图为单根 Ni 纳米线附近的局部放大图. 引自 X. Weng, et al., Phys. Rev. Mater. 2, 106003 (2018).

本章将从原子的核外价电子的变化出发,介绍固体中原子的键合类型及其特点.

除超低温度下的玻色-爱因斯坦(Bose-Einstein)凝聚态和费米(Fermi)子凝聚态两种新物质形态之外,自然界中的物质通常以固态、液态、气态或等离子态四种形态存在. 其中,气、液和固三种物质形态随温度变化可以相互转化. 当无规则热运动的自由原子形成固体时,人们自然会问这些原子通过什么作用、以什么形式键合? 凝聚成了什么样的稳定状态? 为此,本章首先分析原子键合的能量来源,讨论固体原子中电子的可能变化;通过原子中价电子的不同键合方式,确定五种类型固体的键合特征;最后,利用吸引势和排斥势的对势描述不同类型固体的结合能,构建固体的结合能主要来自价电子变化引入的电磁相互作用这一物理图像.

§ 1.1 固体中的原子

众所周知,固体是由原子构成的,而自由原子具有核壳结构. 当原子形成固体时,发生了哪些变化? 从而导致了稳定固体的存在.

一、键合作用的来源

实验表明,对冰加热,冰可以变成水,甚至水蒸气;如果降低温度,水蒸气会凝聚成水,再结成冰. 可见,温度对应的热能(动能)驱动原子趋向无规则运动,试图破坏固体中原子间的相互作用;而原子间的相互作用能(势能)驱动原子堆积形成固体. 两者竞争的结果决定了不同温度下的物质形态. 大量稳定固体的存在,预示着原子间的相互作用能远大于它们的热运动能量.

什么作用提供了这一吸引势? 自然界中的四种基本作用按照由强到弱的顺序可以分为强、电磁、弱和万有引力. 强作用是维持原子核稳定的主要作用,其强度为电磁作用的 $10^2 \sim 10^3$ 倍;它只存在于原子核内部,作用距离约为 10^{-15} m. 弱作用是粒子之间的另一种作用,在 β 衰变中起重要作用. 弱作用为强作用的 10^{-13} 倍,为电磁作用的 10^{-11} 倍,但比万有引力要强得多;弱作用的作用距离比强作用更短. 万有引力作用是基本作用中最弱的一种,却与电磁作用一样是一种长程相互作用. 两个质子间的万有引力只是它们间电磁力的 8.1×10^{-37} 倍. 基于四大基本作用的来源、强弱和作用范围的不同,固体中原子间的相互作用只能来自原子核、核外电子及其之间的电磁作用.

原子的什么变化造成了电磁吸引势? 考虑到原子核的稳定性,核外电子的变化是唯一产生电磁吸引势的来源. 它具体体现在两方面. 一方面,由于核外电子分布的差异,不同原子构成的同一形态的固体性质不同. 例如,固态 Cu 是导体,Si 是半导体,而 Al_2O_3 是绝缘体. 另一方面,由于固体中原子分布的不同,同一原子构成的固体性质也可能不同. 例如,石墨、金刚石和石墨烯的性质差异很大. 反过来,固体性质的这些差异预示着不同原子甚至同种原子的不同分布对应于原子核外电子变化的不同.

核外哪些电子发生了变化? 观察固体中的原子,发现它们表现出不同的价态,这说明形成固体之后不是所有核外电子都发生了变化. 以 NaCl 为代表的离子晶体,Na 和 Cl 原子中的电子通过转移形成了 Na^+ 和 Cl^- 正负交替的排列,且 Na^+ 和 Cl^- 的核外电子分布分别具有 Ne 和 Ar 分子的电子分布形式. 从能量角度来看,具有类惰性气体分子结构的内壳层电子相对稳定，而外壳层的电子受原子自身的约束相对较弱，容易产生变化. 可见，一旦原子结合成固体，原子的外壳层电子重新分布，电磁作用使固体中的原子耦合成一个整体. 若不考虑温度的影响，原子外壳层电子变化引起的电磁相互作用决定了固体键合的能量.

二、固体原子中的电子

为了定量分析固体原子中的电子变化，我们首先回顾自由原子中的电子分布. 自由原子中的电子既参与轨道运动，又具有自旋特征. 原子中电子的状态用四个量子数（n、l、m_l和m_s）来表征，且壳层对应的主量子数 n 越小，能量越低. 对于给定的子壳层（n，l），总自旋量子数和轨道量子数定义为 $S=\sum m_s$，$L=\sum m_l$. 满足 LS 耦合的情况下，由电子组态（n，l）形成的各能级的高低次序可以根据经验性质的洪德（Hund）法则来判断. 通常用总自旋量子数 $S=0$ 和 1 表示原子的自旋单态和三重态，依次用 S、P、D、F、…表示 $L=0$、1、2、3、…的原子轨道态，原子的总角动量具有 $J=L+S$、$L+S-1$、…、$|L-S|$ 的取值形式，对应的基态光谱项可表示为 $^{2S+1}L_J$.

例 1.1

确定 Fe 的基态光谱项，并计算其原子磁矩.

解： 元素 Fe 共有 26 个电子，基态电子填充为 $1s^22s^22p^63s^23p^63d^64s^2$. 未满壳层为 $3d^6$，电子多于半满. 按照洪德法则，3d 轨道填充结果如下表所示.

m_l \ m_s	2	1	0	−1	−2
1/2	↑	↑	↑	↑	↑
−1/2	↓				

可见，$S=\sum m_s=2$，$L=\sum m_l=2$，$J=L+S=4$，相应的基态光谱项为 $^5D_4$.

根据量子力学的结果，朗德（Landé）因子为

$$g_J=1+\frac{J(J+1)+S(S+1)-L(L+1)}{2J(J+1)}=1+\frac{4\times5+2\times3-2\times3}{2\times4\times5}=1.5$$

原子磁矩大小为

$$\mu_J=g_J\sqrt{J(J+1)}\mu_B=1.5\sqrt{4\times5}\mu_B\approx 6.7\mu_B$$

其中，μ_B为玻尔（Bohr）磁子. 然而，实际金属中的 Fe 原子存在轨道冻结，即 $L=0$. 利用以上同样的过程，可以求得 $g_J=2$，$\mu_J\approx4.9\mu_B$. 可见，即使作了轨道冻结修正，与实验中测得的金属 Fe 原子的磁矩 $2.2\mu_B$ 相差依然很大.

由于原子自身对外壳层电子的吸引势低，结合 Fe 原子磁矩的结果，再次确认了固体原子的变化主要是外壳层电子的变化. 如何认定哪些为外壳层电子呢？我们知道，元素周期表中的惰性气体元素形成的分子是最稳定的分子. 如果固体中的原子通过电子得失或共有发生键合，形成一个类似于惰性气体分子的电子组态，这些原子也应

该构成一个稳定的体系. 早在 1916 年刘易斯(Lewis)就借助这一思想,提出了利用原子的价电子数来判断键合过程,称之为价键理论(valence bond theory). 利用该思想,可以将原子中的电子分为两类:内壳层电子和价电子. 其中,内壳层电子具有类惰性气体分子的壳层结构,而原子中除内壳层电子之外的电子称为价电子. 当原子之间发生键合时,原子核与内壳层电子构成的离子实几乎不变,而价电子提供了键合的主要变化. 为此,人们通常将固体中的原子描述成

$$固体原子=离子实+价电子 \tag{1.1}$$

这种描述既体现了固体形成前后离子实的不变性,又体现了价电子能量和状态的变化,是理解键合的关键,简化了原子键合的处理.

三、原子的键合方式

尽管我们已经知道原子键合主要是价电子的变化,但为什么会形成不同类型的固体呢? 在此,我们借助化学上键的概念,分析原子可能的键合方式. 若将原子相互靠近,原子上的价电子分布会因相互作用而发生改变. 如果改变后的能量低于原来孤立原子体系的能量,体系趋向于形成原子的键合体. 通常,键可以分为两类. 一类是定域键:键合的价电子局域在原子的周围;另一类是非定域键:键合的价电子被所有原子共有. 价电子类型和数目的不同决定了形成不同类型的固体.

为简单起见,我们考虑 A 和 B 两个原子,且 A 和 B 原子分别提供价电子 1 和价电子 2 参与键合,如图 1.1 所示. 两个电子只有三种可能的分布:一个电子在 A 上,另一个在 B 上;两个全在 A 上;两个全在 B 上. 假设三种情况对应的波函数分别为 $\psi(AB)$、$\psi(AA)$ 和 $\psi(BB)$,则键合系统的波函数可近似写成以上三种波函数的线性组合:

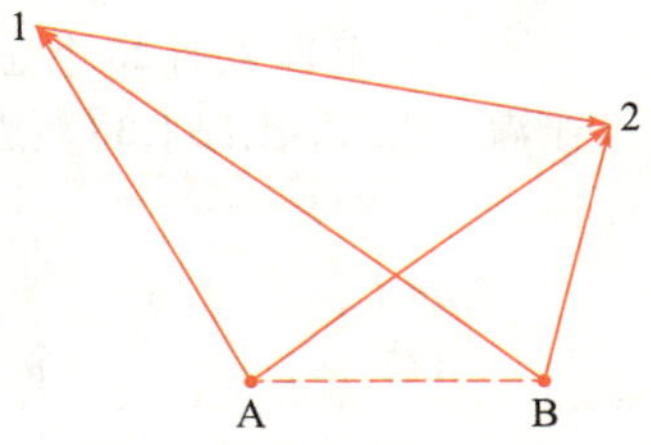

图 1.1　A 和 B 两个原子的键合示意图

$$\psi(1,2)=c[\psi(AB)+\lambda_1\psi(AA)+\lambda_2\psi(BB)] \tag{1.2}$$

其中,c、λ_1 和 λ_2 对应于归一化系数. 由式(1.2)可以得到五种键合方式,分别为:

(1) 若 $\psi(AB)=\psi(AA)=\psi(BB)=0$,电子 1 和 2 不参与键合,两个电子被两个原子各自所有,电子完全局域,类似于惰性气体分子晶体情况.

(2) 若 $\psi(AB)=0$,$\psi(AA)\neq 0$ 或 $\psi(BB)\neq 0$,电子 1 和 2 参与键合,两个电子被一个原子所有,电子完全局域,类似于离子晶体情况.

(3) 若 $\psi(AB)\neq 0$,$\psi(AA)=\psi(BB)=0$,电子 1 和 2 参与键合,两个电子被两个原子所共有,电子完全局域,类似于共价晶体情况.

(4) 若 $\psi(AB)\neq 0$、$\psi(AA)\neq 0$ 和 $\psi(BB)\neq 0$,电子 1 和 2 参与键合,且电子完全局域,类似共价晶体和离子晶体的中间情况. 不严格地讲,氢键类似于这种情况.

(5) 若 $\psi(AB)\neq 0$、$\psi(AA)\neq 0$ 和 $\psi(BB)\neq 0$,电子 1 和 2 参与键合,且电子完全非局域,类似于金属晶体情况.

§ 1.2 固体的键合类型

实际固体的结构可以是原子有序排列的晶体、无序排列的非晶体或介于它们之间的组合体. 为简单起见,人们总是从晶体出发认识固体的键合、结构和性质. 在以下内容中,若没有特殊说明,所有描述都是针对晶体. 依据原子键合后价电子变化造成的成键不同,晶体可以分为五大类:分子晶体、离子晶体、共价晶体、氢键晶体和金属晶体. 表 1.1 中列出了五类晶体键合的特点及实例,具体的细节将在随后的章节中陆续介绍.

表 1.1 五类晶体键合的特点及实例

晶体类型	主要引力	结合单元	特征性质	举例
分子晶体	原子间的范德瓦耳斯相互作用	原子	耦合弱,熔点低	氩
离子晶体	不同离子间的静电相互作用	正负离子	耦合强,脆性好	食盐
共价晶体	反对称电子对分布与离子间的静电作用	离子实与电子对	耦合强,多为半导体	硅
氢键晶体	氢键	含氢原子的极性分子	氢原子同时与其它两个原子结合,耦合较弱	冰
金属晶体	近自由电子与离子实骨架的静电相互作用	正离子与近自由电子	耦合强,韧性、导电性和导热性好	铁

一、晶体的结合能

晶体的结合能(binding energy)或内聚能(cohesive energy)定义为原子结合前后的能量差. 显然,结合能也是原子组成晶体时释放的能量或将晶体拆散成自由原子所需的能量,与原子键合的强弱有关. 假设 E_0为组成晶体的 N 个原子处在自由状态时的总能量,E_N为相应原子键合成晶体的总能量,则固体的结合能定义为E_N-E_0. 由于固体的能量小于相应自由原子系统的能量,人们习惯上定义如下形式的结合能:

$$U=E_0-E_N \tag{1.3}$$

若选择自由原子系统的能量为能量零点,取$E_0=0$,则式(1.3)变为

$$U=-E_N \tag{1.4}$$

此时,U 已经变成了固体中原子键合的能量,它与式(1.3)中 U 的物理意义已完全不同了.

对于实际固体,由于原子数目的不同,由式(1.4)求出的结合能没有多少可比性. 为了从结合能中直接获得耦合强弱的概念,通常用每个原子、分子或键的能量形式来表示晶体的结合能,即

$$u=-E_N/N \tag{1.5}$$

其中,N 为固体中的原子、分子或键的数目. 这样定义的好处,在于式(1.5)右侧的负号自然反映了键合后系统能量的降低.

二、结合能的对势形式

实际描述结合能时,必须知道固体中任意两个原子间的相互作用. 为简单起见,人们通常将第 i 和第 j 个原子间的互作用势 U_{ij} 写成吸引势 U_{ij}^{a} 和泡利(Pauli)排斥势 U_{ij}^{r} 的对势形式,即

$$U_{ij}=U_{ij}^{\mathrm{a}}+U_{ij}^{\mathrm{r}} \tag{1.6}$$

其中

$$U_{ij}^{\mathrm{a}}=-\frac{A}{R_{ij}^{m}},\quad U_{ij}^{\mathrm{r}}=\frac{B}{R_{ij}^{n}}\text{或 }\lambda \mathrm{e}^{-\frac{R_{ij}}{\rho}} \tag{1.7}$$

R_{ij} 为原子 i 和 j 之间的距离,A、B、λ 和 ρ 分别为待定系数. 第 i 个原子与其它原子的作用能为

$$U_i=\sum_{j=1,j\neq i}^{N}U_{ij} \tag{1.8}$$

其中,N 为晶体中原子的数目. 假设所有原子等价,$U_i=U_j$,则系统的结合能为

$$U=\frac{1}{2}\sum_{i=1}^{N}U_i=\frac{1}{2}NU_i=\frac{1}{2}N\sum_{j=1,j\neq i}^{N}(U_{ij}^{\mathrm{a}}+U_{ij}^{\mathrm{r}}) \tag{1.9}$$

每个原子的平均结合能为

$$u=\frac{U}{N}=\frac{1}{2}\sum_{j=1,j\neq i}^{N}(U_{ij}^{\mathrm{a}}+U_{ij}^{\mathrm{r}}) \tag{1.10}$$

固体中原子达到平衡时,第 i 个原子受到其它原子作用的合力为零:

$$F_i=-\left.\frac{\partial U_i}{\partial R_{ij}}\right|_{R_{ij}}=0 \tag{1.11a}$$

若将 R_{ij} 写成最近邻原子的距离 R 的形式,$R_{ij}=p_{ij}R$,则式(1.11a)可表示成

$$F_i=-\left.\frac{\partial U_i}{\partial R}\right|_{R=R_0}=0 \tag{1.11b}$$

其中,R_0 为平衡时最近邻原子的距离. 由式(1.11b),利用式(1.9)和式(1.10)分别得到

$$\left.\frac{\partial U}{\partial R}\right|_{R=R_0}=0\quad\text{和}\quad\left.\frac{\partial u}{\partial R}\right|_{R=R_0}=0 \tag{1.12}$$

即平衡时系统具有最小的结合能.

§ 1.3 惰性气体分子晶体

该类晶体是惰性气体分子(He、Ne、Ar、Kr、Xe 和 Rn)形成的晶体,呈面心立方(face-centered cubic,fcc)结构,如图 1.2 所示. 该类晶体是绝缘体,分子受到的束缚很弱、分子间距大、熔点低、电离能高、压缩率小. 在晶体中,分子的平均结合能只是电子电离能的 1/100 或更小,电子的分布非常接近于自由分子中的电子分布,没有很多能

量使原子的电荷分布发生畸变．畸变部分引起范德瓦耳斯（van der Waals）吸引作用，虽然形式上是电偶极相互作用，但是本质上属于量子效应．其中，^{3}He 和^{4}He 属于量子晶体．

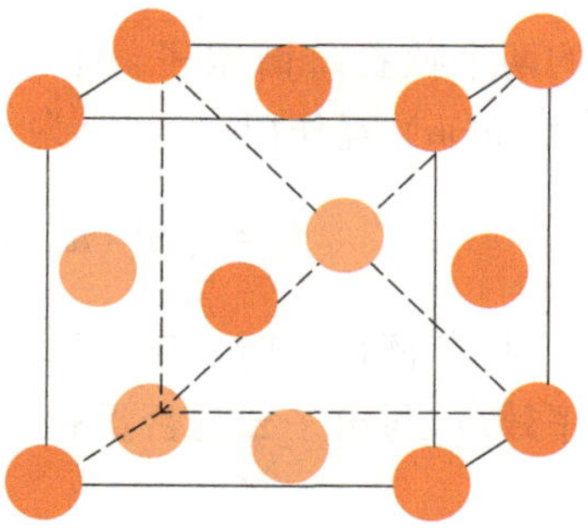

图 1.2　面心立方单原子晶体结构示意图

一、范德瓦耳斯互作用

惰性气体分子相距很远时，分子中的电子云呈球对称分布，正负电荷中心重合．若认为电子绕原子核作圆周运动，可以用一个弹性系数为 C 的简谐振子来描述．当分子相互靠近时，由于核周围电子运动的涨落，正负电荷重心不再重合，会产生瞬间电偶极矩，造成惰性气体分子间相互感应而发生相互吸引．因此，惰性气体晶体中的分子可看成一携带电偶极矩的谐振子，如图 1.3 所示．谐振子的弹性系数反映了原子核对自身电子的约束能力，而电偶极矩的大小反映了分子间相互作用的强弱．

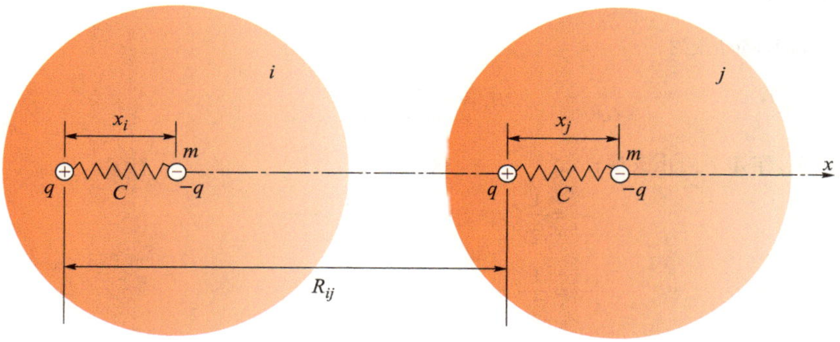

图 1.3　惰性气体分子晶体中任意两个原子 i 和 j 间相互作用模型示意图

考虑晶体中惰性气体分子的全同性和对称性，可以假设每个分子对应谐振子的弹性系数、质量和电荷量分别为 C、m 和 q．若惰性气体分子晶体中任意两个分子 i 和 j 的间距为 R_{ij}，谐振子的位移分别为 x_i、x_j，分子间的耦合仅来自谐振子间的库仑相互作用，则两个分子系统的哈密顿量为

$$\hat{H}=\hat{H}_0+\hat{H}_1 \tag{1.13a}$$

其中

$$\hat{H}_0=\left(\frac{p_i^2}{2m}+\frac{1}{2}Cx_i^2\right)+\left(\frac{p_j^2}{2m}+\frac{1}{2}Cx_j^2\right) \tag{1.13b}$$

$$\hat{H}_1=\frac{q^2}{4\pi\varepsilon_0}\left(\frac{1}{R_{ij}}+\frac{1}{R_{ij}+x_j-x_i}-\frac{1}{R_{ij}+x_j}-\frac{1}{R_{ij}-x_i}\right) \tag{1.13c}$$

未微扰系统的哈密顿量 $\hat{H}_0$ 对应于两个未耦合谐振子，固有频率均为

$$\omega_0=(C/m)^{1/2} \tag{1.14}$$

可以证明，电偶极相互作用下的两个分子可以看成固有频率为

$$\omega_{\pm}=\left[\left(C\pm\frac{2q^2}{4\pi\varepsilon_0R_{ij}^3}\right)\bigg/m\right]^{1/2} \tag{1.15}$$

的两个独立简谐振子．通常，将这一偶极相互作用称为范德瓦耳斯互作用或伦敦（London）互作用，其大小为

$$U_{ij}^{\mathrm{a}}=\frac{1}{2}\hbar[(\omega_+-\omega_0)+(\omega_--\omega_0)]=-\frac{1}{8}\hbar\omega_0\left(\frac{2q^2}{4\pi\varepsilon_0CR_{ij}^3}\right)^2=-\frac{A}{R_{ij}^6} \tag{1.16}$$

可见，范德瓦耳斯互作用是一种吸引互作用．由于 $\hbar\to0$ 时，$U_{ij}^{\mathrm{a}}\to0$，该作用又是一种量子效应，与电子云是否重叠无关．

例 1.2

考虑惰性气体分子晶体中的范德瓦耳斯吸引势式（1.13c），试证明两个耦合分子可近似成固有频率为式（1.15）的非耦合谐振子．

证明： 由于正负电荷偏离的距离远小于分子的间距，x_i、$x_j\ll R_{ij}$，利用

$$(1+x)^{\alpha}=1+\alpha x+\frac{\alpha(\alpha-1)}{2!}x^2+\cdots$$

取至 x^2 项，式（1.13c）变为

$$\hat{H}_1\approx-\frac{q^2}{4\pi\varepsilon_0}\frac{2x_ix_j}{R_{ij}^3}$$

为了去除耦合，作如下简正变换：

$$\begin{matrix} x_i=\frac{1}{\sqrt{2}}(x_{\mathrm{s}}+x_{\mathrm{a}}) & & p_i=\frac{1}{\sqrt{2}}(p_{\mathrm{s}}+p_{\mathrm{a}}) \\ & \to & \\ x_j=\frac{1}{\sqrt{2}}(x_{\mathrm{s}}-x_{\mathrm{a}}) & & p_j=\frac{1}{\sqrt{2}}(p_{\mathrm{s}}-p_{\mathrm{a}}) \end{matrix}$$

则两分子系统的总哈密顿量式（1.13a）变为

$$\hat{H}=\left[\frac{p_{\mathrm{s}}^2}{2m}+\frac{1}{2}\left(C-\frac{2q^2}{4\pi\varepsilon_0R_{ij}^3}\right)x_{\mathrm{s}}^2\right]+\left[\frac{p_{\mathrm{a}}^2}{2m}+\frac{1}{2}\left(C+\frac{2q^2}{4\pi\varepsilon_0R_{ij}^3}\right)x_{\mathrm{a}}^2\right]$$

该哈密顿量可以看成两个频率如下式的非耦合谐振子：

$$\omega_{\pm}=\sqrt{\left(C\pm\frac{2q^2}{4\pi\varepsilon_0R_{ij}^3}\right)\bigg/m}\approx\omega_0\left[1\pm\frac{q^2}{4\pi\varepsilon_0C\,R_{ij}^3}-\frac{1}{8}\left(\frac{2q^2}{4\pi\varepsilon_0C\,R_{ij}^3}\right)^2\pm\cdots\right]$$

二、勒纳德-琼斯势

在范德瓦耳斯互作用下，为保证惰性气体分子晶体的稳定，引入分数形式的泡利经验排斥势

$$U_{ij}^{\mathrm{r}}=\frac{B}{R_{ij}^{12}}\quad(B>0) \tag{1.17}$$

将吸引势式（1.16）和排斥势式（1.17）相加，即得两分子 i 和 j 的相互作用势能为

$$U_{ij}=-\frac{A}{R_{ij}^6}+\frac{B}{R_{ij}^{12}} \tag{1.18}$$

令 $A=4\varepsilon\sigma^6, B=4\varepsilon\sigma^{12}$，则式(1.18)可写成如下对称形式：

$$U_{ij}=-4\varepsilon\left[\left(\frac{\sigma}{R_{ij}}\right)^6-\left(\frac{\sigma}{R_{ij}}\right)^{12}\right] \tag{1.19}$$

称之为勒纳德-琼斯(Lennard-Jones)势．由此，可以推出 N 分子体系中第 i 个分子与其它分子的互作用势能为

$$U_i=\sum_{j=1,j\neq i}^{N}U_{ij}=-4\varepsilon\sum_{j=1,j\neq i}^{N}\left[\left(\frac{\sigma}{p_{ij}R}\right)^6-\left(\frac{\sigma}{p_{ij}R}\right)^{12}\right] \tag{1.20}$$

其中，$p_{ij}R\equiv R_{ij}$，R 表示最近邻分子间的距离．惰性气体分子晶体的结合能为

$$U=\frac{1}{2}NU_i=-2\varepsilon N\left[\left(\sum_{j=1,j\neq i}^{N}p_{ij}^{-6}\right)\left(\frac{\sigma}{R}\right)^6-\left(\sum_{j=1,j\neq i}^{N}p_{ij}^{-12}\right)\left(\frac{\sigma}{R}\right)^{12}\right] \tag{1.21}$$

部分晶体结构的 p_{ij} 求和结果列于表 1.2 中．值得注意的是，虽然勒纳德-琼斯势来自惰性气体分子晶体，但也常常被用来描述中性原子或分子间的相互作用，例如石墨的层间相互作用．

表 1.2　不同结构的 p_{ij} 求和结果

	面心立方	体心立方	六角结构
$\sum_{j=1,j\neq i}^{N}p_{ij}^{-12}$	12.131 88	9.114 18	12.132 29
$\sum_{j=1,j\neq i}^{N}p_{ij}^{-6}$	14.453 92	12.253 3	14.454 89

例 1.3

当惰性气体分子构成的 fcc 晶体达到平衡时，证明最近邻分子间距 $R_0=1.09\sigma$，且每个分子的结合能约为 -8.61ε．画出勒纳德-琼斯势曲线，说明参量 σ 和 ε 的物理意义．

解： 平衡时，任意分子受到的合外力为零，意味着式(1.21)对最近邻分子间距的一阶导数为零，即

$$\left(\sum_{j=1,j\neq i}^{N}p_{ij}^{-6}\right)-2\left(\sum_{j=1,j\neq i}^{N}p_{ij}^{-12}\right)\left(\frac{\sigma}{R}\right)^6_{R=R_0}=0$$

将表 1.2 中 fcc 晶体的 p_{ij} 求和数值代入上式，得到平衡时的最近邻分子间距为

$$R_0=\left(\frac{2\sum_{j=1,j\neq i}^{N}p_{ij}^{-12}}{\sum_{j=1,j\neq i}^{N}p_{ij}^{-6}}\right)^{1/6}\sigma=\left(\frac{2\times 12.131\ 88}{14.453\ 92}\right)^{1/6}\sigma\approx 1.09\sigma$$

利用式(1.21)，得到平衡时每个分子的结合能为

$$u=-2\varepsilon\left[\left(\sum_{j=1,j\neq i}^{N}p_{ij}^{-6}\right)\left(\frac{\sigma}{R_0}\right)^6-\left(\sum_{j=1,j\neq i}^{N}p_{ij}^{-12}\right)\left(\frac{\sigma}{R_0}\right)^{12}\right]$$

$$=-2\varepsilon(1.09^{-6}\times 14.453\ 92-1.09^{-12}\times 12.131\ 88)\approx -8.61\varepsilon$$

对于给定的系统，σ 和 ε 均为常量．因此，将式(1.19)作变换，得到

$$\frac{U_{ij}}{4\varepsilon}=\left(\frac{\sigma}{R_{ij}}\right)^{12}-\left(\frac{\sigma}{R_{ij}}\right)^{6}$$

$U_{ij}/4\varepsilon-R_{ij}/\sigma$ 曲线如图 1.4 所示．图中同时给出了吸引势和排斥势的变化．可见，当$R_{ij}/\sigma=1$ 时，勒纳德–琼斯势为零，说明 σ 反映了排斥力的范围．当分子距离小于 σ 时以排斥力为主，当大于 σ 时以吸引力为主；当$R_{ij}/\sigma=1.12$ 时，勒纳德–琼斯势具有极小值．由于 4ε 为作用势的幅度，故 ε 反映了勒纳德–琼斯势的强弱．

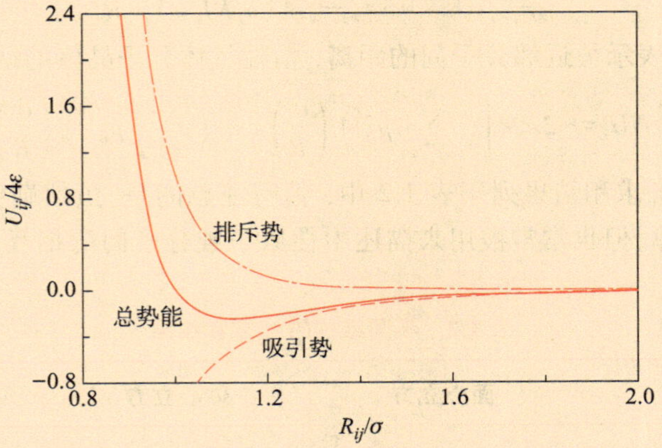

图 1.4　原子间相互作用势与原子间距的关系

由例 1.3 我们知道，面心立方惰性气体分子晶体平衡时 $R_0=1.09\sigma$．然而，表 1.3 中列出的 R_0/σ 实验值表明，构成晶体的分子越小，实验值偏离理论值越严重．可见，即使在低温下，零点振动能对于低原子序数的分子晶体依然有很大的影响．

表 1.3　惰性气体分子晶体中R_0/σ 的实验值

	Ne	Ar	Kr	Xe
R_0/σ	1.14	1.11	1.10	1.09

§ 1.4　离子键晶体

图 1.5 给出了 NaCl 的晶体结构和(100)晶面的局部电子密度分布示意图．从电子密度分布可以看到，电子局限在各原子周围，近似为球对称分布；相邻原子接触区附近有一定的畸变．对应晶体中原子近似为离子，形成类似于惰性气体原子的闭壳层电子组态，Na^+为 $1s^22s^22p^6$，Cl^-为 $1s^22s^22p^63s^23p^6$．

一、离子晶体的结合能

假设离子晶体由电荷量为$\pm q$ 的正离子 C^+和负离子 A^-构成，共有 N 个 C^+A^-分子．从降低系统能量的角度看，正(负)离子的最近邻分布着负(正)离子，即正负离子交替排布．

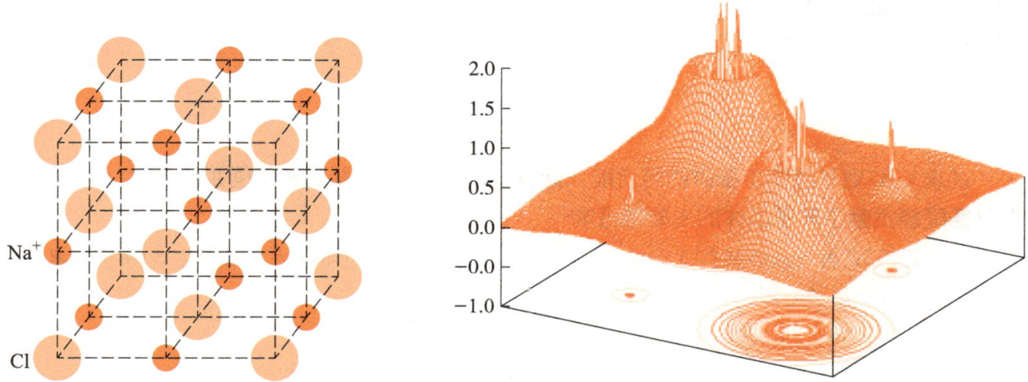

(a) 晶体结构　　(b) (100) 面上的电子密度分布示意图

图 1.5　NaCl 的晶体结构和电子密度分布

1. 马德隆能:静电吸引势

如果将每个离子都看成点电荷,相距为 R_{ij} 的离子 i 和 j 间的静电库仑互作用能为

$$U_{ij}^{a}=\pm\frac{q^2}{4\pi\varepsilon_0 R_{ij}} \tag{1.22}$$

那么整个晶体的静电能为

$$U_{M}=\frac{1}{2}\sum_{i,j=1,j\neq i}^{2N}U_{ij}^{a}=-\frac{Nq^2}{4\pi\varepsilon_0}\sum_{j=1,j\neq i}^{2N}\frac{\mp}{R_{ij}} \tag{1.23}$$

上式亦称为马德隆(Madelung)能. 定义马德隆常数 α:

$$\alpha\equiv\sum_{j=1,j\neq i}^{2N}\frac{\mp}{p_{ij}} \tag{1.24}$$

由于参考离子的最近邻一定是异号离子,则 $\alpha>0$. 利用 $R_{ij}=p_{ij}R$,式(1.23)变为

$$U_{M}=-\frac{\alpha Nq^2}{4\pi\varepsilon_0 R} \tag{1.25}$$

可见,式(1.24)定义的马德隆常数有两方面的好处:一是式(1.25)中负号的出现,更容易使读者记住马德隆能是一种吸引势;二是以负离子 A^- 为参考离子计算马德隆常数时,遇到正离子和负离子,式(1.24)中的符号分别取+和−号,更加方便.

2. 晶体的结合能

参照式(1.7),引入指数形式的泡利排斥势

$$U_{ij}^{r}=\lambda e^{-\frac{R_{ij}}{\rho}} \tag{1.26}$$

其中,λ 反映了排斥势的大小,ρ 反映了排斥势的作用范围. 考虑到只有最近邻离子间才存在排斥势,若晶体的最近邻离子数(配位数)为 z,则晶体的总排斥势为

$$U_{r}=N\sum_{j=1}^{z}\lambda e^{-\frac{R_{ij}}{\rho}}=Nz\lambda e^{-\frac{R}{\rho}} \tag{1.27}$$

由马德隆能式(1.25)和排斥势式(1.27),得到离子晶体的总结合能为

$$U=-N\left(\frac{\alpha q^2}{4\pi\varepsilon_0 R}-z\lambda e^{-\frac{R}{\rho}}\right) \tag{1.28}$$

值得注意的是，离子晶体的结合能是指晶体分解成自由离子所需的能量，而不是拆成自由原子所需的能量. 之所以选择指数形式的排斥势，完全是实验经验.

例 1.4

试求 C^+A^- 离子晶体平衡时的结合能. 计算 NaCl 结构中能量随离子间距的变化，说明为什么马德隆能贡献了离子晶体的主要结合能.

解： 设 C^+A^- 离子晶体共有 N 个分子（$2N$ 个离子）. 对离子晶体的结合能表达式（1.28）求导，根据平衡时每个离子受到的合力为零，得到

$$z\lambda e^{-\frac{R_0}{\rho}} = \frac{\alpha q^2}{4\pi\varepsilon_0 R_0}\frac{\rho}{R_0}$$

其中，R_0 为最近邻离子间的平衡距离. 平衡时，晶体的结合能为

$$U = -\frac{N\alpha q^2}{4\pi\varepsilon_0 R_0}\left(1-\frac{\rho}{R_0}\right)$$

对于 NaCl 晶体，$\alpha = 1.747\ 565$，$1/4\pi\varepsilon_0 = 9.0\times10^9\ \mathrm{N\cdot m^2\cdot C^{-2}}$，$q = 1.602\times10^{-19}$ C. 若 R 以 Å 为单位，选择 $z\lambda = 1.05\times10^{-15}$ J（$z=6$），$\rho = 0.321$ Å，利用式（1.28），每个分子的平均结合能为

$$\begin{aligned} u &= -\left(\frac{\alpha q^2}{4\pi\varepsilon_0 R} - z\lambda e^{-\frac{R}{\rho}}\right) \\ &= -\frac{4.036\times10^{-18}}{R} + 1.05\times10^{-15} e^{-\frac{R}{0.321}} \end{aligned}$$

其数值计算结果的变化规律如图 1.6 所示. 可见，在平衡点 $R_0 = 2.82$ Å 附近，系统能量最低. 此时，马德隆能为 1.43×10^{-18} J，而排斥能仅为 0.16×10^{-18} J. 离子晶体的结合能中 90% 来自马德隆能. 马德隆能贡献主要结合能的原因是，它同时包含了异（同）号离子的库仑吸引（排斥）势. 对应泡利排斥势的范围 $\rho \approx 0.1R_0$.

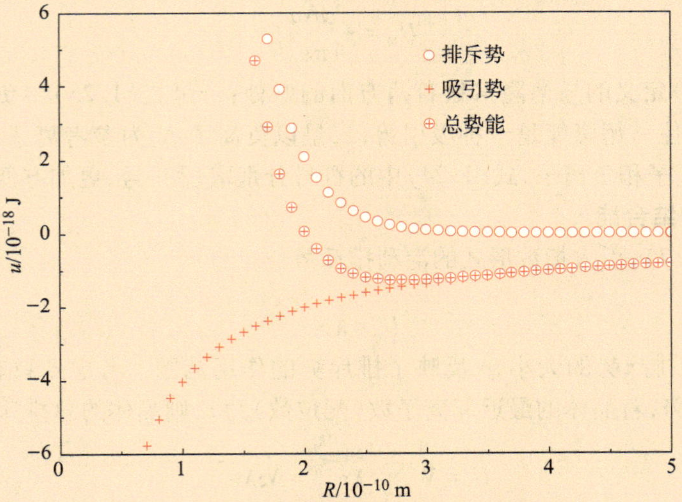

图 1.6　NaCl 结构中能量随离子间距的变化

二、马德隆常数的计算

由离子晶体的结合能式(1.28)可知,对于不同结构的晶体,计算结合能的关键是计算马德隆常数. 若能给出第 n 近邻的数目和距离表达式,总是可以得到足够精确的马德隆常数. 1918 年马德隆首次完成了 α 的计算. 考虑到和式求解收敛的问题,埃瓦尔德(Ewald)发展了一套强有力的计算点阵和式的通用方法. 艾弗勤(Evjen)和弗兰克(Frank)给出了一种和式计算快速收敛的简单方法. 详细的评述可参考托西(Tosi)的工作. 常见结构的马德隆常数如表 1.4 所示.

表 1.4　不同晶体结构的马德隆常数

结构	α	结构	α
NaCl	1.747 565	六方ZnS	1.641
CsCl	1.762 675	CaF_2	5.039
立方ZnS	1.638 1	TiO_2	4.816

下面我们介绍快速收敛的艾弗勤法. 将离子晶体分为若干个电中性离子组,称之为艾弗勤单胞. 随着单胞的增加,单胞间距增加,单胞间的相互作用能量快速下降. 若用参考离子在艾弗勤单胞中的能量代替马德隆能,则随着单胞的增大,马德隆能将以级数的形式快速收敛. 图 1.7 给出了二维离子晶体不同大小艾弗勤单胞的取法. 选负离子 A^- 为参考离子,其它离子对马德隆常数的贡献份额满足:在单胞内部、边上和角上的离子贡献分别为 1、1/2 和 1/4. 若依次选择 BCDE、FGHI、JKLM、NOPQ 和 RSTU 为艾弗勤单胞,不同大小的单胞对 α 的贡献分别为

$$\alpha_{\mathrm{BCDE}}=\frac{4(1/2)}{1}-\frac{4(1/4)}{\sqrt{2}}\approx 1.292\ 9$$

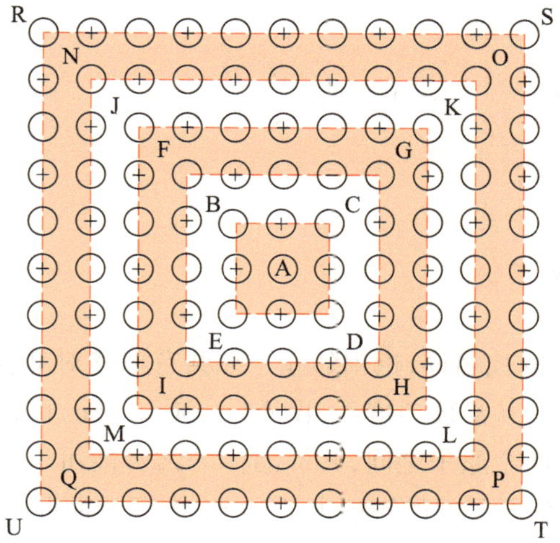

图 1.7　不同艾弗勤单胞的示意图

$$\alpha_{\mathrm{FGHI}}=\left[\frac{4(1)}{1}-\frac{4(1)}{\sqrt{2}}\right]-\frac{4(1/2)}{2}+\frac{8(1/2)}{\sqrt{5}}-\frac{4(1/4)}{2\sqrt{2}}\approx 1.171\,6+0.535\,3\approx 1.606\,9$$

$$\alpha_{\mathrm{JKLM}}=1.171\,6+\left[-\frac{4(1)}{2}+\frac{8(1)}{\sqrt{5}}-\frac{4(1)}{2\sqrt{2}}\right]+\frac{4(1/2)}{3}-\frac{8(1/2)}{\sqrt{10}}+\frac{8(1/2)}{\sqrt{13}}-\frac{4(1/4)}{3\sqrt{2}}$$

$$\approx 1.171\,6+0.163\,5+0.275\,4=1.335\,1+0.275\,4\approx 1.610\,5$$

$$\alpha_{\mathrm{NOPQ}}=1.335\,1+\left[\frac{4(1)}{3}-\frac{8(1)}{\sqrt{10}}+\frac{8(1)}{\sqrt{13}}-\frac{4(1)}{3\sqrt{2}}\right]-\frac{4(1/2)}{4}+\frac{8(1/2)}{\sqrt{17}}-\frac{8(1/2)}{2\sqrt{5}}+\frac{8(1/2)}{5}-\frac{4(1/4)}{4\sqrt{2}}$$

$$\approx 1.335\,1+0.079\,5+0.198\,9\approx 1.613\,5$$

例 1.5

正负离子交错分布构成无限长一维晶体,试计算其马德隆常数.

解: 一维离子晶体如图 1.8 所示.

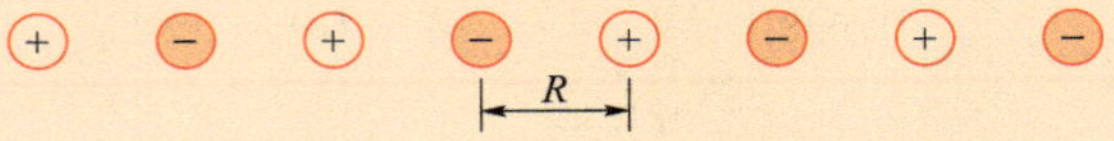

图 1.8

与 $\alpha=\sum_{j=1,j\neq i}^{2N}\frac{\mp}{p_{ij}}$ 等价的定义是

$$\frac{\alpha}{R}=\sum_{j=1,j\neq i}^{2N}\frac{\mp}{R_j}$$

其中,R 为最近邻离子间距,R_j 是第 j 个离子与参考离子间的距离,$2N$ 代表体系的总离子数. 选负离子为参考离子,于是

$$\frac{\alpha}{R}=2\left(\frac{1}{R}-\frac{1}{2R}+\frac{1}{3R}-\frac{1}{4R}+\cdots\right)$$

即

$$\alpha=2\left(1-\frac{1}{2}+\frac{1}{3}-\frac{1}{4}+\cdots\right)$$

利用

$$\ln(1+x)=x-\frac{x^2}{2}+\frac{x^3}{3}-\frac{x^4}{4}+\cdots$$

得到 $\alpha=2\ln 2$.

§ 1.5 共价键晶体

共价键是共有电子的代名词,指相邻原子靠共有电子对结合到一起. 它是半导体和有机材料的主要键合. 从晶体角度看,Ⅳ族(C、Si、Ge、Sn)固体结构均为典型的共价键结构. 由于电子对在两个原子之间,共价晶体的结合能可以同离子晶体相比拟. 例如,金刚石结构中两个 C 原子间的键能为 7.3 eV. 为了说明共价键的特点,图 1.9 给出了 Si 的晶体结构和(111)面上的电子密度分布示意图. 可见,每个 Si 原子的周围有固定的配位数,也就是说每个原子形成的共价键数目是确定的;Si 原子的电子密度分布

不再是球对称分布,共价键具有明显的方向性.

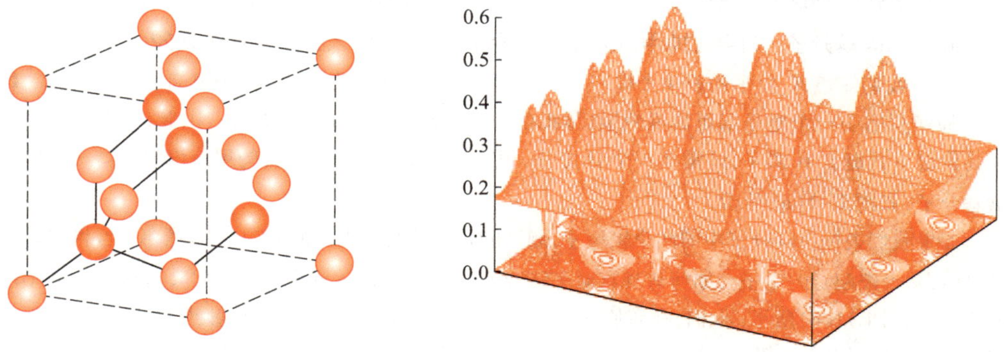

(a) 晶体结构　　(b) (111) 面上的电子密度分布示意图

图 1.9　单晶 Si 的晶体结构和电子密度分布

一、共价键合的连接点数

为什么氢气由 H_2 组成,而不是由 1 或 3 个 H 原子组成? 答案是,H_2 分子比其它情况具有更低的能量. 泡利不相容原理告诉我们:同一轨道上可以容纳两个自旋态不同的电子. 即,在两个 H 原子组成的氢气分子中,每个电子都可以处在分子的最低能量状态上,如图 1.10 所示. 若再引入第三个原子,泡利不相容原理告诉我们此时的第三个电子只能填充到高能态上.

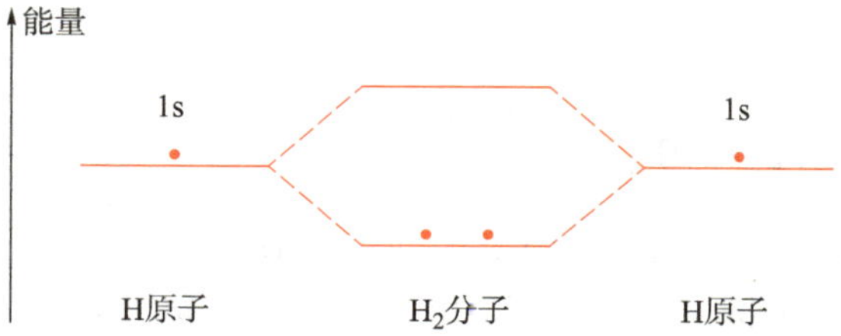

图 1.10　H_2 分子形成前后的能量示意图

我们可以采用同样的思路来讨论其它共价键合的分子甚至固体,但是随着电子数的增加,分析也显得非常复杂. 假设原子形成惰性气体分子结构的得失电子数为该原子与其它原子形成的连接点数,若原子按照连接点数进行配位,则这些原子将形成稳定的分子或固体. 利用这样一个非常简单的模型,完全可以预言原子将以什么样的组合形成分子或固体. 例如,氢原子只有一个连接点,所以只能跟另外一个氢原子构成分子. 类似地,氯原子只差一个电子就形成惰性气体的电子组态,它也只有一个连接点,所以有 HCl 和 Cl_2 分子.

例 1.6

在有机化学领域 C 原子会提供很多的结合方式. 考虑多原子碳基分子,试解释甲烷(CH_4)是最简单的碳基分子. 如果去掉甲烷分子中的两个氢原子,那么会发生什么现象?

解: 我们知道,C 原子需要 4 个电子才能填满外壳层轨道,即一个碳原子具有 4 个连接点. 每个 H 原子只需要一个电子即可填满轨道,要提供 4 个连接点需要 4 个 H 原子. 因此,一个 C 原子若以共价键形式键合 H 原子,则需要 4 个 H 原子. 可见,以共价键形式键合的甲烷(CH_4)是最简单的碳基分子,如图 1.11(a)所示.

如果我们去掉甲烷分子中的两个氢原子,剩下的化学式是 CH_2,如图 1.11(b)所示. 若将它看成是单体,两个未配对的电子会如何与其它原子结合呢? 一种方式是与另一个单体共有这两个电子形成乙烯,如图 1.11(c)所示. 此时,在碳原子之间有两对电子成键,所以称之为双键. 另一种方式就是在碳原子之间只存在单键,这样可以形成一个很长的 CH_2 单体链,如图 1.11(d)所示. 这一类分子称为聚合物. 由于该聚合物是基于乙烯分子形成的,所以称为聚乙烯. 从原理上讲,形成聚合物时对单体的数目是没有限制的. 实际上,典型的聚乙烯分子含有 2 万到 3 万个 CH_2 单体.

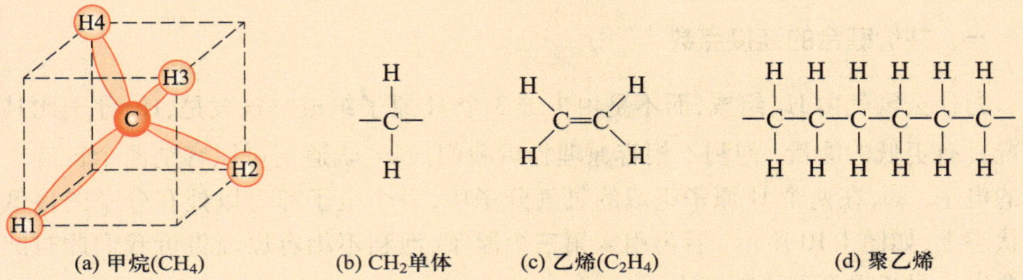

图 1.11　稳定分子键合示意图

二、共价键合固体的结构

我们看到,成键的两个电子倾向于部分地定域在原子之间的区域. 依据泡利不相容原理,同一轨道上的成键电子反平行. 由于两原子壳层没有填满,电子交叠无须伴随着电子向高能态激发,键较短,耦合很强. 这一模型成功地解释了为什么元素以一定的数目耦合成分子,但并没有说明分子的形状. 例如,由成千上万原子构成的聚合物和其它宏观大分子为什么类似于螺旋结构,如图 1.12(a)所示;而在由纯碳构成的金刚石中,每个碳原子与其它四个碳原子也以共价键结合,却是一个如图 1.12(b)所示的三维周期性结构.

为了解分子固体看起来的形状,我们仔细讨论一下甲烷分子. 我们知道,碳原子有四个价电子,两个在 2s 轨道上,两个在 2p 轨道上. 假设两个氢原子与碳的 2s 电子成键,而另外两个氢原子与碳的 2p 电子成键. 意味着形成的共价键会有一些差别. 然而,实验发现所有的这四个键都是完全等价的. 碳原子的四个外层电子的行为好似是八个可能态的混合. 由于碳有两个 2s 态和 6 个 2p 态,所以每个电子好似具有 1/3 的 s 电子特征,又具有 2/3 的 p 电子特征,这就是我们熟知的 sp^3 杂化. 由于所有的键是等价的,所以氢原子必须对称地分布在碳原子周围. 若碳原子放在立方体的中间,而将四个氢原子对称地放在四个顶角上，则会形成如图 1.11(a)所示的正四面体.

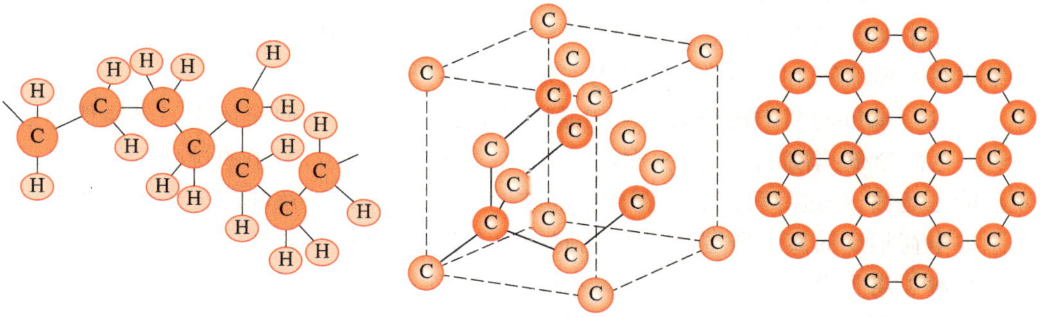

(a) 聚乙烯　(b) 金刚石　(c) 石墨烯

图 1.12　C 原子形成的固体结构

在聚乙烯中，单体可以绕着 C–C 键旋转，旋转的结果使得每个单体的趋向看起来有所不同. 这意味着，聚合物会形成典型的类螺旋结构. 如果将这些大分子与一块小的晶体相比，就会发现晶体中的原子密度要大. 例如，1 克拉的金刚石有 0.2 g，大约含有 10^{21} 个碳原子. 这么多的碳原子堆积到一起会形成什么结构呢？显然，甲烷分子的特征结构 sp^3 杂化在其它碳结构中也会出现，即每个碳原子都要形成这样的正四面体结构. 若四面体紧密连接，使碳原子形成有序结构，则在金刚石结构中碳原子只有一种排列方式. 即，每一个碳原子具有四个等价的碳原子近邻. 当碳原子以这种近邻结构堆积到一起时，有序排列的碳原子形成了人们追求的美丽晶体——金刚石. 若碳原子形成 sp^2 杂化，通常会形成二维石墨烯结构，如图 1.12(c)所示. 石墨中的碳原子近似为 sp^2 杂化. 即，层内是共价键，层间为范德瓦耳斯耦合.

三、原子(离子)半径与部分共价性

由于原子大小和价电子数的不同，不同原子形成的晶体中原子的配位数和空间分布可能不同. 这些不同造成许多实际固体的成键介于离子晶体或共价晶体之间. 即局域价电子构成的耦合，既具有一定的共价键性质，也具有一定的离子键性质，通常称之为部分共价性或部分离子性.

就自由原子来讲，原子的大小与核外电子的多少密切相关. 同一周期原子，电子数越多，原子半径越小；同一主族，电子数越多，原子半径越大. 可以想象，电离后的离子半径通常要发生变化. 然而，原子或离子的半径到底是多大呢？由于原子核周围的电荷分布不受刚性边界的限制，实际上准确定义原子或离子的半径是很困难的. 尤其是在固体中，价电子键合方式很多，离子实周围的电荷分布很复杂，我们甚至不能准确说哪个价电子属于哪个原子.

从另一个角度讲，实验上总是可以近似地测量固体中原子间的距离. 我们可以定义固体中同种原子具有相同的原子或离子的半径. 若以不同半径的刚性小球代表固体中的原子或离子，则相邻原子半径之和即相邻原子间的距离，这就是通常对原子或离子半径的标准定义. 反过来，一旦我们赋予每种原子或离子一个半径，则可由此得到固体中原子的间距. 而定义原子或离子半径的意义在于,由简单固体中定出的原子或离子半径,可以用来研究复杂体系中的离子排列. 尤其是对于离子晶体,符合程度在 98% 左右. 同时,如果利用这样定义的标准离子半径计算出的所谓离子晶体的晶格常量和实验结果有差异,那么可以认为此固体为部分离子/共价性固体.

泡令(Pauling)曾对配位数为 4 的晶体提出了一组经验的四面体离子半径估算法则:① 电荷分布:增加库仑作用,提高结合能. 在离子晶体中,离子的排列应使正离子发出的电场线,经过尽可能短的距离全部被近邻离子吸收,这意味着一个离子的周围总是被电荷相反的离子所围绕. ② 几何排列:周围电荷相反离子的数目依赖于中心离子和紧邻离子半径的比例. 一般认为 $0.41<r^+/r^-<0.73$ 时,主要是 NaCl 结构;$r^+/r^->0.73$ 时,主要是 CsCl 结构;而闪锌矿结构多满足 $r^+/r^-<0.41$;若 $r^+/r^-<0.23$,晶格就不稳定了.

假设 R_C 和 R_A 为正离子和负离子的标准半径,N 是阳离子的配位数,离子晶体的离子间距离可表示成

$$D_N=R_C+R_A+\Delta_N \tag{1.29}$$

其中,Δ_N 是惰性气体组态下的标准离子半径对配位数的修正,如表 1.5 中所示. 利用以上公式计算的结果与实际情况一般符合得很好.

表 1.5 利用标准离子半径计算得到的配位修正项数值

N	Δ_N/Å	N	Δ_N/Å	N	Δ_N/Å
1	−0.50	5	−0.05	9	+0.11
2	−0.31	6	0	10	+0.14
3	−0.19	7	+0.04	11	+0.17
4	−0.11	8	+0.08	12	+0.19

注:引自 C. Kittel, Introduction to Solid State Physics, 7th edition, 1996.

例 1.7

室温下 $BaTiO_3$ 晶体的晶格常量如图 1.13 所示,试说明 $BaTiO_3$ 中的键是部分共价性的.

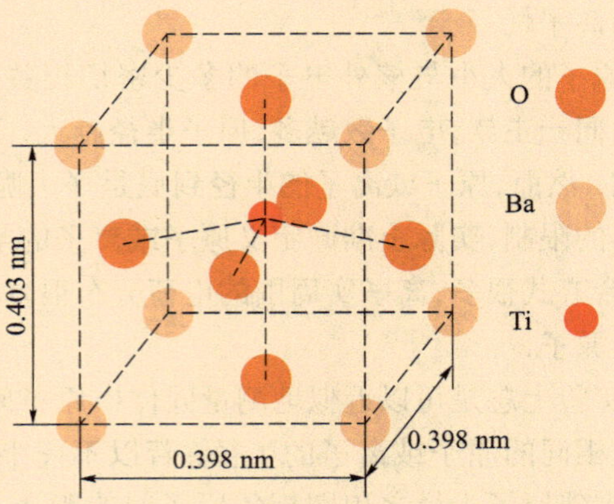

图 1.13 钙钛矿型 $BaTiO_3$ 晶体结构

解： $BaTiO_3$ 的晶体结构如图 1.13 所示. Ba、Ti 和 O 的标准离子半径分别为$R_{Ba}=0.135$ nm、$R_{Ti}=0.068$ nm 和$R_O=0.140$ nm. 假设 $BaTiO_3$ 的结构由 Ba-O 的接触决定. 考虑到 Ba^{2+} 离子的配位数为 12，利用式(1.29)，得到

$$D_{12}=R_{Ba}+R_O+\Delta_{12}=(0.135+0.140+0.019)\ \text{nm}=0.294\ \text{nm}$$

对应的晶格常量为 4.16 Å. 如果 $BaTiO_3$ 的结构由 Ti-O 的接触决定. 考虑到 Ti^{4+} 离子的配位数为 6，利用式(1.29)，得到

$$D_6=R_{Ti}+R_O+\Delta_6=(0.068+0.140)\ \text{nm}=0.208\ \text{nm}$$

对应的晶格常量亦为 4.16 Å. 可见，按离子键合估算的结果比实际晶格常量值 3.98 Å 稍大一些. 因此，$BaTiO_3$ 中的键不是纯离子性的，而是部分共价性的.

§ 1.6 氢键晶体

在低温下，为什么一个水分子会吸引另一个水分子键合形成冰？从水分子亦为稳定结构的角度看，中性水分子结合成固体与惰性气体分子的键合具有类似的偶极相互作用特点. 不同点在于，冰的熔点高，偶极相互作用强，键的类型也不同. 主要差别在于冰中既有水分子内的极性共价键，又有水分子间的氢键.

一、分子内的键：极性共价键

如果将带负电的硬橡胶棒接近水龙头缓慢流出的水流，水流的方向会偏斜. 由于水分子是电中性的，这预示着每个水分子可能自然存在一个小的电偶极矩. 回答为什么水分子具有电偶极矩，需要考虑水分子内的原子键合. 图 1.14(a)给出了实际水分子的电子分布，分子内的键合使各原子周围电子云的分布不再是球对称的，且 O-H 键长为 0.097 nm，键角为 104.5°.

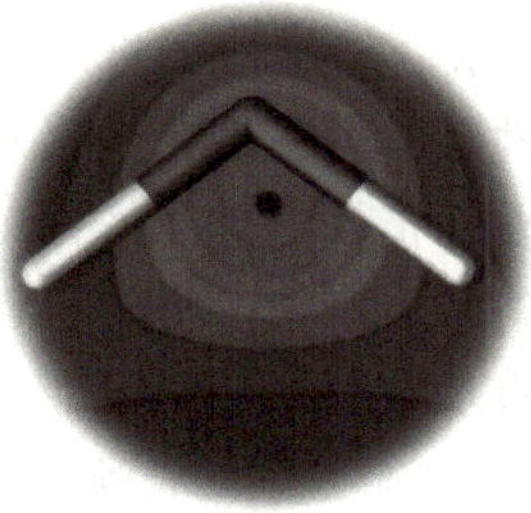

(a) 电子分布

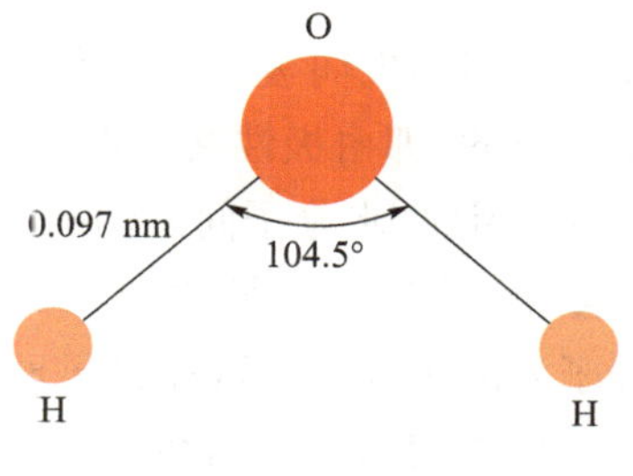

(b) 分子的键

图 1.14　水分子示意图

我们知道，水分子由两个氢原子和一个氧原子构成. 若要实现类似惰性气体的电子结构，氧原子缺少两个电子，而每个氢原子只能提供一个电子. 若它们之间是以共价键结合，则结果是每个原子保持电中性. 显然，这一种结合方式不可能给出电偶极矩.

与氢原子相比，由于氧原子的电负性很高，所以氧原子对电子的引力要大. 可以

假设氧原子从氢原子上偷走了电子，形成离子键．这意味着，可以等效地认为氧原子携带了两个负电荷形成 O^{2-}，而两个裸露的氢原子各携带了一个正电荷形成 H^{+}．水分子的形状和非球对称电荷分布决定了水分子的电偶极矩．依据图 1.14(b)所示的水分子几何图像，以离子键耦合的水分子电偶极矩为 1.91×10^{-29} C·m，而实验测得的值为 6.20×10^{-30} C·m．可见，水分子也不是严格的离子键耦合．

因此，可以认为氢原子并没有完全离子化，而是与氧原子形成极性共价键，即共有电子会在氧原子的周围待更多的时间．水分子内极性共价键的存在是水分子存在电偶极矩的直接原因．

二、分子间的键：氢键

水分子中耦合的氧原子和氢原子分别拥有负电荷和正电荷，因此分子中的氧原子会吸引另一个分子中的氢原子，反过来亦然．在冰晶体中，氢原子的数目是氧原子的两倍．从相互吸引降低能量的角度，可以假设有两个氢原子指向一个氧原子．也就是说一个氢原子跟两个氧原子结合．图 1.15 给出了以上键合思想下的部分冰晶体示意图．

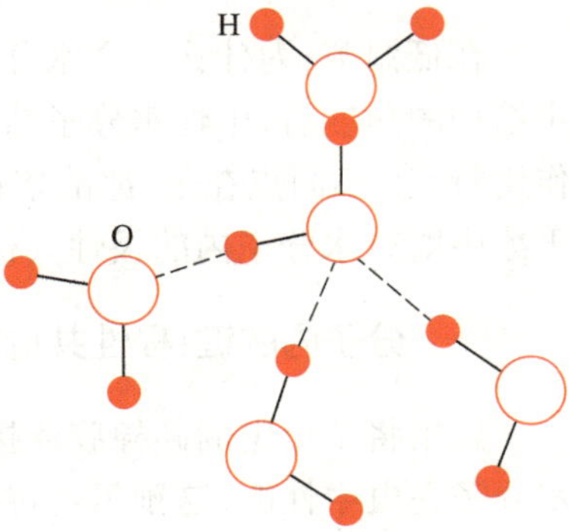

图 1.15　冰中局部水分子氢键键合示意图

我们知道，氢要形成共价键，只能与一个其它原子形成共价键．在冰中每个氢原子键合了两个氧原子，一个是水分子内的氧，另一个是其它水分子内的氧．通常，将一个氢原子与两个其它原子的成键称为氢键．可见，氢键是由含氢的极性共价分子形成的分子间的键合．

尽管各种中性分子均是通过偶极相互作用形成晶体，但是水分子间的电偶极互作用与惰性气体原子间的电偶极互作用有本质不同．水分子的电偶极矩可以看作是这种分子结构中固有的，即由极性共价键引起．而惰性气体分子的电偶极矩是中性原子相互感应造成的．因此，水分子间的偶极相互作用要比惰性气体分子间的范德瓦耳斯吸引作用强．氢与多数高电负性原子(F、O、N)的键能在 0.1 eV 左右．

正是水分子内的极性共价键和分子间的氢键的差异，导致了冰的结构非常复杂，甚至包含了所有可能的晶体结构类型．除了冰之外，氢键还会在很多其它的物质中存在．例如，氢键在聚合物性质中起着重要作用．同时，DNA 中的两个氨基酸链氢键键合导致了 DNA 的双螺旋结构．

§ 1.7　金属键晶体

从元素周期表中，我们不难发现金属元素分为三个区．碱土金属元素：价电子为 s 电子，结合力小，熔点低，压缩系数很大；过渡金属元素：价电子为 s 和 d 电子，结合力很强，熔点高，压缩率很小；稀土金属元素：价电子为 s、d 和 f 电子，结合力中等，熔点较低. 不同金属的熔点、升华热、压缩系数、膨胀系数和点阵常量等与结合能有关的性质均有很大的不同. 然而,金属晶体表现出了明显的共同特点:良好的导电性和延展性.

一、金属键的特点

一般来讲,同一周期内的原子半径随原子序数的增加而减小. 同在第四周期的${}_{20}Ca$和${}_{36}Kr$均为面心立方结构,其晶格常量分别为 5.58 Å(5 K)和 5.64 Å(4 K),说明金属钙的原子间距比惰性气体分子晶体的原子间距要小. 这意味着,金属原子间的键要强于分子间的键. 金属原子间的金属键有什么特点呢?

我们先考虑金属钠原子. 实验发现,$Na+5.14\ eV \rightarrow Na^{+}+e^{-}$. 即,钠原子很容易失去一个电子,剩下离子实 Na^{+},形成类似于 Ne 的闭合轨道. 由于每一个价电子与一个正离子实对应,所以可以认为在任何时刻平均来讲,每个离子实的附近总有一个电子存在,如图 1.16 所示. 尽管钠离子之间相互排斥,但是它们都自然地吸引附近的电子. 这样一来,这些电子就像一种"胶水"使得钠离子实可以聚集到一起形成固体. 即,金属键反映了失去的那些价电子和离子实间的静电相互作用,当然比惰性气体分子晶体的范德瓦耳斯作用要强.

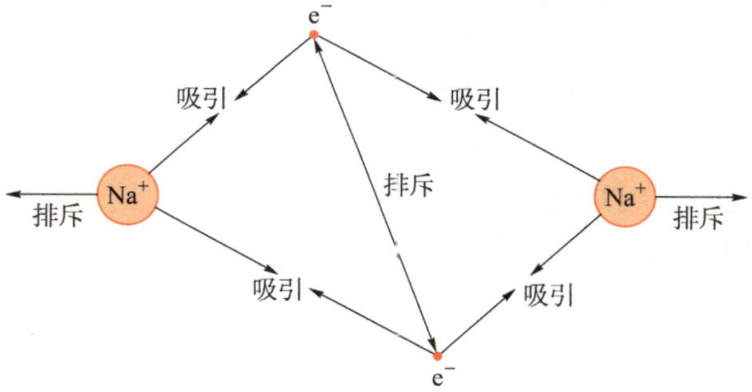

图 1.16　钠离子与价电子间的排斥和吸引示意图

金属晶体中的价电子是如何分布的呢? 对于金属钠来讲,所有的钠原子都倾向于给出电子,这些电子没有地方去,它们之间相互排斥的结果类似于一种"理想气体". 这也是金属中的价电子称为"自由电子"的原因. 虽然金属晶体的离子实是满轨道的,但是由于离子实间是排斥的,所以离子实之间存在一定的自由电子运动空间. 这些自由电子的存在,提供了金属的良好导电性. 不同金属晶体的导电性不同,从另一个方面反映了价电子变成自由电子数的差异. 图 1.17 给出了过渡金属 Fe 的晶体结构和(110)面上的电子密度分布示意图. 可以明显地发现,离子实区的电子分布近似球对称,而在离子实之间的价电子分布为非零平缓区. 这意味着,金属可以看成离子实骨架淹没在共有化的自由电子海洋中. 因此,金属固体的结合靠一个满轨道的正离子集合和一个等量的共有化的自由电子集合之间的库仑作用,这个引力被泡利斥力所平衡.

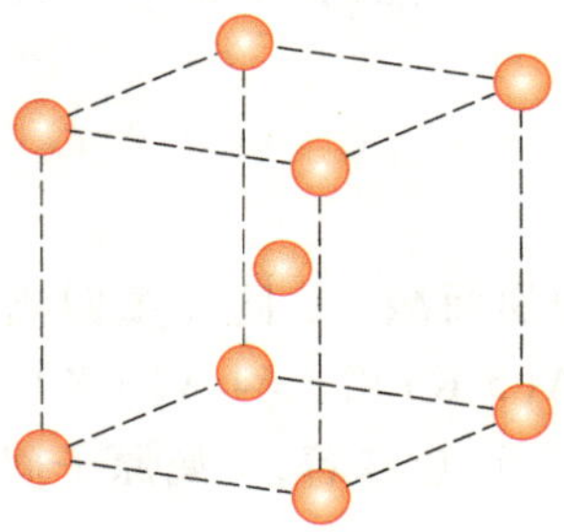

(a) 晶体结构

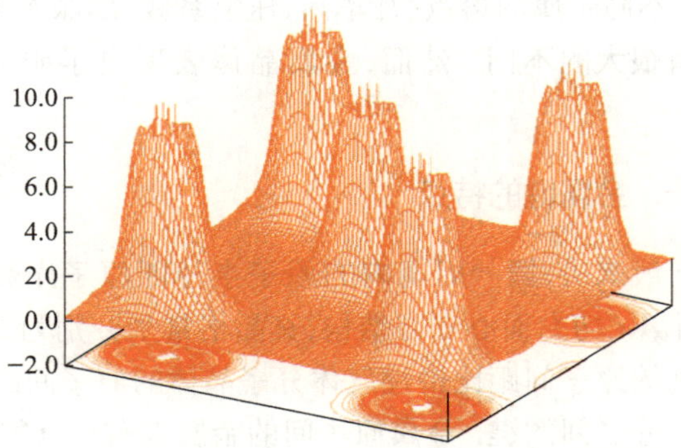

(b) (110) 面上的电子密度分布示意图

图 1.17　金属 Fe 的晶体结构和电子密度分布

二、金属的结合能

为了体现正离子实淹没在共有化的自由电子海洋中这一金属物理图像，图 1.18 给出了金属原子结合的示意图. 其中，虚线反映了离子实的大小. 尽管离子实的位置固定，由于电子在不停地运动，简单的计算不可能解决离子实与电子的吸引势能. 到目前为止，我们所能做的最好的回答是：金属中的键能应该明显地大于分子晶体中的能量，小于离子键中的能量. 我们知道在离子晶体中，每一个离子至少受到最近邻离子的吸引作用，但是在金属晶体中每个离子都受到所有离子的排斥. 基于这一原因，我们还猜测金属中离子的间距应该大于类似的离子键晶体中离子的间距. 这一简单估算，已经被实验所证明. 金属钠中的离子间距为 0.382 nm. 若将离子看成是一系列的刚性小球，在 NaCl 等类似的离子晶体中，最小的离子间距为 0.194 nm.

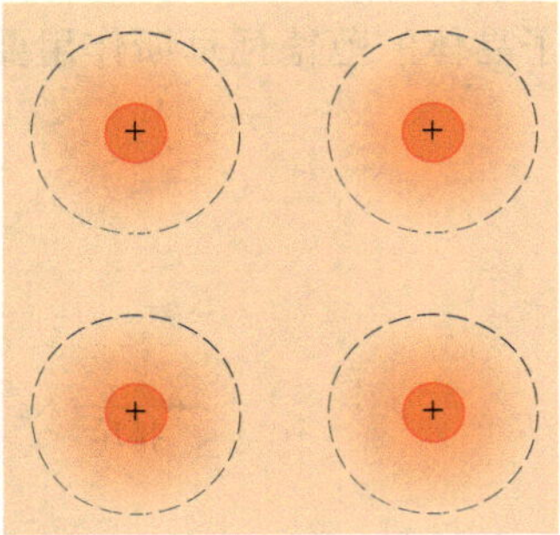

图 1.18　金属原子形成固体的电荷分布示意图

对于 sp 金属，也就是说是第一和第二主族元素和少量的其它元素，如铝. 这些元素的特点是价电子只有 sp 电子. 由于原子的半径比离子实的半径大，自由电子与离子实的作用要弱，结合力很低. 同一主族中，随着原子序数的增加，满壳层电子越来越多，自由电子与离子实的相互作用也将随之减弱，结合力下降.

然而，技术上重要的大量金属元素是位于周期表中间的过渡金属和后过渡金属. 这些元素与 sp 金属的性质有很大的不同，其根源在于它们具有完全不同的电子结构. 为了解释这一现象，我们从元素周期表中第四周期的元素 K 开始. 可以看到，K 的电子组态为 $1s^22s^22p^63s^23p^64s^1$，显然 4s 壳层上只有一个电子，同时它被其外面的一个能量稍高的空轨道 3d 所屏蔽. 下一个元素 Ca 的 4s 轨道是填满的. 如果沿着这一行向右看，那么电子将逐步填到 3d 轨道上. 从 Sc 到 Ni 称为过渡金属. 可以看到，过渡金属与简单金属的差别在于有部分填充的 d 电子.

d 电子的特性是什么？我们考虑具有 26 个电子的 Fe，如图 1.19 所示. 其中，有

18 个电子填满了含 3p 在内的所有内壳层轨道，形成了一个氩原子的内核．剩下的电子中，有两个填满了 4s 轨道，其它的 6 个填到了 3d 轨道上．4s 和 3d 电子具有接近的键能，说明它们与原子核的距离也相近．这意味着，失去几个这样的外壳层电子，形成的离子与铁原子具有类似的大小，这与简单金属有很大的不同．同时，失去电子后过渡金属的最近邻离子之间具有很强的结合能（半径和排斥能几乎不变，但增加了吸引能量）．事实上，过渡金属元素的结合能与离子晶体的结合能是可以比拟的，它们要比简单金属的结合能大 5 倍以上．

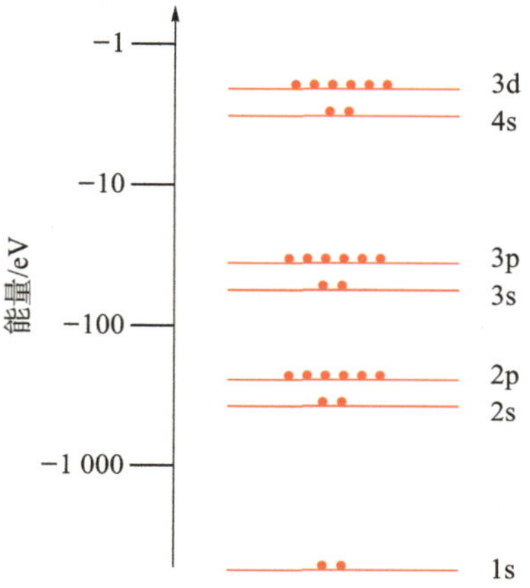

图 1.19　Fe 原子中的电子能级分布

而后过渡金属元素填满了含 3d 在内的所有内壳层轨道，且具有一个或两个 4s 价电子．它们同过渡金属类似具有很大的离子内核，但结合能趋近于变小．

如何理解稀土金属呢？这类金属同过渡金属类似．但是，由于这类金属原子半径很大，有大的满壳层内核，所以它们之间的耦合相对过渡金属要弱．以 La 系为例，该系元素的价电子来自 6s、5d 和 4f，而且主要变化来自内壳层的 4f 电子．4f 电子属于局域电子，它的变化几乎不改变原子或离子半径的大小．随着原子序数的增加，由于核电荷增加，在离子半径不变的情况下，离子实间排斥势增加．这意味着晶体的结合能逐渐降低，表现为该类金属非常容易被氧化．

总之，如果将金属固体的结合看成是由稳定轨道的正离子集合和等量的自由电子集合构成，那么利用自由电子的数密度和离子实的大小可以粗略地估算金属键合的强度，得到过渡金属晶体具有强的金属耦合．然而，由于固体中电子运动的量子性特征，如果要严格计算金属键的强度，就不仅要考虑库仑相互作用，还要考虑交换作用等．

例 1.8

构造金属晶体模型，给出该模型下金属的结合能表达式，并分析其合理性．

解： 对于原子序数为 Z 的实际金属，设 x 个自由电子分布在满壳层的离子实半径 r_0 和金属原子半径 r_Z 内，如图 1.20 所示．假设离子实在自由电子处的势为

$$V(r)=\frac{1}{4\pi\varepsilon_0}\frac{xe}{r},\quad r_0<r<r_Z$$

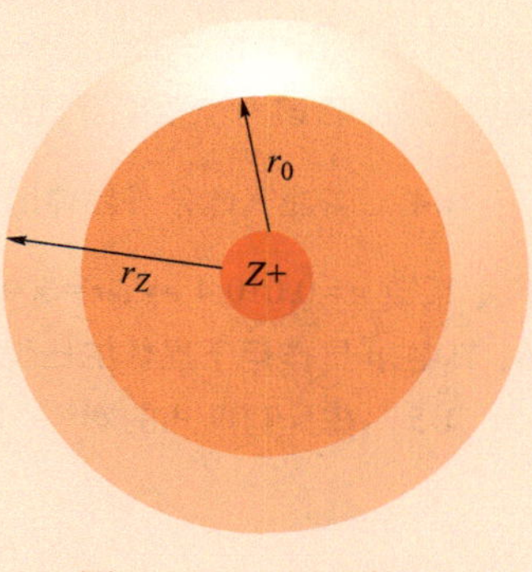

图 1.20　金属晶体的物理模型

自由电子数密度 $n=3x/[4\pi(r_Z^3-r_0^3)]$．在该模型下，从经典物理的角度看，体系的结合能包含电子与离子实间的库仑能 u_1、价电子间的库仑能 u_2 和离子实间的库仑能 u_3．

$$u_1=\int_{r_0}^{r_Z}\frac{1}{4\pi\varepsilon_0}\frac{xe}{r}(-ne)4\pi r^2\mathrm{d}r$$

$$=-\frac{(xe)^2}{4\pi\varepsilon_0}\frac{3}{2}\frac{r_Z^2-r_0^2}{r_Z^3-r_0^3}\approx-\frac{(xe)^2}{4\pi\varepsilon_0}\frac{3}{2r_Z}\left[1-\left(\frac{r_0}{r_Z}\right)^2+\left(\frac{r_0}{r_Z}\right)^3\right]$$

$$u_2=\int_{r_0}^{r_Z}\frac{1}{4\pi\varepsilon_0}\frac{(-ne)[4\pi(r^3-r_0^3)/3]}{r}(-ne)4\pi r^2\mathrm{d}r$$

$$=\frac{(xe)^2}{4\pi\varepsilon_0}\frac{3}{10}\frac{2r_Z^5-5r_Z^2r_0^3+3r_0^5}{(r_Z^3-r_0^3)^2}$$

$$\approx\frac{(xe)^2}{4\pi\varepsilon_0}\frac{3}{10r_Z}\left[2-5\left(\frac{r_0}{r_Z}\right)^3\right]$$

$$u_3=\frac{1}{2}\frac{1}{4\pi\varepsilon_0}\frac{(xe)^2}{2r_Z}=\frac{(xe)^2}{4\pi\varepsilon_0}\frac{1}{4r_Z}$$

平均每个原子的结合能为

$$u=u_1+u_2+u_3=-\frac{(xe)^2}{4\pi\varepsilon_0 r_Z}\left[\frac{13}{20}-\frac{3}{2}\left(\frac{r_0}{r_Z}\right)^2\right]$$

可见，随着原子序数的增加，原子半径也在增加，结合能会变小，这可以解释同一主族的碱土金属键合；但是，对于过渡金属和稀土金属，由于价电子数的非整数变化和原子半径变化规律比较复杂，它们有待于进一步构造更好的模型.

习题一

1.1 吸引势和排斥势的关系. 假设晶体中两个原子 i 和 j 之间的相互作用势具有如下对势形式：

$$U_{ij}=-4\varepsilon\left[\left(\frac{\sigma}{R_{ij}}\right)^m-\left(\frac{\sigma}{R_{ij}}\right)^n\right]$$

其中，ε 和 σ 为常量，R_{ij} 为原子 i 和 j 之间的距离. 为保证平衡时的最近邻间距在 Å 量级，试求 m 和 n 的关系.

1.2 对势形式结合能的和式值. 对于如图 1.2 所示的面心立方晶体，假设 a 为立方体的边长，最近邻原子的距离 $R=\sqrt{2}a/2$，利用 $p_{ij}R\equiv R_{ij}$，考虑到第五近邻时，试求如下和的值：

$$\sum_{j=1,j\neq i}^{N}p_{ij}^{-6},\quad \sum_{j=1,j\neq i}^{N}p_{ij}^{-12}$$

1.3 量子固体的零点能. 考虑一维 ^{4}He 晶体的简单模型：每个 He 原子占据长度为 L 的线段. 基态下，L 为自由粒子的半波长，试求每个 He 分子的零点动能. 若要维持该线段不发生膨胀，试求需要的力. 若该力与范德瓦耳斯力平衡，试求 L 的形式.

1.4 惰性气体分子晶体的体弹性模量 $B=-V\frac{\partial p}{\partial V}$. 考虑面心立方结构 Ar 分子晶体，其勒纳德-琼斯系数 $\varepsilon=0.010\ 4$ eV，$\sigma=3.40$ Å，试计算平衡晶格常量 a_0、原子的平均结合能 u_0 和体弹性模量 B. 其中，p 是作用于晶体的压强，V 是晶体的体积.

1.5 排斥势形式的影响. 如果离子晶体的总能量

$$U=-N\left(\frac{\alpha q^2}{4\pi\varepsilon_0 R}-z\lambda e^{-\frac{R}{\rho}}\right)$$

中的排斥项用分数形式 c/R^n 代替. 当晶体达到平衡时，最近邻距离 R 取什么值时，两种排斥势给出的总能相等？

1.6　一维共价键的结合能．假设共有电子处在两原子之间的中心位置，参照离子晶体的处理，构建一维共价晶体的结合能形式．利用平衡时的结合能，说明共价键要强于离子键．

1.7　氢键的结合能形式．考虑到冰中的氢键远弱于水分子内的极性共价键，可以认为低压下体积的变化主要来自水分子间的变化．利用习题 1.7 图中给出的冰在不同压强下的体积变化，构建偶极相互作用下的氢键结合能形式．

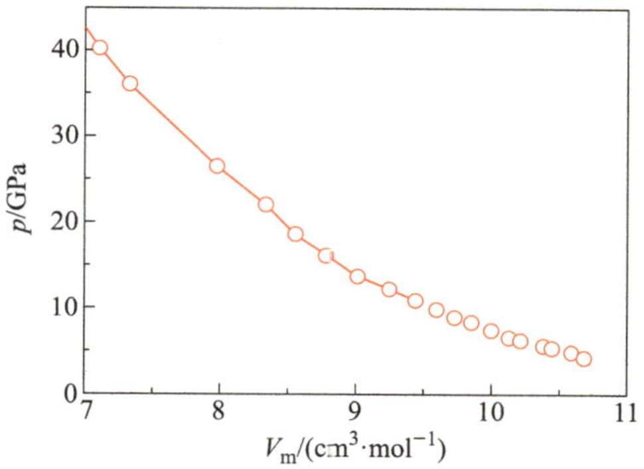

习题 1.7 图

1.8　简单金属的离子实振动．简单金属可以看成是规则排列的离子实放置在均匀的自由电子背景中．假设离子实偏离平衡位置时的回复力完全来自自由电子背景对它的作用，试求该模型下的离子实振动频率，并估算金属 Na 的结果．

1.9　论述常用的固体物态方程形式．

参考文献

第2章

晶体对称性的实空间描述

Si(001)表面覆盖 0.005 个 Li 原子层的扫描隧道显微图. 其中,白色亮点为 Li 原子. 引自 M. K. -J. Johansson, et al., Phys. Rew. B 53,1362 (1996).

本章将在实空间中引入描述晶体对称性的基本概念,并利用对称性讨论晶体结构的分类和描述.

固体中的原子分布不仅反映了固体键合的特点，而且决定了固体性质的差异．作为定量认识固体性质的第一步，首先要确定固体中原子的位置．现实中的固体有原子周期性排列的晶体、无规则排列的非晶体，以及包含大量无序分布晶界的多晶体．提供一种能反映晶体对称性的原子位置描述方案，对于非晶体和多晶体等其它固体的描述亦具有参考意义．

在本章中，将在认定晶体中原子周期性排列的前提条件下，引入描述晶体原子分布对称性的基本概念，讨论晶体的对称性及晶体结构的分类和描述，重点回答如何在实空间描述晶体中原子的周期性分布．有关晶体结构的确定将在第 3 章中进行讨论．

§ 2.1 对原子排列周期性的认识

仔细观察冬天的雪花，如图 2.1(a)所示，它们大多具有夹角为 60° 的六枝状结构．由此推测固体中原子的排列一定具有某些规律性．人类对规则外形天然矿物[如图 2.1(b)所示的水晶]的观测，从更加严格的意义上证实了晶体中原子的排列具有规律性．1669 年丹麦科学家斯丹诺(Steno)发现：同一物质的不同晶体，其晶面的大小、形状和个数可能不同，但晶面间的夹角是相同的．斯丹诺的老师巴尔托林(Bartolins)不慎摔碎大块冰洲石，发现碎块也与大块冰洲石类似，具有相同的斜方六面体外形，如图 2.1(c)所示，由此发现了晶体的解理性．解理性是指晶体在外力作用下沿特定的结晶方向裂开，形成较光滑断面的性质．图 2.1(d)所示的食盐就是日常生活中体现晶体解理性的典型例子．

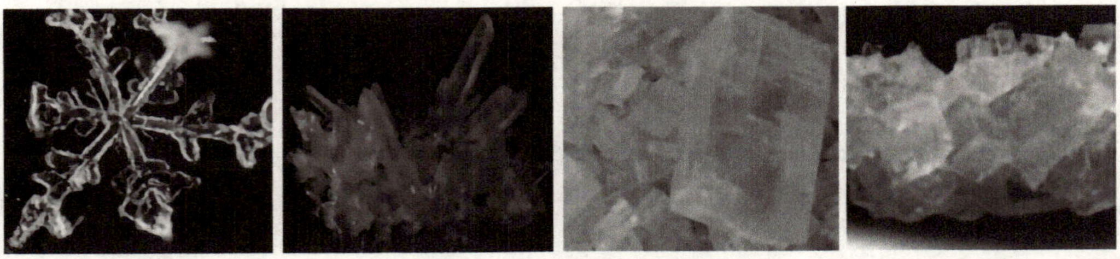

(a) 雪花　(b) 水晶　(c) 冰洲石　(d) 海盐

图 2.1　常见晶体

1784 年法国科学家阿羽衣(Haüy)根据方解石的解理性，认为它是由一些坚实的、相同的“积木块”规则重复堆积而成的，提出了著名的晶胞学说：即每种晶体都有一个形状一定的最小的细胞(积木块)，称之为晶胞(crystal cell)．大块晶体是由晶胞堆砌而成的，如图 2.2 所示．当人们认识到所有物质都是由原子构成时，这些“积木块”或“晶胞”就演变成了特定的原子组合．考虑到晶体犹如这些全同“积木块”的连续堆积，晶体内部的原子排列一定是规则的．

1855 年布拉维(Bravais)提出了晶体结构的空间点阵(space lattice)假说：若将晶体中的每个晶胞抽象为一个几何点，则晶体可以看成是这些点在空间周期性规则排列的结果．由点阵的平移对称性，可导出 14 种平移群．实际上，晶体不仅具有平移对称性，而且还具有点对称性．19 世纪初，外斯(Weiss)和摩斯(Mohs)用实验方法指出晶体只具有 1、2、3、4 和 6 五种旋转轴对称性. 1869 年加多林(Гадолин)从数学上严格证明了晶体的 32 种对称性,也就是点对称操作组合而成的 32 种点群. 全面反映晶体结构对称性的是空间群. 19 世纪末,费多罗夫(Fedorov)、熊夫利(Schönflies)和巴罗(Barlow)独立发展了关于晶体微观几何结构的理论体系,系统研究了用空间点阵描述晶体的对称性,发现晶体有 230 种空间群. 至此,晶体结构的对称性理论已基本完成.

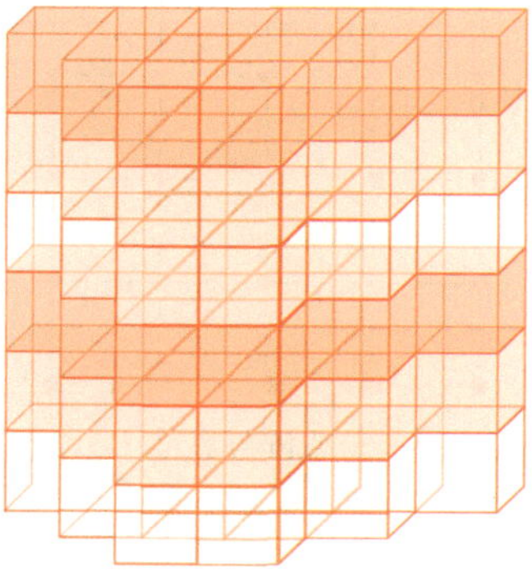

图 2.2　晶胞堆砌形成晶体的示意图

晶体结构的实验研究则是在 1912 年由劳厄(Laue)首先完成的. 随后,布拉格(Bragg)父子用 X 射线衍射研究了未知晶体. 图 2.3 给出了 DNA 的 X 射线衍射、MgB_2 超导体的高分辨透射电镜(HRTEM)和 Si 半导体表面的扫描隧道显微镜(STM)的测量结果. 虽然初学者还不会分析图 2.3(a)中的衍射结果,但是从图像的对称性可以清楚地看出原子或离子排列的周期性,而且图 2.3(b)和(c)的直接观测结果至少证实了晶体表面原子排列的周期性.

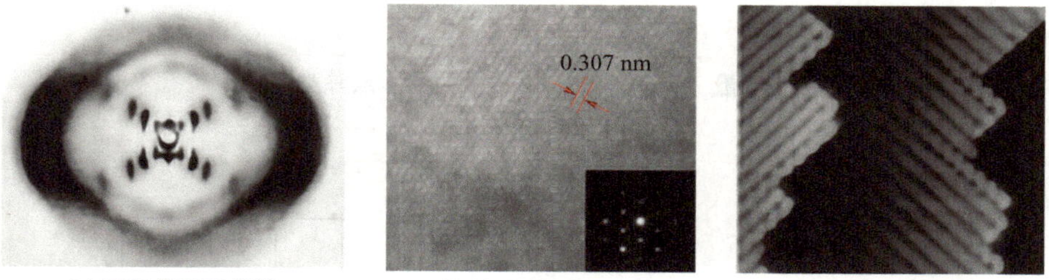

(a) DNA的XRD衍射　(b) MgB_2的HRTEM　(c) Si表面的STM

图 2.3　固体中原子的周期性排列

§ 2.2　晶体的基元选择与点阵

逐一描述众多的晶体结构十分复杂. 能否利用晶体中原子排列的周期性,找到一种统一描述所有晶体的方案? 首先,在给定的晶体中选取组成、位形和取向均相同的原子组合,构成晶体的重复单元(积木快). 然后,在等价位置上将这些重复单元等效成几何点,这些点将构成规则排列的阵列,称之为点阵. 点阵中的每个点都称为阵点. 如图 2.4 所示,选择不同的重复单元,可以得到不同的点阵;若将重复单元等价地放到每个阵点上,则可以得到原来的晶体. 可见,晶体可以用重复单元与点阵的组合来描述. 然而,重复单元选择的多样性,意味着其对应点阵不一定能真实地描述晶体中原子排列的对称性特征.

考察图 2.4 所示的二维晶体的原子的排列,发现三种原子的排列均具有相同的对称性. 为了让点阵反映晶体中原子的真实对称性,人们通常选择最小的重复单元,称之为基元(basis),如图 2.4(a)所示. 基元对应的点阵才是真正反映晶体原子对称性的点阵. 因此,晶体点阵是指基元对应的点阵,即

(a) 点阵与基元　　(b) 二维晶体　　(c) 点阵与重复单元

图 2.4　晶体的点阵与重复单元的关系

$$晶体=点阵+基元 \tag{2.1}$$

通常,基元的选择要满足如下三个条件:① 基元包含了晶体中所有可能的原子类型,② 除了单原子晶体外,基元内各类原子数之比为不可约整数,③ 每类原子构成相同的点阵,点阵类型只能是表 2.1 描述的布拉维点阵之一. 其中,一维、二维和三维点阵分别有 1 种、5 种和 14 种.

表 2.1　理想晶体的布拉维点阵类型

晶体类型	晶系与惯用晶胞参量	点阵类型
一维	a	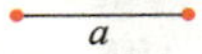
二维	斜方(oblique): $a\neq b,\gamma\neq 90^\circ$	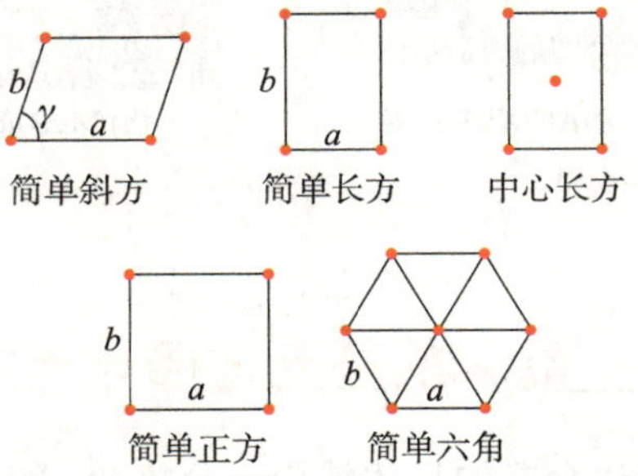
	长方(rectangular): $a\neq b,\gamma=90^\circ$	
	正方(square): $a=b,\gamma=90^\circ$	
	六角(hexagonal): $a=b,\gamma=120^\circ$	
三维	三斜(triclinic): $a\neq b\neq c$, $\alpha\neq\beta\neq\gamma$	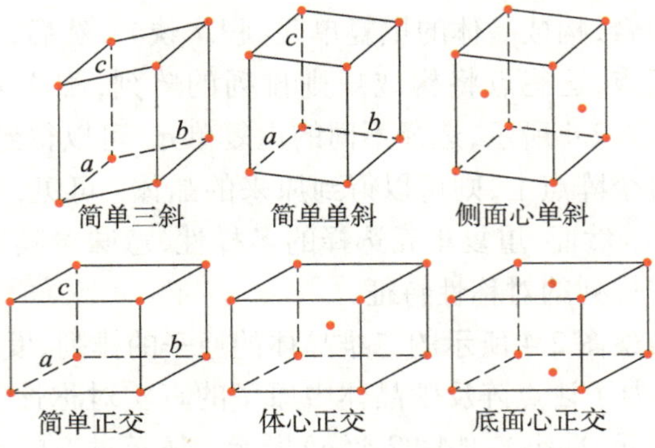
	单斜(monoclinic): $a\neq b\neq c$, $\alpha=\beta=90^\circ\neq\gamma$	
	正交(orthorhombic): $a\neq b\neq c$, $\alpha=\beta=\gamma=90^\circ$	

晶体类型	晶系与惯用晶胞参量	点阵类型
三维	四方(tetragonal): $a=b\neq c$, $\alpha=\beta=\gamma=90^\circ$	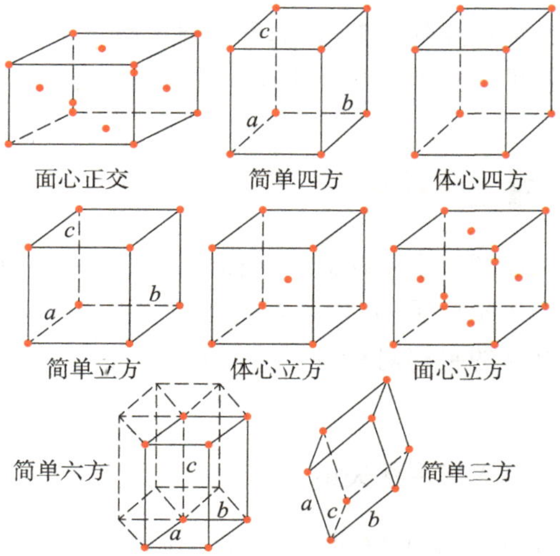
	立方(cubic): $a=b=c$, $\alpha=\beta=\gamma=90^\circ$	
	六方(hexagonal): $a=b\neq c$, $\alpha=\beta=90^\circ,\gamma=120^\circ$	
	三方(trigonal): $a=b=c$, $\alpha=\beta=\gamma$	

例 2.1

确定图 2.5(a)所示的一维双原子链的基元与点阵.

解: 上(下)一列 A 原子的最近邻间距为 B 原子最近邻间距的两(一)倍. 为区别它们,将上下两列 A 原子分别用 A1 和 A2 来表示. 显然,A2 原子和 B 原子的周期性相同,而 A1 原子的周期性与它们不同. 也就是说,如果采用 A2 或 B 原子的周期性来描述晶体的对称性,A1 原子并不满足这一对称性.

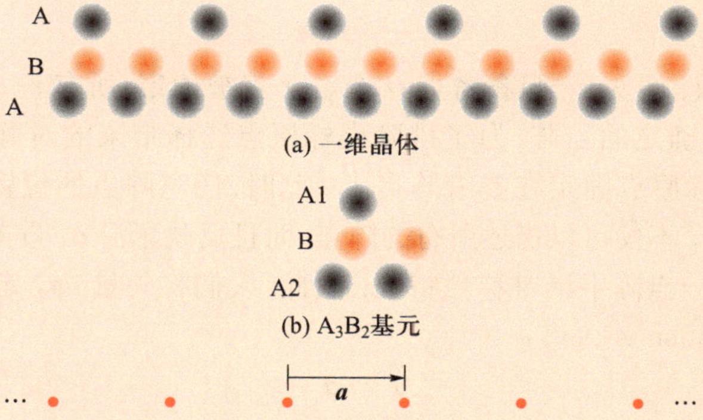

(a) 一维晶体
(b) A_3B_2基元
(c) 对应的点阵

图 2.5 一维晶体的基元与点阵

然而,如果我们选择 A1 原子的周期性来描述晶体的对称性,显然 A2 或 B 原子也满足这一周期性. 因此,我们可以选定一个 A1 原子,以及与其最近的两个 A2 原子和两个 B 原子,构成一个 A_3B_2 结构形式的基元,如图 2.5(b)所示. 这样形成的点阵,如图 2.5(c)所示,恰好既能描述 A1 原子的周期性,又能满足 A2 和 B 原子的周期性.

特别注意,基元对应唯一的点阵,该点阵反映了晶体原子的真实对称性.

对于给定的晶体,如果正确地选择了基元,也就确定了描述晶体的点阵. 考虑到最终目的是描述晶体中的原子,对于基元和点阵的描述最好采用同样的参考系. 同时,我们知道基元的大小是有限的,无限大的点阵才能反映晶体的对称性. 如果我们建立一套描述点阵的参考系,并用这套参考系来描述基元中的原子,利用点阵的平移对称性就可以实现对晶体中所有原子的描述.

§ 2.3 点阵与基元中原子的描述

基于任意三个不在同一平面内的矢量可以确定一个点位置的思想,任意建立一个笛卡儿直角坐标系,完全可以描述晶体中每个原子的位置. 然而,这样的选择不能明确反映晶体的平移对称性特点. 为此,人们通常选择一组特殊的坐标轴(晶轴)描述晶体.

一、基矢与平移矢量

一维点阵如图 2.6 所示,最近邻阵点间的距离为 $a=|\boldsymbol{a}_1|$. 任选一点 O 为参考点,若参考阵点(标记的任意一个阵点)的位矢为 $\boldsymbol{r}$,则点阵中任意阵点的位矢 $\boldsymbol{r}'$ 可表示为

$$\boldsymbol{r}'=\boldsymbol{r}+u\boldsymbol{a}_1 \tag{2.2}$$

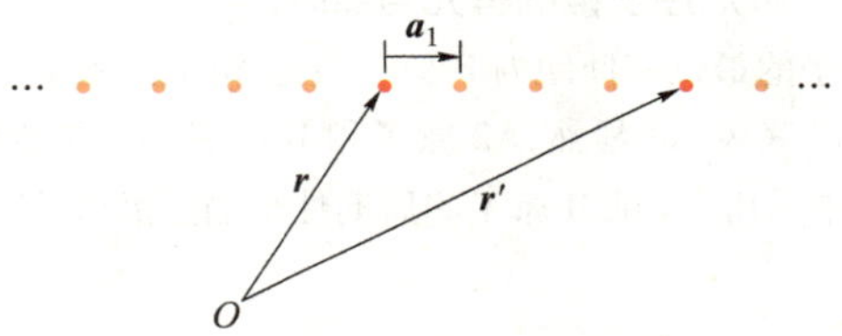

图 2.6　一维点阵示意图

其中,u 为任意整数. 可见,一旦参考点 O 选定,$\boldsymbol{r}$ 就被确定,所有 $\boldsymbol{r}+u\boldsymbol{a}_1$ 矢量的顶点构成整个点阵. 对于确定的点阵,为了排除坐标原点选择带来的对阵点位置描述的影响,人们通常将坐标原点固定在参考阵点上. 此时,任意阵点的位置可以表示为 $\boldsymbol{r}'=u\boldsymbol{a}_1$. 显然,矢量 $u\boldsymbol{a}_1$ 不仅可以描述所有的阵点,而且反映了沿 $\boldsymbol{a}_1$ 方向平移任意整数倍的 $\boldsymbol{a}_1$,点阵重合这一点阵平移对称性特征. 因此,人们将矢量 $u\boldsymbol{a}_1$ 定义为一维点阵的平移矢量 $\boldsymbol{T}$(translation vector):

$$\boldsymbol{T}=u\boldsymbol{a}_1 \tag{2.3}$$

可见,平移矢量 $\boldsymbol{T}$ 是 $\boldsymbol{a}_1$ 的整数倍. 反过来,矢量 $\boldsymbol{a}_1$ 是点阵阵列方向上最短的平移矢量,称为基矢(basis vector). 由于一维阵点的排列只有一个方向,通常定义 $\boldsymbol{a}_1$ 为一维晶体的晶轴矢量. 将以上思想扩展,可以构造二维和三维点阵的基矢和平移矢量.

对于图 2.7 所示的二维点阵,选择过参考阵点且不在同一方向上的两个晶轴(阵点构成的任一线链). 若晶轴上参考阵点的两相邻阵点位矢构成平行四边形,且只包含一个阵点,则这两个阵点的位矢为基矢. 可见,基矢的选择不是唯一的. 通常,人们在参考阵点的最近邻附近选择两个不在同一方向的阵点来构造基矢. 若用 $\boldsymbol{a}_1$ 和 $\boldsymbol{a}_2$ 描

述这两个基矢,则二维点阵的平移矢量为

$$\boldsymbol{T}=u\boldsymbol{a}_1+v\boldsymbol{a}_2 \tag{2.4}$$

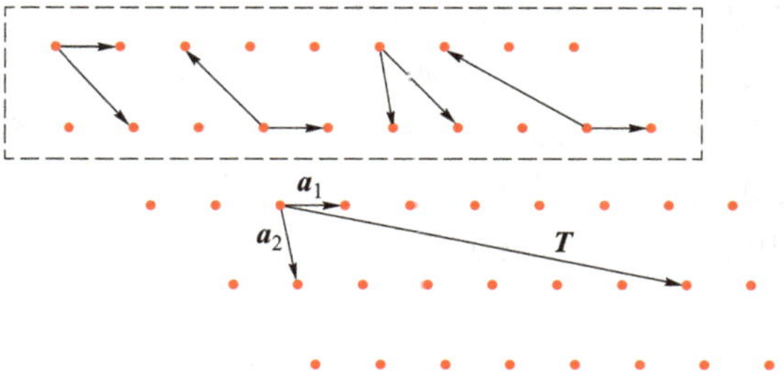

图 2.7　二维点阵示意图

其中,u 和 v 为任意整数. 显然,这样定义的平移矢量不仅可以反映二维点阵的平移对称性,也可以描述其中任意阵点的位置.

类似地,对于三维点阵,人们也习惯在参考阵点最近邻附近选择不在同一平面上的三个基矢 $\boldsymbol{a}_1$、$\boldsymbol{a}_2$ 和 $\boldsymbol{a}_3$. 三个基矢构成的平行六面体,只包含一个阵点,如图 2.8 所示. 此时,三维点阵的平移矢量为

$$\boldsymbol{T}=u\boldsymbol{a}_1+v\boldsymbol{a}_2+w\boldsymbol{a}_3 \tag{2.5}$$

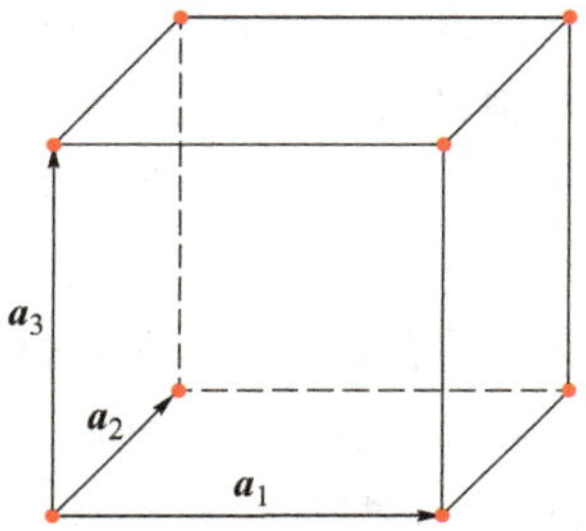

图 2.8　三维点阵示意图

其中,u、v、w 为任意整数. 显然,依据基矢 $\boldsymbol{a}_3$ 和 $\boldsymbol{a}_2$ 是否为零,式(2.5)不仅可以描述三维点阵,还可以描述二维和一维点阵. 同样地,由于该平移矢量能够描述任意阵点的位置,人们通常将三个基矢 $\boldsymbol{a}_1$、$\boldsymbol{a}_2$ 和 $\boldsymbol{a}_3$ 构成的坐标系称为晶轴坐标系,且基矢 $\boldsymbol{a}_1$、$\boldsymbol{a}_2$ 和 $\boldsymbol{a}_3$ 对应三个晶轴的“单位矢量”. 阵点和原子的位置通常以这三个基矢为单位来描述.

总之,在基矢描述的晶轴坐标系中,平移矢量可以很好地描述点阵的平移对称性和阵点的位置. 习惯上,人们将晶体直接抽象出来的点阵称为正格子,而将晶体衍射得到的点阵称为倒格子或倒易点阵. 无论是正格子还是倒格子,凡是可以用平移矢量描述的点阵都称为布拉维点阵,对应的阵点也称为格点,而描述点阵的平移矢量也称为格矢.

二、基元中原子的描述

为了统一地描述晶体点阵和每个基元中的原子,依然采用描述点阵的基矢晶轴坐标系. 假设点阵的晶轴分别由基矢 $\boldsymbol{a}_1$、$\boldsymbol{a}_2$ 和 $\boldsymbol{a}_3$ 确定,$\boldsymbol{T}=0$ 的基元中第 j 个原子相对该基元对应阵点的位置可用下式表示:

$$\boldsymbol{r}_j=x_j\boldsymbol{a}_1+y_j\boldsymbol{a}_2+z_j\boldsymbol{a}_3 \tag{2.6a}$$

其中,x_j、y_j 和 z_j 为该原子的点指数(或点坐标). 利用“晶体=点阵+基元”的思想,在平移矢量 $\boldsymbol{T}$ 确定的基元中,第 j 个原子相对参考阵点的位置可以表示成

$$\boldsymbol{r}_j(\boldsymbol{T})=\boldsymbol{T}+\boldsymbol{r}_j=\boldsymbol{T}+(x_j\boldsymbol{a}_1+y_j\boldsymbol{a}_2+z_j\boldsymbol{a}_3) \tag{2.6b}$$

即,$\boldsymbol{T}$ 描述了阵点对应基元的位置,而 $\boldsymbol{r}_j$ 的点指数描述了基元中第 j 个原子相对 $\boldsymbol{T}$ 处

阵点的坐标. 可见,基矢描述的晶轴坐标系不仅可以描述阵点的位置,还可以描述参考阵点对应基元中任意原子的位置. 利用基矢晶轴坐标系,通过平移矢量 $\boldsymbol{T}$ 和基元中原子点指数的组合,可以实现对晶体中所有原子位置的描述.

因为基元按照相应点阵的对称性规则排列可得到晶体,所以并没有对基元的放置位置有具体限制. 然而,基元相对阵点放置的不同,得到的点指数也不同. 为统一起见,对于给定的晶体,我们总是可以通过晶轴坐标原点的选择,将基元放置在基矢确定的平行六面体内,利用式(2.6a)描述基元中的坐标. 此时,在基矢描述的基元中,原子的坐标满足

$$0 \leqslant |x_j, y_j, z_j| \leqslant 1 \tag{2.6c}$$

三、晶胞

正如前面提到的,重复单元按照其对应点阵平移可以无重叠地填满整个晶体空间. 人们通常定义重复单元所对应的几何体为晶胞. 此时,对晶胞的大小和形状没有限制,所以任何重复单元都可以成为晶胞,也叫广义晶胞. 同时,基元是最小的重复单元,只有基元对应的点阵才能描述晶体的真实对称性. 为此,人们在基元对应的晶体点阵中引入三种晶胞:初级晶胞(primitive cell)、维格纳-塞茨晶胞(Wigner-Seitz cell)和惯用晶胞(conventional cell). 下面试图说明它们如何反映晶体的对称性.

以三维晶体为例,基矢描述的平行六面体反映了晶体点阵一个阵点所占的体积. 同时,依据基元按平移矢量平移可以得到晶体,该六面体对应于基元的大小. 因此,人们将基矢描述的平行六面体称为晶体点阵的初级晶胞. 从几何上看,初级晶胞也是体积最小的重复单元,而广义晶胞的体积一定是初级晶胞的整数倍. 如图 2.8 所示,三维点阵基矢描述的初级晶胞的体积为

$$V_c = (\boldsymbol{a}_1 \times \boldsymbol{a}_2) \cdot \boldsymbol{a}_3 \tag{2.7}$$

将这一定义推广,可以得到二维和一维晶体的初级晶胞的面积 S_c 和长度 l_c 分别为

$$S_c = |\boldsymbol{a}_1 \times \boldsymbol{a}_2|, \quad l_c = |\boldsymbol{a}_1| \tag{2.8}$$

值得注意的是,初级晶胞的形状可以不同,但其大小一定相等. 由于它只含有一个阵点或基元,所以初级晶胞很好地反映了晶体的平移对称性.

为了使晶胞反映晶体平移对称性的同时,还能反映晶体的点对称性,人们在晶体结构和电子结构描述中还分别引入了常用的两种晶胞:惯用晶胞和维格纳-塞茨晶胞.

维格纳-塞茨(WS)晶胞也称近域晶胞. 在晶体点阵中任意选择一阵点为参考阵点,作参考阵点与相邻阵点连线的中垂面;围绕参考阵点的这些中垂面形成的最小体积就是 WS 晶胞. 图 2.9 给出了二维点阵中 WS 晶胞的示意图. 可见,WS 晶胞只含有一个阵点,是一种初级晶胞. 虽然它一般不是平行四边形(三维对应着非平行六面体),但它在空间非重叠地密排同样能填满

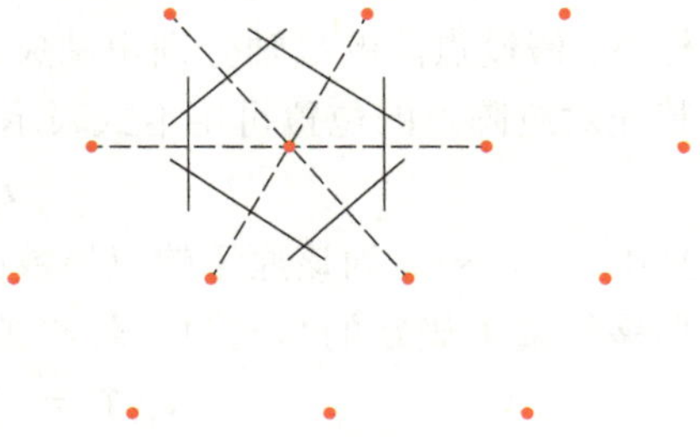

图 2.9　二维点阵的 WS 晶胞

整个空间. 它的显著特点在于:阵点处于中心位置,而外形鲜明地反映了它所属晶体的全部点对称性. 因此,该思想广泛应用于能带论中. 图 2.10 给出了几个三维点阵的 WS 晶胞.

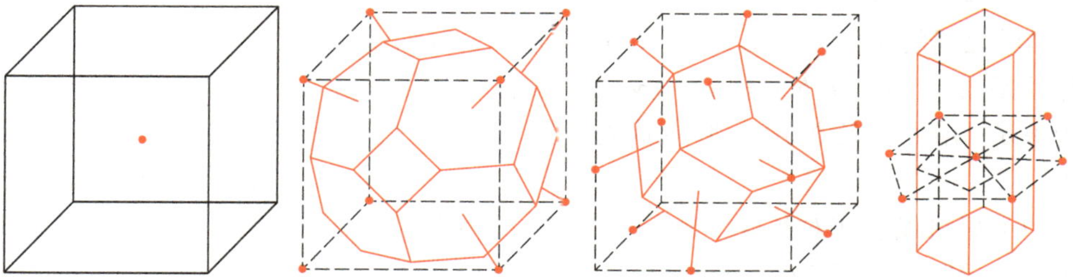

图 2.10 三维点阵的 WS 晶胞

例 2.2

证明体心立方点阵的维格纳-塞茨晶胞的体积与初级晶胞的体积相等.

证明: 按照 WS 晶胞的取法,体心立方点阵的 WS 晶胞是包含两个阵点的立方体截掉了 8 个角,剩下的一个 14 面体,如图 2.10(b)所示. 截去的 8 个角体积相等. 8 个角的截取过程可以分两步.

第一步,利用体心格点与角格点 A 的中垂面处在对角线的 1/4 处,截去一正三棱锥 $AA_1A_2A_3$,如图 2.11 所示. 假设立方体的边长为 a,则底高 $h=\sqrt{3}a/4$. 利用 OA 与棱边的夹角余弦为$\sqrt{3}/3$,得到棱边 $AA_1=AA_2=AA_3=3a/4$. 利用三个棱边相互垂直,得到底边的边长 $A_1A_2=A_2A_3=A_3A_1=3\sqrt{2}a/4$. 利用底面 $A_1A_2A_3$ 为正三角形,则底面三角形的高为 $3\sqrt{6}a/8$,底面的面积为 $S=9\sqrt{3}a^2/32$. 故该三棱锥 $AA_1A_2A_3$ 的体积为

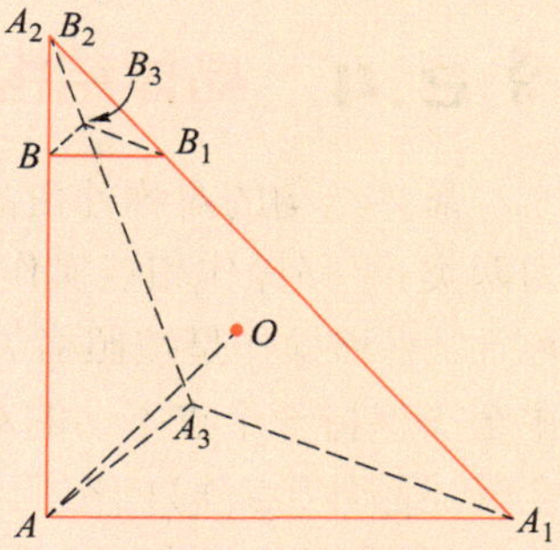

图 2.11 体心立方截角示意图

$$V_1=\frac{1}{3}Sh=\frac{1}{3}\left(\frac{9\sqrt{3}}{32}a^2\right)\frac{\sqrt{3}a}{4}=\frac{9a^3}{128}$$

第二步,三棱锥 $AA_1A_2A_3$ 的三个角 A_1、A_2 和 A_3 要等体积地截去. 角 A_1 截去的三棱锥 $BB_1B_2B_3$ 与 $AA_1A_2A_3$ 完全相似. 利用 $BA_2=a/4$,可以得到 $BB_1B_2B_3$ 的体积为

$$V_2=\frac{1}{3}\left(\frac{\sqrt{3}}{32}a^2\right)\frac{\sqrt{3}a}{12}=\frac{a^3}{3\times128}$$

所以,bcc 结构的 WS 晶胞的体积为

$$V_{WS}=a^3-8(V_1-3V_2)=\frac{a^3}{2}$$

与 bcc 结构的初级晶胞的体积一样.

由表 2.1 可见,三维晶体对应的 14 个布拉维点阵,分属 7 种晶系;每种晶系有一定形式的惯用晶胞及其晶轴矢量,从而有一定的晶胞参量. 惯用晶胞晶轴矢量的使用,不仅描述了晶系的平移对称性,而且反映了晶系的特征点对称性. 可以理解为,任

意选择的基矢对应的初级晶胞反映了晶体的平移对称性,而若要同时描述晶体的特征点对称性,则只能选择特定的晶轴矢量. 因此,在描述晶体结构时均采用惯用晶胞.

习惯上选择图 2.12 所示的惯用晶胞晶轴坐标系,晶轴矢量 $\boldsymbol{a}$、$\boldsymbol{b}$、$\boldsymbol{c}$ 满足右手关系,晶轴矢量的大小为 a、b、c,晶轴之间的夹角为 α、β、γ. $\boldsymbol{a}$、$\boldsymbol{b}$、$\boldsymbol{c}$ 构成的平行六面体就是惯用晶胞,a、b、c 和 α、β、γ 六个量称为惯用晶胞参量. 所有点阵惯用晶胞晶轴矢量的选择原则如下:

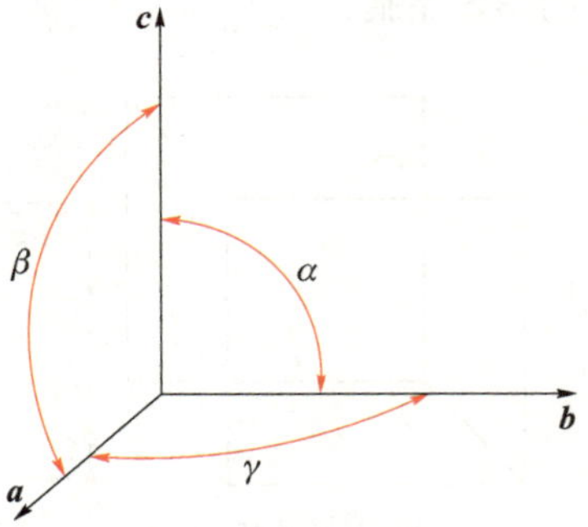

图 2.12　惯用晶胞晶轴坐标系

(1) 尽可能选取对称性高的晶轴矢量,使晶胞外形尽可能反映空间点阵的点对称性.

(2) 独立的晶胞参量最少,且晶轴矢量尽可能成直角.

(3) 在满足上述原则的前提下,晶胞体积尽可能最小.

对于给定的晶体点阵,按照上述原则选定晶轴和惯用晶胞之后,空间点阵中的阵点都可在这种晶轴矢量的坐标系中描述. 每个晶系的简单点阵对应的基矢就是该晶系的惯用晶胞晶轴矢量. 当然,惯用晶胞内可能不只含有一个阵点,惯用晶胞也不一定是初级晶胞.

§ 2.4　晶体结构的对称性

晶体结构的对称性由晶体的对称操作反映. 作为使晶体结构重合的对称操作分为两类:平移操作和点操作. 平移操作和点操作分别对应着晶体的平移对称性和点对称性. 平移操作是按照格矢平移点阵的操作,它们构成平移群. 点操作是在操作过程中至少保持一个点不动的对称操作,点操作构成了点群. 两者的组合构成的空间群完全描述晶体(点阵)的空间对称性. 可以证明,晶体有 14 种平移群、32 种点群和 230 种空间群;晶体只有 1、2、3、4 和 6 五种旋转轴对称性. 基于这些对称性,晶体分为 7 个晶系和 14 种布拉维点阵.

一、平移对称性与平移群

如果一组元素 g_i 的集合构成群,那么这些元素称为群元,群元之间的“乘积” $\otimes$ 满足:

(1) 封闭性:若 g_i 和 g_j 为群元,则 $g_k = g_i \otimes g_j$ 也是群元;

(2) 结合律:$g_i \otimes (g_j \otimes g_k) = (g_i \otimes g_j) \otimes g_k$;

(3) 存在唯一的恒元(恒等群元)g_0,即 $g_i \otimes g_0 = g_0 \otimes g_i = g_i$;

(4) 每个群元 g_i 都对应一个逆元 g_i^{-1},即 $g_i \otimes g_i^{-1} = g_i^{-1} \otimes g_i = g_0$.

群内元素的个数称为群的阶,若群的阶数是有(无)限的,则该群称为有(无)限群. 群元的“乘法”满足交换律的群称为交换群. 例如,加法规则下的整数构成交换群.

对于晶体的平移操作，设平移矢量（格矢）为群元，群元的“乘法”为格矢的加法，点阵的所有平移操作的集合满足：

（1）任意两个平移矢量相加仍然为平移矢量.

（2）平移矢量的加法满足结合律.

（3）有一个零格矢恒等元素，任何平移矢量相加零格矢仍为该平移矢量.

（4）每个平移矢量都有一个大小相等且方向相反的平移矢量作为它的逆元素.

因此，平移矢量的集合构成了一个群，这就是平移群. 平移群是无限群，也是交换群. 虽然平移群是无限群，但是对它的描述只需要少数几个平移矢量就可以了. 平移矢量都是基矢的整系数线性组合，基矢的性质清楚了，全部平移矢量的性质也就清楚了. 基矢的性质具体表现在基矢之间的关系上. 这种关系将对空间点阵的点对称性产生某种约束. 结合点对称性特征，平移群可分为 14 种形式，称为 14 种平移群，相应地有 14 种空间点阵，称为 14 种布拉维点阵，如表 2.1 所示.

二、点对称性和点群

点操作包含转动操作（n 次轴旋转）、镜面反映操作（m）和中心反演操作（$\boldsymbol{r}\to-\boldsymbol{r}$）. 晶体的这些点操作构成了晶体点群. 点操作可以分为两类：第一类点操作是绕轴的旋转，被作用的对象没有手性变化，即没有右左手变化的问题；第二类点操作是像旋转，被作用的对象有手性变化.

1. 第一类点操作

如果绕轴旋转 $\alpha=360°/n$ 角度后点阵复原，此轴称为 n 次（重）旋转对称轴，简称为 n 次（重）轴. 第一类点操作只有五种.

恒等操作：即 1 次轴操作，指物体绕任意一条轴线转动 360° 的操作，如图 2.13（a）所示. 由于操作后整个物体复原，所以这是一种对物体没有任何操作的操作. 与恒等操作相关的几何要素是一条虚设的轴线，称为 1 次轴. 可见，任意一点在它的作用下仍然是该点，于是我们说它的重复点数是 1. 该操作的国际符号为 1，熊夫利符号为 C_1.

2 次轴操作：指物体绕轴线转动 180° 的操作，如图 2.13（b）所示. 该操作可表示为 $2(C_2)$，括号前面是国际符号，括号中是熊夫利符号，以后均如此表示. 与此操作相关的几何要素是 2 次轴. 任意一点在它的作用下变成了 2 个点，于是我们说它的重复点数是 2. 如果我们用枣核形符号 ⬮ 表示垂直纸面的 $2(C_2)$ 次轴，绕旋转轴作 $2(C_2)$ 操作时，两只手位置互换，但整个图形不变，手性也不变.

3 次轴操作：指物体绕轴线转动 120° 的操作，如图 2.13（c）所示，用 $3(C_3)$ 表示. 与此操作相关的几何要素是 3 次轴，重复点数是 3. 如果我们用三角形▲符号表示 $3(C_3)$ 次轴垂直纸面的图形符号，则 $3(C_3)$ 操作手性不变. 若用它们符号的连乘表示两次连续操作，则

$$3(C_3)\otimes 3(C_3)=3(C_3)3(C_3)=3^2(C_3^2)$$

显然，连续转动 2 个 120° 前后，图形也保持不变.

4 次轴操作：指物体绕轴线转动 90° 的操作，如图 2.13（d）所示，用 $4(C_4)$ 表示，即

绕轴转动 90°前后图形不变．与此操作相关的几何要素是 4 次轴，重复点数是 4．如果我们用正方形符号◆表示 $4(C_4)$ 次轴垂直纸面的图形符号，操作前后手性不变．转动 2 或 3 个 90°，旋转前后也保持不变，说明 $4^2(C_4^2)$ 和 $4^3(C_4^3)$ 也是对称操作．

6 次轴操作：指物体绕轴线转动 60°的操作，如图 2.13(e)所示，用 $6(C_6)$ 表示．与此操作相关的几何要素是 6 次轴，重复点数是 6．如果我们用六边形符号⬢表示 $6(C_6)$ 次轴垂直纸面的图形符号，转动 60°前后图形不变．如果转动 $n=1、2、3、4$ 和 6 个 60°，旋转前后也保持不变，说明 $6^n(C_6^n)$ 也是对称操作．其中

$$6^2(C_6^2)=3(C_3),\quad 6^3(C_6^3)=2(C_2),\quad 6^6(C_6^6)=1(C_1)$$

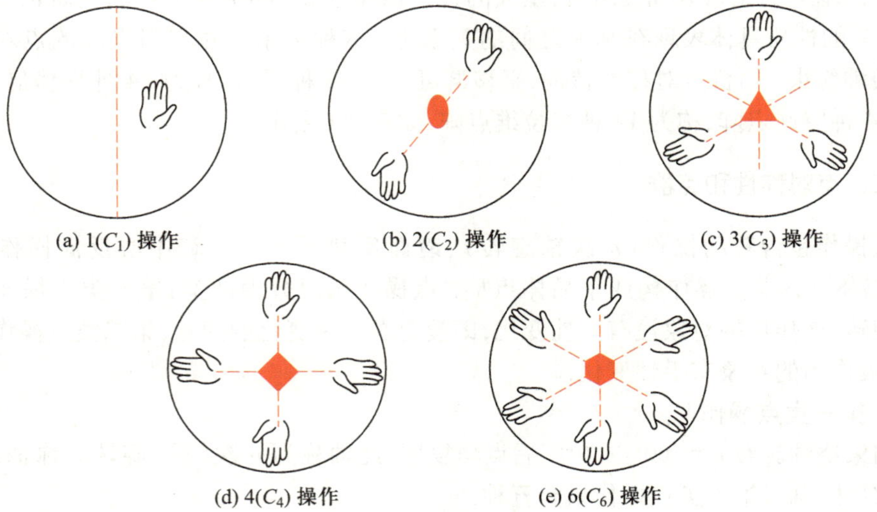

图 2.13　第一类点操作示意图

总之，以上 5 种操作都有一个旋转轴，而轴上所有的点在旋转过程中保持不动．这些对称操作只有 1、2、3、4 和 6 次旋转轴，对应于转动 2π、2π/2、2π/3、2π/4 和 2π/6．即，晶体不存在 5 和 7 次轴旋转对称性．然而，在有限大小的晶体中确实观测到了 5 次轴对称，20 面体准晶，8、10 和 12 次轴对称等准周期超晶格．

例 2.3

试证明晶体的转动操作对称轴只有 1、2、3、4 和 6 次旋转轴．

证明：如图 2.14 所示，假设 A 和 B 为空间点阵中的最近邻格点，过 A 点有一个垂直于纸面的 n 次轴．绕轴逆和顺时针各旋转 $\alpha=360°/n$，按照旋转对称轴的定义，B 点转到的 C 点和 D 点都是格点．作 $CE/\!/AD$，$DE/\!/AC$，$ADEC$ 构成平行四边形．根据平移对称性，E 点也是格点．由于 AB 是 AE 方向上最短的平移周期，所以 AE 长度必定为 AB 的整数倍，即

$$|AE|=l|AB|\quad(l\ 为整数)$$

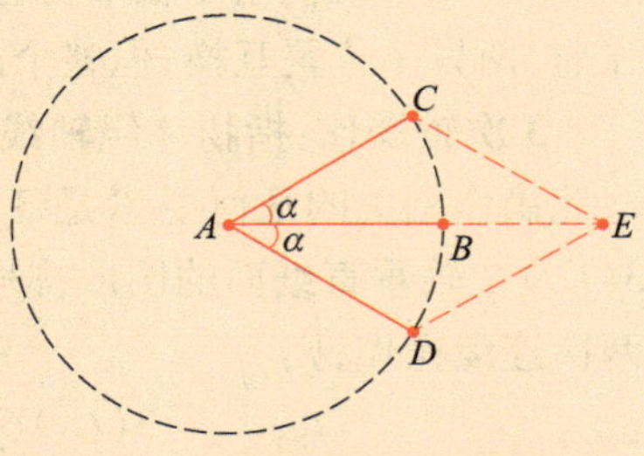

图 2.14　旋转对称操作限制示意图

又因为 $|AD| = |AC| = |AB|$，由图 2.14 可以看出

$$|AE| = 2|AB|\cos\alpha$$

比较两式，得到

$$l = 2\cos\alpha$$

为满足 $-2\leq l\leq 2$，l 的取值仅为 -2、-1、0、1 和 2. 相应的旋转角 α 为 180°、120°、90°、60° 和 360°（0°）. 即晶体只可能有 2、3、4、6 和 1 次旋转轴.

2. 第二类点操作

第二类点操作是像旋转操作，就是中心反演（简称反演）和镜面反映（简称反映）与轴旋转相结合的操作. 与像旋转操作相联系的几何要素称为像转对称轴，简称像转轴. 晶体中的像转轴也只有五种，它们的符号依次是 $\bar{1}(S_2)$、$\bar{2}(S_1)$、$\bar{3}(S_6)$、$\bar{4}(S_4)$ 和 $\bar{6}(S_3)$. 其中，括号内外分别是熊夫利符号和国际符号.

我们知道，反演就是将空间任意一点 (x,y,z) 变换到 $(-x,-y,-z)$ 的操作，其国际符号和熊夫利符号分别为 i 和 C_i. 对称要素是反演中心或对称中心，用符号"○"表示. 图 2.15(a) 给出了反演操作的示意图，重复点数为 2. 在反演操作下，位于纸面上方手心向外的右手变换为纸面下方手心向里的左手，这里有了手性的变化. 这种右手和左手的关系称为对形关系，反演操作也称为对形操作.

反映就是镜面反映，其操作是对空间任一给定点，向镜面作一条垂线并延长到镜面的另一侧，然后在这条延长线上找一个点，使其到镜面的距离等于原来的点到镜面的距离，如图 2.15(b) 所示，用 $m(\sigma)$ 表示. 可见，镜像也有类似的手性变化，这种对形关系也称为镜像关系. 与其相关的对称要素是镜面、反映面或对称面，重复点数为 2.

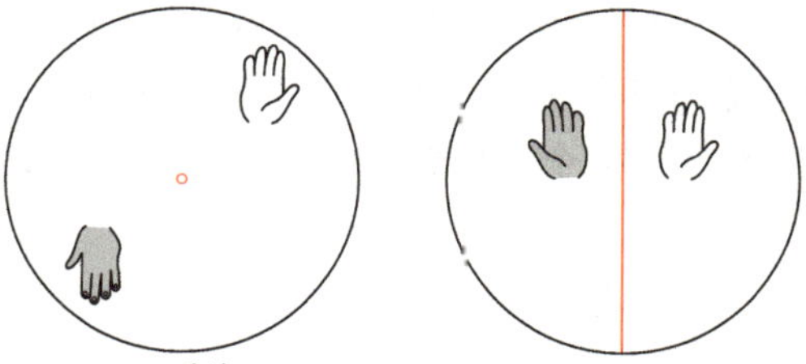

图 2.15　反演与反映操作

1 次像转操作 $\bar{1}(S_2)$（○）：物体绕 1 次轴转动后，再作反演的操作，即 $\bar{1}=1+i$. 因为 1 次轴操作是没有操作的操作，所以 1 次像转操作也是反演，即 $\bar{1}(S_2)=i(C_i)$.

2 次像转操作 $\bar{2}(S_1)$（|）：物体绕 2 次轴转动后，再作反演的操作，即 $\bar{2}\neq 2+i$，如图 2.16(a) 所示. 可见，2 次像转操作就是反映操作，即 $\bar{2}(S_1)=m(\sigma)$，其对称要素是与反映镜面垂直的 2 次像转轴.

3 次像转操作 $\bar{3}(S_6)$（▲）：物体绕 3 次轴转动后，再作中心反演，即 $\bar{3}=3+i$，如图 2.16(b) 所示，其重复点数为 6. 因此，3 次像转操作也不是独立的对称要素.

4 次像转操作 $\bar{4}(S_4)$（◈）：如图 2.16(c) 所示，它是 4 次旋转和反演的连续操作，即 $\bar{4}=4\times i$. 由图中标号为 1 的右手开始，将它绕轴线逆时针转动 90°，紧接着进行反演，得到标号为 2 的左手；继续进行这种操作，又得到标号为 3 的右手；再进行一次这

样的操作，会得到标号为 4 的左手；继续进行，回到了开始时的右手．可见，重复点数为 4．这里既没有单独的 4(C_4)，也没有单独的 i(C_i)，即 $\bar{4} \neq 4+i$，所以 $\bar{4}$ 是一个独立的对称操作．$\bar{4}^2$(S_4^2) = 2(C_2) 表明 $\bar{4}$(S_4) 体系隐含了一个 2 次旋转轴，但是 $\bar{4}$(S_4) 不能分解为 2(C_2) 和另一个对称元素之和．

6 次像转操作 $\bar{6}$(S_3)(▲)．图 2.16(d) 给出了 6 次像转轴示意图，它的重复点数是 6．与 $\bar{3}$ 类似，$\bar{6}$ 可以分解为 3 和 m 之和，即 $\bar{6}=3+m$，所以它也不是独立的对称要素．

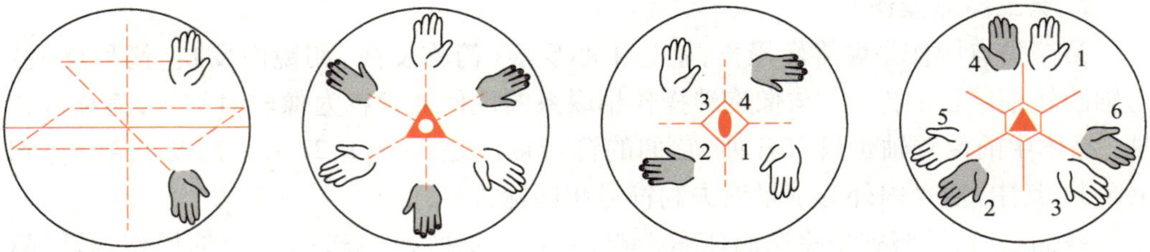

(a) 2次　(b) 3次　(c) 4次　(d) 6次

图 2.16　像旋转操作示意图

总之，全部点操作及其对称要素中，独立的点对称要素只有 8 个：1、2、3、4、6、i、m 和 $\bar{4}$．点对称操作的集合构成了 32 种晶体学点群，简称 32 种点群．

§ 2.5　晶系和布拉维点阵

尽管形形色色晶体的点对称性可归为 32 种点群，但点群之间存在某些特征．例如，23(T)、$m3$(T_h) 和 $\bar{4}3m$(T_d) 三种四面体群与 432(O) 和 $m3m$(O_h) 两种八面体群都有 4 个 3 次轴．如果选用立方体作为惯用晶胞，它们都可归属立方晶系．正因为这一点，人们根据特征点对称性，将 32 个点群归为 7 个晶系．表 2.2 给出了三维晶体 7 个晶系的对称性特征．

表 2.2　7 个晶系的对称性特征

晶系	对称性特征	对称性点群		对称操作数	晶胞参量	独立参量个数
		国际符号	熊夫利符号			
三斜	只有 1 或 $\bar{1}$	1	C_1	1	$a \neq b \neq c$ $\alpha \neq \beta \neq \gamma$	6
		$\bar{1}$	C_i(S_2)	2		
单斜	唯一 2 或 $\bar{2}$	2	C_2	2	第一种定向 $a \neq b \neq c$ $\alpha = \beta = 90° \neq \gamma$	4
		m	C_s(C_{1h})	2		
		$2/m$	C_{2h}	4		
正交	三个 2 或 $\bar{2}$	222	D_2(V)	4	$a \neq b \neq c$ $\alpha = \beta = \gamma = 90°$	3
		$mm2$	C_{2v}	4		
		mmm	D_{2h}(V_h)	8		

续表

晶系	对称性特征	对称性点群		对称操作数	晶胞参量	独立参量个数
		国际符号	熊夫利符号			
四方	唯一 4 或 $\bar{4}$	4	C_4	4	$a=b\neq c$ $\alpha=\beta=\gamma=90°$	2
		$\bar{4}$	S_4	4		
		$4/m$	C_{4h}	8		
		422	D_4	8		
		$4mm$	C_{4v}	8		
		$\bar{4}2m$	$D_{2d}(V_d)$	8		
		$4/mmm$	D_{4h}	16		
立方	4 个 3 或 $\bar{3}$	23	T	12	$a=b=c$ $\alpha=\beta=\gamma=90°$	1
		$m3$	T_h	24		
		432	O	24		
		$\bar{4}32$	T_d	24		
		$m3m$	O_h	48		
六方	唯一 6 或 $\bar{6}$	6	C_6	6	$a=b\neq c$ $\alpha=\beta=90°$ $\gamma=120°$	2
		$\bar{6}$	C_{3h}	6		
		$6/m$	C_{6h}	12		
		622	D_6	12		
		$6mm$	C_{6v}	12		
		$\bar{6}m2$	D_{3h}	12		
		$6/mmm$	D_{6h}	24		
三方	唯一 3 或 $\bar{3}$	3	C_3	3	$a=b=c$ $\alpha=\beta=\gamma$	2
		$\bar{3}$	$C_{3i}(S_6)$	6		
		32	D_3	6		
		$3m$	C_{3v}	6		
		$\bar{3}2/m$	D_{3d}	12		

一、晶系

参照表 2.2 所示的晶系对称性特征，我们从对称性较低的晶系开始，讨论如何选取惯用晶胞晶轴矢量，依次导出 7 个晶系.

三斜晶系：只有对称要素 $1(C_1)$ 或 $\bar{1}(C_i)$ 的晶体. 对称操作要么使整个晶体不变，要么使晶轴矢量各自变到自身的反方向. 此时，对晶轴矢量的长度和轴间夹角没有任何要求，对惯用晶胞的几何形状没有特别限制. 因此，惯用晶胞参量满足

$$a \neq b \neq c, \quad \alpha \neq \beta \neq \gamma \tag{2.9}$$

单斜晶系:次数最高的对称要素是唯一的 $2(C_2)$ 或 $m(\sigma)$ 的晶体. 如图 2.17 所示,取参考格点 O 到其最近邻格点 C 的矢量为晶轴矢量 $\boldsymbol{c}$,设 $\boldsymbol{c}$ 轴为 2 次轴. 在轴线外取一个离轴线最近的格点 A_1,在 2 次轴的作用下,A_1 转到了格点 A_2 处,显然$\overrightarrow{A_2A_1}$为垂直于 $\boldsymbol{c}$ 的格矢. 根据平移对称性,必有$\overrightarrow{OA}$平行且等于$\overrightarrow{A_2A_1}$. 选晶轴 $\boldsymbol{a}=\overrightarrow{OA}$,则找到的 $\boldsymbol{a}\perp\boldsymbol{c}$. 类似地,在平面 OAC 之外取一个距此平面最近的格点,经 2 次轴作用,又可得到另一个与 $\boldsymbol{c}$ 垂直的晶轴 $\boldsymbol{b}$. 注意到,2 次轴的作用对轴 $\boldsymbol{a}$ 和 $\boldsymbol{b}$ 的夹角没有任何要求,对各个晶轴的长度也没有任何限制. 可见,如果取 2 次轴的方向为 $\boldsymbol{c}$ 轴,相应的惯用晶胞参量为

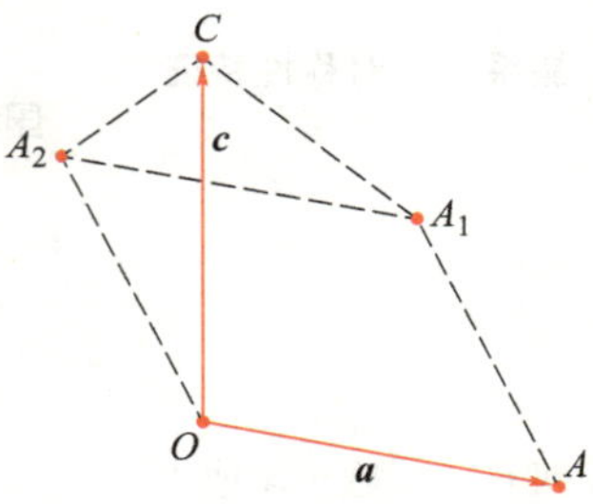

图 2.17　单斜晶系晶轴取法示意图

$$a \neq b \neq c, \quad \alpha=\beta=90^\circ \neq \gamma \tag{2.10}$$

正交晶系:次数最高的对称要素是 3 个互相垂直的 $2(C_2)$ 或 $m(\sigma)$. 此时,同单斜晶体的推导过程类似,可以选出三个相互垂直的晶轴矢量. 即通过一个 2 次轴 $\boldsymbol{c}$ 的转动,选出 $\boldsymbol{a}\perp\boldsymbol{c}$ 和 $\boldsymbol{b}\perp\boldsymbol{c}$;若 $\boldsymbol{a}$ 为另一个 2 次轴,则轴 $\boldsymbol{b}$ 必为第三个 2 次轴. 于是,晶胞参量之间的关系为

$$a \neq b \neq c, \quad \alpha=\beta=\gamma=90^\circ \tag{2.11}$$

当然,通常取 $a\leqslant b\leqslant c$.

四方晶系:次数最高的对称要素是唯一的 $4(C_4)$ 或 $\bar{4}(S_4)$. 类似地,我们取$4(C_4)$ 或 $\bar{4}(S_4)$的方向为 $\boldsymbol{c}$ 方向. 注意到对称操作 $4^2(C_4^2)=\bar{4}^2(S_4^2)=2(C_2)$,即 4 次轴中隐含着 2 次轴. 于是,可首先由单斜晶体引入 $\boldsymbol{a}$ 和 $\boldsymbol{b}$,且 $\boldsymbol{a}\perp\boldsymbol{c}$ 和 $\boldsymbol{b}\perp\boldsymbol{c}$. 其次,利用对称操作 $4(C_4)$,绕 $\boldsymbol{c}$ 轴转动 90°一定能选出相互垂直的 $\boldsymbol{a}$ 和 $\boldsymbol{b}$,且长度相等. 于是,晶胞参量之间的关系为

$$a=b\neq c, \quad \alpha=\beta=\gamma=90^\circ \tag{2.12}$$

立方晶系:晶体具有 4 个 $3(C_3)$. 可以证明,它的惯用晶胞是立方体,3 个晶轴矢量的交角都等于 90°,晶轴矢量的长度相等,通常具有高对称性. 晶胞参量满足

$$a=b=c, \quad \alpha=\beta=\gamma=90^\circ \tag{2.13}$$

然而,我们不能把晶轴矢量的夹角等于 90°和晶轴矢量的长度相等作为立方晶系的定义,因为决定晶系特征的是对称性,而不是晶胞的几何外形;另外,也不能将立方晶系定义为对称性特征是有 3 个 4 次轴,因为这不是必要条件.

六方(角)晶系和三方(角)晶系:我们特意将具有唯一高次轴 $6(C_6)$ 或 $\bar{6}(S_3)$ 的六方晶系,以及具有唯一高次轴 $3(C_3)$ 或 $\bar{3}(S_6)$ 的三方晶系放到一起讨论,主要是有些概念容易混淆.

按定义,六方晶系具有唯一高次轴 $6(C_6)$ 或 $\bar{6}(S_3)$. 然而,我们此时遇到了一个概念上的困难,即 6 次像转轴等效于 3 次映转轴,那么具有 $\bar{6}(S_3)$ 的晶系应划归六方晶系还是三方晶系? 公认的办法是按国际符号将它划归六方晶系. 按照以上晶系相似的讨论,不难导出六方晶系晶轴矢量之间满足如下关系:

$$a=b\neq c,\quad \alpha=\beta=90^\circ,\quad \gamma=120^\circ \tag{2.14}$$

在六方晶系晶轴的选取上，从图 2.18 中可以看出，除了 $\boldsymbol{a}$ 和 $\boldsymbol{b}$ 之外，还有一个 $\boldsymbol{d}=-(\boldsymbol{a}+\boldsymbol{b})$ 在长度上与 $\boldsymbol{a}$ 和 $\boldsymbol{b}$ 相等，同 $\boldsymbol{a}$ 和 $\boldsymbol{b}$ 的夹角也是 120°. 这三个轴在一个平面上，完全等价. 有时为了方便，$\boldsymbol{d}=-(\boldsymbol{a}+\boldsymbol{b})$ 也取为一个晶轴矢量，于是由 4 个晶轴矢量 $\boldsymbol{a}$、$\boldsymbol{b}$、$\boldsymbol{d}$、$\boldsymbol{c}$ 构成四轴坐标系或六角坐标系. 当然，前三个中只有两个是独立的. 必须注意的是，尽管有时将 $\boldsymbol{d}$ 引入将六方对称性画成一个六棱柱体的形式，但是六方晶胞仍然是由 $\boldsymbol{a}$、$\boldsymbol{b}$、$\boldsymbol{c}$ 及其平行线围成的平行六面体.

现在我们来讨论三方晶系. 按定义一个具有单一的 $3(C_3)$ 或 $\bar{3}(S_6)$ 轴的晶体属于三方晶系. 然而，这里也有关于 $\bar{3}(S_6)$ 的概念性困难，即三方晶系的晶轴矢量可以选成与六方晶系相同的晶轴矢量. 为了区分这两个晶系，我们对三方晶系采用另一种菱形晶胞的晶轴矢量，以体现三方晶系的特征对称性. 菱形晶胞的晶轴是这样选择的：在空间点阵中选择一个与 3 次轴不平行的最短格矢 $\boldsymbol{a}$，在通过原点的 3 次轴的作用下，可以得到三个格矢，它们相互交成等角、长度相等的体系，并且都和 3 次轴交成等角. 取这 3 个格矢为 $\boldsymbol{a}$、$\boldsymbol{b}$、$\boldsymbol{c}$，则得到晶轴矢量之间的关系为

$$a=b=c,\quad \alpha=\beta=\gamma \tag{2.15}$$

由此导出的晶胞记为菱形晶胞，如图 2.19 所示.

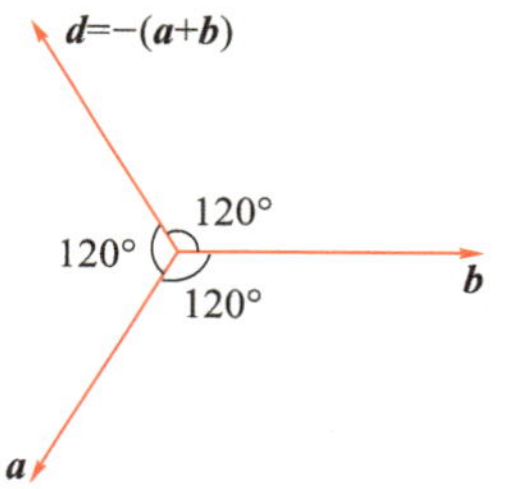

图 2.18　六方晶系的 4 晶轴矢量

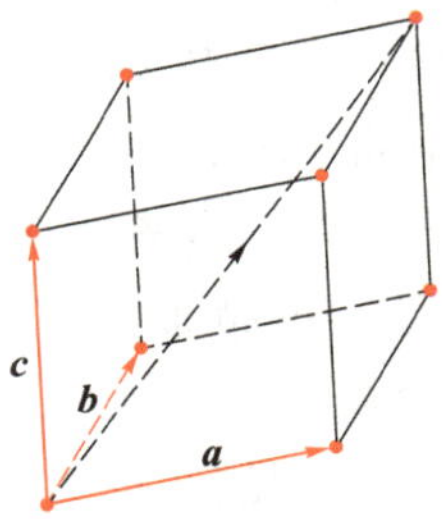

图 2.19　三方晶系的菱形晶胞

例 2.4

证明具有 4 个长度相等且相互垂直 $3(C_3)$ 次轴的点阵是立方晶系.

证明： 我们知道，正四面体、立方体和正八面体都有 4 个 3 次轴，每两个 3 次轴之间的交角都是 109°28′16″. 我们要证明具有 4 个 3 次轴的空间点阵，一定能选出一套晶轴矢量，使它们的长度相等而且相互垂直.

首先需要指出，4 个 3 次轴在空间的分布状态如图 2.20 所示，分别标记为 1、2、3、4. 以 1 轴为例，沿 AP 所示的轴向顺时针作一次 3 次轴转动. 因 $ACQO$ 构成正四面体，可见轴 2→3→4→2. 类似的做法，任何一个 3 次轴的转动，会使其它 3 个 3 次轴互换位置，但总的分布状态不变.

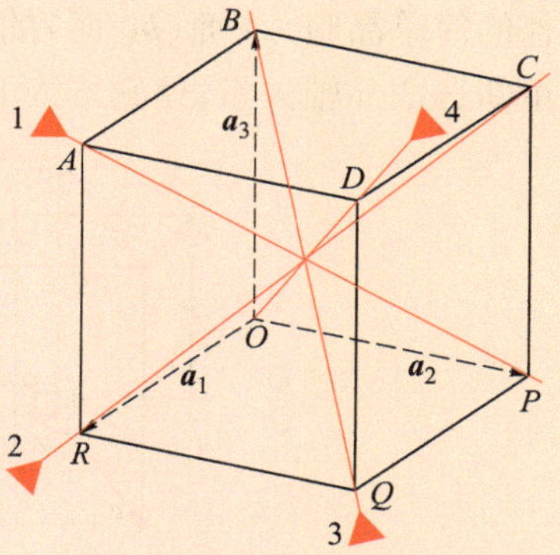

图 2.20　立方晶系的 4 个 3 次轴

我们在任意一条 3 次轴上(例如 1 轴),取距离原点 O 相等的两个格点(A 和 P),那么在其它 3 次轴条件下,全部 3 次轴都有两个距离原点相等的格点(轴 2、3、4 分别对应于 C 和 R、B 和 Q、D 和 O). 这 8 个格点将在空间排列成立方体的顶角. 我们看到,确实从中可以选取一套晶轴矢量 $\boldsymbol{a}_1$、$\boldsymbol{a}_2$ 和 $\boldsymbol{a}_3$,使

$$a=b=c,\quad \alpha=\beta=\gamma=90^\circ$$

于是,可定义具有 4 个长度相等且相互垂直 3(C_3)次轴的晶体属于立方晶系.

二、布拉维点阵

我们知道,7 个晶系中每个晶系都有一套惯用晶轴矢量. 毫无疑问惯用晶胞的每个顶角都有一个格点. 问题是,能否在其中加进一些格点,而不破坏它的对称性特征呢? 这就是下面要讨论的问题.

首先,每个晶系都有一个只在顶角上有格点的简单晶胞,它在空间的延伸构成简单点阵,用符号“P”表示. 其次,再考虑在简单晶胞上增加格点的可能性. 由于新加的格点必须满足空间点阵的平移对称性,而且不破坏特征对称性,所以它只能加在以下位置上:

(1) 晶胞的体心,用符号“I”表示.

(2) 晶胞的单面中心,用符号“A”“B”或“C”表示.

(3) 晶胞的全部面心,用符号“F”表示.

(4) 三方晶系晶胞的特殊位置,用符号“R”表示.

三斜晶系:它的特征对称性是没有对称性或只有对称心,对晶胞的选取没有限制. 因此,无论在什么“特定位置”引入新的格点,总可以选出一个更小的晶胞. 所以三斜晶系只有一种晶胞,即简单晶胞 P,如表 2.1 所示.

单斜晶系:单斜晶系存在 2 种晶胞:简单晶胞 P 和侧面心晶胞 B,如表 2.1 所示. 若将 2 次轴取作方向 $\boldsymbol{c}$,可以看到,使 C 面($\boldsymbol{ab}$ 面)有心化不能得到新结果,如图 2.21(a)所示. 因为可以取另外一个简单晶胞而不违反单斜晶体的条件,所以我们说 C→P. 然而,B 面($\boldsymbol{ac}$ 面)的有心化是新的点阵,如图 2.21(b)所示,因为从中取不出满足单斜条件的简单晶胞. A 面($\boldsymbol{bc}$ 面)的有心化也是新点阵,不过它与 B 面加心等价. 习惯上是重新选取晶轴矢量,使它成为 B 面心. 对其它几种有心情况,可以证明有 I→B、F→B.

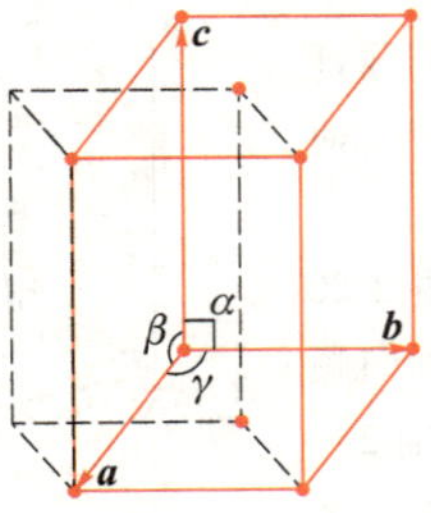

(a) C心

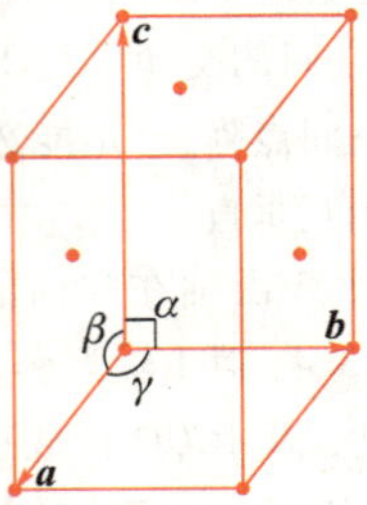

(b) B心

图 2.21 单斜试探加心

正交晶系:对于正交晶系,体心、单面心和全面心都是新的点阵,不过单面心A、B、C可以通过重新选轴而使之并为一种,通常取C. 于是,正交晶系有4种晶胞:简单正交P、底面心正交C、体心正交I和面心正交F,如表2.1所示.

四方晶系:在四方晶系中,特征对称性要求不能有A心或B心. I心是一种新的点阵,而C→P、F→I,所以四方晶系有2种晶胞:简单四方P和体心四方I,如表2.1所示.

立方晶系:在立方晶系中,不能有单面心,因为它将破坏3次轴对称性. 加体心和全面心都是允许的,由此得到两种新的点阵,所以立方晶系有3种晶胞:简单立方P、体心立方I和面心立方F,如表2.1所示.

六方晶系和三方晶系:这两种晶系具有相同的简单晶胞($a=b\neq c,\alpha=\beta=90^\circ,\gamma=120^\circ$),但其加心情况比较复杂. 在此我们只给出结论:六方晶系只有简单晶胞P,如表2.1所示;三方晶系除了有六方晶系相同的简单晶胞P之外,还有菱形晶胞R,如表2.1所示. 当然,菱形点阵也可以按六角坐标轴取带有双心的晶胞,符号仍用R,以别于简单晶胞P. 这是晶体结构分析工作常采用的方法,因为六角坐标轴比较容易处理.

考虑到一维晶体的点阵只有一个,在此我们给出了二维晶体的点阵及对称性特征. 二维点阵的点对称要素只有:1(C_1)、2(C_2)、3(C_3)、4(C_4)、6(C_6)五种旋转对称轴和$\sigma(m)$镜线. 其中,镜线是垂直于这个二维平面的反映面与此平面的交线. 由这6种点对称要素,可以导出10种二维晶体学点群. 取二维晶体的晶轴矢量为$\boldsymbol{a}$和$\boldsymbol{b}$,通常设$\boldsymbol{a}$和$\boldsymbol{b}$的夹角为γ. 考虑特征对称性的要求,以上三者的组合只能构成斜方、长方、正方和六角4种晶系,5种布拉维点阵,如表2.3所示.

例 2.5

试证明二维长方晶系只有2种布拉维点阵

证明:由于长方点阵对应于镜线反映,要求$c\neq b$,且$\gamma=90^\circ$,如图2.22所示. 为简单起见,可选择惯用晶胞轴矢量沿x和y方向,分别为$\boldsymbol{a}=a\boldsymbol{i}$和$\boldsymbol{b}=b\boldsymbol{j}$. 如果镜线反映线选择在相互垂直的轴矢量上,反映的结果只能得到长方点阵. 这时,如果在参考阵点O的右上方晶胞内增加一个格点A,其坐标为(x,y),$0\leqslant x(y)\leqslant 1$,沿晶轴矢量反方向分别平移$-\boldsymbol{a}$和$-\boldsymbol{b}$,得到两个点$B(-a+x,y)$和$C(x,-b+y)$.

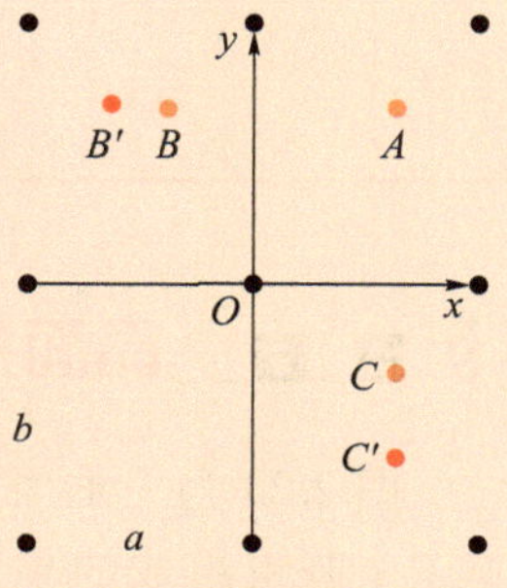

图2.22 相互垂直镜面反映形成的长方点阵

在镜面反映下,由A点可得到$B'(-x,y)$和$C'(x,-y)$. 考虑到惯用晶胞内只引入了一个新的格点,要求$B=B'$,$C=C'$,即

$$-a+x=-x,\quad -b+y=-y$$

可见,新格点的坐标为

$$x=a/2,\quad y=b/2$$

处在长方形的中心. 若长方点阵的基矢是$\boldsymbol{a}_1=a\boldsymbol{i}$和$\boldsymbol{a}_2=b\boldsymbol{j}$,初级晶胞的面积为$S_1=ab$;新点阵的基矢可选为

$$\boldsymbol{a}_1=a\boldsymbol{i},\quad \boldsymbol{a}_2=\frac{a}{2}\boldsymbol{i}+\frac{b}{2}\boldsymbol{j}$$

初级晶胞的面积为$S_2=ab/2$. 显然,两者不是一个点阵.

表 2.3　二维晶体的点阵、晶胞及对称性特征

晶系	对称性特征	点群	惯用晶胞参量	布拉维点阵	维格纳-塞茨晶胞
斜方	1 或 2	1,2	$a \neq b$ $\gamma \neq 90°$	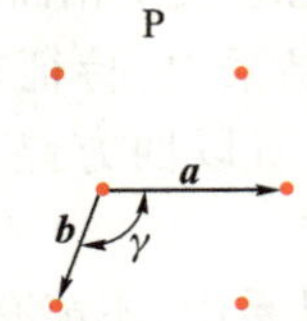	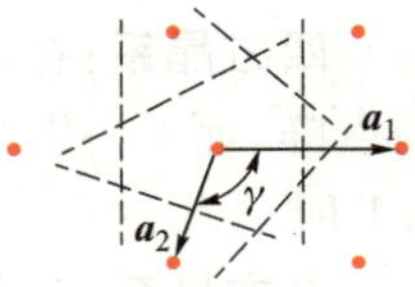
长方	m	$1m, 2mm$	$a \neq b$ $\gamma = 90°$	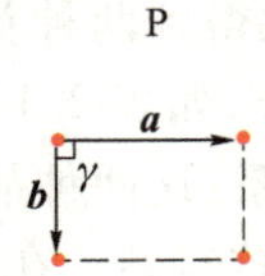	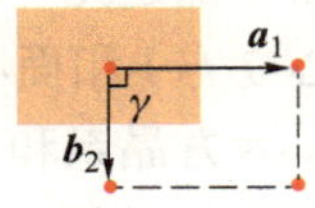
				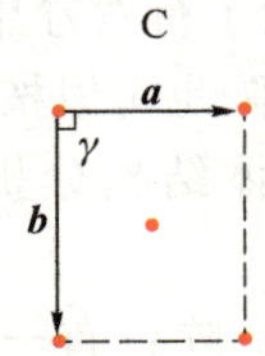	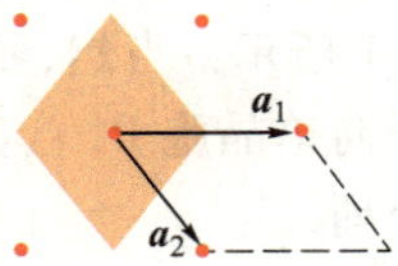
正方	4	$4, 4mm$	$a = b$ $\gamma = 90°$	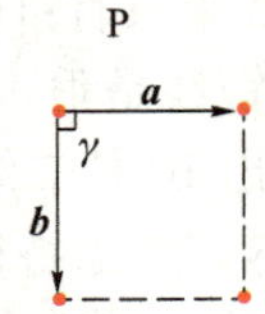	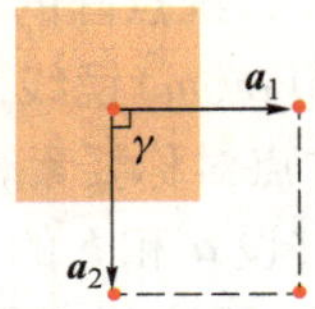
六角	3 或 6	$3, 3m$, $6, 6mm$	$a = b$ $\gamma = 120°$	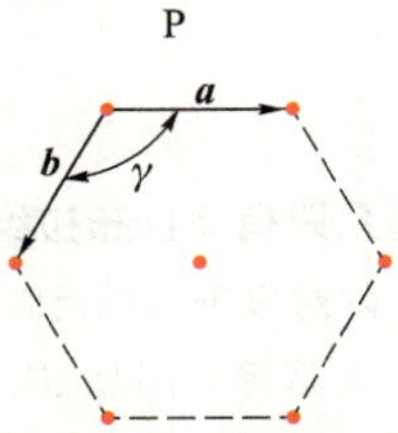	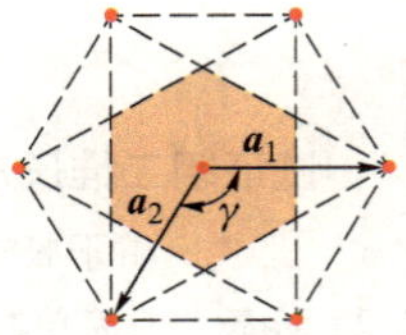

§ 2.6　晶面指数与晶向指数

图 2.23 为三维周期点阵的示意图. 如果定义任意三个阵点组成的平面为晶面(crystal plane), 则平行于该晶面存在无数个由阵点组成的等间距平行排列的相同阵点平面——阵点平面族, 且每一个阵点平面上的阵点形成规则排列的二维点阵. 可见, 虽然不同晶面上的二维点阵可能不同, 但是三维晶体总是可以看成由任一组等间距规则排列的阵点平面族构成.

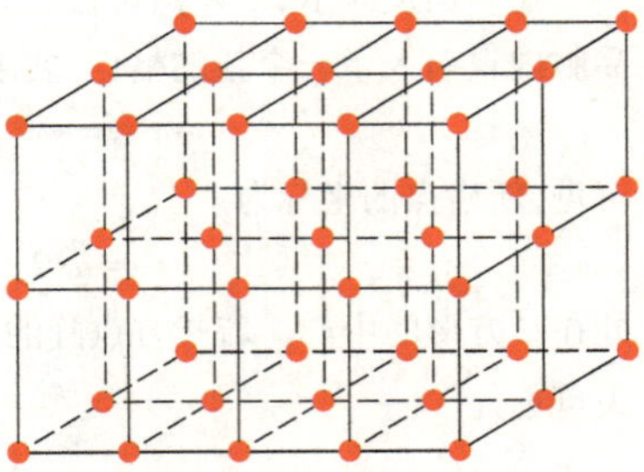

图 2.23　阵点平面和阵点直线示意图

如果定义任意两个阵点组成的直线方向为晶向

(crystal direction),则在该晶向上存在无数条由阵点组成的等间距平行排列的阵点直线——阵点直线族,且每一条阵点直线上的阵点形成等间距规则排列的一维点阵. 可见,虽然沿不同的晶向,阵点直线上的阵点分布不同,阵点直线间的距离也不同,但是三维晶体总是可以看成由任一晶向的规则排列的阵点直线族构成. 如何描述晶面和晶向,对于理解点阵的几何结构非常重要.

一、晶面指数

下面分析如何描述三个不在同一直线上的阵点构成的晶面. 选择基矢 $\boldsymbol{a}_1$、$\boldsymbol{a}_2$ 和 $\boldsymbol{a}_3$ 为参考轴,对于如图 2.24 所示的晶面,可以找到该晶面与参考轴的三个交点. 在参考轴空间中,三个交点的坐标分别为$(3a_1,0,0)$、$(0,2a_2,0)$、$(0,0,4a_3)$. 如果采用基矢的大小 a_1、a_2 和 a_3 为单位,那么它们到原点的距离分别为 3、2 和 4. 因此,该晶面可以用(324)来表示. 即,可以用晶面与基矢 $\boldsymbol{a}_1$、$\boldsymbol{a}_2$ 和 $\boldsymbol{a}_3$ 的截距来表示晶面. 然而,这样一种表示法,显然无法体现与该晶面等价的那些平行的阵点平面族. 因此,人们采用如下方法确定晶面指数来标定晶面:

(1) 在基矢描述的晶轴上,指出晶面以基矢大小度量的截距. 图 2.24 所示晶面的截距分别为 3、2、4.

(2) 取截距的倒数,并将它们化成三个不可约整数. 图 2.24 所示晶面的结果为 4、6、3.

(3) 将以上三个不可约整数放在小括号内,表示该晶面的晶面指数$(h_1h_2h_3)$. 图 2.24 所示晶面的晶面指数为(463).

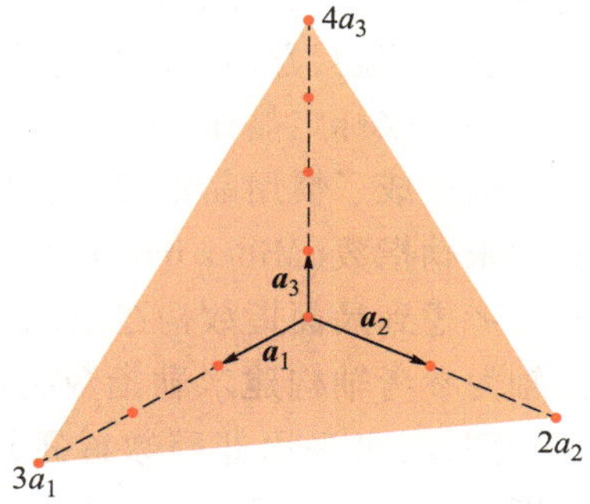

图 2.24 晶面示意图

可见,$(h_1h_2h_3)$可以表示单个晶面或一组平行晶面. 若晶面截于原点的负侧,则对应的指数为负值,在相应指数的上方加一横杠来描述. 由于点阵的对称性,简单立方的(100)、(010)、(001)、$(\bar{1}00)$、$(0\bar{1}0)$和$(00\bar{1})$面等价,通常用{100}表示这一组等价晶面.

二、晶向指数

同一方向上有无限多相同的一维阵列构成的阵点直线. 由于这些阵点直线相互平行,利用点阵的平移对称性,任一晶向总可以用一条过参考阵点的等价阵点直线来表示. 因此,晶向可以定义为晶体中参考阵点指向任一其它阵点的方向,如图 2.25 所示. 一旦参考阵点选定,晶向的定义通常可以理解成某一平移矢量的方向. 即,晶向可以用 $\boldsymbol{T}=u\boldsymbol{a}_1+v\boldsymbol{a}_2+w\boldsymbol{a}_3$ 来表示,即 u、v 和 w 决定了基矢 $\boldsymbol{a}_1$、$\boldsymbol{a}_2$ 和 $\boldsymbol{a}_3$ 描述的晶向.

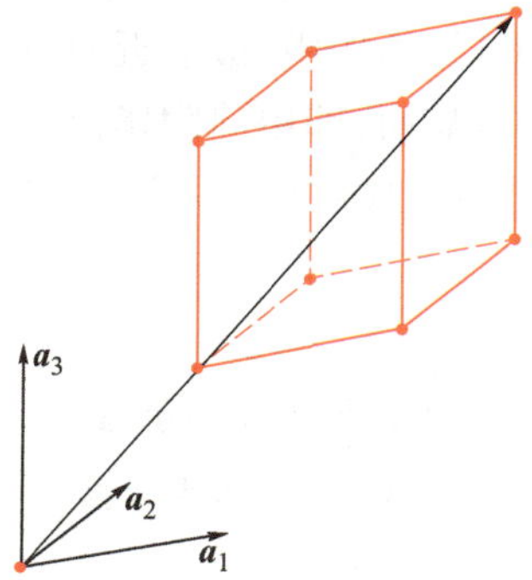

图 2.25 三维点阵的晶向示意图

由于晶向是一个矢量,同一晶向可以有不同的

u、v 和 w. 即,只要 u、v 和 w 比例相同,就对应于同一方向. 因此,通常取最小比例的 u、v 和 w,并放到[⋯]内表示晶向,称之为晶向指数. 晶向指数的取法如下:

(1) 选定要确定的晶向,在其对应的阵点直线上任意选择一个参考阵点.

(2) 作参考阵点到该阵点直线上任一其它阵点的矢量 $\boldsymbol{T}=u\boldsymbol{a}_1+v\boldsymbol{a}_2+w\boldsymbol{a}_3$,以基矢为单位求出矢量 $\boldsymbol{T}$ 在基矢 $\boldsymbol{a}_1$、$\boldsymbol{a}_2$ 和 $\boldsymbol{a}_3$ 上的分量大小 u、v、w.

(3) 选取分量 uvw 最小的整数比 $u'v'w'$,并将其写在中括号内[$u'v'w'$],此即该晶向的晶向指数.

可见,[$u'v'w'$]描述了一组阵点直线的晶向. 如果晶向指向基矢的负方向,对应的指数为负值. 此时,在相应指数的上方加一横杠来描述. 对于简单立方,[111]、[$\bar{1}11$]、[$1\bar{1}1$]、[$11\bar{1}$]、[$\bar{1}\bar{1}1$]、[$\bar{1}1\bar{1}$]、[$1\bar{1}\bar{1}$]和[$\bar{1}\bar{1}\bar{1}$]是等价的对称晶向,通常用⟨111⟩表示这一组对角线晶向.

三、米勒指数与晶面指数

按照晶面指数的取法,晶面指数的大小取决于参考晶轴的选择. 由于基矢选择的不唯一性,同一点阵的确定晶面,可能因基矢选择的不同,得到不同的晶面指数. 为了避免这一问题,方便晶体结构分析,1839 年米勒(Miller)提出了用惯用晶轴矢量确定晶面指数来标定晶面. 具体取法与基矢描述的晶面指数取法一致. 只是参考轴由基矢晶轴换成了惯用晶轴,其结果也由($h_1h_2h_3$)变成了(hkl),用(hkl)描述的晶面指数称为米勒指数(Miller indices).

考虑到晶面指数构造中,晶面在基矢晶轴上截距的整数倍特征,一定造成以惯用晶轴为参考轴构建米勒指数将漏掉一些晶面. 为了弥补这一部分,可采用非整数截距进行相同的处理. (200)、(400)、(220)、(222)和(420)等晶面的出现就是这样得到的. 其中,(200)和(400)晶面是垂直于晶轴 $\boldsymbol{a}$,且截距为 $a/2$ 和 $a/4$ 的晶面.

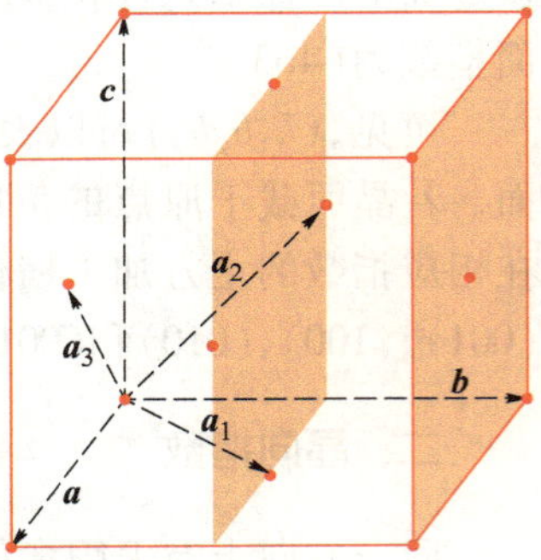

图 2.26　面心立方点阵示意图

对于 7 个简单点阵来讲,米勒指数与基矢描述的晶面指数一致. 对于其它点阵来讲,两者通常不一样. 在如图 2.26 所示的面心立方结构中,右侧阴影所示晶面的晶面指数是(110),而米勒指数为(010). 在米勒指数描述的(010)晶面族中,最靠近原点的晶面不是(010)晶面,而是(020)晶面,即中间阴影所示的晶面. 这也正是惯用晶轴矢量的整数倍平移所遗漏的晶面.

例 2.6

给出如图 2.27 所示晶体点阵中标定的晶向指数和晶面指数.

解: 利用晶向指数的定义,图 2.27 所示的 1′、2′和 3′三个晶向的晶向指数为[$\bar{1}11$]、[021]和[221].

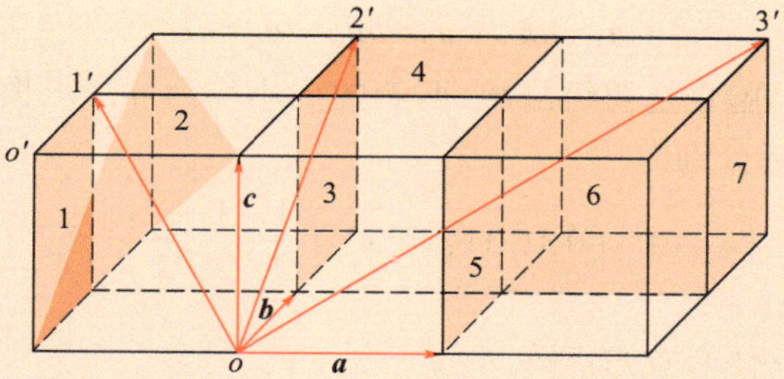

图 2.27　三维点阵的晶向晶面示意图

利用晶面指数的定义，容易求出 1、4、5、6 和 7 的晶面指数分别为 $(\bar{1}00)$、(001)、(100)、(010) 和(100).

然而，当求 3 的晶面指数时，无法写出该晶面与晶轴 ***b*** 和 ***c*** 的截距，同时由于与晶轴 ***a*** 的截距为零，无法按定义直接写出晶面指数. 我们看到，晶面 1、3、5、7 是一组等价的晶面. 因此 3 的晶面指数可以写为(100).

同时，对于面 2，也无法一眼看出其晶面指数. 通常，可以利用晶面的等价性，平移参考点 o 到 o'，一眼就可以看出其截距为 $12\bar{1}$. 因此，其晶面指数为 $(21\bar{2})$.

§ 2.7　典型的晶体结构

以常见的晶体为例，说明基元的选择和点阵的类型，并以惯用晶胞参量描述原子的坐标和基矢.

一、CsCl 结构——简单立方点阵

CsCl 的晶体结构如图 2.28 所示. 晶体可以看成是该晶胞的堆积，每个 Cs^+ 和 Cl^- 周围有 8 个异类配位原子. 无论是 Cs^+ 还是 Cl^- 都构成简单立方，可以选择包含了最少 Cs^+ 和 Cl^- 离子的基元：CsCl 分子，相应的布拉维点阵为立方晶系的简单立方(simple cubic)点阵.

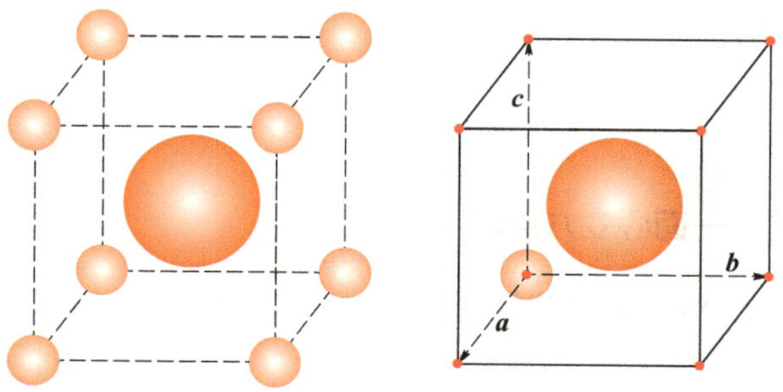

图 2.28　CsCl 的晶体结构、基元与简单立方点阵示意图

选择描述晶体的惯用晶轴矢量 ***a***、***b*** 和 ***c***，其大小 $a=b=c$，而且 ***a***、***b***、***c*** 相互垂直. 对于简单立方点阵，惯用晶胞内只包含一个阵点，***a***、***b*** 和 ***c*** 也是简单立方点阵的基矢：

$$\boldsymbol{a}_1=a\hat{\boldsymbol{a}},\quad \boldsymbol{a}_2=a\hat{\boldsymbol{b}},\quad \boldsymbol{a}_3=a\hat{\boldsymbol{c}} \tag{2.16}$$

图 2.28 给出的惯用晶胞也是初级晶胞，两者的大小均为 a^3. 以惯用晶轴矢量为参考轴，基元中原子的坐标分别为

$$Cl^-:(0,0,0),\quad Cs^+:\left(\frac{1}{2},\frac{1}{2},\frac{1}{2}\right)$$

二、金属 Fe——体心立方点阵

金属 Fe 是磁性材料中的主要元素之一. Fe 的晶体结构如图 2.29 所示，每个原子的配位有 8 个原子. 由于 Fe 原子构成一个体心立方晶胞，可以选择一个 Fe 原子为基元，晶体的点阵为体心立方(body centered cubic)点阵. 选择立方晶系的惯用晶轴矢量 $\boldsymbol{a}$、$\boldsymbol{b}$ 和 $\boldsymbol{c}$，体心立方点阵的基矢为

$$\boldsymbol{a}_1=\frac{a}{2}(-\hat{\boldsymbol{a}}+\hat{\boldsymbol{b}}+\hat{\boldsymbol{c}}),\quad \boldsymbol{a}_2=\frac{a}{2}(\hat{\boldsymbol{a}}-\hat{\boldsymbol{b}}+\hat{\boldsymbol{c}}),\quad \boldsymbol{a}_3=\frac{a}{2}(\hat{\boldsymbol{a}}+\hat{\boldsymbol{b}}-\hat{\boldsymbol{c}}) \tag{2.17}$$

图 2.29 给出的惯用晶胞大小是初级晶胞的 2 倍，晶胞的大小分别为 a^3 和 $a^3/2$. 依然采用惯用晶轴，则基元中原子的坐标为

$$Fe:(0,0,0)$$

考虑到体心立方的惯用晶胞内包含两个阵点，这两个阵点对应的 Fe 原子坐标分别为

$$Fe:(0,0,0),\quad Fe:\left(\frac{1}{2},\frac{1}{2},\frac{1}{2}\right)$$

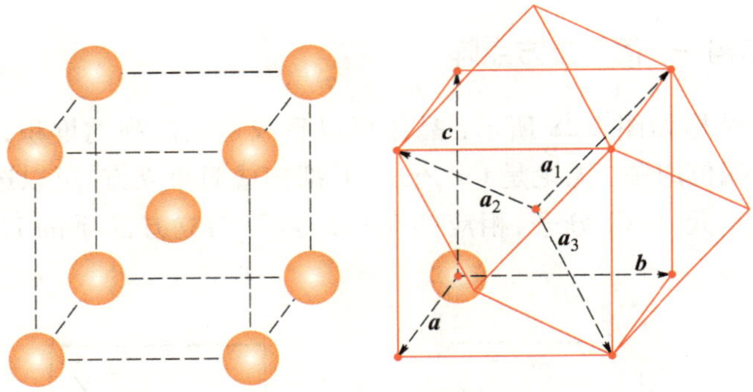

图 2.29　Fe 的晶体结构、晶胞与基矢示意图

三、NaCl 结构——面心立方点阵

如图 2.30 所示的 NaCl 晶体结构，通常反映了惯用晶胞中的原子分布. 可见，异类配位的 Na^+ 和 Cl^- 离子各有 4 个，且 $Na^+:Cl^-=1:1$. 由晶胞中离子的分布，明显看出 Na^+ 和 Cl^- 离子均构成面心立方结构. 选择一个 NaCl 分子作为基元，得到晶体相应的布拉维点阵为面心立方(face centered cubic)点阵，依然属于立方晶系. 选择立方晶系的惯用晶轴矢量 $\boldsymbol{a}$、$\boldsymbol{b}$ 和 $\boldsymbol{c}$，以此为参考晶轴，则面心立方的基矢为

$$\boldsymbol{a}_1=\frac{a}{2}(\hat{\boldsymbol{b}}+\hat{\boldsymbol{c}}),\quad \boldsymbol{a}_2=\frac{a}{2}(\hat{\boldsymbol{c}}+\hat{\boldsymbol{a}}),\quad \boldsymbol{a}_3=\frac{a}{2}(\hat{\boldsymbol{a}}+\hat{\boldsymbol{b}}) \tag{2.18}$$

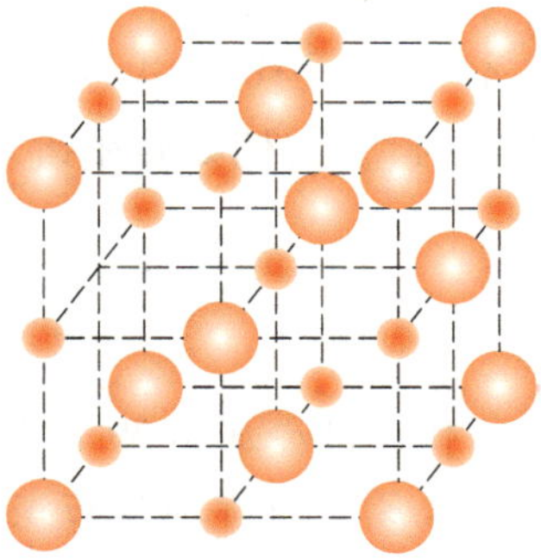
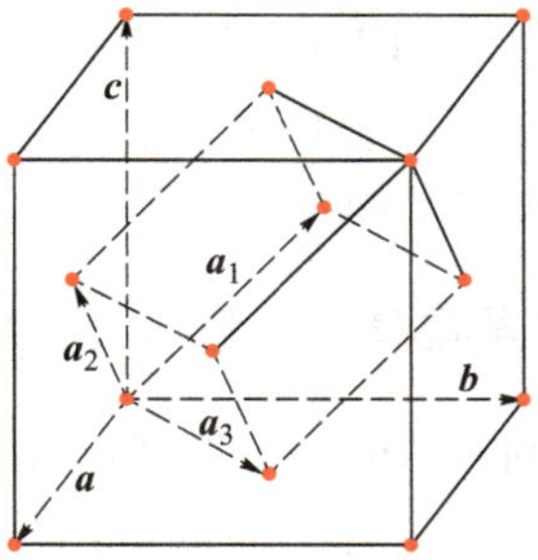

图 2.30　NaCl 的晶体结构、晶胞与基矢示意图

由于惯用晶胞中包含四个阵点，所以其大小为初级晶胞的 4 倍. 依然采用惯用晶轴，则基元中原子的坐标分别为

$$Cl^-:(0,0,0),\quad Na^+:\left(\frac{1}{2},\frac{1}{2},\frac{1}{2}\right)$$

考虑到每个阵点对应一个基元，晶胞包含了四个阵点，则惯用晶胞内原子的坐标可以分别写为

$$Cl^-:(0,0,0),\left(0,\frac{1}{2},\frac{1}{2}\right),\left(\frac{1}{2},0,\frac{1}{2}\right),\left(\frac{1}{2},\frac{1}{2},0\right)$$

$$Na^+:\left(\frac{1}{2},\frac{1}{2},\frac{1}{2}\right),\left(\frac{1}{2},1,1\right),\left(1,\frac{1}{2},1\right),\left(1,1,\frac{1}{2}\right)$$

四、金刚石结构

C 元素可以形成三维的石墨和金刚石、二维的石墨烯、准一维的碳纳米管和准零维的 C_{60}. 金刚石结构如图 2.31 所示，每个 C 原子与相邻 4 个 C 原子以共价键结合形成四面体结构. 可见，惯用晶胞内有 8 个 C 原子，一组处于面心立方位置(实心球表示)，一组在体内(有虚线轮廓的实心球表示). 这两组 C 原子均构成面心立方结构，其空间分布相当于两套面心立方结构的 C 原子沿[111]晶向平移 1/4 对角线长度的结果. 若选择两个 C 原子为基元，则金刚石结构的点阵是面心立方点阵，且晶格常量 $a=0.355\,9$ nm. 利用立方晶系的惯用晶轴矢量，基元中原子的坐标为

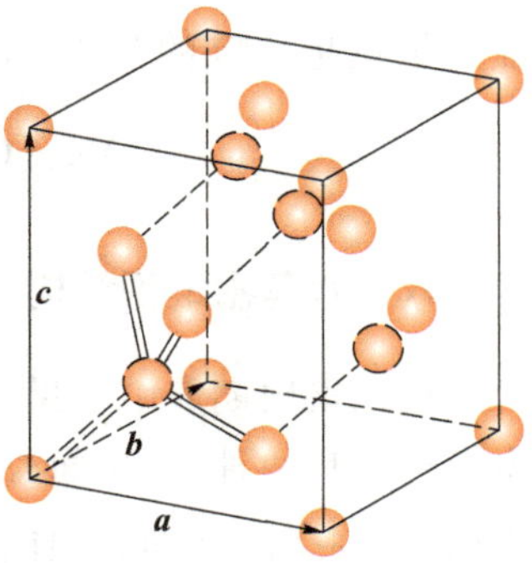

图 2.31　金刚石结构示意图

$$C:(0,0,0),\left(\frac{1}{4},\frac{1}{4},\frac{1}{4}\right)$$

考虑到面心立方惯用晶胞包含四个阵点，则晶胞内的 C 原子坐标分别为

$$C:(0,0,0),\left(0,\frac{1}{2},\frac{1}{2}\right),\left(\frac{1}{2},0,\frac{1}{2}\right),\left(\frac{1}{2},\frac{1}{2},0\right)$$

$$\left(\frac{1}{4},\frac{1}{4},\frac{1}{4}\right),\left(\frac{1}{4},\frac{3}{4},\frac{3}{4}\right),\left(\frac{3}{4},\frac{1}{4},\frac{3}{4}\right),\left(\frac{3}{4},\frac{3}{4},\frac{1}{4}\right)$$

除 Pb 外，第Ⅳ族元素形成的晶体也具有这种结构，例如硅和锗. 此外，宽禁带半导体 SiC 也有金刚石结构.

五、MgB_2 超导晶体——简单六方点阵

2001 年秋光纯(Akimitsu)发现高纯度二硼化镁被冷却到 39 K 时，呈现出超导特性. 图 2.32 给出了该化合物的晶体结构. 6 个 B 原子对称地分布在两层 Mg 原子中间，位于 6 个正三棱柱的对称中心上.

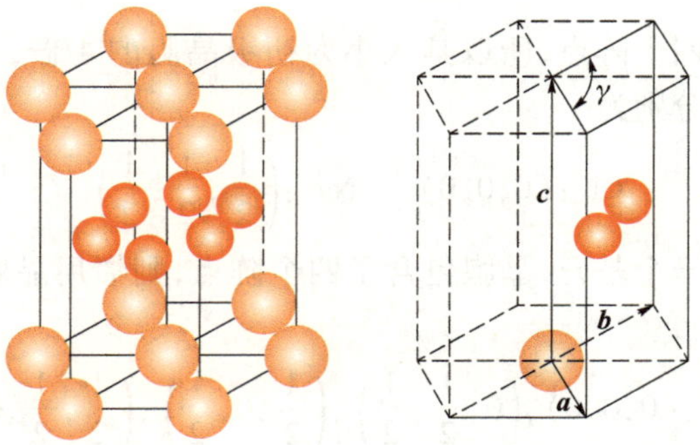

图 2.32　MgB_2 的晶体结构、基元与简单六方点阵示意图

利用 Mg 和 B 的原子数之比为 1∶2，选 MgB_2 分子为基元，对应布拉维点阵为简单六方点阵. 选择惯用晶胞晶轴矢量 $\boldsymbol{a}$、$\boldsymbol{b}$ 和 $\boldsymbol{c}$，则 $a=b=0.308\ 1$ nm，$c=0.351\ 8$ nm，$\boldsymbol{c}\perp\boldsymbol{a}$，$\boldsymbol{c}\perp\boldsymbol{b}$，$\gamma=120°$. 此时，每个晶胞内含有一个阵点，惯用晶胞也就是初级晶胞，惯用晶轴矢量也是点阵的基矢. 惯用晶轴矢量描述的基元中原子的坐标分别为

$$\text{Mg}:(0,0,0),\quad \text{B}:\left(\frac{2}{3},\frac{1}{3},\frac{1}{2}\right),\left(\frac{1}{3},\frac{2}{3},\frac{1}{2}\right)$$

六、六角密堆积结构

从元素周期表中可见，单原子形成晶体时，倾向于密堆积排列. 实际晶体的密堆积结构只有两种：一是面心立方结构，另一就是六角密堆积(hcp)结构. 它们的堆积密度均为$\sqrt{2}\pi/6\approx0.74$，比其它结构的堆积密度高，如表 2.4 所示. 图 2.33 给出了单一原子形成密堆积结构时的排布示意图，以 ABC 形式重复排列形成了面心立方结构，而以 AB 方式排列形成了六角密堆积结构. 图 2.34 给出了六角密堆积结构及其惯用晶轴矢量. 可见，其点阵依然为简单六方点阵，每个阵点对应的基元有两个原子. 在密堆积情况下，惯用晶轴矢量满足 $a=b$，$c=2\sqrt{2/3}\,a$，对应基元中两个原子的坐标分别为 $(0,0,0)$ 和 $\left(\frac{2}{3},\frac{1}{3},\frac{1}{2}\right)$.

表 2.4 惯用晶胞参量描述的部分点阵堆积参量

	简单立方（sc）	体心立方（bcc）	面心立方（fcc）	简单六方（hex）
初级晶胞体积	a^3	$a^3/2$	$a^3/4$	$(\sqrt{3}/2)a^2c$
惯用晶胞体积	a^3	a^3	a^3	$(\sqrt{3}/2)a^2c$
晶胞内的格点数	1	2	4	1
最近邻数	6	8	12	6
最近邻间距	a	$(\sqrt{3}/2)a$	$(\sqrt{2}/2)a$	$a(c>a)$
次近邻数	12	6	6	2
次近邻间距	$\sqrt{2}a$	a	a	$c(c>a)$
堆积密度	$\pi/6$	$(\sqrt{3}/8)\pi$	$\sqrt{2}\pi/6$	$\sqrt{3}\pi a/9c$

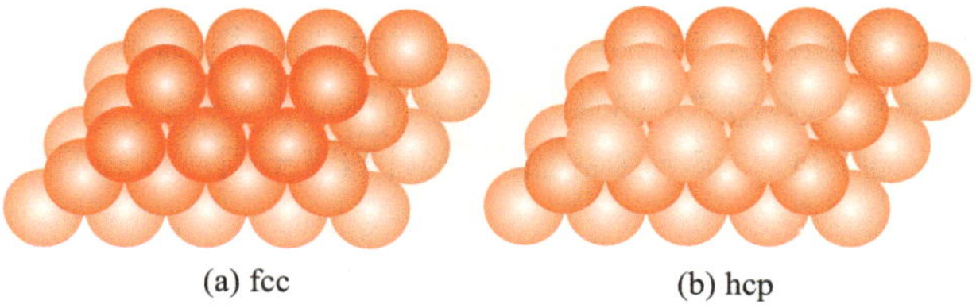

图 2.33 密堆积结构示意图

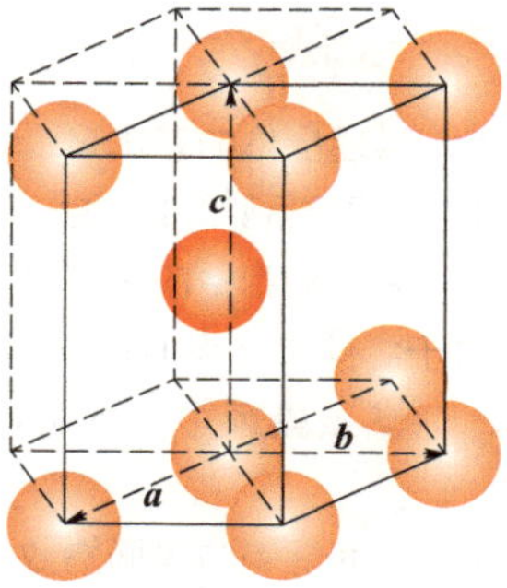

图 2.34 六角密堆积结构示意图

例 2.7

定义晶胞中被硬球占据的体积和晶胞体积之比为结构的堆积密度 D. 假设原子为刚性小球，最近邻原子相切，计算简单立方结构、体心立方结构、面心立方结构、金刚石结构、简单六方结构和六角密堆积结构的堆积密度 D.

解： 假设立方晶系的晶格常量为 a，则惯用晶胞的体积为 a^3. 若原子的半径为 r，则每个原子占据的空间体积为 $4\pi r^3/3$. 对于简单立方（sc）、体心立方（bcc）、面心立方（fcc）和金刚石（diamond），惯用晶胞中分别含有 1、2、4 和 8 个原子，用晶格常量描述的原子半径分别为 $r=a/2, r=\sqrt{3}a/4, r=\sqrt{2}a/4$ 和 $r=\sqrt{3}a/8$，则

$$D_{sc}=\left[\frac{4}{3}\pi\left(\frac{a}{2}\right)^3\right]\div a^3=\frac{\pi}{6}\approx 0.52$$

$$D_{bcc}=\left[2\times\frac{4}{3}\pi\left(\frac{\sqrt{3}a}{4}\right)^3\right]\div a^3=\frac{\sqrt{3}\pi}{8}\approx 0.68$$

$$D_{fcc}=\left[4\times\frac{4}{3}\pi\left(\frac{\sqrt{2}a}{4}\right)^3\right]\div a^3=\frac{\sqrt{2}\pi}{6}\approx 0.74$$

$$D_d=\left[8\times\frac{4}{3}\pi\left(\frac{\sqrt{3}a}{8}\right)^3\right]\div a^3=\frac{\sqrt{3}\pi}{16}\approx 0.34$$

简单六方(hexagonal):$c/a=1$,则晶胞体积为$(a\times\sqrt{3}a/2)\times a=\sqrt{3}a^3/2$. 惯用晶胞中只含 1 个原子,且 $r=a/2$,则

$$D_h=\left[\frac{4}{3}\pi\left(\frac{a}{2}\right)^3\right]\div\frac{\sqrt{3}}{2}a^3=\frac{\pi}{3\sqrt{3}}\approx 0.60$$

六角密堆积(hcp):$c/a=2\sqrt{6}/3$,则晶胞体积为$(a\times\sqrt{3}/2)\times 2\sqrt{6}a/3=\sqrt{2}a^3$. 惯用晶胞中含 2 个原子,且 $r=a/2$,则

$$D_{hcp}=\left[2\times\frac{4}{3}\pi\left(\frac{a}{2}\right)^3\right]\div\sqrt{2}a^3=\frac{\sqrt{2}\pi}{6}\approx 0.74$$

可见,fcc 和 hcp 分布的硬球结构具有最大的堆积密度,约为 0.74. 研究表明,有序排列的椭球堆积密度可远大于 0.74;无规则分布的椭球堆积密度接近 0.74,这一数值远大于无规则分布硬球的堆积密度 0.63.

习题二

2.1 描述晶体的基本量. 试确定石墨烯的基元、布拉维点阵、基矢和平移矢量. 画出石墨烯的初级晶胞、惯用晶胞和维格纳-塞茨晶胞.

2.2 惯用晶胞中的原子坐标. GaN 是一种重要的宽禁带半导体,主要有纤锌矿和闪锌矿两种结构. 对于纤锌矿结构 GaN,在惯用晶轴坐标系中,写出惯用晶胞内的原子坐标.

2.3 立方晶系中晶向与晶面的关系. 证明立方晶系中的晶向[hkl]垂直于同指数的晶面(hkl).

2.4 晶面间距与晶面指数关系. 利用正交晶系的惯用晶胞,试求晶面族(hkl)的晶面间距 d.

2.5 点阵两个 2 次轴间的夹角. 证明晶体点阵中两个 2 次轴间的夹角只能是 30°、45°、60° 和 90°.

2.6 点阵与图形的点对称性. 习题 2.6 图给出了两种晶体(a)和(b)以及一个多边形(c). 确定这三个对象的点对称操作(假定晶体是无限大的),并证明两个晶体的点群不一样,其中之一与多边形具有相同的点群.

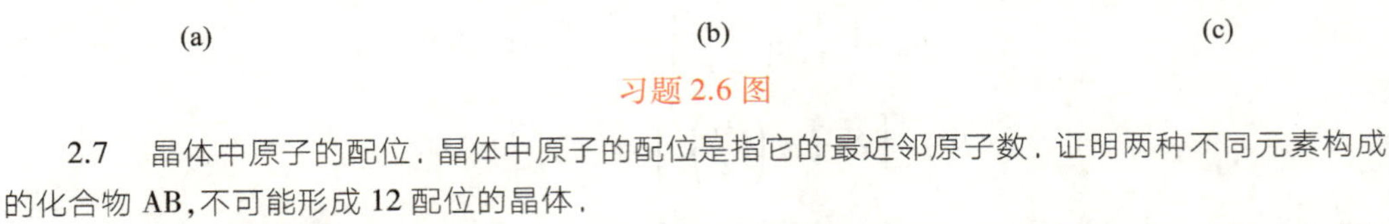

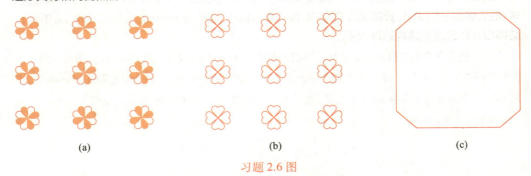

习题 2.6 图

2.7 晶体中原子的配位. 晶体中原子的配位是指它的最近邻原子数. 证明两种不同元素构成的化合物 AB,不可能形成 12 配位的晶体.

2.8 AB 化合物的晶体结构类型. 半径不同的两种硬球 A 和 B 构成稳定结构时,试证明小球半径 r 和大球半径 R 之比分别满足:

（1）CsCl 型（配位数为 8），$1>r/R\geqslant 0.73$。

（2）NaCl 型（配位数为 6），$0.73>r/R\geqslant 0.41$。

（3）正四面体型（配位数为 4），$0.41>r/R\geqslant 0.23$。

（4）层状（配位数为 3），$0.23>r/R\geqslant 0.16$。

2.9　论述单质晶体为什么多为 bcc、fcc 和 hcp。

参考文献

第3章

倒易点阵与晶体结构的确定

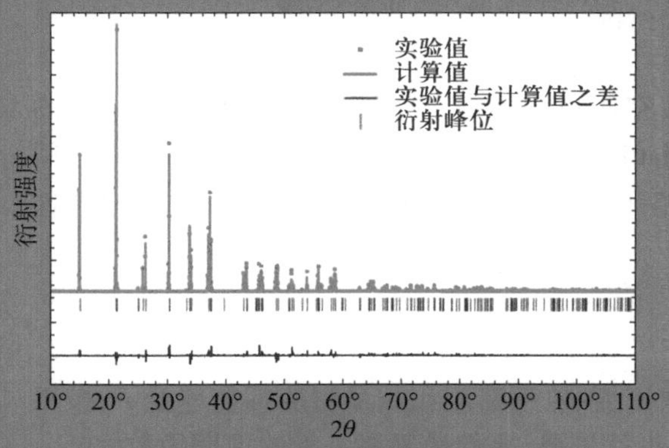

多铁性材料 $BiFeO_3$ 的高分辨同步辐射 X 射线衍射图. 其中,最低一行为实验观测值与理论计算结果之间的误差. 引自 A. Reyes, et al., J. Eur. Ceram. Soc. 27, 3709 (2007).

本章将介绍倒易点阵的描述和特征,并由此讨论用衍射技术确定晶体结构的原理和方法.

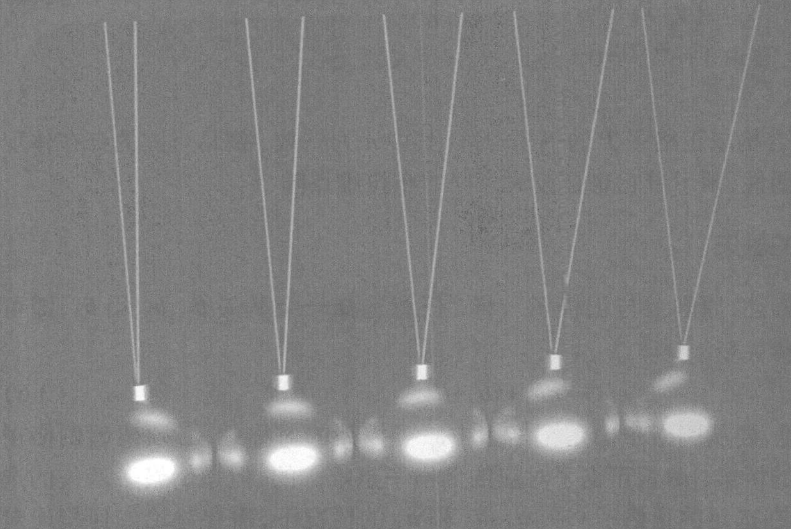

在原子规则排列的前提下，从第 2 章中学会了如何描述晶体的对称性．对于给定的晶体，如何从实验上确定其晶体结构将是本章的主要目标．虽然各种现代显微镜可以直接观测固体中原子的分布特征，但是这些技术多数只能观测固体表面的原子排列．利用 X 射线衍射、选区电子衍射和中子衍射等衍射方法，可以获得晶体整体的衍射图样．若能构建衍射图样与实空间原子规则排列之间的关系，就可以确定晶体中的原子分布和晶体的对称性．

§ 3.1 倒易点阵的定义与描述

通常，人们将晶体直接抽象得到的实空间点阵称为正格子，而将晶体衍射对应的点阵称为倒格子或倒易点阵（reciprocal lattice）．倒易点阵也是傅里叶（Fourier）空间或波矢空间的点阵．构建倒易点阵与正格子的关系，是利用衍射图像描述晶体对称性和原子排列方式的关键一步．

一、倒易点阵的定义

晶体的平移对称性告诉我们，电子数密度、电荷密度和质量密度等物理量 F，按平移矢量 $\boldsymbol{T}=u\boldsymbol{a}_1+v\boldsymbol{a}_2+w\boldsymbol{a}_3$ 操作前后不变．也就是说，它们是平移矢量的周期函数

$$F(\boldsymbol{r}+\boldsymbol{T})=F(\boldsymbol{r}) \tag{3.1}$$

将其作傅里叶变换

$$F(\boldsymbol{r})=\sum_{\boldsymbol{G}} A(\boldsymbol{G})\mathrm{e}^{\mathrm{i}\boldsymbol{G}\cdot\boldsymbol{r}} \tag{3.2}$$

其逆变换满足

$$A(\boldsymbol{G})=\frac{1}{V_{\mathrm{c}}}\int_{V_{\mathrm{c}}} F(\boldsymbol{r})\mathrm{e}^{-\mathrm{i}\boldsymbol{G}\cdot\boldsymbol{r}}\mathrm{d}\boldsymbol{r}=\left[\frac{1}{V_{\mathrm{c}}}\int_{V_{\mathrm{c}}} F(\boldsymbol{r}+\boldsymbol{T})\ \mathrm{e}^{-\mathrm{i}\boldsymbol{G}\cdot(\boldsymbol{r}+\boldsymbol{T})}\mathrm{d}\boldsymbol{r}\right]\mathrm{e}^{\mathrm{i}\boldsymbol{G}\cdot\boldsymbol{T}} \tag{3.3}$$

其中，V_{c}为实空间点阵的初级晶胞体积．引入$\boldsymbol{r}'=\boldsymbol{r}+\boldsymbol{T}$，式(3.3)化为

$$A(G)=\left[\frac{1}{V_{\mathrm{c}}}\int_{V_{\mathrm{c}}} F(\boldsymbol{r}')\ \mathrm{e}^{-\mathrm{i}\boldsymbol{G}\cdot\boldsymbol{r}'}\mathrm{d}\,\boldsymbol{r}'\right]\mathrm{e}^{\mathrm{i}\boldsymbol{G}\cdot\boldsymbol{T}}=A(\boldsymbol{G})\mathrm{e}^{\mathrm{i}\boldsymbol{G}\cdot\boldsymbol{T}} \tag{3.4}$$

由于一般 $A(\boldsymbol{G})\neq\boldsymbol{0}$，要求 $1-\mathrm{e}^{\mathrm{i}\boldsymbol{G}\cdot\boldsymbol{T}}=0$．由此，人们定义满足

$$\boldsymbol{G}\cdot\boldsymbol{T}=2\pi n \tag{3.5}$$

的 $\boldsymbol{G}$ 矢量端点的集合构成正格子 $\boldsymbol{T}$ 的倒易点阵，其中 n 为整数．倒易点阵的存在体现了傅里叶变换的对偶性，预示着它也是波矢空间的布拉维点阵．

二、倒易点阵的基矢

对倒易点阵的描述，原则上与正格子一样．任意选择一组基矢 $\boldsymbol{b}_1$、$\boldsymbol{b}_2$ 和 $\boldsymbol{b}_3$，即可构造倒易点阵的平移矢量

$$\boldsymbol{G}=h\boldsymbol{b}_1+k\boldsymbol{b}_2+l\boldsymbol{b}_3 \tag{3.6}$$

称之为倒格矢．可见，要从倒格子确定正格子中原子排列的对称性，必须架起倒格子基矢与正格子基矢的桥梁．尽管正格子对应的倒格子是唯一的，但是倒格子基矢的选择是任意的．为此，在选定的正格子基矢 $\boldsymbol{a}_1$、$\boldsymbol{a}_2$ 和 $\boldsymbol{a}_3$ 的情况下，需要讨论如何构建对

应的倒格子基矢.

对于正格子平移矢量

$$\boldsymbol{T}=u\boldsymbol{a}_1+v\boldsymbol{a}_2+w\boldsymbol{a}_3 \tag{3.7}$$

考虑到系数 u、v 和 w 的任意性,利用倒格子的定义式(3.5),必有

$$\begin{aligned}&\boldsymbol{G}\cdot\boldsymbol{a}_1=2\pi h\\&\boldsymbol{G}\cdot\boldsymbol{a}_2=2\pi k\quad(h,k,l\text{ 为整数})\\&\boldsymbol{G}\cdot\boldsymbol{a}_2=2\pi l\end{aligned} \tag{3.8}$$

若定义倒格子基矢 $\boldsymbol{b}_j$ 与正格子基矢 $\boldsymbol{a}_i$ 满足

$$\boldsymbol{a}_i\cdot\boldsymbol{b}_j\equiv 2\pi\delta_{ij},\quad i,j=1,2,3 \tag{3.9}$$

则式(3.8)成立. 其中,δ_{ij}为克罗内克(Kronecker)符号. 利用 $\boldsymbol{b}_1$ 垂直于 $\boldsymbol{a}_2$ 和 $\boldsymbol{a}_3$,假设

$$\boldsymbol{b}_1=\eta\boldsymbol{a}_2\times\boldsymbol{a}_3 \tag{3.10}$$

由 $\boldsymbol{a}_1\cdot\boldsymbol{b}_1=2\pi$,得到

$$\eta=\frac{2\pi}{\boldsymbol{a}_1\cdot(\boldsymbol{a}_2\times\boldsymbol{a}_3)}=\frac{2\pi}{V_c} \tag{3.11}$$

其中,$V_c=\boldsymbol{a}_1\cdot(\boldsymbol{a}_2\times\boldsymbol{a}_3)$为正格子的初级晶胞体积. 将式(3.11)代入式(3.10),可以求出 $\boldsymbol{b}_1$. 同理,可求出 $\boldsymbol{b}_2$ 和 $\boldsymbol{b}_3$. 即

$$\boldsymbol{b}_1=\frac{2\pi}{V_c}\boldsymbol{a}_2\times\boldsymbol{a}_3,\quad \boldsymbol{b}_2=\frac{2\pi}{V_c}\boldsymbol{a}_3\times\boldsymbol{a}_1,\quad \boldsymbol{b}_3=\frac{2\pi}{V_c}\boldsymbol{a}_1\times\boldsymbol{a}_2 \tag{3.12}$$

其中,利用了 $\boldsymbol{a}_1\cdot(\boldsymbol{a}_2\times\boldsymbol{a}_3)=\boldsymbol{a}_2\cdot(\boldsymbol{a}_3\times\boldsymbol{a}_1)=\boldsymbol{a}_3\cdot(\boldsymbol{a}_1\times\boldsymbol{a}_2)$.

这样定义的基矢具有对易性,满足倒格子的倒格子为正格子. 若选择倒格子的惯用晶胞参量为 A、B、C 和 α'、β'、γ',则 7 个晶系倒格子的惯用晶胞参量如表 3.1 所示.

例 3.1

试求简单、体心和面心立方点阵的倒易点阵.

解: 设立方晶系惯用晶胞的边长为 a,则简单、体心和面心立方点阵的初级晶胞体积 V_c 分别为 a^3、$a^3/2$ 和 $a^3/4$. 考虑到立方晶系惯用晶轴矢量相互垂直,故可以将它们建立在直角坐标系上,如图 3.1 所示.

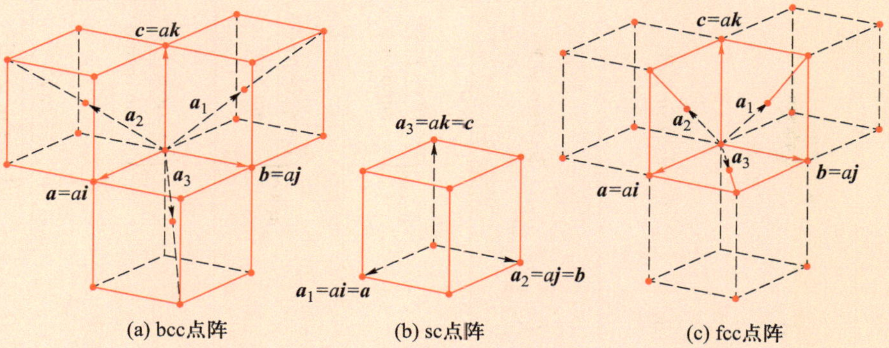

图 3.1　立方晶系的晶轴矢量

表 3.1　三维倒格子的惯用晶胞参量

晶系		三斜	单斜	正交	四方	立方	六方	三方
用正空间晶格常量表示的倒易空间的惯用晶胞参量	A	$2\pi bc\sin\alpha/V_c$	$\frac{2\pi}{a\sin\beta}$	$\frac{2\pi}{a}$	$\frac{2\pi}{a}$	$\frac{2\pi}{a}$	$\frac{4\pi}{\sqrt{3}a}$	$\frac{2\pi\sin\alpha}{a\sqrt{1-3\cos^2\alpha+2\cos^3\alpha}}$
	B	$2\pi ca\sin\beta/V_c$	$\frac{2\pi}{b}$	$\frac{2\pi}{b}$	$\frac{2\pi}{a}$	$\frac{2\pi}{a}$	$\frac{4\pi}{\sqrt{3}a}$	$\frac{2\pi\sin\alpha}{a\sqrt{1-3\cos^2\alpha+2\cos^3\alpha}}$
	C	$2\pi ab\sin\gamma/V_c$	$\frac{2\pi}{c\sin\beta}$	$\frac{2\pi}{c}$	$\frac{2\pi}{c}$	$\frac{2\pi}{a}$	$\frac{2\pi}{c}$	$\frac{2\pi\sin\alpha}{a\sqrt{1-3\cos^2\alpha+2\cos^3\alpha}}$
	α'	$\arccos\left(\frac{\cos\beta\cos\gamma-\cos\alpha}{\sin\beta\sin\gamma}\right)$	90°	90°	90°	90°	90°	$\arccos\left(-\frac{\cos\alpha}{1+\cos\alpha}\right)$
	β'	$\arccos\left(\frac{\cos\gamma\cos\alpha-\cos\beta}{\sin\gamma\sin\alpha}\right)$	$180^\circ-\beta$	90°	90°	90°	90°	$\arccos\left(-\frac{\cos\alpha}{1+\cos\alpha}\right)$
	γ'	$\arccos\left(\frac{\cos\alpha\cos\beta-\cos\gamma}{\sin\alpha\sin\beta}\right)$	90°	90°	90°	90°	60°	$\arccos\left(-\frac{\cos\alpha}{1+\cos\alpha}\right)$
	Ω	$\frac{(2\pi)^3}{abc\sqrt{1-\cos^2\alpha-\cos^2\beta-\cos^2\gamma+2\cos\alpha\cos\beta\cos\gamma}}$	$\frac{(2\pi)^3}{abc\sin\beta}$	$\frac{(2\pi)^3}{abc}$	$\frac{(2\pi)^3}{a^2c}$	$\frac{(2\pi)^3}{a^3}$	$\frac{2(2\pi)^3}{\sqrt{3}a^2c}$	$\frac{(2\pi)^3}{a^3\sqrt{1-3\cos^2\alpha+2\cos^3\alpha}}$

惯用晶轴矢量描述的正格子，简单、体心和面心立方点阵的基矢 $\boldsymbol{a}_1$、$\boldsymbol{a}_2$ 和 $\boldsymbol{a}_3$ 分别为

$$\text{sc}:\begin{cases}\boldsymbol{a}_1=a\boldsymbol{i}\\ \boldsymbol{a}_2=a\boldsymbol{j}\\ \boldsymbol{a}_3=a\boldsymbol{k}\end{cases},\quad \text{bcc}:\begin{cases}\boldsymbol{a}_1=\dfrac{a}{2}(-\boldsymbol{i}+\boldsymbol{j}+\boldsymbol{k})\\ \boldsymbol{a}_2=\dfrac{a}{2}(\boldsymbol{i}-\boldsymbol{j}+\boldsymbol{k})\\ \boldsymbol{a}_3=\dfrac{a}{2}(\boldsymbol{i}+\boldsymbol{j}-\boldsymbol{k})\end{cases},\quad \text{fcc}:\begin{cases}\boldsymbol{a}_1=\dfrac{a}{2}(\boldsymbol{j}+\boldsymbol{k})\\ \boldsymbol{a}_2=\dfrac{a}{2}(\boldsymbol{k}+\boldsymbol{i})\\ \boldsymbol{a}_3=\dfrac{a}{2}(\boldsymbol{i}+\boldsymbol{j})\end{cases}$$

利用倒易点阵基矢的定义式(3.12)，简单、体心和面心立方点阵的 $\boldsymbol{b}_1$、$\boldsymbol{b}_2$ 和 $\boldsymbol{b}_3$ 分别为

$$\text{sc}\to\text{sc}:\begin{cases}\boldsymbol{b}_1=\dfrac{2\pi}{a}\boldsymbol{i}\\ \boldsymbol{b}_2=\dfrac{2\pi}{a}\boldsymbol{j}\\ \boldsymbol{b}_3=\dfrac{2\pi}{a}\boldsymbol{k}\end{cases},\quad \text{bcc}\to\text{fcc}:\begin{cases}\boldsymbol{b}_1=\dfrac{2\pi}{a}(\boldsymbol{j}+\boldsymbol{k})\\ \boldsymbol{b}_2=\dfrac{2\pi}{a}(\boldsymbol{k}+\boldsymbol{i})\\ \boldsymbol{b}_3=\dfrac{2\pi}{a}(\boldsymbol{i}+\boldsymbol{j})\end{cases},\quad \text{fcc}\to\text{bcc}:\begin{cases}\boldsymbol{b}_1=\dfrac{2\pi}{a}(-\boldsymbol{i}+\boldsymbol{j}+\boldsymbol{k})\\ \boldsymbol{b}_2=\dfrac{2\pi}{a}(\boldsymbol{i}-\boldsymbol{j}+\boldsymbol{k})\\ \boldsymbol{b}_3=\dfrac{2\pi}{a}(\boldsymbol{i}+\boldsymbol{j}-\boldsymbol{k})\end{cases}$$

可见，三个倒易点阵与正格子一一对应，依然属于立方晶系的三个点阵.

三、布里渊区

定义倒格子空间的 WS 晶胞为第一布里渊区(first Brillouin zone，FBZ). 利用 WS 晶胞的体积等于初级晶胞的体积，则 FBZ 的体积为

$$\Omega=\boldsymbol{b}_1\cdot(\boldsymbol{b}_2\times\boldsymbol{b}_3)=\frac{(2\pi)^3}{\boldsymbol{a}_1\cdot(\boldsymbol{a}_2\times\boldsymbol{a}_3)}=\frac{(2\pi)^3}{V_c}\tag{3.13}$$

无论是确定 FBZ 的大小还是形状，其关键还是要确定倒格子点阵类型，即倒格子基矢. 下面讨论一维和二维格子基矢关系，并给出对应的布里渊区图像. 有关第 n 布里渊区及其功能，将在第 7 章结合电子能带结构进行介绍.

对于一维点阵，由于只有一个晶轴矢量或基矢，利用式(3.9)直接得到倒格子基矢 $\boldsymbol{b}_1$ 和正格子基矢 $\boldsymbol{a}_1$ 的关系：

$$\boldsymbol{b}_1\cdot\boldsymbol{a}_1=2\pi\tag{3.14}$$

对于基矢为 $\boldsymbol{a}_1=a\boldsymbol{i}$ 的点阵[如图 3.2(a)所示]，倒易点阵的基矢为 $\boldsymbol{b}_1=(2\pi/a)\boldsymbol{i}$. 该基矢对应的倒易点阵依然是一维点阵. 第一布里渊区大小为 $2\pi/a$[如图 3.2(b)所示]，即

$$L'=|\boldsymbol{b}_1|=\frac{2\pi}{a}\tag{3.15}$$

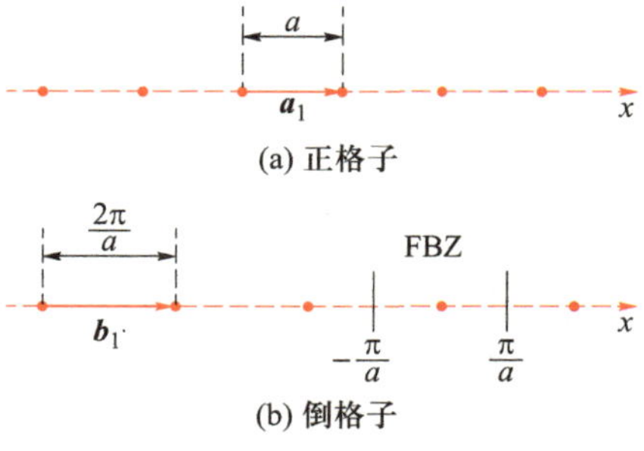

图 3.2　一维点阵

对于二维点阵，若正格子的基矢为 $\boldsymbol{a}_1$ 和 $\boldsymbol{a}_2$，利用基矢关系的第一种定义式(3.9)，得到

$$\boldsymbol{b}_1\cdot\boldsymbol{a}_1=\boldsymbol{b}_2\cdot\boldsymbol{a}_2=2\pi,\quad \boldsymbol{b}_1\cdot\boldsymbol{a}_2=\boldsymbol{b}_2\cdot\boldsymbol{a}_1=0\tag{3.16}$$

若将三维基矢关系中的 $\boldsymbol{a}_3$ 看成垂直于正格子二维平面的无量纲单位矢量 $\boldsymbol{n}$，则利用基矢关系的第二种定义式(3.12)，得到

$$b_1=2\pi\frac{a_2\times n}{a_1\cdot(a_2\times n)},\quad b_2=2\pi\frac{n\times a_1}{a_1\cdot(a_2\times n)} \tag{3.17}$$

其中,$\boldsymbol{a}_1\cdot(\boldsymbol{a}_2\times\boldsymbol{n})=\boldsymbol{n}\cdot(\boldsymbol{a}_1\times\boldsymbol{a}_2)$是二维初级晶胞的面积. 对应的第一布里渊区面积为

$$S'=|\boldsymbol{b}_1\times\boldsymbol{b}_2| \tag{3.18}$$

表 3.2 给出了二维体系正格子与倒格子基矢的对应关系,及其 WS 晶胞和 FBZ.

表 3.2　二维点阵的倒格子和对应的第一布里渊区

晶系	正格子的晶胞参量和 WS 晶胞		倒格子的晶胞参量和 FBZ	
斜方	$a_1\neq a_2$ $\gamma\neq 90^\circ$	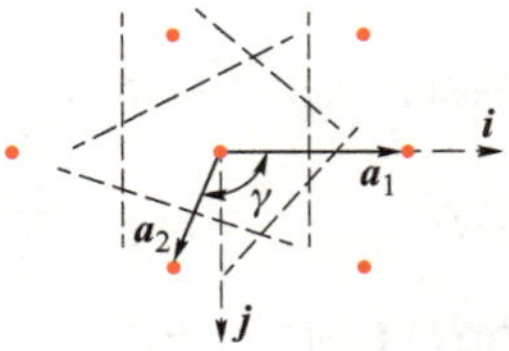	$\boldsymbol{b}_1=\frac{\boldsymbol{i}\sin\gamma-\boldsymbol{j}\cos\gamma}{\sin\gamma}\frac{2\pi}{a_1}$ $\boldsymbol{b}_2=\frac{\boldsymbol{j}}{\sin\gamma}\frac{2\pi}{a_2}$ $\gamma'=\pi-\gamma$	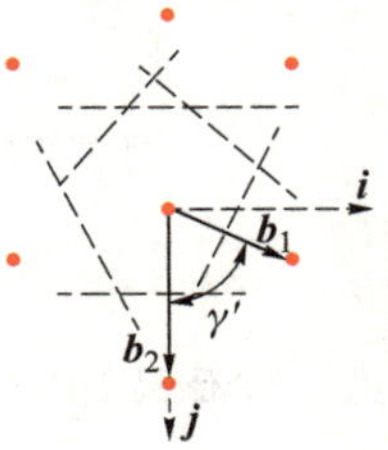
长方	$a_1\neq a_2$ $\gamma=90^\circ$	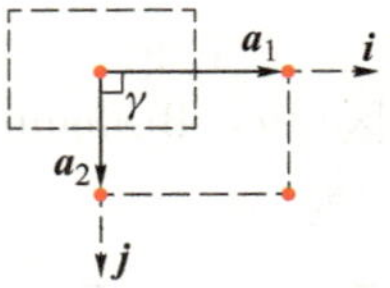	$b_1=\frac{2\pi}{a_1}$ $b_2=\frac{2\pi}{a_2}$ $\gamma'=90^\circ$	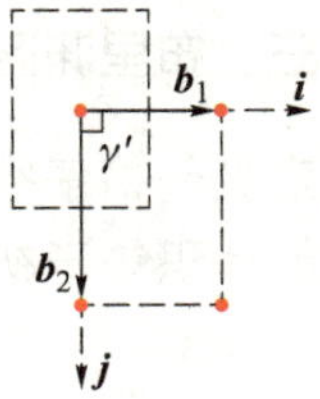
	$a_1\neq a_2$ $a_1=2a_2\cos\gamma$	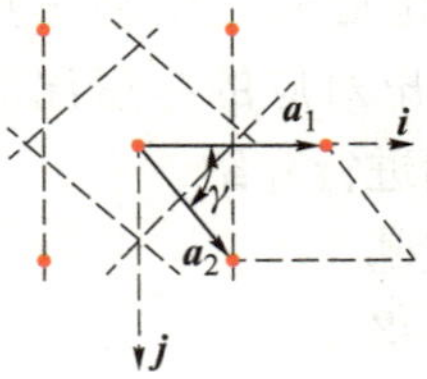	$b_1=\frac{1}{\sin\gamma}\frac{2\pi}{a_1}$ $b_2=\frac{1}{\sin\gamma}\frac{2\pi}{a_2}$ $\gamma'=\gamma+90^\circ$	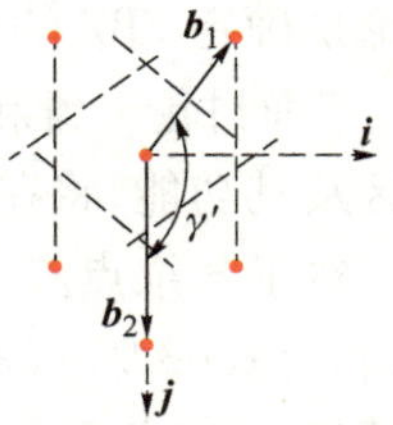
正方	$a_1=a_2=a$ $\gamma=90^\circ$	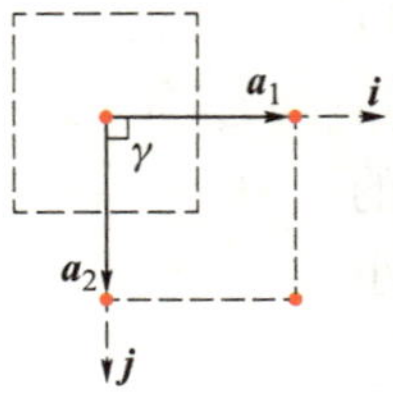	$b_1=b_2=\frac{2\pi}{a}$ $\gamma'=90^\circ$	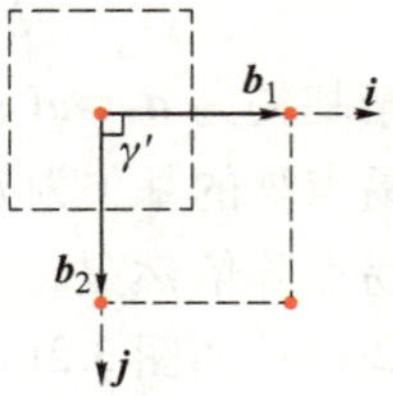
六角	$a_1=a_2=a$ $\gamma=120^\circ$	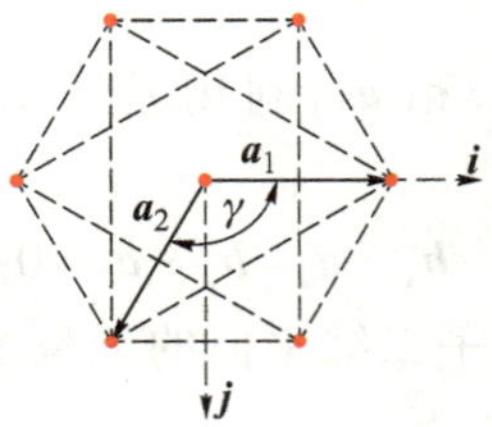	$b_1=b_2=\frac{2\sqrt{3}}{3}\frac{2\pi}{a}$ $\gamma'=60^\circ$	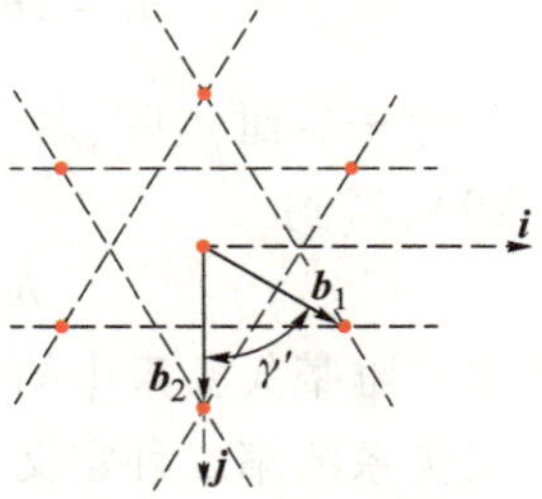

例 3.2

试求二维六角格子倒易点阵的惯用晶胞参量.

解: 假设二维六角正格子的最近邻距离为 a,由表 3.2 可知在直角坐标系中基矢表示为

$$\boldsymbol{a}_1=a\boldsymbol{i},\quad \boldsymbol{a}_2=-\frac{a}{2}\boldsymbol{i}+\frac{\sqrt{3}a}{2}\boldsymbol{j}$$

利用式(3.17),设 $\boldsymbol{n}=\boldsymbol{k}$,直接得到

$$\boldsymbol{b}_1=2\pi\frac{\boldsymbol{a}_2\times\boldsymbol{n}}{\boldsymbol{a}_1\cdot(\boldsymbol{a}_2\times\boldsymbol{n})}=2\pi\frac{\left(-\frac{a}{2}\boldsymbol{i}+\frac{\sqrt{3}a}{2}\boldsymbol{j}\right)\times\boldsymbol{k}}{a\boldsymbol{i}\cdot\left[\left(-\frac{a}{2}\boldsymbol{i}+\frac{\sqrt{3}a}{2}\boldsymbol{j}\right)\times\boldsymbol{k}\right]}=\frac{2\pi}{a}\left(\boldsymbol{i}+\frac{\sqrt{3}}{3}\boldsymbol{j}\right)$$

$$\boldsymbol{b}_2=2\pi\frac{\boldsymbol{n}\times\boldsymbol{a}_1}{\boldsymbol{a}_1\cdot(\boldsymbol{a}_2\times\boldsymbol{n})}=2\pi\frac{\boldsymbol{k}\times a\boldsymbol{i}}{a\boldsymbol{i}\cdot\left[\left(-\frac{a}{2}\boldsymbol{i}+\frac{\sqrt{3}a}{2}\boldsymbol{j}\right)\times\boldsymbol{k}\right]}=\frac{2\pi}{a}\left(\frac{2\sqrt{3}}{3}\boldsymbol{j}\right)$$

且 $b_1=b_2=4\sqrt{3}\pi/3a$. 利用

$$\boldsymbol{b}_1\cdot\boldsymbol{b}_2=\left(\frac{2\pi}{a}\right)^2\frac{2}{3}=b_1b_2\cos\gamma'=\left(\frac{2\pi}{a}\right)^2\frac{4}{3}\cos\gamma'$$

求出倒格子基矢间的夹角 $\gamma'=60°$. 可见,倒易点阵依然是六角格子形式. 由于二维六角晶系只有一个点阵,所以基矢 $\boldsymbol{b}_1$ 和 $\boldsymbol{b}_2$ 就是倒易点阵的惯用晶轴矢量,初级晶胞就是惯用晶胞,对应的惯用晶胞参量为 $A=B=(2\sqrt{3}/3)2\pi/a,\gamma'=60°$.

当然,也可以假设 $\boldsymbol{b}_1=b_{1x}\boldsymbol{i}+b_{1y}\boldsymbol{j},\boldsymbol{b}_2=b_{2x}\boldsymbol{i}+b_{2y}\boldsymbol{j}$,利用式(3.16)得到四个分量的标量方程. 由这四个方程联立求出倒格子基矢,进而得到倒易点阵的惯用晶胞参量.

对于三维点阵,例 3.1 给出了立方晶系的倒易点阵. 可以看到,利用式(3.9)或式(3.12)可以求出 7 个晶系、14 种布拉维点阵的倒易点阵. 由于正格子和倒格子都是点阵,所以平移对称性要求三维晶体的倒格子也有 14 种;尽管对应点阵类型可能会发生变化,但是特征点对称性限定了正格子和倒格子一定属于同一晶系.

§ 3.2 倒易点阵的特征

在互易的正格子和倒格子基矢基础上,深入认识倒易点阵的特征,构建倒格子与正格子的关系,已成为确定晶体原子对称性分布的重要环节.

一、倒格子与正格子具有相同的点对称性

设 α 为正格子的点对称操作群元,$\boldsymbol{T}$ 为正格子的平移矢量. 由于群元 α 必有一个对应的逆元 α^{-1},则 $\alpha\boldsymbol{T}$ 和 $\alpha^{-1}\boldsymbol{T}$ 均为正格矢. 由倒易点阵的定义 $\boldsymbol{G}\cdot\boldsymbol{T}=2\pi n$,得到

$$\boldsymbol{G}\cdot(\alpha^{-1}\boldsymbol{T})=2\pi m,\quad m\text{ 为整数}\tag{3.19}$$

鉴于点对称性是硬操作或正交变换,即空间两点距离保持不变,由于两矢量的点乘为标量,α 作用在点乘的两矢量上,该点乘不变. 同时,α 作用在点乘的两矢量上,相当于分别将这两个矢量进行了 α 操作,得到

$$\alpha[\boldsymbol{G}\cdot(\alpha^{-1}\boldsymbol{T})]=(\alpha\boldsymbol{G})\cdot[\alpha(\alpha^{-1}\boldsymbol{T})]=(\alpha\boldsymbol{G})\cdot\boldsymbol{T}=2\pi m \tag{3.20}$$

可见,$\alpha\boldsymbol{G}$ 为倒格矢,即点对称操作 α 依然是倒格子平移矢量 $\boldsymbol{G}$ 的群元. 同理,可以证明 $\alpha^{-1}\boldsymbol{G}$ 亦为倒格矢. 因此,倒格子与正格子具有相同的点对称性,即倒格子与正格子属于同一晶系.

二、倒格子的倒格子为正格子

若正格子基矢分别为 $\boldsymbol{a}_1$、$\boldsymbol{a}_2$ 和 $\boldsymbol{a}_3$,对应的倒格子基矢分别为 $\boldsymbol{b}_1$、$\boldsymbol{b}_2$ 和 $\boldsymbol{b}_3$,则利用式(3.12)的基矢关系,倒格子的倒格子基矢 $\boldsymbol{c}_1$、$\boldsymbol{c}_2$ 和 $\boldsymbol{c}_3$ 分别为

$$\boldsymbol{c}_1=2\pi\frac{\boldsymbol{b}_2\times\boldsymbol{b}_3}{\Omega},\quad \boldsymbol{c}_2=2\pi\frac{\boldsymbol{b}_3\times\boldsymbol{b}_1}{\Omega},\quad \boldsymbol{c}_3=2\pi\frac{\boldsymbol{b}_1\times\boldsymbol{b}_2}{\Omega} \tag{3.21}$$

利用 $\boldsymbol{a}\times(\boldsymbol{b}\times\boldsymbol{c})=(\boldsymbol{a}\cdot\boldsymbol{c})\boldsymbol{b}-(\boldsymbol{a}\cdot\boldsymbol{b})\boldsymbol{c}$,得

$$\begin{aligned}\boldsymbol{b}_2\times\boldsymbol{b}_3&=\left(\frac{2\pi}{V_c}\right)^2(\boldsymbol{a}_3\times\boldsymbol{a}_1)\times(\boldsymbol{a}_1\times\boldsymbol{a}_2)\\&=\left(\frac{2\pi}{V_c}\right)^2\{[(\boldsymbol{a}_3\times\boldsymbol{a}_1)\cdot\boldsymbol{a}_2]\boldsymbol{a}_1-[(\boldsymbol{a}_3\times\boldsymbol{a}_1)\cdot\boldsymbol{a}_1]\boldsymbol{a}_2\}\\&=\frac{(2\pi)^2}{V_c}\boldsymbol{a}_1\end{aligned} \tag{3.22}$$

结合正格子与倒格子初级晶胞的体积关系式(3.13),得到

$$\boldsymbol{c}_1=2\pi\frac{\boldsymbol{b}_2\times\boldsymbol{b}_3}{\Omega}=\boldsymbol{a}_1 \tag{3.23}$$

同理,$\boldsymbol{c}_2=\boldsymbol{a}_2$,$\boldsymbol{c}_3=\boldsymbol{a}_3$. 基矢 $\boldsymbol{c}_1$、$\boldsymbol{c}_2$ 和 $\boldsymbol{c}_3$ 与 $\boldsymbol{a}_1$、$\boldsymbol{a}_2$ 和 $\boldsymbol{a}_3$ 对应相等,说明倒格子的倒格子为正格子,即倒格子与正格子互为倒易点阵.

三、同指数的倒格矢与正格子晶面垂直

如图 3.3 所示,设 h_1、h_2 和 h_3 为不可约的整数,按照晶面指数($h_1h_2h_3$)的定义,DEF 点阵平面是晶面($h_1h_2h_3$)中的一个. 设晶面 DEF 在基矢 $\boldsymbol{a}_1$、$\boldsymbol{a}_2$、$\boldsymbol{a}_3$ 上的截距分别为 $n\boldsymbol{a}_1/h_1$、$n\boldsymbol{a}_2/h_2$、$n\boldsymbol{a}_3/h_3$,则 $n=1$ 是($h_1h_2h_3$)晶面中距离参考阵点 O 最近的点阵平面.

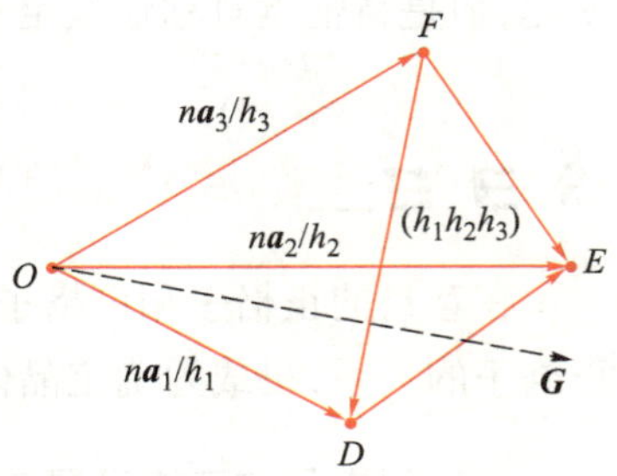

图 3.3 ($h_1h_2h_3$)晶面示意图

平面 DEF 内矢量 $\overrightarrow{FD}$ 和 $\overrightarrow{FE}$ 可表示为晶轴矢量的形式:

$$\overrightarrow{FD}=\frac{n\boldsymbol{a}_1}{h_1}-\frac{n\boldsymbol{a}_3}{h_3},\quad \overrightarrow{FE}=\frac{n\boldsymbol{a}_2}{h_2}-\frac{n\boldsymbol{a}_3}{h_3} \tag{3.24}$$

设倒格子平移矢量 $\boldsymbol{G}=h_1\boldsymbol{b}_1+h_2\boldsymbol{b}_2+h_3\boldsymbol{b}_3$,则

$$\boldsymbol{G}\cdot\overrightarrow{FD}=(h_1\boldsymbol{b}_1+h_2\boldsymbol{b}_2+h_3\boldsymbol{b}_3)\cdot\left(\frac{n\boldsymbol{a}_1}{h_1}-\frac{n\boldsymbol{a}_3}{h_3}\right)=n\boldsymbol{b}_1\cdot\boldsymbol{a}_1-n\boldsymbol{b}_3\cdot\boldsymbol{a}_3=0 \tag{3.25}$$

其中,$\boldsymbol{a}_i\cdot\boldsymbol{b}_i=2\pi$,$\boldsymbol{a}_i\cdot\boldsymbol{b}_j=0$. 同理,$\boldsymbol{G}\cdot\overrightarrow{FE}=0$,说明 $\boldsymbol{G}$ 垂直于 DEF 面,即($h_1h_2h_3$)面.

晶面 DEF 到参考阵点 O 的垂直距离为

$$d_n=\overrightarrow{OD}\cdot\hat{\boldsymbol{G}}=\frac{n\boldsymbol{a}_1}{h_1}\cdot\frac{h_1\boldsymbol{b}_1+h_2\boldsymbol{b}_2+h_3\boldsymbol{b}_3}{|\boldsymbol{G}(h_1h_2h_3)|}=\frac{2\pi n}{|\boldsymbol{G}(h_1h_2h_3)|} \tag{3.26}$$

即$(h_1h_2h_3)$晶面族中第 n 近邻的晶面间距．定义$(h_1h_2h_3)$晶面间距为最近邻间距：

$$d=\frac{d_n}{n}=\frac{2\pi}{|\boldsymbol{G}(h_1h_2h_3)|} \tag{3.27}$$

反过来，$(h_1h_2h_3)$晶面对应的倒格矢 $\boldsymbol{G}=h_1\boldsymbol{b}_1+h_2\boldsymbol{b}_2+h_3\boldsymbol{b}_3$ 的大小为 $2\pi/d$，倒格矢的不可约系数对应于正格子$(h_1h_2h_3)$晶面的晶面指数．

为了在同一坐标系中描述同一晶系不同点阵的晶面，人们常采用惯用晶轴矢量描述的晶面指数，即米勒指数．设惯用晶胞参量为 a、b 和 c，及 α、β 和 γ，则米勒指数(hkl)描述的 7 个晶系的晶面间距如表 3.3 所示．该指数也是 7 个简单点阵的晶面指数．

表 3.3　米勒指数(hkl)描述的 7 个晶系简单点阵的晶面间距

晶系	惯用晶胞参量与惯用晶胞体积 V_c	晶面间距 d
三斜	$a\neq b\neq c$ $\alpha\neq\beta\neq\gamma\neq 90^\circ$ $V_c=V$	$\dfrac{1}{\sqrt{\dfrac{1}{V^2}(S_{11}h^2+S_{22}k^2+S_{33}l^2+2S_{12}hk+2S_{23}kl+S_{31}lh)}}$
单斜	$a\neq b\neq c$ $\alpha=\beta=\gamma=90^\circ$ $V_c=abc\sin\beta$	$\dfrac{1}{\sqrt{\dfrac{1}{\sin^2\beta}\left(\dfrac{h^2}{a^2}+\dfrac{k^2\sin^2\beta}{b^2}+\dfrac{l^2}{c^2}-\dfrac{2hl\cos\beta}{ac}\right)}}$
正交	$a\neq b\neq c$ $\alpha=\gamma=90^\circ,\beta\neq 90^\circ$ $V_c=abc$	$\dfrac{1}{\sqrt{\dfrac{h^2}{a^2}+\dfrac{k^2}{b^2}+\dfrac{l^2}{c^2}}}$
四方	$a=b\neq c$ $\alpha=\beta=\gamma=90^\circ$ $V_c=a^2c$	$\dfrac{1}{\sqrt{\dfrac{h^2+k^2}{a^2}+\dfrac{l^2}{c^2}}}$
立方	$a=b=c$ $\alpha=\beta=\gamma=90^\circ$ $V_c=a^3$	$\dfrac{a}{\sqrt{h^2+k^2+l^2}}$
六方	$a=b\neq c$ $\alpha=\beta=90^\circ,\gamma=120^\circ$ $V_c=(\sqrt{3}/2)a^2c$	$\sqrt{\dfrac{4}{3}\dfrac{h^2+hk+k^2}{a^2}+\dfrac{l^2}{c^2}}$
三方	$a=b=c$ $\alpha=\beta=\gamma\neq 90^\circ<120^\circ$ $V_c=a^3\sqrt{1-3\cos^2\alpha+2\cos^3\alpha}$	$\sqrt{\dfrac{(h^2+k^2+l^2)\sin^2\alpha+2(hk+kl+lh)(\cos^2\alpha-\cos\alpha)}{a^2(1-3\cos^2\alpha+2\cos^3\alpha)}}$

注：$V=abc\sqrt{1-\cos^2\alpha-\cos^2\beta-\cos^2\gamma+2\cos\alpha\cos\beta\cos\gamma}$，$S_{11}=b^2c^2\sin^2\alpha$，$S_{22}=c^2a^2\sin^2\beta$，$S_{33}=a^2b^2\sin^2\gamma$，$S_{12}=abc^2(\cos\alpha\cos\beta-\cos\gamma)$，$S_{23}=a^2bc(\cos\beta\cos\gamma-\cos\alpha)$，$S_{31}=ab^2c(\cos\gamma\cos\alpha-\cos\beta)$．

例 3.3

试求相互正交基矢描述的晶面间距 d，以及立方晶系点阵的晶面间距.

解: 若正格子基矢 $\boldsymbol{a}_1=a\boldsymbol{i},\boldsymbol{a}_2=b\boldsymbol{j},\boldsymbol{a}_3=c\boldsymbol{k}$ 相互正交，由基矢关系 $\boldsymbol{a}_i\cdot\boldsymbol{b}_j=2\pi\delta_{ij}$，倒格子基矢 $\boldsymbol{b}_1$、$\boldsymbol{b}_2$、$\boldsymbol{b}_3$ 也相互正交，且

$$\boldsymbol{b}_1=\frac{2\pi}{a}\boldsymbol{i},\quad \boldsymbol{b}_2=\frac{2\pi}{b}\boldsymbol{j},\quad \boldsymbol{b}_3=\frac{2\pi}{c}\boldsymbol{k}$$

则(hkl)晶面对应的倒格矢 $\boldsymbol{G}(hkl)=h\boldsymbol{b}_1+k\boldsymbol{b}_2+l\boldsymbol{b}_3$ 为

$$\boldsymbol{G}(hkl)=\frac{2\pi h}{a}\boldsymbol{i}+\frac{2\pi k}{b}\boldsymbol{j}+\frac{2\pi l}{c}\boldsymbol{k}$$

由式(3.27)，正格子(hkl)晶面的间距 d 为

$$d=\frac{2\pi}{|\boldsymbol{G}(hkl)|}=\frac{1}{\sqrt{(h/a)^2+(k/b)^2+(l/c)^2}}$$

对于简单立方，基矢 $\boldsymbol{a}_1=a\boldsymbol{i},\boldsymbol{a}_2=a\boldsymbol{j},\boldsymbol{a}_3=a\boldsymbol{k}$ 依然相互正交，且 $a=b=c$，则

$$d=\frac{a}{\sqrt{h^2+k^2+l^2}}$$

然而，对于体心立方和面心立方，由于基矢不正交，显然不能直接采用以上正交基矢的方案. 回顾例 3.1 的结果，在惯用晶轴矢量 $\boldsymbol{a}=a\boldsymbol{i},\boldsymbol{b}=a\boldsymbol{j},\boldsymbol{c}=a\boldsymbol{k}$ 坐标系中，体心和面心立方点阵的倒格子基矢 $\boldsymbol{b}_1$、$\boldsymbol{b}_2$、$\boldsymbol{b}_3$ 分别为

$$\begin{aligned}
&\boldsymbol{b}_1=\frac{2\pi}{a}(\boldsymbol{j}+\boldsymbol{k}) &&\boldsymbol{b}_1=\frac{2\pi}{a}(-\boldsymbol{i}+\boldsymbol{j}+\boldsymbol{k})\\
&\boldsymbol{b}_2=\frac{2\pi}{a}(\boldsymbol{k}+\boldsymbol{i}),\quad \text{bcc};&&\boldsymbol{b}_2=\frac{2\pi}{a}(\boldsymbol{i}-\boldsymbol{j}+\boldsymbol{k}),\quad \text{fcc}\\
&\boldsymbol{b}_3=\frac{2\pi}{a}(\boldsymbol{i}+\boldsymbol{j}) &&\boldsymbol{b}_3=\frac{2\pi}{a}(\boldsymbol{i}+\boldsymbol{j}-\boldsymbol{k})
\end{aligned}$$

倒格子平移矢量 $\boldsymbol{G}(hkl)=h\boldsymbol{b}_1+k\boldsymbol{b}_2+l\boldsymbol{b}_3$ 分别写为

$$\boldsymbol{G}(hkl)=\frac{2\pi}{a}[(k+l)\boldsymbol{i}+(l+h)\boldsymbol{j}+(h+k)\boldsymbol{k}],\quad \text{bcc}$$

$$\boldsymbol{G}(hkl)=\frac{2\pi}{a}[(-h+k+l)\boldsymbol{i}+(h-k+l)\boldsymbol{j}+(h+k-l)\boldsymbol{k}],\quad \text{fcc}$$

利用原始定义式(3.27)，正格子(hkl)晶面的间距 d 分别为

$$d(hkl)=\frac{a}{\sqrt{(h+k)^2+(k+l)^2+(l+h)^2}},\quad \text{bcc}$$

$$d(hkl)=\frac{a}{\sqrt{(-h+k+l)^2+(h-k+l)^2+(h+k-l)^2}},\quad \text{fcc}$$

可见，将倒格子基矢表示成直角坐标的形式，有利于计算倒格矢的大小.

§ 3.3 劳厄定理和布拉格定理

1912 年，德国物理学家劳厄获得了第一张 X 射线衍射照片，并提出了一组衍射条件方程，奠定了 X 射线衍射结构分析的理论和实验基础，获得了 1914 年诺贝尔(Nobel)物理学奖. 继劳厄之后，1913 年布拉格父子发现晶体反射的 X 射线也出现一

些极大值，并获 1915 年诺贝尔物理学奖. X 射线照射晶体发生衍射的事实，说明了晶体结构的周期性. 当然，劳厄定理和布拉格定理适合于所有类似的衍射现象描述，例如电子衍射和中子衍射.

一、劳厄定理

晶体对 X 射线的衍射，实质上是规则排列原子中的电子对 X 射线的散射. 周期为 a 的一维点阵的衍射，如图 3.4 所示. 若 X 射线沿波矢 $\boldsymbol{k}$ 方向入射晶体，由于电子密度为晶格平移矢量的周期函数，沿 $\boldsymbol{k}'$ 方向衍射极大的条件是，相邻原子中电子散射的 X 射线光程差（$AD-BC$）为整数倍的波长，即

$$a(\cos\theta'-\cos\theta)=h\lambda \quad 或 \quad \boldsymbol{a}\cdot(\boldsymbol{k}'-\boldsymbol{k})=2\pi h \tag{3.28}$$

其中，h 为整数. 如果以原子链为轴，入射 X 射线绕轴旋转，那么同样衍射角的 X 射线衍射都满足式(3.28). 即，以 $2\theta'$ 为顶角的锥面上，各母线方向均满足这一条件.

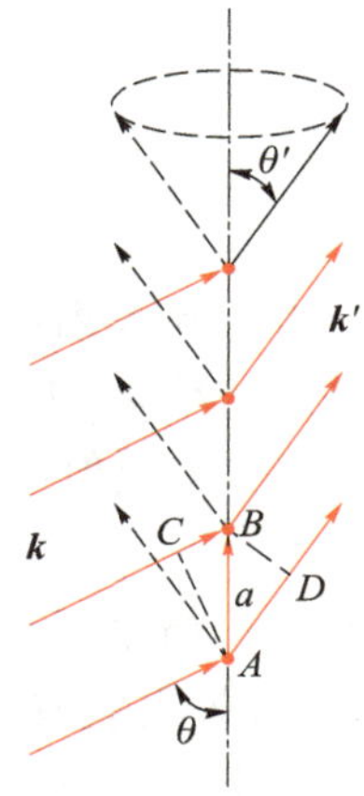

图 3.4　一列点的衍射

对于平移矢量 $\boldsymbol{T}=u\boldsymbol{a}_1+v\boldsymbol{a}_2+w\boldsymbol{a}_3$ 描述的三维点阵，若平移矢量方向上原子链对 X 射线的衍射满足极大条件，则 $\boldsymbol{a}_1$、$\boldsymbol{a}_2$ 和 $\boldsymbol{a}_3$ 晶轴方向上均满足衍射极大条件，即

$$\boldsymbol{T}\cdot(\boldsymbol{k}'-\boldsymbol{k})=2\pi n\rightarrow\begin{cases}\boldsymbol{a}_1\cdot(\boldsymbol{k}'-\boldsymbol{k})=2\pi h\\ \boldsymbol{a}_2\cdot(\boldsymbol{k}'-\boldsymbol{k})=2\pi k\\ \boldsymbol{a}_3\cdot(\boldsymbol{k}'-\boldsymbol{k})=2\pi l\end{cases} \tag{3.29}$$

此乃劳厄条件（Laue condition），其中 n、h、k、l 均为整数. 若对应倒易点阵的平移矢量为 $\boldsymbol{G}=h\boldsymbol{b}_1+k\boldsymbol{b}_2+l\boldsymbol{b}_3$，依据倒格子基矢的定义式 $\boldsymbol{G}\cdot\boldsymbol{T}=2\pi n$，容易说明

$$\boldsymbol{k}'-\boldsymbol{k}=\boldsymbol{G} \tag{3.30}$$

即，只有散射前后波矢的改变 $\boldsymbol{k}'-\boldsymbol{k}$ 为倒格矢时，才能在 $\boldsymbol{k}'$ 方向上看到相长干涉. 这就是通常 X 射线衍射的劳厄定理或方程. 劳厄定理从倒易空间的角度说明了晶体的 X 射线衍射条件. 此时，X 射线的散射是弹性散射，入射波矢和散射波矢大小相等，式(3.30)还可写为

$$(\boldsymbol{k}+\boldsymbol{G})^2=\boldsymbol{k}'^2 \quad 或 \quad 2\boldsymbol{k}\cdot\boldsymbol{G}+G^2=0 \tag{3.31}$$

可见，劳厄条件相当于入射波矢 $\boldsymbol{k}$ 在倒格矢 $\boldsymbol{G}$ 方向上的投影为 $\boldsymbol{G}$ 的一半. 即，$\boldsymbol{k}$ 的端点应落在 $\boldsymbol{G}$ 的垂直平分面上.

二、布拉格定理

当一束波长为 λ 的平行 X 射线入射晶体时，我们总是可以找到一组使 X 射线散射满足反射定律的平行晶面，如图 3.5 所示. 当 X 射线以角度 θ 照射到的该晶面族上时，晶面上任意两个原子 A 和 B 的散射波在反射方向上的光程差为

$$AD-BC=AB\cos\theta-AB\cos\theta=0 \tag{3.32}$$

说明同一晶面上所有原子的散射波在晶面反射方向上具有相同的相位，从而发生相长干涉. 因此，一个晶面对 X 射线的衍射（极大）从形式上也可以看成是晶面对入射线

的反射.

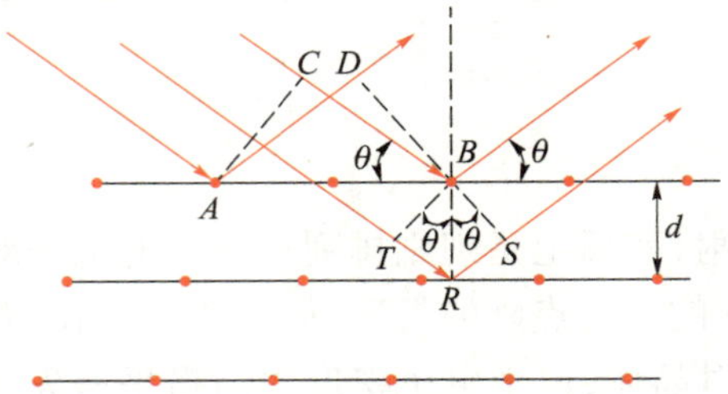

图 3.5　布拉格反射示意图

考虑到 X 射线有一定的穿透深度,实际晶体的散射波应该是这些平行晶面反射波叠加的结果. 对于如图 3.5 所示的任意一组平行晶面,反射波干涉加强的条件是相邻晶面上的反射波光程差($RS+RT$)为整数倍的波长,即

$$2d\sin\theta=n\lambda \tag{3.33}$$

此乃布拉格定理或条件(Bragg condition). 其中,d 为晶面间距,θ 为入射线与晶面夹角,λ 为 X 射线波长,n 表示晶面的第 n 级衍射. 通常,只能观测到 $n=1$ 的衍射结果.

鉴于不同晶面的晶面间距 d 不同,相对入射晶体的 X 射线方向,不同晶面的 X 射线入射角也不一样. 如果扫描入射角,可在不同反射方向上得到反射光的干涉极大. 利用这一定理,可以直接得到晶面间距或原子间的距离,这为理解晶体中原子的周期性排列提供了可能.

三、衍射条件之间的关系

劳厄定理和布拉格定理分别从衍射和反射的角度反映了晶体对 X 射线的散射,两者之间必然存在关系. 认识它们之间的关系,需要讨论劳厄定理中的 $\boldsymbol{G}$、$\boldsymbol{k}$ 和 $\boldsymbol{k}'$ 与布拉格定理中的 d、θ、n 和 λ 之间的关联.

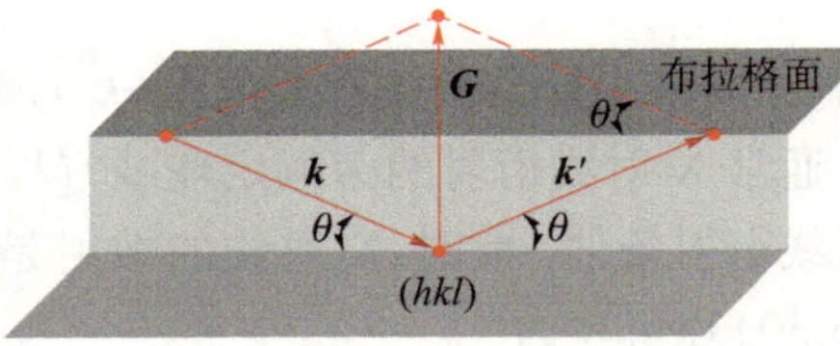

图 3.6　$\boldsymbol{G}$、$\boldsymbol{k}$、$\boldsymbol{k}'$与入射角 θ 的关系示意图

如图 3.6 所示,波矢为 $\boldsymbol{k}$ 的 X 射线以 θ 角入射(hkl)晶面. 由于 $\boldsymbol{G}$(hkl)的方向就是(hkl)晶面的法线方向,利用劳厄条件 $\boldsymbol{k}'-\boldsymbol{k}=\boldsymbol{G}$,$\boldsymbol{G}$、$\boldsymbol{k}$ 和 $\boldsymbol{k}'$ 三个矢量构成等腰三角形. 此时,劳厄条件式(3.31)可写成

$$2kG(hkl)\sin\theta=G^2(hkl) \tag{3.34}$$

利用 $k=2\pi/\lambda$ 和式(3.27)的 G-d 关系,式(3.34)变为

$$2d_{hkl}\sin\theta=n\lambda \tag{3.35}$$

此式完全等同于式(3.33)的布拉格条件. $n=1$ 时,反映了(hkl)晶面族中相邻晶面的原子散射,对应晶面间距为 d;$n>1$ 时,反映了(hkl)晶面族中的高级衍射. 第 n 级衍射反映了晶面间距为 d_{hkl}/n(在这些平面上可以没有原子存在)的晶面的一级衍射.

可见,布拉格条件和劳厄条件等价,从本质上都反映了周期性排列原子中的电子对 X 射线的散射. 定义倒易点阵中任意两格点间的倒格矢 $\boldsymbol{G}(hkl)$ 的垂直平分面为布拉格面(Bragg plane). 倒格矢 $\boldsymbol{G}(hkl)$ 对应的布拉格面一定平行于正格子的 (hkl) 晶面;满足衍射条件的波矢 $\boldsymbol{k}$ 和 $\boldsymbol{k}'$ 与布拉格面有相同的夹角 θ.

利用劳厄条件或布拉格条件均可确定晶体衍射斑点的位置,也就是说,可以描述理想点阵的衍射. 然而,对于真实晶体的衍射,必须讨论原子分布对衍射强度的影响,才能完整地理解衍射反映的信息.

§ 3.4 晶体的衍射强度

X 射线是一种电磁波,固体对 X 射线的衍射实际上来自原子中的电子对 X 射线的弹性散射. 下面将依次从电子、原子和晶胞的角度讨论它们对 X 射线的散射,从而获得晶体对 X 射线衍射强度的认识.

一、单电子对 X 射线的散射

如图 3.7 所示,一束 X 射线沿 x 方向传播,O 点处的电子(质量为 m,电荷量为 $-e$)在 X 射线电场 $\boldsymbol{E}_0$ 的作用下作受迫振动,获得加速度 $\boldsymbol{a}=-e\boldsymbol{E}_0/m$. 在非相对论近似下,加速运动的电子在 $\boldsymbol{R}$ 处的辐射电场可近似为

$$\boldsymbol{E}_{\mathrm{e}}(\boldsymbol{R})=\frac{e^2}{4\pi\varepsilon_0 m c^2}\frac{\boldsymbol{e}_R\times(\boldsymbol{e}_R\times\boldsymbol{E}_0)}{R} \tag{3.36}$$

其中,$\boldsymbol{e}_R$ 为散射方向 $\boldsymbol{R}$ 的单位矢量,c 为光速. 假设散射方向与入射电场间的夹角为 φ,由于辐射强度与电场强度的平方成正比,所以 $\boldsymbol{R}$ 处 X 射线的散射强度为

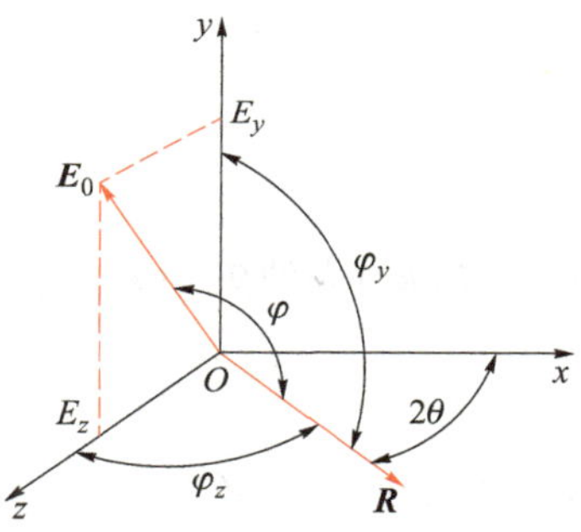

图 3.7 单电子对 X 射线的散射

$$I(\boldsymbol{R})=I_0\frac{e^4}{(4\pi\varepsilon_0)^2m^2c^4R^2}\sin^2\varphi \tag{3.37}$$

通常情况下,X 射线在到达晶体之前是非偏振的,在 yz 平面内任意方向上是等价的. 将电场强度分解为沿 y 和 z 方向的两个分量,由于概率相等,$I_{0y}=I_{0z}=I_0/2$. 对应这两个方向的电场分量在 $\boldsymbol{R}$ 处产生的 X 射线散射强度分别为

$$I_y(\boldsymbol{R})=\frac{I_0}{2}\frac{e^4}{(4\pi\varepsilon_0)^2m^2c^4R^2}\sin^2\varphi_y \tag{3.38a}$$

$$I_z(\boldsymbol{R})=\frac{I_0}{2}\frac{e^4}{(4\pi\varepsilon_0)^2m^2c^4R^2}\sin^2\varphi_z \tag{3.38b}$$

取散射方向在 xz 平面内,则 $\varphi_y=\pi/2$;利用入射和反射方向的夹角为 2θ,则 $\varphi_z=\pi/2-2\theta$. 电子在 $\boldsymbol{R}$ 处散射的总强度为

$$I_{\mathrm{e}}(\boldsymbol{R})=I_y(\boldsymbol{R})+I_z(\boldsymbol{R})=I_0\frac{e^4}{(4\pi\varepsilon_0)^2m^2c^4R^2}\frac{1+\cos^2 2\theta}{2} \tag{3.39}$$

上式称为汤姆孙(Thomson)公式. 可见,一束非偏振的 X 射线经过电子的散射后,其

散射强度在空间各个方向上不再相同,即散射波偏振化了.

二、原子对 X 射线的散射

衍射用 X 射线波长与原子半径在同一量级. 原子对 X 射线的散射主要来自核外分布电子的散射. 只有这些电子的散射波发生相干散射时,才可能出现散射极大值. 如图 3.8 所示,空间坐标 $\boldsymbol{r}_j$ 处的电子与坐标原点处的电子对 X 射线散射的光程差为

$$\delta_{ej}=AC-OB=\boldsymbol{r}_j\cdot(\hat{\boldsymbol{k}}-\hat{\boldsymbol{k}}')=-r_j\,|\hat{\boldsymbol{k}}'-\hat{\boldsymbol{k}}|\cos\alpha \tag{3.40}$$

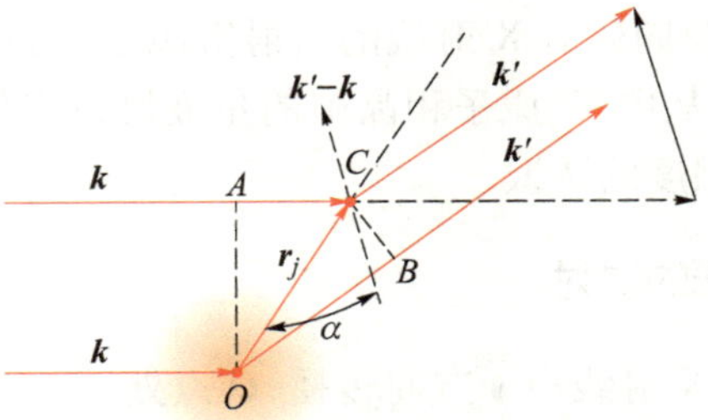

图 3.8　原子对 X 射线的散射

其中,$\hat{\boldsymbol{k}}(\hat{\boldsymbol{k}}')$ 为波矢 $\boldsymbol{k}(\boldsymbol{k}')$ 的单位矢量. 利用劳厄定理 $\boldsymbol{k}'-\boldsymbol{k}=\boldsymbol{G}$,相位差为

$$\phi_{ej}=2\pi\frac{\delta_{ej}}{\lambda}=-\boldsymbol{G}\cdot\boldsymbol{r}_j \tag{3.41}$$

假设原子内含有 Z 个电子,整个原子散射波振幅的瞬时值为

$$A_a=\sum_{j=1}^{Z}A_e e^{i\phi_{ej}}=A_e\sum_{j=1}^{Z}e^{-i\boldsymbol{G}\cdot\boldsymbol{r}_j} \tag{3.42}$$

其中,A_e为单电子的散射振幅.

若将原子中的电子看成连续分布的电子云,原子的中心处在坐标原点 O 处. 在 $\boldsymbol{r}$ 处取出一个小的微分体元 dV,若 $\rho(\boldsymbol{r})$ 为原子中的电子数密度,则 dV 中的电子数目 $dn=\rho dV$,微分体元内所有电子的散射振幅为

$$dA_a=(A_e e^{-i\boldsymbol{G}\cdot\boldsymbol{r}})dn=A_e\rho(\boldsymbol{r})e^{-i\boldsymbol{G}\cdot\boldsymbol{r}}dV \tag{3.43}$$

故整个原子的散射振幅为

$$A_a=A_e\int_V\rho(\boldsymbol{r})e^{-i\boldsymbol{G}\cdot\boldsymbol{r}}dV \tag{3.44}$$

定义原子的形状因子 f 为原子的相干散射振幅除以单电子的相干散射振幅:

$$f_a\equiv\frac{A_a}{A_e}=\int_V\rho(\boldsymbol{r})e^{-i\boldsymbol{G}\cdot\boldsymbol{r}}dV=\int_V\rho(\boldsymbol{r})e^{-iGr\cos\alpha}dV \tag{3.45}$$

则单原子的散射强度为

$$I_a=f_a^2I_e \tag{3.46}$$

例 3.4

假定原子的电子云为球对称分布,求原子的形状因子.

解: 假设原子中电子数密度的分布函数为 $\rho(r)$,选择 $(\boldsymbol{k}'-\boldsymbol{k})$ 沿 z 轴方向,则 $\theta=\alpha$,球坐标系中的微分体元为 $\mathrm{d}V=r^2\sin\alpha\mathrm{d}r\mathrm{d}\alpha\mathrm{d}\varphi$. 此时,原子的形状因子式(3.45)变为

$$f_a=\int_0^{\infty}\int_0^{\pi}\int_0^{2\pi}\rho(r)\mathrm{e}^{-\mathrm{i}Gr\cos\alpha}r^2\sin\alpha\mathrm{d}r\mathrm{d}\alpha\mathrm{d}\varphi$$

$$=2\pi\int_0^{\infty}\rho(r)\frac{\mathrm{e}^{\mathrm{i}Gr}-\mathrm{e}^{-\mathrm{i}Gr}}{\mathrm{i}Gr}r^2\mathrm{d}r=4\pi\int_0^{\infty}\rho(r)\frac{\sin(Gr)}{Gr}r^2\mathrm{d}r$$

如果电子集中在 $r=0$ 点,$\sin(Gr)/Gr\to1$,那么原子的形状因子为

$$f_a=4\pi\int_0^{\infty}\rho(r)r^2\mathrm{d}r=Z$$

对应的原子散射强度 $I_a=Z^2I_e$,相当于一个电荷量为 Ze 的“大电子”的散射结果.

三、晶胞对 X 射线的散射

晶体可以看成晶胞在空间周期性排列的堆积体. 在初级晶胞中,若基元为单原子,则晶胞的散射强度与一个原子的散射强度相同;若基元有多个原子,则必须考虑原子之间的相干散射. 在非初级晶胞中,晶胞内原子的位置会影响到衍射强度,甚至某些方向的衍射可能会消失. 通常,将晶胞中不同位置原子引起的衍射峰消失称为消光. 所谓消光是相对于初级晶胞的单原子散射而言的,意味着不同晶体点阵的消光规律也不同.

基于惯用晶胞既可反映晶体=基元+点阵的思想,又能反映晶体的特征点对称性,衍射技术中描述的晶胞散射通常是指惯用晶胞中原子的散射. 对于含有 n 个原子的惯用晶胞,选择晶胞内任一原子为坐标原点,以惯用晶轴基矢 $\boldsymbol{a}_1$、$\boldsymbol{a}_2$、$\boldsymbol{a}_3$ 为单位,则晶胞中第 j 个原子的空间位置可表示为

$$r_{aj}=x_j\boldsymbol{a}_1+y_j\boldsymbol{a}_2+z_j\boldsymbol{a}_3 \tag{3.47}$$

若将图 3.8 中的电子看成原子,类似式(3.41)的处理,$\boldsymbol{r}_j$ 处原子与坐标原点处原子对 X 射线散射的相位差形式上依然为

$$\phi_{aj}=-\boldsymbol{G}\cdot\boldsymbol{r}_{aj} \tag{3.48a}$$

利用 $\boldsymbol{G}=h\boldsymbol{b}_1+k\boldsymbol{b}_2+l\boldsymbol{b}_3$ 以及基矢关系 $\boldsymbol{a}_i\cdot\boldsymbol{b}_j=2\pi\delta_{ij}$,则相位差变为

$$\phi_{aj}=-2\pi(hx_j+ky_j+lz_j) \tag{3.48b}$$

若 j 原子的形状因子为 f_{aj},则晶胞中所有原子相干散射的振幅为

$$A_c=\sum_{j=1}^{n}A_{aj}\mathrm{e}^{\mathrm{i}\phi_{aj}}=A_e\sum_{j=1}^{n}f_{aj}\mathrm{e}^{\mathrm{i}\phi_{aj}}=A_e\sum_{j=1}^{n}f_{aj}\mathrm{e}^{-\mathrm{i}2\pi(hx_j+ky_j+lz_j)} \tag{3.49}$$

定义结构因子 F_{hkl} 为晶胞的相干散射振幅除以单电子的相干散射振幅:

$$F_{hkl}\equiv\sum_{j=1}^{n}f_{aj}\mathrm{e}^{-\mathrm{i}2\pi(hx_j+ky_j+lz_j)} \tag{3.50}$$

则晶胞的相干散射强度为

$$I_c=F_{hkl}^2I_e \tag{3.51}$$

特别要注意的是,此处的(hkl)是惯用晶胞基矢描述的米勒指数.

四、晶体的衍射强度

晶体中规则排列的等价晶胞决定了X射线的散射方向,其遵从布拉格定理. 而晶胞内的原子分布决定了不同衍射方向的衍射强度,其由式(3.51)确定. 因此,一束强度为I_0的X射线照射到理想晶体上,假设射线照射在晶体的N个晶胞上,则衍射峰值强度可表示为

$$I_{hkl}=(NA_{\mathrm{c}})^2=N^2I_0\,|F_{hkl}|^2\frac{e^4}{(4\pi\varepsilon_0)^2m^2c^4R^2}\,\frac{1+\cos^2 2\theta}{2} \tag{3.52}$$

实际晶体的粉末衍射强度是指衍射峰的面积,称为面积强度或累积强度. 在[hkl]衍射方向的衍射积分强度可以表示为

$$I_{hkl}=\left(\frac{e^4}{32\pi^2\varepsilon_0^2m^2c^4}\right)\left(\frac{I_0\lambda^3}{R}\right)(|F_{hkl}|^2P_{hkl}N^2)\left(\frac{1+\cos^2 2\theta}{\sin^2\theta\cos\theta}\right)(\mathrm{e}^{-2W})\left(\frac{1}{2\mu}\right)V \tag{3.53}$$

其中,由左到右依次分为:① 物理常量部分、② 实验常量部分、③ 晶体结构部分、④ 布拉格角有关的洛伦兹偏振因数部分、⑤ 温度修正部分、⑥ 样品吸收衰减部分、⑦ 参与衍射的样品体积部分. 第③部分中的P_{hkl}为多重性因子. 对于立方晶系,(111)、($\bar{1}11$)、($1\bar{1}1$)、($11\bar{1}$)、($\bar{1}\bar{1}1$)、($\bar{1}1\bar{1}$)、($1\bar{1}\bar{1}$)和($\bar{1}\bar{1}\bar{1}$)八个晶面具有相同的晶面间距,它们的衍射均叠加到(111)斑点上,实际衍射峰的强度是单一(111)衍射线的8倍,多重性因子$P_{111}=8$. 温度修正因子来自晶格振动引起的散射衰减,将在第4章中介绍. 样品吸收部分是由于在试样厚度方向的自然吸收造成实际参与散射的光强降低.

在衍射强度表达式中,与晶体对称性有关的只有第③项. 如果知道了结构因子,结合布拉格定理,即可给出任意晶体的衍射分布.

§ 3.5 晶体的结构因子

由式(3.50)可知,晶体的结构因子计算有两种方案. 一是写出惯用晶胞中所有原子的坐标,直接计算;二是利用晶体=基元+点阵的思想,分别计算基元的结构因子(相当于基元中的所有原子形成的“大原子”形状因子)和点阵的结构因子,然后将基元的结构因子代替点阵结构因子中的原子形状因子即可. 在点阵结构因子计算中,基元被处理成单原子.

一、点阵的结构因子

简单立方点阵惯用晶胞中只有1个原子,其坐标为(0,0,0). 假设阵点上原子的形状因子为f,则结构因子为

$$F_{hkl}=\sum_{j=1} f\mathrm{e}^{-\mathrm{i}2\pi(hx_j+ky_j+lz_j)}=f \tag{3.54}$$

此时不存在消光,即所有晶面(hkl)都可能产生衍射.

体心立方点阵惯用晶胞中有2个形状因子均为f的原子,其坐标分别为(0,0,0)

和(1/2,1/2,1/2),则结构因子为

$$F_{hkl}=\sum_{j=1}^{2} f\mathrm{e}^{-\mathrm{i}2\pi(hx_j+ky_j+lz_j)}=f[1+\mathrm{e}^{-\mathrm{i}\pi(h+k+l)}]=\begin{cases}2f, & h+k+l=\text{偶数}\\ 0, & h+k+l=\text{奇数}\end{cases} \tag{3.55}$$

可见,$h+k+l$ 为奇数时,结构因子等于零,满足布拉格条件的衍射消光.

面心立方点阵惯用晶胞中有 4 个形状因子均为 f 的原子,其坐标分别为(0,0,0)、(1/2,1/2,0)、(1/2,0,1/2)和(0,1/2,1/2),则结构因子为

$$\begin{aligned}F_{hkl}&=\sum_{j=1}^{4} f\mathrm{e}^{-\mathrm{i}2\pi(hx_j+ky_j+lz_j)}=f[1+\mathrm{e}^{-\mathrm{i}\pi(h+k)}+\mathrm{e}^{-\mathrm{i}\pi(h+l)}+\mathrm{e}^{-\mathrm{i}\pi(k+l)}]\\&=\begin{cases}4f, & h,k,l\text{ 为全奇数或全偶数}\\ 0, & h,k,l\text{ 为部分奇数或偶数}\end{cases}\end{aligned} \tag{3.56}$$

即 h、k、l 部分为奇数(偶数)时,结构因子等于零,满足布拉格条件的衍射消光.

可见,结构因子只与原子在晶胞中的位置有关,而不受晶胞的大小和形状的影响. 由此推论,同类型点阵的结构因子相等. 其表现为:① 所有 7 个简单点阵的结构因子均为 f,没有消光;② 立方晶系、正方晶系和正交晶系的 3 个体心点阵的消光规律均与体心立方点阵一样;③ 立方晶系和正交晶系的 2 个面心点阵的消光规律均与面心立方点阵一样;④ 同理,单斜晶系的侧面心点阵和正交晶系的底心点阵也具有类似的消光规律.

例 3.5

计算底心点阵的结构因子.

解: 对于底心点阵,惯用晶胞包含 2 个形状因子均为 f 的原子,其坐标分别为(0,0,0)和(1/2,1/2,0),则结构因子为

$$F_{hkl}=\sum_{j=1}^{2} f\mathrm{e}^{-\mathrm{i}2\pi(hx_j+ky_j+lz_j)}=f[1+\mathrm{e}^{-\mathrm{i}\pi(h+k)}]=\begin{cases}2f, & h+k\text{ 为偶数}\\ 0, & h+k\text{ 为奇数}\end{cases}$$

可见,$h+k$ 为奇数时,满足布拉格条件的衍射因结构因子等于零而消光.

二、晶体的结构因子

如图 2.30 所示,NaCl 晶体的点阵为面心立方,基元为 NaCl 分子. 惯用晶胞包含 4 个阵点,共 8 个原子,其中 4 个为 Cl 原子,4 个为 Na 原子,它们的坐标分别为

$$\mathrm{Cl}:(0,0,0),\left(\frac{1}{2},\frac{1}{2},0\right),\left(\frac{1}{2},0,\frac{1}{2}\right),\left(0,\frac{1}{2},\frac{1}{2}\right)$$

$$\mathrm{Na}:\left(\frac{1}{2},\frac{1}{2},\frac{1}{2}\right),\left(1,1,\frac{1}{2}\right),\left(1,\frac{1}{2},1\right),\left(\frac{1}{2},1,1\right)$$

假设 Cl 和 Na 原子的形状因子分别为 f_{Cl} 和 f_{Na},由式(3.50)得到结构因子

$$\begin{aligned}F_{hkl}&=\sum_{j=1}^{4} f_{\mathrm{Cl}}\mathrm{e}^{-\mathrm{i}2\pi(hx_j+ky_j+lz_j)}+\sum_{j=1}^{4} f_{\mathrm{Na}}\mathrm{e}^{-\mathrm{i}2\pi(hx_j+ky_j+lz_j)}\\&=[f_{\mathrm{Cl}}+f_{\mathrm{Na}}\mathrm{e}^{-\mathrm{i}\pi(h+k+l)}][1+\mathrm{e}^{-\mathrm{i}\pi(h-k)}+\mathrm{e}^{-\mathrm{i}\pi(h+l)}+\mathrm{e}^{-\mathrm{i}\pi(k+l)}]\end{aligned} \tag{3.57}$$

可见,第一项来源于基元的结构因子

$$F_{basis}=f_{Cl}+f_{Na}e^{-i\pi(h+k+l)} \tag{3.58}$$

对应基元中的原子坐标为 Cl(0,0,0),Na(1/2,1/2,1/2). 若将基元的结构因子 F_{basis} 等效为一个形状因子为 f 的大原子,$F_{basis}\to f$,则式(3.57)演变成面心立方的结构因子. 利用 $e^{-i\pi}=-1$,式(3.57)可重写为

$$\begin{aligned}F_{hkl}&=[f_{Cl}+f_{Na}(-1)^{(h+k+l)}][1+(-1)^{(h+k)}+(-1)^{(h+l)}+(-1)^{(k+l)}]\\&=\begin{cases}4(f_{Cl}+f_{Na}), & h,k,l\text{ 为全偶数}\\4(f_{Cl}-f_{Na}), & h,k,l\text{ 为全奇数}\\0, & h,k,l\text{ 为部分奇数或偶数}\end{cases}\end{aligned}$$

六角密堆积密结构如图 2.34 所示,惯用晶胞中有 2 个同类原子,其坐标为(0,0,0),(1/3,2/3,1/2). 设原子的形状因子为 f,则结构因子写为

$$\begin{aligned}F_{hkl}&=\sum_{j=1}^{2}fe^{-i2\pi(hx_j+ky_j+lz_j)}=f[1+e^{-\frac{i2\pi(h+2k)}{3}}e^{-i\pi l}]\\&=\begin{cases}2f, & h+2k=3n,l=2n\\f, & h+2k=3n\pm1,l=2n\\0, & h+2k=3n,l=2n+1\\\sqrt{3}f, & h+2k=3n\pm1,l=2n+1\end{cases},\quad n\text{ 为任意整数}\end{aligned} \tag{3.59}$$

显然,选择不同的坐标原点,同一晶体的结构因子可能不一样;其数值有时为负数,甚至是虚数. 然而,无论坐标原点如何选择,结构因子的变化不会影响衍射强度的大小.

例 3.6

试证明无论坐标如何选择,结构因子在散射光强中的贡献是确定的.

证明: 从式(3.52)和式(3.53)看到,满足劳厄定理的晶面,其衍射强度正比于结构因子模的平方. 对于任意的坐标系,利用式(3.50)所示的结构因子,得到

$$\begin{aligned}|F_{hkl}|^2&=\left\{\sum_{j1=1}^{n}f_{aj1}\exp[-i2\pi(hx_{j1}+ky_{j1}+lz_{j1})]\right\}^*\sum_{j2=1}^{n}f_{aj2}\exp[-i2\pi(hx_{j2}+ky_{j2}+lz_{j2})]\\&=\sum_{j1,j2=1}^{n}f_{aj1}^*f_{aj2}\exp\{-i2\pi[h(x_{j2}-x_{j1})+k(y_{j2}-y_{j1})+l(z_{j2}-z_{j1})]\}\end{aligned}$$

可见,结构因子在衍射光强中的贡献,完全取决于惯用胞中原子间的相对位置,与坐标原点的选择无关.

§ 3.6 用衍射法确定晶体结构

原则上,考虑到消光规律,可以由布拉格定理和劳厄定理分析固体的衍射;然后,利用正格子与倒格子的基矢关系确定晶体结构. 在此,主要介绍常用的衍射入射束和实验方法,以及如何由衍射结果分析晶体结构.

一、入射束

由布拉格定理 $2d\sin\theta=\lambda$ 看到，入射束的波长 λ 与晶面间距 d 必须处在同一量级（Å），晶体才能衍射. 固体的特征 X 射线、加速电子和中子的波长都在这一范围内，已成为研究晶体结构常用的入射束.

对于波长和角频率分别为 λ 和 ω 的 X 射线，其等效的准粒子能量为

$$\varepsilon=\hbar\omega=\frac{hc}{\lambda} \tag{3.60}$$

其中，普朗克常量 $h=6.626\times10^{-34}$ J · s，$\hbar=h/2\pi$. 由式(3.60)，X 射线波长与能量的关系为

$$\lambda(\text{Å})=\frac{12.4}{\varepsilon(\text{keV})} \tag{3.61}$$

其中，1 eV = 1.602×10^{-19} J. 由于晶面间距在 Å 量级，入射 X 射线的能量应在 1～120 keV 之间. 例如，常用的 Cu 靶，其 K_α 特征 X 射线波长约为 1.540 5 Å.

对于电子和中子这两种真实的微观粒子，其自由状态的能量为

$$\varepsilon_{e,n}=\frac{\hbar^2k_{e,n}^2}{2m_{e,n}}=\frac{h^2}{2m_{e,n}\lambda_{e,n}^2} \tag{3.62}$$

其中，电子和中子的质量分别为 $m_e=0.911\times10^{-30}$ kg 和 $m_n=1.675\times10^{-27}$ kg. 由式(3.62)，电子和中子的波长与能量关系分别为

$$\lambda_e(\text{Å})=\frac{12}{\sqrt{\varepsilon(\text{eV})}} \tag{3.63a}$$

$$\lambda_n(\text{Å})=\frac{0.28}{\sqrt{\varepsilon(\text{eV})}} \tag{3.63b}$$

通常，带电电子只能穿透薄晶体；与此相反，中子不带电荷，穿透深度更深；而 X 射线介于两者之间. 另外，中子还有磁矩，它可同时用于晶体结构和磁结构的确定.

二、实验方案

在介绍实验方案之前，首先介绍埃瓦尔德(Ewald)球的概念. 在倒格子中，将波矢 $\boldsymbol{k}$ 的端点 A 落在任一倒格点上；以 O 为球心，以 OA 为半径作球体，该球称为埃瓦尔德球，如图 3.9 所示. 如果该球面恰好能通过另一倒格点 B，因 $\overrightarrow{BA}$ 为倒格矢 $\boldsymbol{G}$，则 $\boldsymbol{k}'$ 为满足劳厄条件 $\boldsymbol{k}'-\boldsymbol{k}=\boldsymbol{G}$ 的散射波矢. 可见，对于确定的单色入射波矢、晶体和探测位置，能观测到的衍射斑点并不多.

为了确定晶体结构，人们希望得到完整的倒格子. 由布拉格定理 $2d\sin\theta=\lambda$ 可见，可以改变波长 λ、角度 θ 和晶面间距 d 来获得尽可能多的衍射斑点或衍射峰. 传统的 X 射线衍射方案有：① 劳厄法：平行多色 X 射线入射位置固定的单晶衍射；② 转动晶体法：平行单色 X 射线入射单晶，且晶体绕固定轴在一定角度范围内旋转；③ 粉末衍射法：该方法等价于旋转晶体法，唯一的不同是采用多晶，而不采用单晶.

目前，确定晶体结构多采用单色 X 射线入射. 具体的衍射实验方案主要有两类.

单晶衍射：利用样品在三维空间转动与探测器在固定平面内转动的组合获得倒格子，称之为四元衍射．为了提高测试精度，虽然出现了一些变种和不同叫法，但基本方案是一样的．粉末衍射：样品不动，通过在入射平面内改变探测器的方位角获得倒格子，且多采用反射几何，如图 3.10 所示．其中，粉末衍射为确定晶体结构的最佳方案．

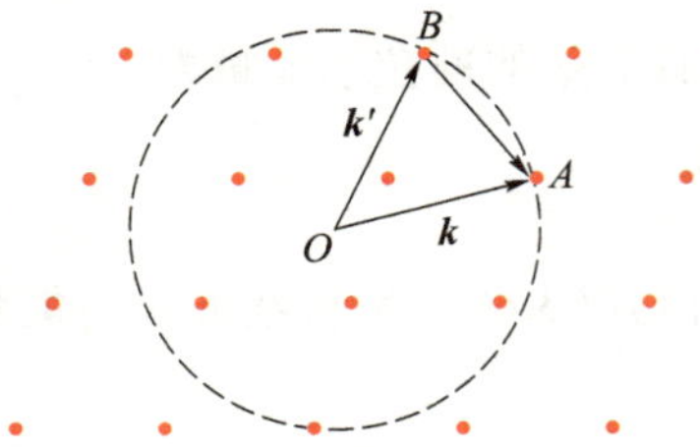

图 3.9　埃瓦尔德球

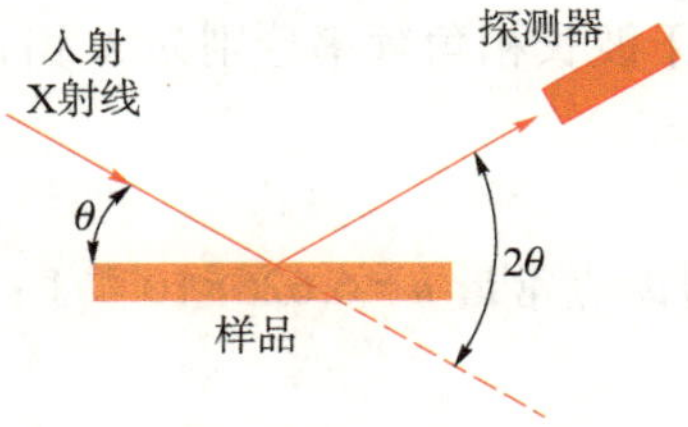

图 3.10　粉末衍射反射几何

三、用粉末衍射确定晶体结构

首先，制备完全混乱的多晶样品，利用粉末衍射技术获得晶体所有可能的衍射．在实验上，获得的是衍射强度随 2θ 角变化的曲线．以下以立方晶系为例，讨论如何利用 X 射线衍射曲线确定晶体结构．表 3.4 给出了立方晶系晶面指数的特点．

表 3.4　立方晶系可能的衍射晶面指数

SC		BCC		FCC		金刚石	
$\{hkl\}$	$h^2+k^2+l^2$	$\{hkl\}$	$h^2+k^2+l^2$	$\{hkl\}$	$h^2+k^2+l^2$	$\{hkl\}$	$h^2+k^2+l^2$
100	1	110	2(1)	111	3(1)	111	3(1)
110	2	200	4(2)	200	4(1.33)	220	8(2.66)
111	3	211	6(3)	220	8(2.67)	311	11(3.67)
200	4	220	8(4)	311	11(3.67)	400	16(5.33)
210	5	310	10(5)	222	12(4)	331	19(6.33)
211	6	222	12(6)	400	16(5.33)	422	24(8)
		321	14(7)	331	19(6.33)	333、511	27(9)
220	8	400	16(8)	420	20(6.67)	440	32(10.67)
300、221	9	411、330	18(9)	422	24(8)	531	35(11.67)
310	10	420	20(10)	333、511	27(9)	620	40(13.33)
311	11	332	22(11)	440	32(10.67)	533	43(14.33)

对于立方晶系，其惯用晶胞矢量描述的晶面间距满足

$$d_{hkl}=\frac{a}{\sqrt{h^2+k^2+l^2}} \tag{3.64}$$

由布拉格定理 $2d_{hkl}\sin\theta=n\lambda$ 确定的衍射峰位满足

$$\sin^2\theta \propto \frac{1}{d_{hkl}^2} \propto h^2+k^2+l^2 \tag{3.65}$$

观测如表 3.4 所示立方晶系的晶面指数特点，发现不同晶体的 $h^2+k^2+l^2$ 之比有明显的不同. 利用衍射峰对应的 $\sin^2\theta$ 之比，获得 $h^2+k^2+l^2$ 之比规律，即可获得样品对应的晶体结构.

具体获取晶体结构信息的步骤如下：① 从衍射图中读出 2θ 角，算出 θ；② 算出 $\sin\theta$，并利用布拉格定理求出晶面间距 d；③ 算出 $\sin^2\theta$，以第一个衍射峰为参照，求出 $\sin^2\theta$ 之比；④ 利用 $\sin^2\theta\propto h^2+k^2+l^2$ 和不同点阵的 $\sin^2\theta$ 之比的规律，判断晶体结构；⑤ 根据结构判断，指定晶面对应的晶面指数（hkl）；⑥ 由 $a=d\sqrt{h^2+k^2+l^2}$ 算出晶体的晶格常量.

例 3.7

平均粒径为 6 μm 的高纯度硅（Si）粉可以用作 X 射线衍射 2θ 的内标和外标标准. 多晶硅对 Cu 的 K_α 射线衍射结果如图 3.11 所示，试分析其晶体结构.

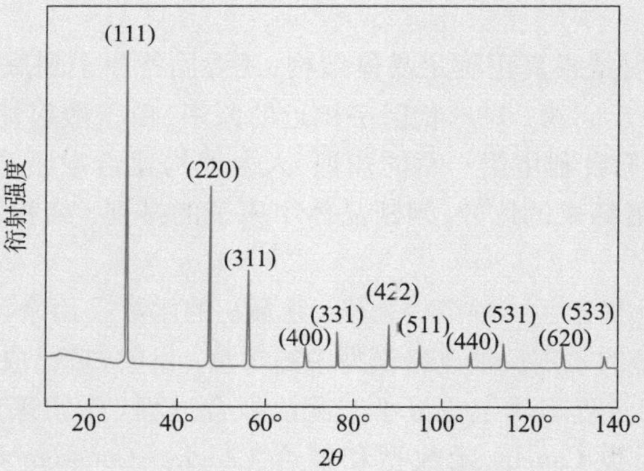

图 3.11　多晶硅的 X 射线衍射图

解： 按照分析步骤得到的数据如表 3.5 所示. 对照表 3.4，说明该多晶硅的晶体结构属于金刚石结构，其晶格常量约为 5.430 Å. 与衍射标准卡片（05-0565）给出的结果相吻合. 可以看到，角度越大，算出的晶格常量误差越小. 因此，估算晶格常量多采用大角度的衍射峰.

表 3.5　多晶硅的衍射数据分析结果

衍射峰	2θ	$\sin\theta$	d/Å	$\sin^2\theta$	$\sin^2\theta$ 之比	晶面指数（hkl）	晶格常量 a /Å
1	28.4°	0.245 3	3.138	0.060 2	1	111	5.435
2	47.2°	0.400 3	1.920	0.160 2	2.661	220	5.430
3	56.0°	0.469 5	1.638	0.220 4	3.661	311	5.433

续表

衍射峰	2θ	$\sin\theta$	d/Å	$\sin^2\theta$	$\sin^2\theta$ 之比	晶面指数 (hkl)	晶格常量 a /Å
4	69.2°	0.567 8	1.357	0.322 4	5.355	400	5.428
5	76.4°	0.618 4	1.246	0.382 4	6.352	331	5.431
6	88.0°	0.694 7	1.108	0.482 6	8.017	422	5.428
7	95.0°	0.737 3	1.045	0.543 6	9.030	511	5.430
8	106.8°	0.802 8	0.959 9	0.644 5	10.71	440	5.430
9	114.2°	0.839 6	0.917 8	0.704 9	11.71	531	5.430
10	127.6°	0.897 3	0.858 6	0.805 1	13.37	620	5.430
11	136.8°	0.929 8	0.828 1	0.864 5	14.36	533	5.430

四、结构精修

利用 X 射线衍射结果真正确定晶体结构，还要回答原子到底摆在什么位置. 从数学上讲，这是一个反问题. 对形状因子相近的原子，由于散射能力接近，往往没有明确的解. 通常，人们会利用第一章的知识，人为地构建给定原子的晶体结构，结合理论计算与实验衍射结果的比较，判断晶体中原子的排列. 结构精修的目的就是这一思路的体现.

1969 年 Rietveld 提出了一种结构精修. 它最初的函数是用来计算衍射图谱，利用计算数值和实验数值的差别反馈改善模型中的参量. 目前，它已成为粉末衍射分析中最通用的技术. 精修过程本质上是最小二乘法拟合过程. 常常采用的线型有 Cauchy (Lorentzian) 函数型、类 Cauchy 函数型和混合 Cauchy-Gaussian 型. 1991 年史密斯 (Smith) 和戈特 (Gorter) 总结了 280 个用于分析粉末衍射的程序，按照解决的主要问题将其分成了 21 个类别.

Rietveld 程序很多，包括适合于中子衍射和 X 射线衍射的程序. 其中，DBWS9006 和 GSAS 是使用最广的程序. 目前来看，在多数实验室中都有 Rietveld 程序的发展版. 几乎世界上主要的中子衍射和同步光设备上都有该程序自己的版本. 部分原因是扩展该程序的功能，不仅仅是精修. 相当多的使用是瞄准晶粒大小测量、应力分析和物相定量分析. 在具体使用时，需要掌握 Rietveld 结构精修的原理、结构精修的步骤以及结构精修的几个具体实例.

§ 3.7 用中子衍射确定晶体和磁结构

另一种确定晶体结构的粉末衍射就是中子衍射. 晶体对中子的衍射位置依然满

足布拉格定理 $2d\sin\theta=n\lambda$，且其衍射强度形式上依然正比于结构因子模的平方：

$$I=C\left|F_{hkl}\right|^2 \tag{3.66}$$

与 X 射线衍射相比，晶体对中子的散射集中体现在中子同时受到两种作用．一是原子核的散射，称之为中子散射；二是原子磁矩的散射，称之为磁散射．因此，散射中子的结构因子 F_{hkl} 也有两部分贡献：

$$F_{hkl}=F_{hkl}^{\mathrm{n}}+F_{hkl}^{\mathrm{M}} \tag{3.67}$$

其中，中子散射和磁散射的结构因子 F_{hkl}^{n} 和 F_{hkl}^{M} 分别为

$$F_{hkl}^{\mathrm{n}}=\sum_j b_j\exp[-2\pi\mathrm{i}(hx_j+ky_j+lz_j)] \tag{3.68a}$$

$$F_{hkl}^{\mathrm{M}}=\sum_j \mu_j f_{\mathrm{M}j}\exp[-2\pi\mathrm{i}(hx_j+ky_j+lz_j)] \tag{3.68b}$$

其中，b_j 为原子 j 对中子散射的幅度，μ_j 为原子 j 的磁矩，$f_{\mathrm{M}j}$ 为原子 j 的磁形式形状因子．可见，结构因子 $f_{\mathrm{M}j}$ 的形式类似于散射 X 射线的结构因子，散射机制的不同可同时反映在系数上．也正是中子散射的强度与结构因子的关系式(3.66)与 X 射线一致，完全可以参照 X 射线对结构的分析，由中子衍射判断晶体结构和磁有序结构．

中子衍射具有两大优势．一是中子衍射具有明显的元素区分性．中子散射主要来自原子核的散射，而不同核对中子的散射能力差异明显，如图 3.12 所示．可见，对于原子序数相近的元素，其散射能力具有明显的可区分性．二是中子衍射不仅可以确定晶体结构，而且可以确定磁有序结构．由于中子既是重的微观粒子，而且还携带 1/2 的自旋，晶体结构和磁有序结构会同时对中子产生散射．图 3.13 给出了 1.5 K 下 $GeCo_2O_4$ 的中子衍射结果，明显反映了晶体结构和磁有序结构的同时存在．

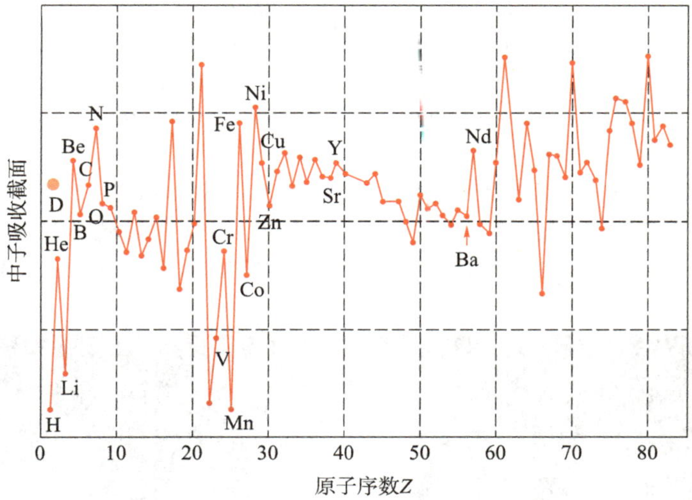

图 3.12　中子散射振幅与原子序数的关系

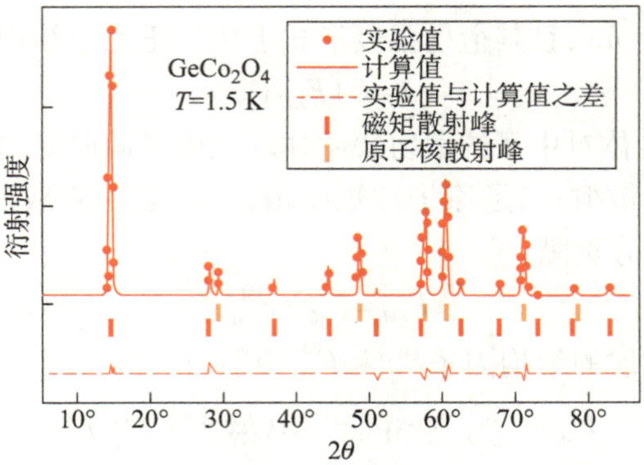

图 3.13　$GeCo_2O_4$ 的中子粉末衍射结果

为了区分晶体结构和磁有序结构的散射，通常进行变温测量．人们知道，居里温度以下铁磁性物质具有磁有序结构，而居里温度以上铁磁性变为顺磁性，物质不再具有磁有序结构．利用这一特点，可在居里温度以上测量中子散射，衍射应完全来自晶体结构的散射．反过来，利用磁散射存在和消失的临界点，可以确定铁磁性物质的居里温度．值得注意的是，磁有序结构的周期通常大于晶体结构的周期，磁散射的衍射峰通常出现在低衍射角区间．

习题三

3.1　利用互易矢量关系，试求倒格子与正格子基矢的矩阵形式．

3.2　试求石墨烯的倒易点阵基矢、第一布里渊区和结构因子．

3.3　试求惯用晶轴矢量描述的单斜晶系点阵基矢和倒易点阵．

3.4　证明正格子和倒格子的惯用晶轴参量满足

$$\frac{\sin\alpha'}{\sin\alpha}=\frac{\sin\beta'}{\sin\beta}=\frac{\sin\gamma'}{\sin\gamma},\quad \cos\alpha'=\frac{\cos\beta\cos\gamma-\cos\alpha}{\sin\beta\sin\gamma}$$

$$\cos\beta'=\frac{\cos\gamma\cos\alpha-\cos\beta}{\sin\gamma\sin\alpha},\quad \cos\gamma'=\frac{\cos\alpha\cos\beta-\cos\gamma}{\sin\alpha\sin\beta}$$

3.5　试求正交晶系四个点阵的晶面间距与晶面指数的关系．

3.6　寻找金刚石、石墨和石墨烯的多晶衍射结果，并分析其晶体结构．

3.7　对于习题 3.7 图所示的单晶、多晶和非晶电子衍射结果．利用 $rd_{hkl}=L\lambda$ 分析其晶体结构．其中，r 为衍射斑点到衍射中心的距离，d_{hkl} 为该斑点对应的衍射晶面间距，L 为样品到成像平面的距离，λ 为电子波长．

(a) 单晶　(b) 多晶　(c) 非晶

习题 3.7 图　固体的电子衍射结果

参考文献

第 4 章

晶格振动的格波与声子

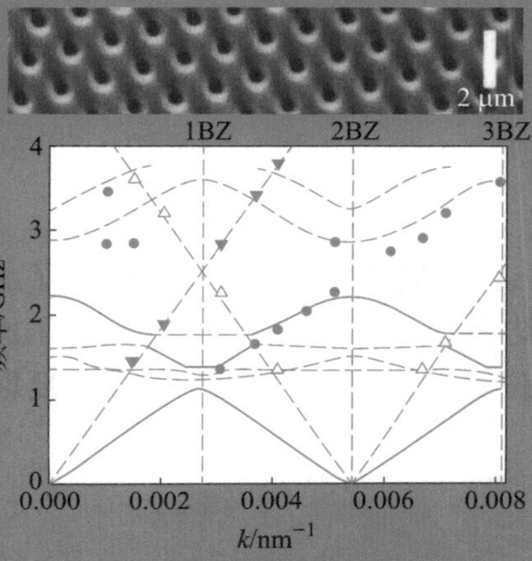

声子晶体与声子能带谱. 其中,实(空)三角为玻璃(布拉格)模,实圆点为晶体声子模;实(虚)线为理论准纵向(混合)模. 引自 T. Gorishnyy, et al., Phys. Rev. Lett. 94, 115501 (2005).

本章将从格波和声子两个方面讨论晶格振动的特点,并由此探讨非简谐效应的特征.

在确定晶体结构之后，描述晶体性质已成为主要任务. 基于“晶体=点阵+基元”以及基元中的“原子=离子实+价电子”的认识，晶体的性质完全可以由离子实和电子的运动来描述. 原则上，求解离子实和电子组成的微观系统哈密顿量$\hat{H}$满足的薛定谔(Schrödinger)方程

$$\hat{H}\psi(\boldsymbol{r},\boldsymbol{R};t)=\varepsilon\psi(\boldsymbol{r},\boldsymbol{R};t) \tag{4.1}$$

就可以得到系统的状态波函数$\psi(\boldsymbol{r},\boldsymbol{R};t)$和本征值$\varepsilon$，进而获得系统的性质. 其中，$\boldsymbol{r}$和$\boldsymbol{R}$分别表示电子和离子实的空间位矢. 然而，这是一个无法严格求解的多体问题. 本章主要描述简谐近似下的离子实运动，即原子在平衡位置附近的振动，称之为晶格振动.

§ 4.1 简谐晶体的经典描述：格波

在描述晶体结构时，并没有考虑晶体中原子的运动，只是在衍射强度中提及了晶体中原子振动的影响为e^{-2W}. 由第1章知道，晶体结合能的吸引和排斥对势决定了原子的平衡位置. 受温度或外界干扰，原子将在平衡位置附近运动. 运动的形式主要取决于原子间的相互作用势能.

一、简谐近似

设单原子晶体的晶胞数为N，原子质量为M，晶体中原子的平衡位置可用布拉维点阵的格矢$\boldsymbol{T}$标记. 由于一般晶体的结合能很高，可以认为离子实在其平衡位置$\boldsymbol{T}$附近作微小的振动，即振动位移远小于离子实的最近邻间距R_0. 假设晶体中第n个原子在其格矢$\boldsymbol{T}_n$附近运动的位矢为$\boldsymbol{u}_n$，任一时刻原子的位置矢量$\boldsymbol{R}_n$为

$$\boldsymbol{R}_n=\boldsymbol{T}_n+\boldsymbol{u}_n(\boldsymbol{T}_n) \tag{4.2}$$

若$\boldsymbol{T}_n$和$\boldsymbol{T}_m$处两原子间的相互作用势能为$\phi_{nm}(\boldsymbol{R}_n-\boldsymbol{R}_m)$，则晶体的总势能为

$$V=\frac{1}{2}\sum_{\substack{\boldsymbol{R}_m,\boldsymbol{R}_n\\ \boldsymbol{R}_m\neq\boldsymbol{R}_n}}\phi_{nm}(\boldsymbol{R}_n-\boldsymbol{R}_m)=\frac{1}{2}\sum_{\substack{\boldsymbol{T}_m,\boldsymbol{T}_n\\ \boldsymbol{T}_m\neq\boldsymbol{T}_n}}\phi_{nm}\{(\boldsymbol{T}_n-\boldsymbol{T}_m)+[\boldsymbol{u}_n(\boldsymbol{T}_n)-\boldsymbol{u}_m(\boldsymbol{T}_m)]\} \tag{4.3}$$

由于$|\boldsymbol{u}_n(\boldsymbol{T}_n)-\boldsymbol{u}_m(\boldsymbol{T}_m)|\ll|\boldsymbol{T}_n-\boldsymbol{T}_m|\propto R_0$，将式(4.3)在平衡位置附近作泰勒(Taylor)展开，利用梯度算符∇得到

$$\begin{aligned}V=&\frac{1}{2}\sum_{\substack{m,n\\ m\neq n}}\phi_{nm}(\boldsymbol{T}_n-\boldsymbol{T}_m)+\frac{1}{2}\sum_{\substack{m,n\\ m\neq n}}[\boldsymbol{u}_n(\boldsymbol{T}_n)-\boldsymbol{u}_m(\boldsymbol{T}_m)]\cdot\nabla\phi_{nm}(\boldsymbol{T}_n-\boldsymbol{T}_m)+\\ &\frac{1}{4}\sum_{\substack{m,n\\ m\neq n}}\{[\boldsymbol{u}_n(\boldsymbol{T}_n)-\boldsymbol{u}_m(\boldsymbol{T}_m)]\cdot\nabla\}^2\phi_{nm}(\boldsymbol{T}_n-\boldsymbol{T}_m)+\cdots\end{aligned} \tag{4.4}$$

其中，第一项是原子处在平衡位置的相互作用能，对于给定的固体它是一个常量，描述原子运动时可不计此项；第二项是与原子位移有关的线性项，由于原子处在平衡位置时能量最低，要求此项为零；第三项是与位移二次方有关的项，即第一个不为零的项，由于该项势能对应的回复力与偏离平衡位置的位移成正比，也称为简谐项；其它项为原子位移的高阶项. 若在势能中仅保留简谐项，则称之为简谐近似；若还包含高阶项，

则称之为非简谐近似. 前者是目前主要讨论的近似,后者对热传导、热膨胀等物理现象很重要,以后将逐步介绍.

值得注意的是,依据泰勒展开的思路,任何两物理量之间在小范围内变化时,总可以看成线性变化. 如果线性项为零,通常会先考虑最低的不为零的项,这一思路在固体物理问题的处理中经常用到.

在简谐近似下,晶体内 $\boldsymbol{T}_n$ 处原子受到其它原子的作用势为

$$V_n(\boldsymbol{T}_n)=\frac{1}{2}\sum_{\substack{m,m\neq n\\ \mu,\nu=x,y,z}}[u_n^\mu(\boldsymbol{T}_n)-u_m^\mu(\boldsymbol{T}_m)]\phi_{nm}^{\mu\nu}(\boldsymbol{T}_n-\boldsymbol{T}_m)[u_n^\nu(\boldsymbol{T}_n)-u_m^\nu(\boldsymbol{T}_m)] \tag{4.5}$$

其中

$$\phi_{nm}^{\mu\nu}(\boldsymbol{T}_n-\boldsymbol{T}_m)=\left[\frac{\partial^2\phi(\boldsymbol{R}_n-\boldsymbol{R}_m)}{\partial r_{nm}^\mu\partial r_{nm}^\nu}\right]_{R_n=T_n,R_m=T_m} \tag{4.6}$$

$\boldsymbol{r}_{nm}=\boldsymbol{u}_n(\boldsymbol{T}_n)-\boldsymbol{u}_m(\boldsymbol{T}_m)$. 当所有原子沿 $\alpha(\alpha=x,y,z)$ 方向振动时,$\boldsymbol{T}_n$ 处原子的势能式(4.5)变为

$$V_n(\boldsymbol{T}_n)=\frac{1}{2}\sum_{m,m\neq n}C_{nm}(\boldsymbol{T}_n-\boldsymbol{T}_m)[u_n^\alpha(\boldsymbol{T}_n)-u_m^\alpha(\boldsymbol{T}_m)]^2 \tag{4.7}$$

其中,$C_{nm}=\phi_{nm}^{\alpha\alpha}(\boldsymbol{T}_n-\boldsymbol{T}_m)$ 为相距 $|\boldsymbol{T}_n-\boldsymbol{T}_m|$ 原子沿 α 方向振动时的力常量. 动力学方程为

$$M\ddot{u}_n^\alpha=F_n^\alpha(\boldsymbol{T}_n) \tag{4.8}$$

其中,回复力

$$F_n^\alpha(\boldsymbol{T}_n)=-\frac{\partial V_n(\boldsymbol{T}_n)}{\partial u_n^\alpha}=-\sum_{m,m\neq n}C_{nm}(\boldsymbol{T}_n-\boldsymbol{T}_m)[u_n^\alpha(\boldsymbol{T}_n)-u_m^\alpha(\boldsymbol{T}_m)] \tag{4.9}$$

为简谐力的线性组合形式. 由晶体中原子的平移对称性,在简谐力作用下,原子振动产生的波动具有简谐波的形式:

$$u_n^\alpha=u_0^\alpha\exp[\mathrm{i}(\boldsymbol{q}\cdot\boldsymbol{T}_n-\omega t)] \tag{4.10}$$

其中,$\boldsymbol{q}$ 为传播方向的波矢,ω 为振动频率. 可见,各原子振幅相同,按$\mathrm{e}^{\mathrm{i}\boldsymbol{q}\cdot\boldsymbol{T}_n}$变换相位. 每一个波矢 $\boldsymbol{q}$ 对应于一种格点原子集体运动的形式,称之为格波,也称为晶格振动的一个简正模. 有关简谐近似下晶格振动为简谐波的结论,将在后面简谐晶体的量子理论中介绍.

二、一维单原子链:声学支

如图 4.1 所示,N 个原子沿 x 方向排列,形成长度为 $L=Na$ 的单原子链. 若所有原子在阵列方向上作纵向振动,由式(4.9)直接得到 $\boldsymbol{T}_n=n\boldsymbol{a}$ 处原子受到的回复力为

$$F_n^x=-\sum_{m,m\neq n}C_{nm}(u_n-u_m) \tag{4.11}$$

其中,C_{nm}为 n 和 m 原子之间的纵向振动力常量,u_n和u_m为振动位移. 第 n 个原子的动力学方程式(4.8)变为

$$M\ddot{u}_n=-\sum_{m,m\neq n}C_{nm}(u_n-u_m) \tag{4.12}$$

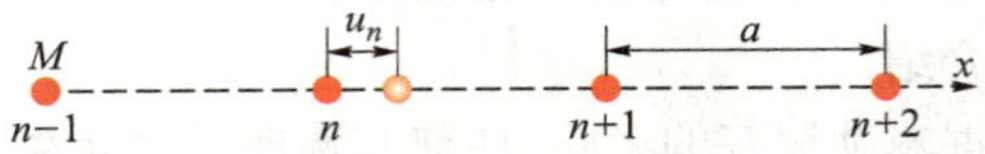

图 4.1　一维单原子点阵运动示意图

利用式(4.10),简谐波解为

$$u_n=u_0e^{i(qna-\omega t)} \tag{4.13}$$

将其代入运动方程式(4.12),得到

$$M\omega^2=\sum_{m,m\neq n} C_{nm}[1-e^{iq(m-n)a}] \tag{4.14}$$

此乃一维单原子链纵向振动的色散关系,即 ω-q 关系.

为简单起见,只考虑最近邻相互作用. 设 $C_{n(n\pm1)}=C$,式(4.14)变为

$$M\omega^2=C[1-e^{iqa}]+C[1-e^{-iqa}]=2C(1-\cos qa) \tag{4.15}$$

此时,格波的能量动量关系,即色散关系 $\omega(q)$ 为

$$\omega=\sqrt{\frac{4C}{M}}\left|\sin\frac{qa}{2}\right| \tag{4.16}$$

如图 4.2 所示.

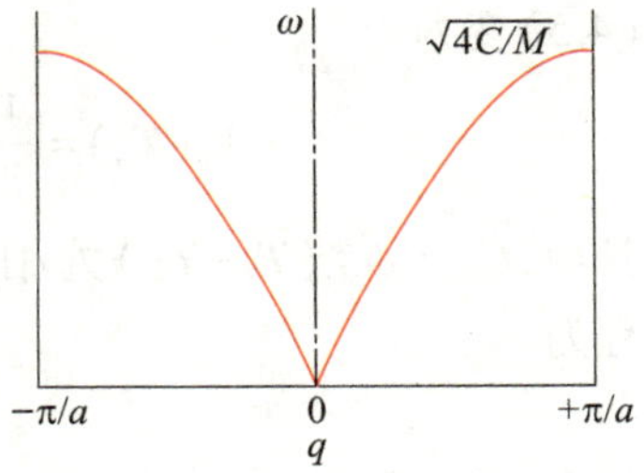

图 4.2　一维单原子点阵的色散关系

(1) 长波极限下($|qa|\ll1$)

$$\omega\approx\sqrt{\frac{4C}{M}}\left|\frac{qa}{2}\right|=a\sqrt{\frac{C}{M}}|q| \tag{4.17}$$

可见,由于波长很长,链中原子分布的离散性可以忽略,色散关系与均匀介质中的声波或弹性波相同,系数 $a(C/M)^{1/2}$为声速. 定义 $q\to0$ 时色散关系满足 $\omega\propto q$ 的振动为声学支. 在许多问题中,长波长格波起重要作用.

(2) 第一布里渊区边界($q=\pm\pi/a$)附近

$$\omega=\sqrt{\frac{4C}{M}}\left|\cos\frac{q^*a}{2}\right|=\sqrt{\frac{4C}{M}}\left[1-\frac{1}{2}\left(\frac{q^*a}{2}\right)^2+\cdots\right] \tag{4.18}$$

其中,$q=q^*\pm\pi/a$. 可见,在布里渊区边界上 $\omega(\pm\pi/a)=\sqrt{4C/M}$,格波的群速 $v_g=d\omega/dq=0$;$u_n=(-1)^n u_0e^{-i\omega t}$说明相邻格点原子的振动方向相反.

(3) q 的取值

什么样的波矢值 q 范围是有物理意义的? 利用周期性边界条件

$$u_0e^{i[(N+n)qa-\omega t]}=u_n(Na+na,t)\equiv u_n(na,t)=u_0e^{i(qna-\omega t)} \tag{4.19}$$

得到 $e^{iNqa}=1$. 可见,q 的取值必须满足

$$q=\frac{l}{N}\frac{2\pi}{a},\quad l\ 为整数 \tag{4.20}$$

利用相邻两原子的位移之比

$$\frac{u_{n+1}}{u_n}=\frac{u_0e^{i[q(n+1)a-\omega t]}}{u_0e^{i(qna-\omega t)}}=e^{iqa} \tag{4.21}$$

基于相位 qa 在$[-\pi,+\pi]$内,式(4.21)包含了所有独立的 u_{n+1}/u_n值. 可见,独立的 q 值

满足$-\pi/a \leqslant q \leqslant \pi/a$，即 FBZ 内包含了所有独立的 q 值. 考虑到一维点阵 FBZ 的大小为 $2\pi/a$，相邻两波矢之差为 $2\pi/Na$，FBZ 内的总波矢数为 N，恰好等于原子链中的初级晶胞数.

例 4.1

对于一维单原子链，试由色散关系求原子间的力常量.

解： 若用 p 表示第 n 个阵点的第 p 近邻，则 $p=(m-n)$. 将其代入式(4.14)，得到

$$M\omega^2 = \sum_{\pm p} C_p(1-\mathrm{e}^{\mathrm{i}pqa}) = 2\sum_{p>0} C_p(1-\cos pqa)$$

两边同乘以 $\cos(p'qa)$，并对所有的 q 值积分，得到

$$\int_{-\pi/a}^{\pi/a} M\omega^2\cos(p'qa)\,\mathrm{d}q = 2\sum_{p>0} C_p\left[\int_{-\pi/a}^{\pi/a}\cos(p'qa)\,\mathrm{d}q - \int_{-\pi/a}^{\pi/a}\cos(pqa)\cos(p'qa)\,\mathrm{d}q\right]$$

整理得到

$$C_p = -\frac{Ma}{2\pi}\int_{-\pi/a}^{\pi/a}\omega^2(q)\cos(pqa)\,\mathrm{d}q$$

其中，利用了

$$\int_{-\pi/a}^{\pi/a}\cos(p'qa)\,\mathrm{d}q = 0,\quad \int_{-\pi/a}^{\pi/a}\cos(pqa)\cos(p'qa)\,\mathrm{d}q = \frac{\pi}{a}\delta_{p,p'}$$

三、一维双原子链：光学支

图 4.3 给出了一维双原子纵向晶格振动示意图. 为简单起见，只考虑最近邻相互作用，相互作用力常量为 C. 若原子沿链作纵向运动，参照式(4.11)，第 n 格点上原子受到的简谐回复力满足

$$F_n^x = -C(u_n - u_{n,\mathrm{left}}) - C(u_n - u_{n,\mathrm{right}}) = -C(2u_n - u_{n,\mathrm{left}} - u_{n,\mathrm{right}}) \tag{4.22}$$

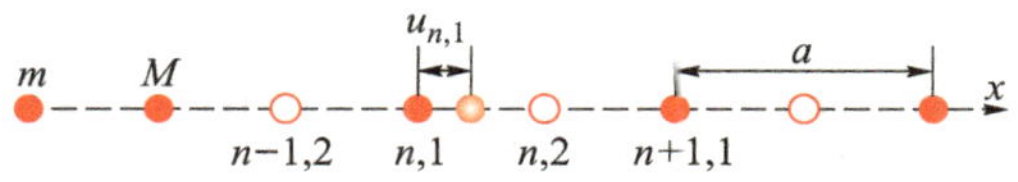

图 4.3 一维双原子点阵运动示意图

假设 1 和 2 两种原子的质量分别为 M 和 m，第 n 个格点上原子的运动方程分别为

$$\begin{aligned} M\ddot{u}_{n,1} &= -C(2u_{n,1} - u_{n-1,2} - u_{n,2}) \\ m\ddot{u}_{n,2} &= -C(2u_{n,2} - u_{n,1} - u_{n+1,1}) \end{aligned} \tag{4.23}$$

若分别取格波解

$$u_{n,1} = A\mathrm{e}^{\mathrm{i}(qna-\omega t)},\quad u_{n,2} = B\mathrm{e}^{\mathrm{i}(qna-\omega t)} \tag{4.24}$$

代入运动方程式(4.23)，整理得到

$$\begin{aligned} (M\omega^2 - 2C)A + C(1+\mathrm{e}^{-\mathrm{i}qa})B &= 0 \\ C(1+\mathrm{e}^{\mathrm{i}qa})A + (m\omega^2 - 2C)B &= 0 \end{aligned} \tag{4.25}$$

显然，A 和 B 有非零解的条件是其系数行列式等于零，即

$$\begin{vmatrix} M\omega^2-2C & C(1+\mathrm{e}^{-\mathrm{i}qa}) \\ C(1+\mathrm{e}^{\mathrm{i}qa}) & m\omega^2-2C \end{vmatrix}=0 \tag{4.26}$$

由此得到色散关系

$$\omega_{\pm}^2=\frac{C(M+m)}{Mm}\left\{1\pm\sqrt{1-\frac{4Mm}{(M+m)^2}\sin^2\left(\frac{qa}{2}\right)}\right\} \tag{4.27}$$

与一维单原子晶体不同，双原子晶体中每个 q 对应于两个不同的 ω 值，即存在两类色散关系．假设 $M>m$，色散关系如图 4.4 所示．

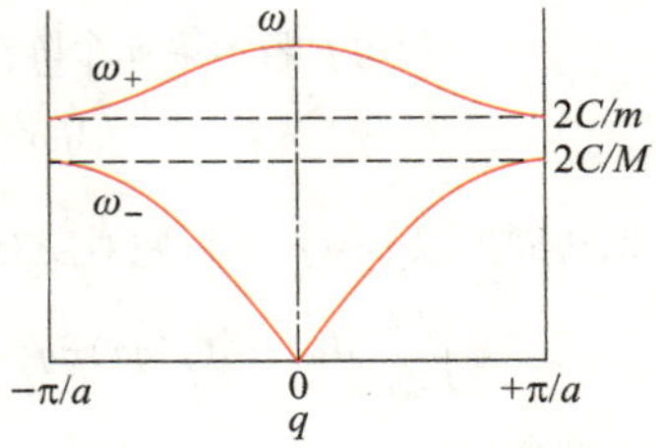

图 4.4　一维双原子点阵的色散关系

（1）长波极限下

$$\omega_-^2\approx\frac{C}{2(M+m)}(qa)^2 \tag{4.28a}$$

$$\omega_+^2\approx\frac{2C(M+m)}{Mm} \tag{4.28b}$$

可见，$\omega_-\propto q$ 与一维单原子链类似，称之为声学支；而 $\omega_+=$ 常量与 q 无关，通常将声学支之外的色散关系统称为光学支．此时，由式(4.25)得到

$$\frac{A}{B}=-\frac{C(1+\mathrm{e}^{-\mathrm{i}qa})}{M\omega^2-2C}\rightarrow\begin{cases}1, & \omega_- \\ -m/M, & \omega_+\end{cases} \tag{4.29}$$

可见，声学支对应于晶胞内两种原子作同相位的整体运动；而光学支对应于晶胞内两种原子作相位相反的相对运动，且质心不动 $MA=-mB$．对于离子晶体，后者相当于长波长的振荡电偶极矩与同频率的电磁波有相互作用，发生强红外吸收，这就是 ω_+ 叫光学支的原因．

（2）在布里渊区边界上

$$\begin{aligned}\omega_-&=\frac{2C}{M}, \quad \frac{A}{B}=\infty, \quad B=0 \\ \omega_+&=\frac{2C}{m}, \quad \frac{A}{B}=0, \quad A=0\end{aligned} \tag{4.30}$$

此时，声（光）学支对应着轻（重）原子不动，且振动频率与运动原子的质量成反比．

四、格波数

总结和推广一维原子链的结果，若晶体含有 N 个初级晶胞，则共有 3 种声学支．其中，1 种纵向声学支和 2 种横向声学支．由于每一支对应着 N 个独立的波矢，所以共有 $3N$ 个声学支振动．其中，纵向声学支和横向声学支振动分别有 N 个和 $2N$ 个．若基元中包含 p 个原子，则每个振动方向上有 $p-1$ 个光学支．同样，由于有 3 个振动方向，每个振动方向上的每一支对应着 N 个独立的波矢，所以共有 $3(p-1)N$ 个光学支振动．因此，总的振动模式数，即可能的格波数为 $3pN$．该数目等于晶体中原子的总自由度数．

反过来，$3pN$ 个原子构成的 N 个初级晶胞晶体中，每个振动方向上对应着 1 个声学支和 $(p-1)$ 个光学支．每个原子运动都有 3 个独立的振动方向．某个振动方向 s 上

的某支色散关系 $\omega_s=\omega(q_s)$ 对应着 N 个独立的波矢 q_s. 若初级晶胞中只有 1 个原子，则晶格振动有 3 个偏振方向，全部为声学支，而没有光学支，共有 $3N$ 个格波. 以上结论对二维和三维晶体依然成立，其根本原因在于原子的自由度与晶体维度无关.

五、晶格振动的色散关系

色散关系之所以如此重要，在于它反映了晶格振动的能量 $\hbar\omega_s$ 和动量 $\hbar q$ 的关系. 利用倒易点阵的对称性，色散关系在波矢空间也具有平移对称性、点对称性 α 和时间反演对称性，即

$$\omega_s(\boldsymbol{q}+\boldsymbol{G})=\omega_s(\boldsymbol{q}) \tag{4.31a}$$

$$\omega_s(\boldsymbol{q})=\omega_s(\alpha\boldsymbol{q}) \tag{4.31b}$$

$$\omega_s(-\boldsymbol{q})=\omega_s(\boldsymbol{q}) \tag{4.31c}$$

它们的具体证明可参见相关参考书. 至于如何获得晶格振动的色散关系，理论上人们总是可以借鉴对原子间相互作用的理解，构建原子受到的回复力，在简谐近似下求解某种振动的色散关系；实验上有关色散关系的测量，将在本章 §4.6 中介绍.

例 4.2

试求三维金属晶体中离子的固有频率.

解： 设金属晶体中的电子均匀分布，传导电子浓度为 $\rho=3/4\pi r_s^3$，r_s 为包含 1 个电子电荷量的球半径. 若金属离子的质量和电荷量分别为 M 和 e，当离子偏离其平衡位置一个小距离 r 时，回复力来自以 r 为半径的球内电荷的库仑引力：

$$F=\frac{1}{4\pi\varepsilon_0}\frac{e\left(-\frac{4}{3}\pi r^3\rho e\right)}{r^2}=-\left(\frac{e^2}{4\pi\varepsilon_0 r_s^3}\right)r$$

离子的运动满足牛顿动力学方程

$$M\ddot{r}+\left(\frac{e^2}{4\pi\varepsilon_0 r_s^3}\right)r=0$$

上式具有简谐振动的形式. 离子振动的固有频率为

$$\omega=\left(\frac{e^2}{4\pi\varepsilon_0 M r_s^3}\right)^{1/2}$$

对于金属 Na，离子的质量 $M\approx3.84\times10^{-20}$ kg，电子数密度 $\rho\approx2.65\times10^{22}$ cm^{-3}，则可以求出 $r_s\approx2.08\times10^{-10}$ m，$\omega\approx2.60\times10^{13}$ s^{-1}.

§ 4.2 简谐晶体的量子理论：声子

简谐晶体的经典处理告诉我们，在振动方向已知的前提下，可以一一处理不同方向原子集体运动的振动规律，即格波的类型和可能数目. 事实上，我们并不知道实际晶体在哪个方向上激发了什么类型的多少格波. 在此情况下，如果能获得晶格振动的信息，对于理解与晶格振动有关的性质极为重要. 为此，介绍简谐晶体的量子理论，引入声子概念. 将会发现，利用声子处理与晶格振动有关的问题将变得相对容易.

一、晶格振动的薛定谔方程

将固体原子等价成离子实和价电子构成的体系. 若用 C 表示离子实, E 表示价电子, $\boldsymbol{R}$ 和 $\boldsymbol{r}$ 分别表示离子实和电子的位置矢量, 在非相对论近似下, 整个晶体的哈密顿量为

$$\hat{H}=[T_{\mathrm{C}}+V_{\mathrm{C}}(\boldsymbol{R})]+[T_{\mathrm{E}}+V_{\mathrm{E}}(\boldsymbol{r})]+V_{\mathrm{E,C}}(\boldsymbol{r},\boldsymbol{R}) \tag{4.32}$$

其中, 第一项为所有离子实的动能 T_{C} 和离子实间的互作用势能 $V_{\mathrm{C}}(\boldsymbol{R})$, 第二项为所有电子的动能 T_{E} 和电子间的互作用势能 $V_{\mathrm{E}}(\boldsymbol{r})$; 第三项为电子与离子实的互作用势能 $V_{\mathrm{E,C}}(\boldsymbol{r},\boldsymbol{R})$. 引入晶体平衡时电子与离子实互作用势 $V_{\mathrm{E,C}}(\boldsymbol{r},\boldsymbol{T})$, 则晶体的哈密顿量可重写为

$$\hat{H}=\hat{H}_{\mathrm{C}}+\hat{H}_{\mathrm{E}} \tag{4.33}$$

其中, 离子实和电子系统的哈密顿量 $\hat{H}_{\mathrm{C}}$ 和 $\hat{H}_{\mathrm{E}}$ 分别为

$$\hat{H}_{\mathrm{C}}=T_{\mathrm{C}}+V_{\mathrm{C}}(\boldsymbol{R})+V_{\mathrm{E,C}}(\boldsymbol{r},\boldsymbol{R})-V_{\mathrm{E,C}}(\boldsymbol{r},\boldsymbol{T}) \tag{4.34a}$$

$$\hat{H}_{\mathrm{E}}=T_{\mathrm{E}}+V_{\mathrm{E}}(\boldsymbol{r})+V_{\mathrm{E,C}}(\boldsymbol{r},\boldsymbol{T}) \tag{4.34b}$$

称之为绝热近似, 也称之为玻恩-奥本海默(Born-Oppenheimer)近似. 这一近似的依据在于电子的质量远小于离子实的质量, 可以认为离子实运动的每一瞬间, 电子都可以迅速地调整其自身的状态, 以满足离子实瞬间分布情况下的本征值.

此时, 系统波函数可表示为电子波函数 $\psi(\boldsymbol{r},\boldsymbol{T})$ 和离子实波函数 $\chi(\boldsymbol{R})$ 的乘积

$$\psi(\boldsymbol{r},\boldsymbol{R})=\psi(\boldsymbol{r},\boldsymbol{T})\chi(\boldsymbol{R}) \tag{4.35}$$

将式(4.35)代入晶体系统的薛定谔方程式(4.1), 在方程两边左乘 $\psi^*(\boldsymbol{r},\boldsymbol{T})$, 并对电子坐标 $\boldsymbol{r}$ 进行空间积分, 得到

$$\int\psi^*(\boldsymbol{r},\boldsymbol{T})(\hat{H}_{\mathrm{C}}+\hat{H}_{\mathrm{E}})\psi(\boldsymbol{r},\boldsymbol{T})\chi(\boldsymbol{R})\,\mathrm{d}\boldsymbol{r}=\int\psi^*(\boldsymbol{r},\boldsymbol{T})\varepsilon\psi(\boldsymbol{r},\boldsymbol{T})\chi(\boldsymbol{R})\,\mathrm{d}\boldsymbol{r} \tag{4.36}$$

设电子和离子实系统的本征值分别为 ε_{E} 和 ε_{C}, 利用电子系统的薛定谔方程 $\hat{H}_{\mathrm{E}}\psi(\boldsymbol{r},\boldsymbol{T})=\varepsilon_{\mathrm{E}}\psi(\boldsymbol{r},\boldsymbol{T})$, 以及电子波函数 $\psi(\boldsymbol{r},\boldsymbol{T})$ 的正交归一性, 由式(4.36)得到离子实部分(晶格振动)的薛定谔方程

$$[T_{\mathrm{C}}+V(\boldsymbol{R})]\chi(\boldsymbol{R})=\varepsilon_{\mathrm{C}}\chi(\boldsymbol{R}) \tag{4.37}$$

其中, $\varepsilon_{\mathrm{C}}=\varepsilon-\varepsilon_{\mathrm{E}}$, 势能项为

$$V(\boldsymbol{R})=V_{\mathrm{C}}(\boldsymbol{R})+\int\psi^*(\boldsymbol{r},\boldsymbol{T})\,[V_{\mathrm{E,C}}(\boldsymbol{r},\boldsymbol{R})-V_{\mathrm{E,C}}(\boldsymbol{r},\boldsymbol{T})]\,\psi(\boldsymbol{r},\boldsymbol{T})\,\mathrm{d}\boldsymbol{r} \tag{4.38}$$

二、简正坐标的运动方程

以上处理从形式上将离子实与电子系统作了分割, 并写出了描述晶格振动的哈密顿量. 实际上, 因不知道晶体中原子间相互作用的势能形式, 依然无法求解晶格振动的薛定谔方程. 为此, 人们通常利用简谐近似下的势能式(4.5), 构建简谐晶体晶格振动的哈密顿量

$$\hat{H}_{\mathrm{C}}=\sum_{\substack{n\\ \mu=x,y,z}}\frac{P_\mu(\boldsymbol{T}_n)P_\mu(\boldsymbol{T}_n)}{2M}+\frac{1}{4}\sum_{\substack{n,m\\ \mu,\nu=x,y,z}}[u_n^\mu(\boldsymbol{T}_n)-u_m^\mu(\boldsymbol{T}_m)]\phi_{nm}^{\mu\nu}(\boldsymbol{T}_n-\boldsymbol{T}_m)[u_n^\nu(\boldsymbol{T}_n)-u_m^\nu(\boldsymbol{T}_m)] \tag{4.39}$$

其中,$P_\mu(\boldsymbol{T}_n)$为$\boldsymbol{T}_n$处离子实动量的μ分量,M为离子实质量. 尽管如此,这依然是一个耦合的多体问题. 为了求得晶格振动的能量本征值,人们多采用正则变换使哈密顿量对角化这一标准处理方法,求解晶格振动的薛定谔方程.

利用晶体中原子排列的周期性,将t时刻$\boldsymbol{T}_n$处离子实的位移$\boldsymbol{u}(\boldsymbol{T}_n,t)$作傅里叶变换

$$\boldsymbol{u}(\boldsymbol{T}_n,t)=\frac{1}{\sqrt{NM}}\sum_{q,\sigma}e_{q\sigma}Q_{q\sigma}(t)\mathrm{e}^{\mathrm{i}\boldsymbol{q}\cdot\boldsymbol{T}_n}\tag{4.40}$$

为简单起见,我们只讨论沿某一σ方向振动的一维单原子晶体,且只考虑最近邻近似$\phi_{nm}^{\mu\nu}=C\delta_{m,n\pm1}$. 此时,哈密顿量中的动能和势能分别为

$$T_{\mathrm{C}}=\frac{1}{2}M\sum_{n}\dot{u}_n^\sigma\dot{u}_n^\sigma=\frac{1}{2}\sum_{q}\dot{Q}_{q\sigma}^*\dot{Q}_{q\sigma}\tag{4.41a}$$

$$V_{\mathrm{C}}=\frac{1}{4}C\sum_{n,m}(u_n^\sigma-u_m^\sigma)^2=\frac{C}{M}\sum_{q}Q_{q\sigma}^*Q_{q\sigma}(1-\cos qa)\tag{4.41b}$$

其中,利用了$u_n^\sigma(\boldsymbol{T}_n,t)$为实数,极化向量$\boldsymbol{e}_{q\sigma}=-\boldsymbol{e}_{-q\sigma}$,$Q_{q\sigma}^*=-Q_{-q\sigma}$;$\boldsymbol{T}_m=\boldsymbol{T}_n+\boldsymbol{a}$以及正交条件

$$\delta_{q,q'}=\frac{1}{N}\sum_{n}\mathrm{e}^{\mathrm{i}(\boldsymbol{q}-\boldsymbol{q}')\cdot\boldsymbol{T}_n}\tag{4.42}$$

定义拉格朗日函数

$$L\equiv T_{\mathrm{C}}-V_{\mathrm{C}}=\frac{1}{2}\sum_{q}\left[\dot{Q}_{q\sigma}^*\dot{Q}_{q\sigma}-\frac{2C}{M}Q_{q\sigma}^*Q_{q\sigma}(1-\cos qa)\right]\tag{4.43}$$

简正坐标$Q_{q\sigma}$对应的正则动量$P_{q\sigma}$

$$P_{q\sigma}\equiv\frac{\partial L}{\partial\dot{Q}_{q\sigma}}=\dot{Q}_{q\sigma}^*\to P_{q\sigma}^*=(\dot{Q}_{q\sigma}^*)^*=\dot{Q}_{q\sigma}\tag{4.44}$$

晶格振动的哈密顿量简化为

$$\hat{H}_{\mathrm{C}}=\frac{1}{2}\sum_{q}\left[P_{q\sigma}^*P_{q\sigma}+\omega_\sigma^2(\boldsymbol{q})Q_{q\sigma}^*Q_{q\sigma}\right]\tag{4.45}$$

其中,$M\omega_\sigma^2(\boldsymbol{q})=2C(1-\cos qa)$与式(4.15)一致. 根据正则方程为

$$\dot{P}_{q\sigma}\equiv-\frac{\partial\hat{H}_C}{\partial Q_{q\sigma}}=-\omega_\sigma^2(\boldsymbol{q})Q_{q\sigma}^*\to\dot{P}_{q\sigma}^*=[-\omega_\sigma^2(\boldsymbol{q})Q_{q\sigma}^*]^*=-\omega_\sigma^2(\boldsymbol{q})Q_{q\sigma}\tag{4.46}$$

结合式(4.44),可求出简正坐标$Q_{q\alpha}$满足的运动方程为

$$\ddot{Q}_{q\sigma}+\omega_\sigma^2(\boldsymbol{q})Q_{q\sigma}=0\tag{4.47}$$

可见,这是一个频率为ω的谐振子方程. 式(4.40)变成了简谐波叠加的形式. 即N个耦合原子组成的一维简谐晶体振动,形式上转化为N个独立的简谐振动. 利用正交条件式(4.42),可求出式(4.40)$\boldsymbol{u}$的逆变换为

$$Q_{q\sigma}=\sqrt{M/N}\sum_{n}[\boldsymbol{e}_{q\sigma}\cdot\boldsymbol{u}(\boldsymbol{T}_n,t)]\mathrm{e}^{-\mathrm{i}\boldsymbol{q}\cdot\boldsymbol{T}_n}\tag{4.48}$$

可见,简正坐标$Q_{q\alpha}$对应于晶体所有原子的集体运动,称之为简正模. 由于$\alpha=x,y,z$,所以N个单原子构成的简单晶体有$3N$个简正模. 这$3N$个简正模满足正交、归一和完备性条件,它们构成$3N$维空间的完备函数组,分别对应着$3N$个线性运动方程的$3N$

个特解. 对于多原子构成的晶格,其结果完全类似于单原子晶体,不同的是模式数发生了变化.

三、声子的特征性质

为了理解简正模与声子的关系,凸显声子的重要性,表 4.1 中总结了声子(phonon)的性质,并与光子进行了比较.

表 4.1　声子与光子性质

名称	声子(phonon)	光子(photon)
振动能量	$\varepsilon_C=\sum_{q,\sigma}\left(n_{q\sigma}+\frac{1}{2}\right)\hbar\omega_\sigma(\boldsymbol{q})$	$\varepsilon=\left(n+\frac{1}{2}\right)\hbar\omega$
能量量子	$\hbar\omega_\sigma(\boldsymbol{q})$	$\hbar\omega$
分布概率	$n_\sigma(\boldsymbol{q})=\frac{1}{e^{\beta\hbar\omega_\sigma(\boldsymbol{q})}-1},\quad\beta=\frac{1}{k_BT}$	$n=\frac{1}{e^{\beta\hbar\omega}-1}$
分布特点	玻色子,每个能级上准粒子的占据数无限制	
准粒子的产生和湮没	$n_{q\sigma}\to n_{q\sigma}\pm1$	$n\to n\pm1$

(1) 声子的能量

若将一维单原子晶体的系统哈密顿量式(4.45)写成 $\boldsymbol{q}$ 的统一形式:

$$\hat{H}_C=\frac{1}{2}\sum_{q,\sigma}\left[P_{-q\sigma}P_{q\sigma}+\omega_\sigma^2(\boldsymbol{q})Q_{-q\sigma}Q_{q\sigma}\right]\tag{4.49}$$

由于 $\boldsymbol{q}$ 和 $-\boldsymbol{q}$ 项耦合,简正坐标 $Q_{q\sigma}$ 描述的哈密顿量并不是孤立谐振子的组合系统. 为了进一步去耦合,引进粒子数表象的升降算符

$$\begin{aligned}a_{q\sigma}^{+}&=\sqrt{\frac{\omega_\sigma(\boldsymbol{q})}{2\hbar}}\left[Q_{-q\sigma}+\frac{P_{q\sigma}}{\mathrm{i}\omega_\sigma(\boldsymbol{q})}\right]\\a_{q\sigma}&=\sqrt{\frac{\omega_\sigma(\boldsymbol{q})}{2\hbar}}\left[Q_{q\sigma}-\frac{P_{-q\sigma}}{\mathrm{i}\omega_\sigma(\boldsymbol{q})}\right]\end{aligned}\tag{4.50}$$

可以证明,哈密顿量将形成对角化形式:

$$\hat{H}_C=\sum_{q,\sigma}\left(a_{q\sigma}^{+}a_{q\sigma}+\frac{1}{2}\right)\hbar\omega_\sigma(\boldsymbol{q})=\sum_{q,\sigma}\hat{H}_{q\sigma}\tag{4.51}$$

可见,通过引入简正坐标 $Q_{q\sigma}$ 和升降算符两次正则变换,多体耦合系统化成了单体问题. 系统的总能量为

$$\varepsilon_C=\sum_{q,\sigma}\left(n_{q\sigma}+\frac{1}{2}\right)\hbar\omega_\sigma(\boldsymbol{q})\tag{4.52}$$

其中,$n_{q\sigma}=1,2,3,\cdots$,不等价的 $\boldsymbol{q}$ 取值数范围等于初级晶胞数 N. 可以看到,通过格波的量子化,原来 $3N$ 个耦合的简正模变成了 $3N$ 个独立的量子化格波,每个量子化格波

的能量总是以 $\hbar\omega_\sigma(\boldsymbol{q})$ 为单位量子化的一份份激发，格波能量的量子称为声子.

单原子晶格振动的总能量完全由式(4.52)描述. 对于多原子的晶格振动，若初级晶胞数依然为 N，p 为基元中的原子数，则系统总能同样是所有量子化格波的能量之和：

$$\varepsilon_{\mathrm{C}}=\sum_{\boldsymbol{q},s}\left(n_{\boldsymbol{q}s}+\frac{1}{2}\right)\hbar\omega_s(\boldsymbol{q}) \tag{4.53}$$

其中，$s=3p$ 为可能的振动分支. 也就是说，由 $3pN$ 个耦合的简正模构成的真实晶格振动变成了由 (q,s) 描述的 $3pN$ 个无相互作用的准振子系统. 不同准振子对应的声子能量是确定的，但各自对应多少个声子取决于声子的分布函数.

(2) 声子的动量

声子不是真实的粒子，它是集体运动的一种元激发(elementary excitation)、格波激发的能量量子或准粒子(quasiparticle). 类似于光子是电磁波的能量量子一样，一个波矢为 $\boldsymbol{q}$ 的声子与光子、中子、电子等发生相互作用时，表现出来的性质犹如一个动量为 $\hbar\boldsymbol{q}$ 的粒子，称为声子的(准)动量.

例 4.3

证明除均匀模外，晶体的物理动量 $\boldsymbol{p}=0$.

证明： 在 N 个质量为 M 的原子组成的一维晶体中，载有一个波矢为 $\boldsymbol{q}$ 的声子，每个原子偏离平衡位置的位移为格波形式：

$$\boldsymbol{u}_n=\boldsymbol{u}_0\mathrm{e}^{\mathrm{i}(nqa-\omega t)}=\boldsymbol{u}\mathrm{e}^{\mathrm{i}nqa}$$

该声子对应的物理动量为所有原子动量之和：

$$\boldsymbol{p}\equiv M\frac{\mathrm{d}}{\mathrm{d}t}\sum_{n=0}^{N-1}\boldsymbol{u}_n=M\frac{\mathrm{d}\boldsymbol{u}}{\mathrm{d}t}\sum_{n=0}^{N-1}\mathrm{e}^{\mathrm{i}nqa}=M\frac{\mathrm{d}\boldsymbol{u}}{\mathrm{d}t}\left(\frac{1-\mathrm{e}^{\mathrm{i}Nqa}}{1-\mathrm{e}^{\mathrm{i}qa}}\right)$$

其中用到了 $\sum_{n=0}^{N-1}x^n=\frac{1-x^N}{1-x}$. 由晶体的周期性边界条件，即

$$\boldsymbol{u}\mathrm{e}^{\mathrm{i}nqa}=\boldsymbol{u}_n=\boldsymbol{u}_{n+N}=\boldsymbol{u}\mathrm{e}^{\mathrm{i}(n+N)qa}$$

可以看到，$\mathrm{e}^{\mathrm{i}Nqa}=1$. 将此结果代入声子物理动量表达式，(…)中的分子等于零，则

$$\boldsymbol{p}=0$$

唯一的例外是 $\boldsymbol{q}=0$ 时的均匀模式. 此时，所有的 $\boldsymbol{u}_n$ 均为 $\boldsymbol{u}$，$\boldsymbol{p}=NM\mathrm{d}\boldsymbol{u}/\mathrm{d}t$，即晶体作为整体平移所具有的动量. 通常情况下，一个声子的作用表现为具有 $\hbar\boldsymbol{q}$ 的动量，有时也将这一动量称为晶体动量.

(3) 声子的分布函数

从式(4.53)可以看到，晶体的振动能量不仅与声子对应模式的色散关系有关，而且还与这一模式下的声子数有关. 人们知道，声子是玻色子(Boson)，遵从玻色统计，每个声子能级上的声子占据数没有限制，如表 4.1 所示. 在热平衡下，晶体中 $\hbar\omega_s(\boldsymbol{q})$ 能级上自由声子的平均占据数 $\langle n\rangle$ 满足普朗克分布(Planck distribution)

$$n_s(\boldsymbol{q})=\langle n\rangle=\frac{1}{\mathrm{e}^{\beta\hbar\omega_s(\boldsymbol{q})}-1} \tag{4.54}$$

其中 $\beta=1/k_{\mathrm{B}}T$.

例 4.4

试求自由声子系统的普朗克分布函数.

解: 考虑一组处于热平衡的全同谐振子,具有 $\hbar\omega$ 的振动能量. 每个振子都定域在平衡位置附近振动,振子是可以分辨的. 由于热运动,处于不同能量状态的振子数满足玻耳兹曼分布(Boltzmann distribution). 依照玻耳兹曼因子,第 $(n+1)$ 个量子激发态中的谐振子数对第 n 个量子激发态中的谐振子数 $N_n \propto \exp(-n\beta\hbar\omega)$ 之比满足

$$N_{n+1}/N_n \propto \mathrm{e}^{-\beta\hbar\omega}$$

于是,第 n 个量子激发态中的谐振子数占总振子数的分数为

$$\frac{N_n}{\sum\limits_{s=0}^{\infty} N_s}=\frac{\mathrm{e}^{-\beta\hbar\omega}}{\sum\limits_{s=0}^{\infty} \mathrm{e}^{-s\beta\hbar\omega}}$$

所以一个振子的平均激发量子数

$$\langle n\rangle=\frac{\sum\limits_{s=0}^{\infty} s\mathrm{e}^{-s\beta\hbar\omega}}{\sum\limits_{s=0}^{\infty} \mathrm{e}^{-s\beta\hbar\omega}}$$

令 $x=\mathrm{e}^{-\beta\hbar\omega}$,则

$$\langle n\rangle=\frac{\sum\limits_{s=0}^{\infty} s x^s}{\sum\limits_{s=0}^{\infty} x^s}$$

利用 $\frac{1}{1-x}=\sum\limits_{s=0}^{\infty} x^s$, $\sum\limits_{s=0}^{\infty} s x^s=x\frac{\mathrm{d}}{\mathrm{d}x}\sum\limits_{s=0}^{\infty} x^s=\frac{x}{(1-x)^2}$,得到

$$\langle n\rangle=\frac{x}{1-x}=\frac{1}{\mathrm{e}^{\beta\hbar\omega}-1}$$

即热平衡下,一个能量为 $\hbar\omega$ 的声子(等效于一个谐振子),其平均占据数(等效于一个谐振子的平均激发量子数)为 $\langle n\rangle$.

四、热力学量与色散关系

在简谐近似下,将格波描述的晶格振动等效为声子描述的热力学系统. 利用系统的总振动能量式(4.53),得到晶格振动的配分函数(partition function):

$$Z=\sum_{\{n_{qs}\}} \mathrm{e}^{-\beta\varepsilon_C}=\prod_{q,s}\frac{\mathrm{e}^{-\beta\hbar\omega_s(q)/2}}{1-\mathrm{e}^{-\beta\hbar\omega_s(q)}} \tag{4.55}$$

其中,利用了 $\exp\left(\sum\limits_i x_i\right)=\prod\limits_i \exp(x_i)$, $\sum\limits_{s=0}^{\infty} x^s=1/(1-x)$. 按照热力学统计公式,不难由配分函数求出系统的振动自由能

$$F=-k_BT\ln Z=k_BT\sum_{q,s}\ln\left[2\sinh\frac{\hbar\omega_s(\boldsymbol{q})}{2k_BT}\right] \tag{4.56}$$

其中，利用了 $\ln\left(\prod_i x_i\right)=\sum_i \ln x_i$. 由此可以求出所有与晶格振动有关的热力学量. 然而，要计算自由能，需要完成式(4.55)对波矢 $\boldsymbol{q}$ 的求和. 显然，对这样一个矢量求和类似于对矢量的积分，并不容易. 为此，引入模式密度的概念，利用色散关系，将对波矢 $\boldsymbol{q}$ 的求和变成对频率 ω_s 的积分.

§ 4.3 晶格振动的模式密度

若晶格振动波矢 $\boldsymbol{q}$ 呈准连续分布，色散关系预示着格波频率 $\omega_s(\boldsymbol{q})$ 也将呈准连续分布. 假设在频率间隔 $\omega\to\omega+\Delta\omega$ 内的格波模式数为 $\Delta N'$，定义模式密度 $D(\omega)$ 为单位频率间隔内的格波模式数，则

$$D(\omega)\equiv\lim_{\Delta\omega\to 0}\frac{\Delta N'}{\Delta\omega} \tag{4.57}$$

若晶体的体积为 V，有时也采用单位体积内的模式密度 $g(\omega)\equiv D(\omega)/V$. 于是，晶体的总模式数和总振动能量分别为

$$3pN=\sum_s\int D(\omega_s)\mathrm{d}\omega_s \tag{4.58a}$$

$$U=\sum_s\int\left[n_s(\boldsymbol{q})+\frac{1}{2}\right]\hbar\omega_s D(\omega_s)\mathrm{d}\omega_s \tag{4.58b}$$

其中，对 s 的求和是对不同振动分支的求和，若晶格为单原子晶格，则 $s=3p=3$；若积分是对某一分支的积分，同一振动分支 $\omega_s(\boldsymbol{q})$ 的模式数为初级晶胞数 N.

一、$D(\omega)$ 的普遍表达式

若将自由能式(4.56)变成对 ω 的积分：

$$\begin{aligned}F&=\int k_BT\sum_{q,s}\ln\left[2\sinh\frac{\hbar\omega}{2k_BT}\right]\delta[\omega-\omega_s(\boldsymbol{q})]\mathrm{d}\omega\\&\equiv\int\left\{k_BT\ln\left[2\sinh\frac{\hbar\omega}{2k_BT}\right]\right\}D(\omega)\mathrm{d}\omega\end{aligned} \tag{4.59}$$

模式密度的一般表达式为

$$D(\omega)=\sum_{q,s}\delta[\omega-\omega_s(\boldsymbol{q})] \tag{4.60a}$$

利用三维晶体布里渊区内单位体积中允许的 q 值数 $(L/2\pi)^3$，有物理意义的格波波矢全部分布在第一布里渊区内，模式密度式(4.60a)可写为

$$D(\omega)=\sum_s\left(\frac{L}{2\pi}\right)^3\int_{\mathrm{FBZ}}\delta[\omega-\omega_s(\boldsymbol{q})]\mathrm{d}^3q \tag{4.60b}$$

可见，只要知道了振动分支的色散关系，直接利用式(4.60)可求模式密度.

例 4.5

试求一维单原子点阵声学支模式密度的范霍夫奇点.

解: 对于近邻原子间距为 a 的一维单原子点阵,若只考虑最近邻相互作用,由式(4.16)得纵向格波声学支简正模式的色散关系为

$$\omega=\omega_{\mathrm{m}}\sin\frac{qa}{2}\quad(q>0)$$

其中,$\omega_{\mathrm{m}}=\sqrt{4C/M}$ 为简正模的最高角频率,C 为力常量,M 为原子质量. 格波的群速为

$$v_{\mathrm{g}}=\frac{\mathrm{d}\omega}{\mathrm{d}q}=\frac{a}{2}(\omega_{\mathrm{m}}^2-\omega^2)^{1/2}$$

一维单原子点阵纵向声学支的模式密度为

$$D(\omega)=\frac{L}{2\pi}\int_{-\frac{\pi}{a}}^{\frac{\pi}{a}}\delta[\omega-\omega_s(\boldsymbol{q})]\mathrm{d}q$$

$$=\frac{L}{\pi}\int_0^{\omega_{\mathrm{m}}}\frac{\delta[\omega-\omega_s(\boldsymbol{q})]}{v_{\mathrm{g}}}\mathrm{d}\omega=\frac{2L}{\pi a}\frac{1}{(\omega_{\mathrm{m}}^2-\omega^2)^{1/2}}$$

在 $\omega=\omega_{\mathrm{m}}$ 处,群速为零,$D(\omega)$ 是发散的,称为一维单原子点阵模式密度的范霍夫奇点(van Hove singularity),如图 4.5 所示.

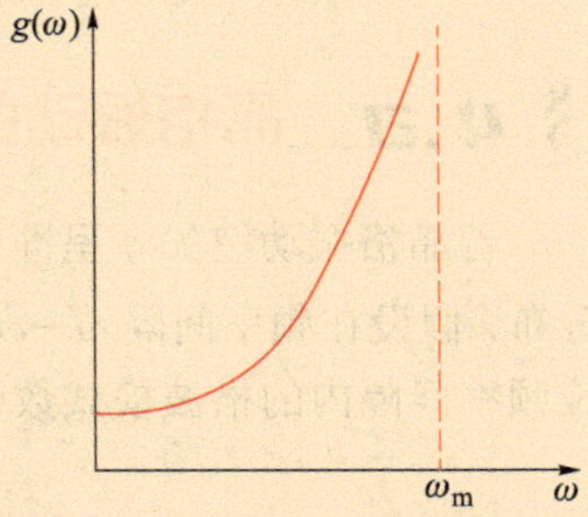

图 4.5　一维点阵的范霍夫奇点

对于某一支振动,由色散关系 $\omega_s(\boldsymbol{q})$ 知道 ω_s 与 q 相对应,则 $\omega\sim\omega+\mathrm{d}\omega$ 范围内的模式数与该范围容许的 q 值数相等,即

$$D(\omega)\mathrm{d}\omega=\left(\frac{L}{2\pi}\right)^3\int_{\text{薄层}}\mathrm{d}^3q \tag{4.61}$$

可见,求模式密度变成了计算 $\omega\sim\omega+\mathrm{d}\omega$ 对应的 $q\sim q+\mathrm{d}q$ 薄壳层的体积. 令 $\mathrm{d}S_\omega$ 表示波矢 $\boldsymbol{q}$ 空间内选定的等频率 ω 面上的面元,在等频率面 $\omega\sim\omega+\mathrm{d}\omega$ 之间的体积元是一个底为 $\mathrm{d}S_\omega$,高为 $\mathrm{d}q_\perp$ 的直圆柱体,如图 4.6 所示,即 $\mathrm{d}^3q=\mathrm{d}S_\omega\mathrm{d}q_\perp$. 同时,$\omega$ 面的梯度 $\nabla_{\boldsymbol{q}}\omega$ 也垂直于 ω 为恒值的面,则 $\mathrm{d}q_\perp$ 连接的两个面间的频率差 $\mathrm{d}\omega=|\nabla_{\boldsymbol{q}}\omega|\mathrm{d}q_\perp$. 于是,体积元写为

$$\mathrm{d}^3q=\mathrm{d}S_\omega\mathrm{d}q_\perp=\mathrm{d}S_\omega\frac{\mathrm{d}\omega}{|\boldsymbol{v}_{\mathrm{g}}|} \tag{4.62}$$

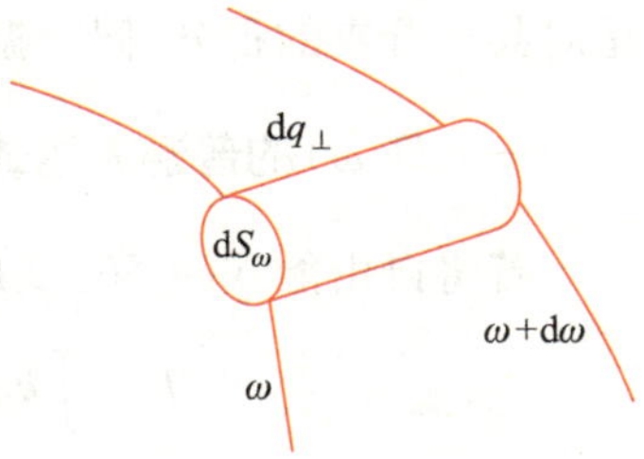

图 4.6　等频率面示意图

其中,$\boldsymbol{v}_{\mathrm{g}}\equiv\nabla_{\boldsymbol{q}}\,\omega_s$ 为群速. 因此,某一支色散关系的模式密度为

$$D(\omega)=\left(\frac{L}{2\pi}\right)^3\int_{\text{薄层面}}\frac{\mathrm{d}S_\omega}{|\boldsymbol{v}_{\mathrm{g}}|} \tag{4.63}$$

若晶体存在 s 种振动分支,模式密度的一般表达式为

$$D(\omega)=\sum_s\left(\frac{L}{2\pi}\right)^3\int_{\text{薄层面}}\frac{\mathrm{d}S_\omega}{|\boldsymbol{v}_{\mathrm{g}}|} \tag{4.64}$$

对应的单位体积内的模式密度为

$$g(\omega)=\sum_s\left(\frac{1}{2\pi}\right)^3\int_{\text{薄层面}}\frac{\mathrm{d}S_\omega}{|\boldsymbol{v}_{\mathrm{g}}|} \tag{4.65}$$

可见,利用式(4.63)可以由群速求出某振动分支的模式密度. 若系统共有 $s=3p$ 个可能的振动分支,则系统的模式密度式(4.64)为各分支模式密度之和. 实际上,对于确定的色散关系 $\omega_s(\boldsymbol{q})$,利用 $\omega\sim\omega+\mathrm{d}\omega$ 与 $q\sim q+\mathrm{d}q$ 内对应的模式数相等这一原始定义,即可求出模式密度.

二、*d* 维晶体模式密度

假设一维体系由相隔为 a,总长度为 L 的 N 个单原子构成. 晶体共有 N 个有物理意义的 $\boldsymbol{q}$ 值. 对于某种色散关系来讲,由于每个允许的波矢 $\boldsymbol{q}$ 对应于一种模式,所以 N 个原子组成的一维晶体给出了 N 种可能的模式. 考虑到 FBZ 内单位波矢间隔内的模式数为

$$\frac{N}{2\pi/a}=\frac{L}{2\pi} \tag{4.66}$$

则 $\omega\sim\omega+\mathrm{d}\omega$ 与 $q\sim q+\mathrm{d}q$ 内对应的模式数相等:

$$D(\omega)\mathrm{d}\omega=2\frac{L}{2\pi}\mathrm{d}q \tag{4.67}$$

其中,2 的引入是由于此处的波矢只取其正值. 模式密度 $D(\omega)$ 为

$$D(\omega)=\frac{L}{\pi}\frac{\mathrm{d}q}{\mathrm{d}\omega}=\frac{L}{\pi v_{\mathrm{g}}} \tag{4.68}$$

其中,$v_{\mathrm{g}}=\mathrm{d}\omega/\mathrm{d}q$.

假设长度为 $L\times L$ 的二维晶格中包含 N 个初级晶胞,利用晶体中传播的格波 $\boldsymbol{u}(\boldsymbol{r})=\boldsymbol{u}_0\mathrm{e}^{\mathrm{i}(\boldsymbol{q}\cdot\boldsymbol{r}-\omega t)}$ 满足周期性边界条件

$$\begin{aligned}\boldsymbol{u}_0\mathrm{e}^{\mathrm{i}[q_x(x+L)-\omega t]}&=\boldsymbol{u}(x+L)=\boldsymbol{u}(x)=\boldsymbol{u}_0\mathrm{e}^{\mathrm{i}(q_x x-\omega t)}\\ \boldsymbol{u}_0\mathrm{e}^{\mathrm{i}[q_y(y+L)-\omega t]}&=\boldsymbol{u}(y+L)=\boldsymbol{u}(y)=\boldsymbol{u}_0\mathrm{e}^{\mathrm{i}(q_y y-\omega t)}\end{aligned} \tag{4.69}$$

要求 $\mathrm{e}^{\mathrm{i}q_xL}=\mathrm{e}^{\mathrm{i}q_yL}=1$,得到

$$q_{x,y}=\pm\frac{2\pi}{L},\pm\frac{4\pi}{L},\pm\frac{6\pi}{L},\cdots \tag{4.70}$$

类似于一维系统的分析,对于每种偏振分支,相邻波矢对应的面积为 $(2\pi/L)^2$,即对应一个容许的模式($\boldsymbol{q}$ 值). 在波矢空间内,单位面积内有 $(L/2\pi)^2$ 个容许的 $\boldsymbol{q}$ 值. 设单位频率间隔内的模式数为 $D(\omega)$,则 ω 处 $\omega\sim\omega+\mathrm{d}\omega$ 内的模式数等于 q 附近 $q\sim q+\mathrm{d}q$ 范围内的模式数:

$$D(\omega)\mathrm{d}\omega=\left(\frac{L}{2\pi}\right)^2[\pi(q+\mathrm{d}q)^2-\pi q^2]\approx\left(\frac{L}{2\pi}\right)^2 2\pi q\mathrm{d}q \tag{4.71}$$

由此得到

$$D(\omega)=\frac{L^2q}{2\pi v_{\mathrm{g}}} \tag{4.72}$$

设边长为 L 的立方体,包含 N 个初基晶胞. 完全类似于一维和二维晶体的处理,由晶体中的格波满足周期性边界条件,得到

$$q_{x,y,z}=\pm\frac{2\pi}{L},\pm\frac{4\pi}{L},\pm\frac{6\pi}{L},\cdots \tag{4.73}$$

对于每种偏振分支，在波矢空间中单位体积内的模式密度为$(L/2\pi)^3$. 利用 $\omega\sim\omega+\mathrm{d}\omega$ 内的模式数等于 $q\sim q+\mathrm{d}q$ 内的模式：

$$D(\omega)\mathrm{d}\omega=\left(\frac{L}{2\pi}\right)^3\left[\frac{4\pi}{3}(q+\mathrm{d}q)^3-\frac{4\pi}{3}q^3\right]\approx\left(\frac{L}{2\pi}\right)^2 4\pi q^2\mathrm{d}q \tag{4.74}$$

得到

$$D(\omega)=\frac{L^3q^2}{2\pi^2 v_g} \tag{4.75}$$

至此，求出了 $d=1$、2 和 3 维晶体某个振动分支的模式密度. 模式密度与波矢 q 的 $(d-1)$次方成正比. 如果给出了振动分支的色散关系，一、二和三维振动分支模式密度表达式(4.68)、(4.72)和(4.75)可以表示成与频率的形式.

例 4.6

在连续近似下，试求 1、2、3 维晶体声学支模式密度的频率形式.

解： 在连续近似下，频率和波矢也呈连续分布状态. 此时，声学支的色散关系满足 $\omega=v_sq$. 对于任意一支声学支，取波矢为正值，则波矢比 q 小的模式数满足

$$N'=\begin{cases}\dfrac{L}{2\pi}\times 2q=\dfrac{L\omega}{\pi v_s}, & d=1\\[2ex] \left(\dfrac{L}{2\pi}\right)^2\times\pi q^2=\dfrac{S\omega^2}{4\pi v_s^2}, & d=2\\[2ex] \left(\dfrac{L}{2\pi}\right)^3\times\dfrac{4}{3}\pi q^3=\dfrac{V\omega^3}{6\pi^2v_s^3}, & d=3\end{cases}$$

其中，L、S、V 分别为 1、2、3 维晶体的长度、面积和体积. 利用式(4.57)，对应的模式密度分别为

$$D(\omega)=\frac{\mathrm{d}N'}{\mathrm{d}\omega}=\begin{cases}\dfrac{L}{\pi v_s}, & d=1\\[2ex] \dfrac{S\omega}{2\pi v_s^2}, & d=2\\[2ex] \dfrac{V\omega^2}{2\pi^2v_s^3}, & d=3\end{cases}$$

考虑到每个声学支有 N 种模式，若三种声学支的声速相等$v_s\equiv v$，则总的声学支模式密度为

$$D(\omega)=\begin{cases}\dfrac{3L}{\pi v}, & d=1\\[2ex] \dfrac{3S\omega}{2\pi v^2}, & d=2\\[2ex] \dfrac{3V\omega^2}{2\pi^2v^3}, & d=3\end{cases}$$

三、晶格振动模型

由以上可见，只要知道了色散关系，就可以用多种方案求出该色散关系对应的模式密度. 考虑到实际晶体各种色散关系求解的困难以及色散关系的复杂性，人们假设

某种可能的频率分布来简化模式密度的求解,进而求解与温度有关的晶格振动热力学量. 在此,介绍描述晶格振动常用的两个模型:爱因斯坦(Einstein)模型和德拜(Debye)模型.

爱因斯坦模型:假定晶体中的所有简正模式具有相同的振动频率 ω_E,称之为爱因斯坦频率. 若仅考虑声学支,对于一个 N 单胞体系,则式(4.60a)模式密度可以写成

$$D(\omega)=3N\delta(\omega-\omega_E) \tag{4.76a}$$

$$g(\omega)=3n\delta(\omega-\omega_E) \tag{4.76b}$$

其中,$n=N/V$. 利用式(4.58),系统声学支热运动的模式数和能量分别为

$$3N=\int D(\omega)\mathrm{d}\omega \tag{4.77a}$$

$$U=3N\int \frac{\hbar\omega}{\mathrm{e}^{\beta\hbar\omega}-1}\delta(\omega-\omega_E)\mathrm{d}\omega=\frac{3N\hbar\omega_E}{\mathrm{e}^{\beta\hbar\omega_E}-1} \tag{4.77b}$$

其中,能量表达式中忽略了与温度无关的零点振动能. 爱因斯坦模型可以说明晶体高温热容等很多实验现象,但是实际固体中激发的声子一般不可能只有一个频率. 考虑到激发声子的频率也不会无穷大,总是分布在一定范围内,人们常采用以下德拜模型描述晶体中的声子.

德拜模型:将晶体看成连续介质,满足声学支色散关系 $\omega=v_s q$ 的频率存在一上限 $\omega_D=v_s q_D$,称之为德拜频率或截止频率. 在波矢空间,可能的波矢均匀分布在德拜波矢 q_D 的球内,如图 4.7 所示. 对于三维单原子点阵,设横波和纵波具有相同的群速 v,则模式密度为

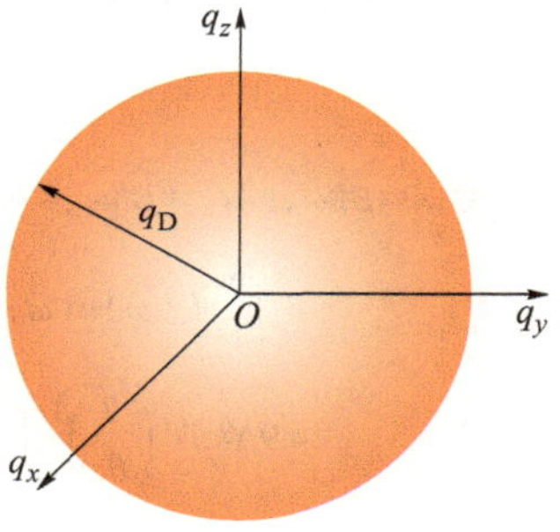

图 4.7 波矢与频率的等值球面

$$D(\omega)=\begin{cases}\dfrac{3V\omega^2}{2\pi^2 v^3}, & \omega\leqslant\omega_D\\ 0, & \omega>\omega_D\end{cases} \tag{4.78}$$

对于 N 个初级晶胞体系,声学支的截止频率 ω_D、德拜温度 θ_D 以及系统与温度有关的振动能量分别为

$$\omega_D=(6\pi^2 n)^{1/3}v \tag{4.79a}$$

$$\theta_D=\frac{\hbar\omega_D}{k_B}=(6\pi^2 n)^{1/3}\frac{\hbar v}{k_B} \tag{4.79b}$$

$$U=9Nk_BT\left(\frac{\theta_D}{T}\right)\int_0^{x_D}\frac{x^3\mathrm{d}x}{\mathrm{e}^x-1} \tag{4.79c}$$

其中,$x\equiv\beta\hbar\omega$,$x_D\equiv\beta\hbar\omega_D=\theta_D/T$.

例 4.7

试求三维体系中声学支的模式密度、德拜频率、德拜波矢、德拜温度以及系统与温度有关的振动能量.

解: 假设三种声学支的群速相等,利用一般模式密度的表达式(4.60b),得到

$$D(\omega)=\frac{3V}{2\pi^2}\int_{q\leqslant q_D}\delta(\omega-vq)q^2\mathrm{d}q$$

利用 $\omega=vq$，得到 $\omega_D=vq_D$，$\mathrm{d}\omega=v\mathrm{d}q$，上式变为

$$D(\omega)=\frac{3V}{2\pi^2}\int_{\omega\leqslant\omega_D}\delta(\omega-vq)\frac{\omega^2}{v^3}\mathrm{d}\omega=\begin{cases}\dfrac{3V\omega^2}{2\pi^2v^3}, & \omega\leqslant\omega_D\\ 0, & \omega>\omega_D\end{cases}$$

设晶体中的原子密度为 n，利用总模式数式(4.58)，得到声学支模式数为

$$3N=3nV\equiv\int_0^{\omega_D}D(\omega)\mathrm{d}\omega=\frac{V\omega_D^3}{2\pi^2v^3}$$

由此，直接得到德拜截止频率

$$\omega_D=(6\pi^2n)^{1/3}v$$

利用 $\omega_D=vq_D$，得到德拜波矢

$$q_D=(6\pi^2n)^{1/3}$$

定义德拜温度 θ_D 满足 $k_B\theta_D\equiv\hbar\omega_D$，则

$$\theta_D=(6\pi^2n)^{1/3}\frac{\hbar v}{k_B}$$

令 $x\equiv\beta\hbar\omega$，则 $x_D\equiv\beta\hbar\omega_D=\theta_D/T$，$\mathrm{d}x\equiv\beta\hbar\mathrm{d}\omega$，由式(4.77b)得到系统与温度有关的振动能量

$$U=\int_0^{\omega_D}D(\omega)n(\omega,T)\hbar\omega\mathrm{d}\omega=\frac{3V}{2\pi^2v^3}\int_0^{\omega_D}\frac{\hbar\omega^3}{\mathrm{e}^{\beta\hbar\omega}-1}\mathrm{d}\omega=\frac{3V}{2\pi^2v^3}\frac{(k_BT)^4}{\hbar^3}\int_0^{x_D}\frac{x^3}{\mathrm{e}^x-1}\mathrm{d}x$$

$$=9Nk_BT\left(\frac{T}{\theta_D}\right)^3\int_0^{x_D}\frac{x^3}{\mathrm{e}^x-1}\mathrm{d}x$$

§ 4.4 原子的均方位移与速率

在简谐近似下，经二次量子化之后，N 原子构成的单原子晶体的哈密顿量变成了由 $3N$ 个彼此独立的简谐振子的哈密顿量之和，对应于 $3N$ 个无相互作用的准粒子：声子. 也就是说，与热运动有关的简谐晶格振动可以用理想声子气体来描述. 以下用声子的语言，返回去描述原子振动的均方位移和均方速率，并介绍由此引入的一些现象.

一、均方位移与速率

对于振动状态 s 确定的某一支振动，其角频率为 ω_s 的简正模式格波在连续介质中传播. 设波矢方向 $\boldsymbol{q}_s$ 沿 x 方向，则每个原子的振动位移 u_s 和速率 $\dot{u}_s$ 为

$$u_s=u_0\exp[\mathrm{i}(q_sx-\omega_st)] \tag{4.80a}$$

$$\dot{u}_s=-\mathrm{i}\omega_su_0\exp[\mathrm{i}(q_sx-\omega_st)] \tag{4.80b}$$

此时，原子位移和速度的时间平均值为零，而原子振动势能和动能的时间平均值分别为

$$\overline{E}_p=\frac{1}{2}C_s\overline{u_s^2}=\frac{1}{2}C_s\left[\frac{1}{2}\mathrm{Re}(u_s^*u_s)\right]=\frac{1}{4}C_su_0^2 \tag{4.81a}$$

$$\overline{E}_{\mathrm{k}}=\frac{1}{2}M\overline{\dot{u}_s^2}=\frac{1}{2}M\left[\frac{1}{2}\mathrm{Re}(\dot{u}_s^*\dot{u}_s)\right]=\frac{1}{4}M\omega_s^2u_0^2 \tag{4.81b}$$

由于$\omega_s^2=C_s/M$，原子振动的势能和动能相等，且均等于 $\omega_s(q_s)$ 对应简正模式能量E_s的一半

$$\overline{E}_{\mathrm{p}}=\overline{E}_{\mathrm{k}}=\frac{1}{2}E_s=\frac{1}{2}\left[n_s(\omega_s)+\frac{1}{2}\right]\hbar\omega_s(q_s) \tag{4.82}$$

其中，$n_s(\omega_s)$为该简正模式的声子数．由式(4.81)和式(4.82)可求出 $\omega_s(q_s)$ 简正模式引起的原子振动对时间的均方位移和均方速率

$$\overline{u_s^2}=\frac{2\overline{E}_{\mathrm{p}}}{C_s}=\frac{1}{C_s}\left[n_s(\omega_s)+\frac{1}{2}\right]\hbar\omega_s(q_s)=\frac{\hbar}{M\omega_s}\left[n_s(\omega_s)+\frac{1}{2}\right] \tag{4.83a}$$

$$\overline{\dot{u}_s^2}=\frac{2\overline{E}_{\mathrm{k}}}{M}=\frac{1}{M}\left[n_s(\omega_s)+\frac{1}{2}\right]\hbar\omega_s \tag{4.83b}$$

若温度不为零，受热扰动的影响，可能同时存在多种偏振和简正模式．此时，原子的均方位移和均方速率还应对振动状态 s(振动分支)和简正模式q_s求平均，即

$$\langle u^2\rangle=\frac{1}{3N}\sum_{s,q_s}\overline{u_s^2}=\sum_{s,q_s}\frac{\hbar}{3NM\omega_s}\left[n_s(\omega_s)+\frac{1}{2}\right] \tag{4.84a}$$

$$\langle v^2\rangle=\frac{1}{3N}\sum_{s,q_s}\overline{\dot{u}_s^2}=\sum_{s,q_s}\frac{\hbar\omega_s}{3NM}\left[n_s(\omega_s)+\frac{1}{2}\right] \tag{4.84b}$$

其中，利用了单原子点阵只有声学支，总的简正模式数为 $3N$．利用模式密度 $D(\omega)$ 为单位频率间隔内的模式数这一物理意义，将对 s 和 q_s 的求和化为对角频率的积分，得到

$$\langle u^2\rangle=\frac{\hbar}{3NM}\int_0^\infty\frac{1}{\omega_s}\left[n_s(\omega_s)+\frac{1}{2}\right]D(\omega_s)\,\mathrm{d}\omega_s \tag{4.85a}$$

$$\langle v^2\rangle=\frac{\hbar}{3NM}\int_0^\infty\omega_s\left[n_s(\omega_s)+\frac{1}{2}\right]D(\omega_s)\,\mathrm{d}\omega_s \tag{4.85b}$$

考虑三维晶体的德拜模型，利用声学支的简正模式密度式(4.78)，式(4.85)变为

$$\langle u^2\rangle=\frac{\hbar}{2\pi^2nMv^3}\int_0^{\omega_{\mathrm{D}}}\left[\frac{1}{2}+\frac{1}{\mathrm{e}^{\beta\hbar\omega}-1}\right]\omega\,\mathrm{d}\omega \tag{4.86a}$$

$$\langle v^2\rangle=\frac{\hbar}{2\pi^2nMv^3}\int_0^{\omega_{\mathrm{D}}}\left[\frac{1}{2}+\frac{1}{\mathrm{e}^{\beta\hbar\omega}-1}\right]\omega^3\,\mathrm{d}\omega \tag{4.86b}$$

令 $x\equiv\beta\hbar\omega$，式(4.86)可写为

$$\langle u^2\rangle=\frac{\hbar\omega_{\mathrm{D}}^2}{8\pi^2\rho v^3}\left\{1+4\left(\frac{T}{\theta_{\mathrm{D}}}\right)^2\int_0^{x_{\mathrm{D}}}\frac{x}{\mathrm{e}^x-1}\mathrm{d}x\right\} \tag{4.87a}$$

$$\langle v^2\rangle=\frac{\beta\hbar^2\omega_{\mathrm{D}}^4}{16\pi^2\rho v^3}\left\{1+8\left(\frac{T}{\theta_{\mathrm{D}}}\right)^4\int_0^{x_{\mathrm{D}}}\frac{x^3}{\mathrm{e}^x-1}\mathrm{d}x\right\} \tag{4.87b}$$

其中，$\rho=nM$ 为体系的质量密度．

例 4.8

应用德拜模型证明，绝对零度时三维单原子点阵中的零点均方位移为$\langle u^2\rangle=\hbar\omega_D^2/8\pi^2\rho v^3$. 其中，$\omega_D$是德拜截止频率，$\rho$是点阵的质量密度，$v$是声速. 对于$N$个质量为$M$的原子组成的长度为$L$的一维点阵，若只计入纵模，证明$\langle u^2\rangle$发散，但存在有限的均方应变

$$\left\langle\left(\frac{\partial u}{\partial x}\right)^2\right\rangle=\frac{\hbar\omega_D^2 L}{4\pi MNv^3}$$

解： 利用德拜模型下三维单原子点阵的均方位移式(4.86a)，零点振动能为

$$\langle u^2\rangle=\frac{\hbar}{4\pi^2 nMv^3}\int_0^{\omega_D}\omega\mathrm{d}\omega=\frac{\hbar\omega_D^2}{8\pi^2\rho v^3}$$

即原子的零点振动均方位移是有限的.

对一维点阵，若只考虑纵模，模式密度满足式(4.68)$D(\omega)=L/\pi v$. 参照式(4.85)，一维原子的纵模零点均方位移为

$$\langle u^2\rangle=\frac{\hbar}{NM}\int_0^{\infty}\frac{1}{2\omega}D(\omega)\mathrm{d}\omega=\frac{L}{2\pi vNM}\int_0^{\omega_D}\frac{\mathrm{d}\omega}{\omega}=\frac{\hbar L}{2\pi vNM}(\ln\omega)_0^{\omega_D}$$

显然是发散的. 参照式(4.84)，均方应变

$$\left\langle\left(\frac{\partial u}{\partial x}\right)^2\right\rangle\equiv\frac{1}{N}\sum_{s,q_s}\overline{(\partial u_s/\partial x)^2}$$

假设原子的振动位移为$u_s=u_0\exp[\mathrm{i}(qx-\omega_s t)]$，应变平方的时间平均值为

$$\overline{(\partial u_s/\partial x)^2}=\frac{1}{2}\mathrm{Re}\left[\left(\frac{\partial u_s}{\partial x}\right)^*\frac{\partial u_s}{\partial x}\right]=\frac{1}{2}q^2u_0^2$$

由$\overline{E}_k=M\omega_s^2u_0^2/4=(n_s+1/2)\hbar\omega_s/2$，绝对零度下，$u_0^2=\hbar/M\omega_s$. 均方应变为

$$\left\langle\left(\frac{\partial u}{\partial x}\right)^2\right\rangle=\frac{1}{2N}\sum_{s,q}\frac{\hbar q^2}{M\omega_s}=\frac{1}{2N}\int_0^{\omega_D}\frac{\hbar q^2}{M\omega}D(\omega)\mathrm{d}\omega=\frac{\hbar L}{2\pi NMv^3}\int_0^{\omega_D}\omega\mathrm{d}\omega=\frac{\hbar L\omega_D^2}{4\pi NMv^3}$$

二、无反冲因子

在经典概念中，两个粒子碰撞时，由于粒子的反冲运动，碰撞前后入射粒子的能量通常要发生变化. 然而，当光子（微观粒子）入射晶体时，若入射光子不激发声子，意味着晶体保持原来的状态. 此时，散射前后光子的能量不发生变化，称之为无反冲散射. 人们定义微观粒子发生无反冲发射和吸收的概率为无反冲因子（recoilless factor），也叫德拜-沃勒（Debye-Waller）因子. 也正是这一理念，发现了著名的穆斯堡尔效应. 在简谐近似下，晶体的无反冲因子为

$$f_R=|\langle \mathrm{e}^{\mathrm{i}\boldsymbol{k}\cdot\boldsymbol{u}_k}\rangle|^2\approx\exp(-k^2\langle u_k^2\rangle)=\begin{cases}1, & \langle u_k^2\rangle=0\\ 0, & \langle u_k^2\rangle=\infty\end{cases}\tag{4.88}$$

其中，$\boldsymbol{k}$为入射光子的波矢，$\boldsymbol{u}_k$为波矢方向上的原子位移. 可见，无反冲因子既反映了晶格振动强弱，又反映了入射光子发生弹性散射的概率.

利用(4.85a)可直接写出晶体的无反冲因子

$$f_R=\exp\left\{-\frac{2E_R}{3N\hbar}\int_0^{\infty}\left[\frac{1}{\mathrm{e}^{\beta\hbar\omega}-1}+\frac{1}{2}\right]\frac{D(\omega)}{\omega}\mathrm{d}\omega\right\}\tag{4.89}$$

其中，$E_R=\hbar^2k^2/2M$ 为自由原子的反冲能量．在德拜近似下，三维晶体的无反冲因子

$$f_R=\exp\left\{-\frac{3E_R}{2k_B\theta_D}\left[1+4\left(\frac{T}{\theta_D}\right)^2\int_0^{\theta_D/T}\frac{x}{e^x-1}dx\right]\right\} \tag{4.90}$$

可见，f_R 是一个与 θ_D/T 之比有关的函数．由于不同晶体的 θ_D 不一样，通常关注高低温两种极限情况下的变化规律，即

$$f_R\approx\begin{cases}\exp\left\{-\dfrac{E_R}{k_B\theta_D}\left[\dfrac{3}{2}+\left(\dfrac{\pi T}{\theta_D}\right)^2\right]\right\}, & T\ll\theta_D\\ \exp\left\{-\dfrac{E_R}{k_B\theta_D}\left[\dfrac{3}{2}-6\dfrac{T}{\theta_D}\right]\right\}, & T\geqslant\theta_D/2\end{cases} \tag{4.91}$$

其中，利用了

$$\int_0^\infty\frac{x}{e^x-1}dx\xrightarrow{e^{-x}=y}\int_1^0\frac{\ln y}{1-y}dy=\frac{\pi^2}{6},\qquad\int_0^{\theta_D/T}\frac{x}{e^x-1}dx\approx\int_0^{\theta_D/T}dx=\frac{\theta_D}{T} \tag{4.92}$$

例 4.9

实验发现原子振动使刚性点阵的布拉格反射强度减少了一个因子 $f_R=e^{-2W}$，即

$$I=I_0e^{-2W}$$

其中，I_0 为刚性点阵谱线的强度，$W=\langle(\boldsymbol{G}\cdot\boldsymbol{u})^2\rangle/2$，$\boldsymbol{G}$ 是倒易点阵矢量，$\boldsymbol{u}$ 是原子相对于平衡位置的位移．试求散射强度随温度的变化．

解：令 θ 是 $\boldsymbol{G}$ 和 $\boldsymbol{u}$ 之间的夹角，于是

$$2W=\langle(\boldsymbol{G}\cdot\boldsymbol{u})^2\rangle\approx G^2\langle u^2\rangle\langle\cos^2\theta\rangle$$

假设 θ 在空间均匀分布，将 $\cos^2\theta$ 在球面上求平均，得到 $\langle\cos^2\theta\rangle=1/3$，于是

$$I=I_0e^{-G^2\langle u^2\rangle/3}$$

剩下的事变成了求原子均方位移的问题．

从经典角度看，将每个原子看成是同频率的三维谐振子，其热运动动能等于平均动能

$$E_k=\frac{3}{2}k_BT\equiv\frac{1}{2}C\langle u^2\rangle$$

由此得到原子的均方位移

$$\langle u^2\rangle=\frac{3k_BT}{C}=\frac{3k_BT}{M\omega^2}$$

代入谱线反射强度的表达式，得到

$$I=I_0e^{-\frac{k_BTG^2}{M\omega^2}}$$

考虑一个三维的布拉维点阵，假设所有原子的振动频率均为 $\omega=2\pi\times10^{12}$ Hz，$G=1.00\times10^{10}\ \text{m}^{-1}$，原子质量 $M=1.67\times10^{-26}$ kg，得到

$$\frac{k_BTG^2}{M\omega^2}=\frac{(1.38\times10^{-23})T(1\times10^{10})^2}{(1.67\times10^{-26})(2\pi\times10^{12})^2}\approx2.09\times10^{-3}T$$

可见

$$I=I_0e^{-2.09\times10^{-3}T}\approx\begin{cases}I_0, & T=0\ \text{K}\\ 0.53I_0, & T=300\ \text{K}\end{cases}$$

温度对衍射强度有明显影响.

从量子力学角度看,由式(4.87a)知德拜晶体原子均方位移满足

$$\langle u^2\rangle=\frac{k_B^2\theta_D^2}{8\pi^2\hbar nMv^3}\left[1+4\left(\frac{T}{\theta_D}\right)^2\int_0^{x_D}\frac{x}{e^x-1}dx\right]$$

设 $n=(2\pi)^{-3}\times10^{30}\ m^{-3}$, $\theta_D=600$ K, $v=3.00\times10^3$ m/s, 当 $T=0$ K 时

$$\langle u^2\rangle=\frac{k_B^2\theta_D^2}{8\pi^2\hbar nMv^3}=\frac{(1.38\times10^{-23})^2\times(6.00\times10^2)^2}{8\pi^2(6.63\times10^{-34})(2\pi)^{-3}\times10^{30}(1.67\times10^{-26})(3.00\times10^3)^3}(m/s)^2$$

$$=4.78\times10^{-21}\ (m/s)^2$$

$$I=I_0e^{-(4.78\times10^{-21})G^2/3}=I_0e^{-0.159}=0.852I_0$$

当 $T=300$ K 时, $x_D=\theta_D/T=2$, 则

$$\langle u^2\rangle\approx(4.78\times10^{-21})\times\left[1+4\left(\frac{T}{\theta_D}\right)^2\times1.21\right](m/s)^2=1.05\times10^{-20}(m/s)^2$$

$$I=I_0e^{-(1.05\times10^{-20})G^2/3}=I_0e^{-0.35}=0.76I_0$$

可见,随着温度升高,晶体的衍射逐渐变弱. 若 $T=\theta_D$, 则

$$\langle u^2\rangle\approx(4.78\times10^{-21})\times(1+4\times0.777)(m/s)^2=1.96\times10^{-20}(m/s)^2$$

$$I=I_0e^{-(1.96\times10^{-20})G^2/3}=I_0e^{-0.654}=0.52I_0$$

与经典结果相符.

§ 4.5 晶格振动的非简谐效应

在简谐近似下,格波形式不随时间衰减,且格波之间没有互作用. 由此可以推论,晶体不发生热膨胀;绝热弹性常量和等温弹性常量相等,且与温度和压力无关;高温下,晶体的热容为常量 $3Nk_B$. 实际上,上述推论没有一个能精确实现. 所有这些偏离均来源于原子间的相对位移包含非简谐项,即原子间耦合势能并非简谐势. 非简谐效应正是来自简谐项之外的那些高阶非简谐项.

为了说明非简谐项的效应,我们考虑一个一维系统. 设 x_0 为原子的平衡位置, x 是偏离平衡位置的位移,若将原子受到的势能 $U(x_0+x)$ 在平衡位置 x_0 处展开,则

$$U(x_0+x)=U(x_0)+\left(\frac{\partial U}{\partial x}\right)_{x_0}x+\frac{1}{2!}\left(\frac{\partial U}{\partial x}\right)_{x_0}x^2+\frac{1}{3!}\left(\frac{\partial U}{\partial x}\right)_{x_0}x^3+\cdots \tag{4.93}$$

其中,第一项为常量项,第二项因平衡时能量极小而为零,第三项为简谐项,第三项以后的项均为非简谐项. 假设 x^n 项的系数为 c_n,并略去四阶以上高阶项, x_0 处原子的势能可近似为

$$U(x)=c_2x^2+c_3x^3+c_4x^4 \tag{4.94}$$

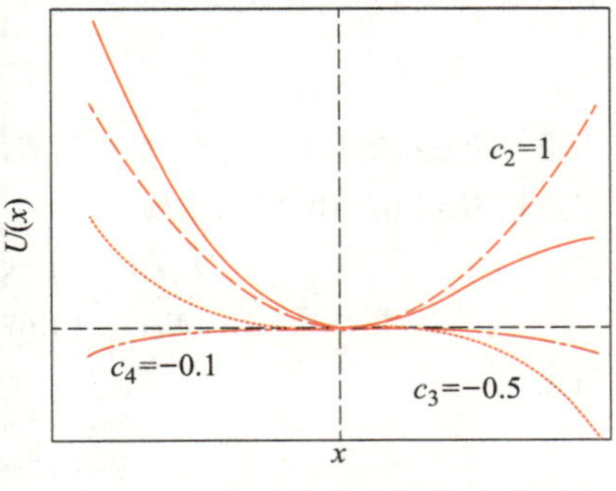

图 4.8 非简谐势能项变化示意图

如图 4.8 所示, $c_2=1$ 的虚线对应简谐项,曲线两边对称; $c_3=-0.5$ 的虚线反映了原子间相互作用的左右不对称性; $c_4=-0.1$ 的虚线代表大振幅下振动的软化. 图中实线反映了三项相互作用合

成的结果,势能曲线不仅出现了不对称性,而且晶格也表现出了一定的软化.

从经典图像来看,势能曲线的偶数项在平衡位置附近对称,原子的平均位移为零. 如果这种振动就是热振动,则两原子间的距离也将与温度无关,晶体将不会因受热而膨胀. 实际上,由于势能中高阶奇数项的存在,平衡位置附近左右不对称. 随着温度的升高,原子振动振幅增加,平均位置将向一边移动,造成热膨胀. 除热膨胀之外,热传导也是典型的非简谐效应.

直接处理含非简谐项的原子振动问题,通常是一个复杂的数学问题. 考虑到简谐近似下,晶格振动等效成了理想声子气体. 若考虑声子-声子相互作用,可等效地引入非简谐效应,声子气体变成了非理想气体,称之为准简谐近似. 这样处理的合理性在于两方面. 首先,没有声子相互作用,声子不可能碰撞,点阵也不可能过渡到热平衡,同样更不可能有点阵热阻的出现. 其次,声子之间相互作用自然引入了非简谐效应. 即一个声子的存在引起的应变,通过非简谐相互势能对晶体的弹性“常量”产生空间和时间调制. 第二个声子感受到这种弹性“常量”的调制,因而受到散射而产生第三个声子或湮没一个声子,此乃声子相互作用的物理过程. 利用准简谐近似处理非简谐效应,好处在于可以利用声子的产生和湮没来描述相互作用,即声子-声子碰撞.

当粒子或光子与晶体发生碰撞时,碰撞前后整个系统保持能量和动量守恒. 如果碰撞过程中只有动能的交换,粒子类型、数目和内部状态并无变化,则称为弹性散射(elastic scattering)或弹性碰撞;如果碰撞过程中除了有动能交换外,粒子的类型、数目和内部状态有所改变,则称为非弹性散射(inelastic scattering)或非弹性碰撞. 例如,前面描述 X 射线衍射斑点位置的劳厄定理和布拉格定理,就属于弹性散射的结果. 在此过程中,X 射线散射前后能量和动量大小没变,晶体没有产生和湮没声子. 施仁(Shiren)实验发现,$\omega=9.20$ GHz 的纵声子束与另一个 $\omega=9.18$ GHz 的纵声子束在 MgO 晶体中平行传播时,产生了一个 $\omega=(9.20+9.18)$ GHz $=18.38$ GHz 的第三个纵声子束. 罗林斯(Rollins)发现,两声子在圆盘中心处发生相互作用产生第三个声子束,三者满足能量守恒和动量守恒. 这是一个典型的非弹性散射过程.

由于非弹性散射涉及粒子的产生和湮没,所以至少涉及三粒子过程. 例如,粒子与晶体的碰撞,为保证能量和动量守恒,该粒子要么与一个声子碰撞,声子湮没,粒子的动能改变;要么与晶体碰撞,产生一个声子,改变自己的动能. 当然,粒子与晶体的碰撞过程,可能涉及多声子过程,而不仅仅是三粒子过程描述的单声子过程. 为简单起见,我们只讨论单声子过程,即在作用的过程中只涉及激发或吸收一个声子,如图 4.9 所示. 该过程满足能量守恒和动量守恒,即

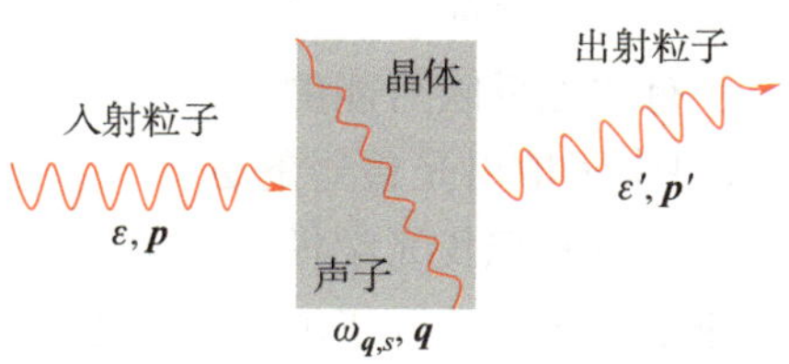

图 4.9　粒子与晶格非弹性散射的单声子过程示意图

$$\varepsilon=\varepsilon'\pm\hbar\omega_{q,s} \tag{4.95a}$$

$$\boldsymbol{p}=\boldsymbol{p}'\pm\hbar\boldsymbol{q}-\hbar\boldsymbol{G} \tag{4.95b}$$

其中,ε 和 ε'($\boldsymbol{p}$ 和 $\boldsymbol{p}'$)分别为入射粒子碰撞前后的能量(动量),±分别对应于产生和湮

没一个声子，$\hbar \boldsymbol{G}$ 对应于晶体的平移对称性. 通常，将 $\boldsymbol{G}=0$ 的过程称为正常过程或 N 过程，而将 $\boldsymbol{G}\neq 0$ 的过程称为非正常过程或 U 过程.

例 4.10

入射波与振动晶格发生非弹性散射时，证明单声子过程的能量和动量满足式(4.95).

证明： 当频率和波矢为 ω 和 $\boldsymbol{k}$ 的入射粒子被晶格散射后，若散射后粒子的波矢为 $\boldsymbol{k}'$，则总散射振幅满足

$$A=A_0\int \rho(\boldsymbol{r})\mathrm{e}^{-\mathrm{i}[(\boldsymbol{k}'-\boldsymbol{k})\cdot \boldsymbol{r}+\omega t]}\mathrm{d}\boldsymbol{r}$$

对简单格子，设散射源为格点构成的点状散射中心，位置为 $\boldsymbol{R}_n(t)$，则 $\rho(\boldsymbol{r})\propto \sum\limits_n \delta[\boldsymbol{r}-\boldsymbol{R}_n(t)]$. 若 $\boldsymbol{R}_n(t)=\boldsymbol{T}_n+\boldsymbol{u}_n(t)$，则散射振幅写为

$$A\propto \sum_n \mathrm{e}^{-\mathrm{i}\{(\boldsymbol{k}'-\boldsymbol{k})\cdot[\boldsymbol{T}_n+\boldsymbol{u}_n(t)]+\omega t\}}$$

利用 $\boldsymbol{u}_n(t)\ll \boldsymbol{T}_n$，将上式作泰勒展开，则

$$A\propto \sum_n \mathrm{e}^{-\mathrm{i}[(\boldsymbol{k}'-\boldsymbol{k})\cdot \boldsymbol{T}_n+\omega t]}[1-\mathrm{i}(\boldsymbol{k}'-\boldsymbol{k})\cdot \boldsymbol{u}_n(t)+\cdots]$$

由于波矢为 $\pm \boldsymbol{q}$ 的第 s 支偏振格波 $\boldsymbol{u}_{n,s}(t)$ 一般可写成 $\boldsymbol{u}_{n,s}(t)=\boldsymbol{u}_{0,s}(t)\mathrm{e}^{\pm \mathrm{i}(\boldsymbol{q}\cdot \boldsymbol{T}_n+\omega_s t)}$，则与非弹性散射(耦合项)有关的振幅为

$$A_{\text{inela}}\propto \sum_n [(\boldsymbol{k}'-\boldsymbol{k})\cdot \boldsymbol{u}_{0,s}(t)]\mathrm{e}^{-\mathrm{i}[(\boldsymbol{k}'-\boldsymbol{k}\mp \boldsymbol{q})\cdot \boldsymbol{T}_n+\mathrm{i}(\omega\mp\omega_s)t]}$$

因此，散射波的频率 ω' 与入射波的频率 ω 满足

$$\hbar\omega'=\hbar\omega\pm\hbar\omega_s(\boldsymbol{q})$$

由于晶格的平移对称性，$A_{\text{inela}}\propto \sum\limits_n\cdots$ 中求和仅当波矢之和为倒格矢时才不为零，即

$$\boldsymbol{p}=\boldsymbol{p}'\pm\hbar\boldsymbol{q}+\hbar\boldsymbol{G}$$

§ 4.6 晶格振动的实验测定

实验上对晶格振动的研究可以分为三类. 一是色散关系或声子谱 $\omega_s(q)$ 的测量. 为了有效地反映可能的晶格振动，要求入射的粒子能量和波长与激发的声子接近. 通常，热中子散射是最好的选择. 二是布里渊区中心区振动模的研究. 通常，用红外和拉曼散射研究长光学模，用布里渊散射研究长声学模，甚至自旋波. 三是均方位移、均方速率和无反冲因子的研究. 这里均需要按声子的频率分布函数或模式密度求平均，对声子谱的细节不甚敏感. 穆斯堡尔谱和热熔法均属此类. 可以看到，无论哪一类，最核心的还是要知道晶格振动的色散关系. 在此，我们主要介绍色散关系的研究.

实验上，利用粒子或光子(准粒子)入射晶体，检测与晶体作用后的出射粒子能量和动量的变化来获得声子谱. 分析的基本原理依然是能量和动量守恒

$$\frac{\hbar^2}{2M}(k^2-k'^2)=\pm\hbar\omega_{q,s} \tag{4.96a}$$

$$\boldsymbol{q}=\boldsymbol{k}'-\boldsymbol{k}+\boldsymbol{G} \tag{4.96b}$$

其中，M 是入射粒子的质量，$\boldsymbol{k}$ 和 $\boldsymbol{k}'$ 分别入射和出射粒子的波矢．有关它们之间的弹性散射研究晶体结构和磁有序结构，已在第 3 章中已经介绍过．

高通量的热中子束，经准直入射单色器，经布拉格反射产生一束具有确定波矢 $\boldsymbol{k}$ 和能量 $\hbar^2k^2/2M$ 的中子流．通过单色器转动不同的角度，选择入射中子的波矢 $\boldsymbol{k}$．单色中子流入射到单晶样品上发生散射，利用第二个准直器选择 $\boldsymbol{k}'$ 方向散射的中子流．最后，将 $\boldsymbol{k}'$ 方向散射的中子流入射分析器，利用单晶的布拉格反射来测量散射中子的能量．单色器、样品和分析器可以分别旋转，实现不同方向能量的检测，它们构成了所谓的三轴谱仪，如图 4.10 所示．

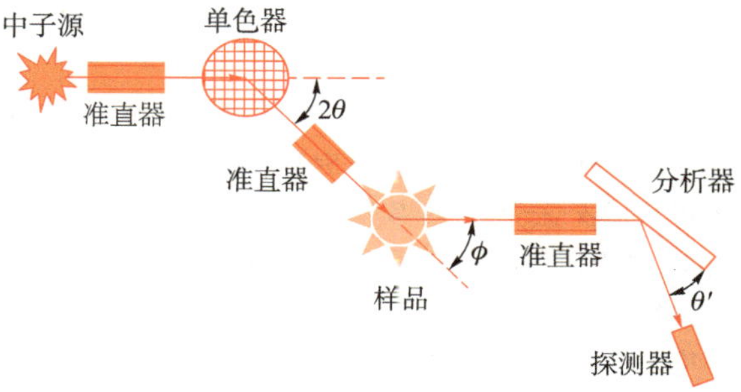

图 4.10　三轴中子谱仪示意图

图 4.11 给出了金属 Ni 的中子散射结果．由于它属于单原子晶体，所以色散关系只有声学支．纵向振动(L)和横向振动(T)的色散关系类似，但群速明显不同，很好地反映了晶体不同方向上耦合的强度变化，如图 4.11(a) 所示．与此同时，图4.11(b) 给出了不同小组测得的单位体积的模式密度 $g(\omega)$．值得注意的是，实验结果与简单的德拜模型还是有较大差异的，尤其是在高频区间．

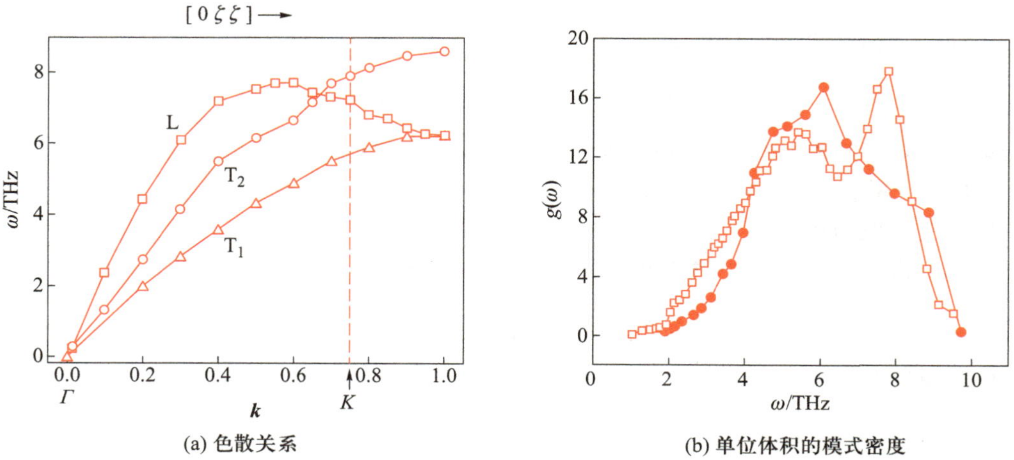

图 4.11　金属 Ni 的中子散射结果

习题四

4.1　一维点阵色散关系．一维单原子线链中，第 s 个原子受到的相互作用势能为

$$U_s=2\sum_{p>0}\frac{1}{2}C_p(u_s-u_{s+p})^2$$

试求考虑到第 p 近邻的色散关系，并讨论长波极限下色散关系的收敛条件．

4.2　长波极限下的波动方程．若只考虑最近邻相互作用，证明长波极限下，一维单原子链中原子的动力学方程 $M\ddot{u}_n=-C(2u_n-u_{n+1}-u_{n-1})$ 可演变成弹性波的波动方程

$$\frac{\partial^2 u_n}{\partial t^2}=v^2\frac{\partial^2 u_n}{\partial x^2}$$

其中，v 是声速．

4.3　范霍夫奇点．对于一维单原子晶体，模式密度 $g(\omega)$ 的发散点称为范霍夫奇点．对于三维晶体长光学支的色散关系 $\omega=\omega_0-Aq^2$，试求模式密度导数的发散点；在 $\omega=\omega_0$ 附近，小波矢下的色散关系为 $\omega=\omega_0+(aq_x^2+bq_y^2+cq_z^2)$，试求模式密度导数为零的转变点．

4.4　光学模的电容率．对于正负离子构成的长光学波一维离子晶体，离子上的有效电荷为 e^*，近邻离子间的耦合力常量为 C．当入射电磁波的电场强度垂直线链方向，长波极限下，试求离子横向位移导致的相对电容率．

4.5　格波软模式．对于一条由等质量的正负离子交替变化构成的一维线链，假设第 p 个离子的电荷为 $e_p=(-1)^p e$，如果力常量由如下的两部分构成：

$$C_p=\begin{cases}C_0, & \text{最近邻}\\ \dfrac{2e^2(-1)^p}{(pa)^3}, & \text{其它}\end{cases}$$

证明其色散关系为

$$\omega^2=\frac{4C_0}{M}\left[\sin^2\frac{qa}{2}+\sum_{p>1}^{\infty}C_p\sin^2\frac{pqa}{2}\right]$$

并说明在什么条件下，系统的频率 ω 趋近于零．其中，a 为离子的平衡最近邻间距．

4.6　d 维晶体的低温比热容．对于声学模式 $\omega_s=v_s q$，利用单位体积的模式密度

$$g(\omega)=\sum_s\int\frac{\mathrm{d}^d q}{(2\pi)^d}\delta[\omega-\omega_s(q)]$$

试求低温下的比定容热容 $c_V=\partial u/\partial T$ 与温度的关系，其中 u 为单位体积的晶格振动能量．

4.7　二维晶体中原子的均方位移．考虑二维石墨烯，若只考虑碳原子的纵向声学支，试计算德拜模型下的均方位移．

4.8　格林艾森常量．对于各向同性固体，利用 $p=-(\partial F/\partial V)_T$，试证明点阵的状态方程为

$$p=-\frac{\mathrm{d}U}{\mathrm{d}V}+\gamma\frac{\overline{E}}{V}$$

其中，格林艾森常量为

$$\gamma=-\frac{\partial\ln\omega_s(q_s)}{\partial\ln V}$$

是反映晶格振动能量随体积变化的关系．

4.9　试论述声子晶体（phonon crystal）的能带特征．

参考文献

第 5 章

晶体中价电子的能带特征

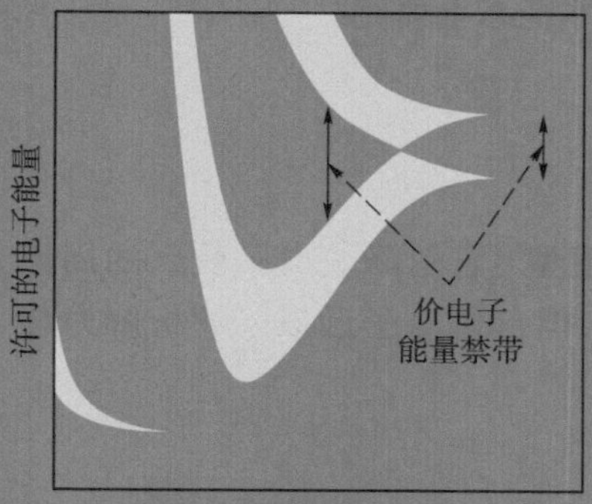

原子逐渐接近时，原子中离散的电子能量演化为固体禁带分开的电子能带示意图. 引自 G. E. Kimball, J. Chem. Phys. 3, 560 (1935).

本章将通过一些重要的简化模型，介绍晶体中价电子波函数的特点、运动方程的求解以及电子能带和能隙等重要概念.

利用固体原子等价于稳定离子实与键合价电子的组合，在第 4 章中我们研究了离子实的运动：晶格振动．本章集中介绍价电子运动的描述．重点介绍价电子的运动方程（单电子薛定谔方程）、本征态（布洛赫波）以及本征值（能带结构）．同时，介绍基态电子填充的费米面、能带电子解析处理的简单模型以及能带电子处理的一般性思路．

实际晶体中的价电子是一个多电子系统，还存在价电子与离子实的相互作用．参照类氢原子的多体处理思路，人们通常将晶体中的价电子简化成单电子问题处理．然后，利用能量最低原理和泡利不相容原理将电子在其本征态上填充．

§ 5.1 自由电子近似与费米面

自由电子近似是由金属电子抽象出来的最简单模型．它忽略了电子受到的周期势场，只有动能．尽管实际晶体并不存在这样的电子，但自由电子近似的解析解为理解实际晶体电子波函数、本征值及其填充提供了思路．

一、自由电子本征能量

为简单起见，我们讨论长度为 L 的一维晶体．在自由电子近似下，金属晶体的电子可等价于一维无限深势阱中运动的电子．电子的势能（图 5.1）为

$$V(x)=\begin{cases}0, & 0\leqslant x\leqslant L\\ \infty, & x<0, x>L\end{cases} \tag{5.1}$$

势阱内电子只有动能，电子运动的哈密顿量为

$$\hat{H}=\frac{\hat{p}^2}{2m}=\frac{1}{2m}\left(-\mathrm{i}\hbar\frac{\mathrm{d}}{\mathrm{d}x}\right)^2=-\frac{\hbar^2}{2m}\frac{\mathrm{d}^2}{\mathrm{d}x^2} \tag{5.2}$$

假设电子波函数为 $\psi_k(x)$，则定态单电子薛定谔方程

$$\frac{\mathrm{d}^2\psi_k}{\mathrm{d}x^2}+\frac{2m}{\hbar^2}\varepsilon_k\psi_k=0 \tag{5.3}$$

是有关波函数的简谐振动方程．波函数的解为

$$\psi_k=A\mathrm{e}^{\mathrm{i}(kx+\varphi_0)} \tag{5.4}$$

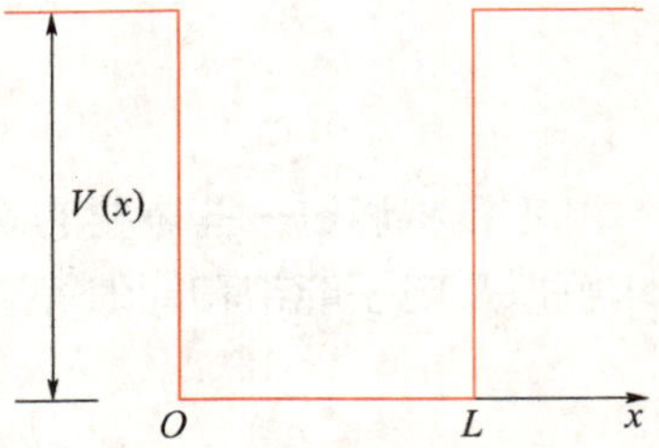

图 5.1　一维无限深势阱示意图

其中，波矢 $k=(2m\varepsilon_k/\hbar^2)^{1/2}$，$\varphi_0$ 为初相位．

由于无限深势阱中的粒子不能穿过阱壁，按波函数的统计诠释，阱壁上的波函数为零，即

$$\psi_k(0)=\psi_k(L)=0 \tag{5.5}$$

取 $\psi_k=A\sin(kx+\varphi_0)$ 形式的解，由 $\psi_k(0)=0$，得到 $\varphi_0=0$；利用 $\psi_k(L)=0$，得到 $k=n\pi/L$，$n=1,2,3,\cdots$．这里利用了真正有物理意义的是 $|\psi_k|^2$．$n=0$ 时，$\psi(x)=0$ 无物理意义；n 为负值时，给不出新的波函数．可见，单电子运动的本征值为

$$\varepsilon_k=\frac{\hbar^2k^2}{2m}=\frac{\hbar^2}{2m}\left(\frac{n\pi}{L}\right)^2 \tag{5.6}$$

该能量只有动能，且与波矢 k 的平方成正比. 利用波函数的归一化条件 $\int_0^L |\psi_k|^2 dx = 1$，求出振幅 $A=\sqrt{1/L}$，则自由电子的波函数式(5.4)变为

$$\psi_k(x)=\sqrt{1/L}\,e^{ikx} \tag{5.7}$$

其具有平面波的形式.

类似地处理，可以求出二维和三维系统的本征值和本征函数：

$$\varepsilon_k=\frac{\hbar^2k^2}{2m} \tag{5.8a}$$

$$\psi_k(\boldsymbol{r})=C e^{i\boldsymbol{k}\cdot\boldsymbol{r}} \tag{5.8b}$$

其中，二(三)维电子的波矢 $\boldsymbol{k}$ 和位矢 $\boldsymbol{r}$ 分别为 $\boldsymbol{k}=k_x\boldsymbol{e}_x+k_y\boldsymbol{e}_y$($\boldsymbol{k}=k_x\boldsymbol{e}_x+k_y\boldsymbol{e}_y+k_z\boldsymbol{e}_z$)和 $\boldsymbol{r}=x\boldsymbol{e}_x+y\boldsymbol{e}_y$($\boldsymbol{r}=x\boldsymbol{e}_x+y\boldsymbol{e}_y+z\boldsymbol{e}_z$). 可见，自由电子近似中的电子状态是一波矢为 $\boldsymbol{k}$ 的行波，准动量为 $\hbar\boldsymbol{k}$. 只要确定了电子的波矢，也就完全确定了电子的能量和动量，从而确定了电子运动的性质.

二、周期性边界条件：k 的取值

为了体现晶体的平移对称性，必须将有限大小的晶体拓展成无限大. 为此，人们通常引入周期性边界条件，即玻恩-冯卡门(Born-von Karman)条件：

$$\psi_{\boldsymbol{k}}(\boldsymbol{r}+N_i\boldsymbol{a}_i)\equiv\psi_{\boldsymbol{k}}(\boldsymbol{r}),\quad i=1,2,3 \tag{5.9a}$$

其中，N_i 为基矢 $\boldsymbol{a}_i$ 方向上的初级晶胞数. 利用第二种形式的布洛赫定理(将在第5.3节中介绍)，式(5.9a)可重写为

$$\psi_{\boldsymbol{k}}(\boldsymbol{r}+N_i\boldsymbol{a}_i)=\psi_{\boldsymbol{k}}(\boldsymbol{r})e^{i\boldsymbol{k}\cdot(N_i\boldsymbol{a}_i)}\equiv\psi_{\boldsymbol{k}}(\boldsymbol{r}) \tag{5.9b}$$

利用 $e^{ix}=\cos x+i\sin x$，由式(5.9b)得到

$$N_i\boldsymbol{k}\cdot\boldsymbol{a}_i=2\pi l_i \tag{5.9c}$$

其中，l_i 为整数. 将波矢 $\boldsymbol{k}$ 写成倒格子基矢 $\boldsymbol{b}_j(j=1,2,3)$ 的形式 $\boldsymbol{k}=k_1\boldsymbol{b}_1+k_2\boldsymbol{b}_2+k_3\boldsymbol{b}_3$，利用基矢关系 $\boldsymbol{a}_i\cdot\boldsymbol{b}_j=2\pi\delta_{ij}$，由式(5.9c)得到

$$k_i=l_i/N_i \tag{5.9d}$$

可见，许可的 $\boldsymbol{k}$ 值满足

$$\boldsymbol{k}=\frac{l_1}{N_1}\boldsymbol{b}_1+\frac{l_2}{N_2}\boldsymbol{b}_2+\frac{l_3}{N_3}\boldsymbol{b}_3 \tag{5.9e}$$

周期性边界条件下，波矢 $\boldsymbol{k}$ 由一组量子数(l_1,l_2,l_3)描述.

在波矢空间，每个许可的 $\boldsymbol{k}$ 态可以用一个点来表示，该点的坐标为($l_1/N_1,l_2/N_2,l_3/N_3$). 沿 $\boldsymbol{b}_1$、$\boldsymbol{b}_2$ 和 $\boldsymbol{b}_3$ 三个方向上，相邻两点量子化 $\boldsymbol{k}$ 的间隔为 b_j/N_j. 因此，每个 $\boldsymbol{k}$ 态在波矢空间所占的体积为

$$\Delta\boldsymbol{k}=\frac{\boldsymbol{b}_1}{N_1}\cdot\left(\frac{\boldsymbol{b}_2}{N_2}\times\frac{\boldsymbol{b}_3}{N_3}\right)=\frac{\Omega}{N}=\frac{1}{N}\frac{(2\pi)^3}{V_c}=\frac{(2\pi)^3}{V} \tag{5.10a}$$

其中，$N=N_1N_2N_3$ 为总格点数，V 为晶体的体积. 由此，可求出 $\boldsymbol{k}$ 空间中单位体积内允许的 $\boldsymbol{k}$ 态(点)数为

$$\frac{1}{\Delta\boldsymbol{k}}=\frac{V}{8\pi^3} \tag{5.10b}$$

若 $\boldsymbol{a}_i$ 方向上的长度均为 L,d 维自由电子气在波矢空间单位体积内的 $\boldsymbol{k}$ 点数为

$$\frac{1}{\Delta \boldsymbol{k}}=\left(\frac{L}{2\pi}\right)^{d} \tag{5.11}$$

由于 $\Delta\boldsymbol{k}$ 很小,三维空间 FBZ 内许可的 N 个相互独立波矢 $\boldsymbol{k}$ 的求和,可化为对 $\boldsymbol{k}$ 的积分:

$$\sum_{k}^{\Omega}(\cdots)=\frac{V}{(2\pi)^3}\int_{\Omega}(\cdots)\,\mathrm{d}^3k \tag{5.12}$$

三、自由电子基态的分布:费米球

当确定了自由电子的可能 $\boldsymbol{k}$ 态分布后,需要进一步认识电子是如何在这些态上填充的. 为此,首先讨论绝对零度下的基态填充情况. 依据能量最低原理,电子将依次从小 $\boldsymbol{k}$ 值态向大 $\boldsymbol{k}$ 值态填充. 同时,依据泡利不相容原理,每个 $\boldsymbol{k}$ 态可以被自旋为 $\pm\hbar/2$ 的两个电子占据. 基态下,电子占据态在三维波矢空间中形成均匀分布的球,称之为费米球,如图 5.2 所示. 费米球的半径 k_{F} 为费米波矢. 由于基态电子占满了费米球内的所有态,将占据态和非占据态的界面称为费米面. 也可以说,费米面就是基态下被填满的最高能量面,对应的能量称为费米能量 ε_{F}. 通常,将费米面上电子的动量、速度和温度分别称为费米动量 p_{F}、费米速度 v_{F} 和费米温度 T_{F}.

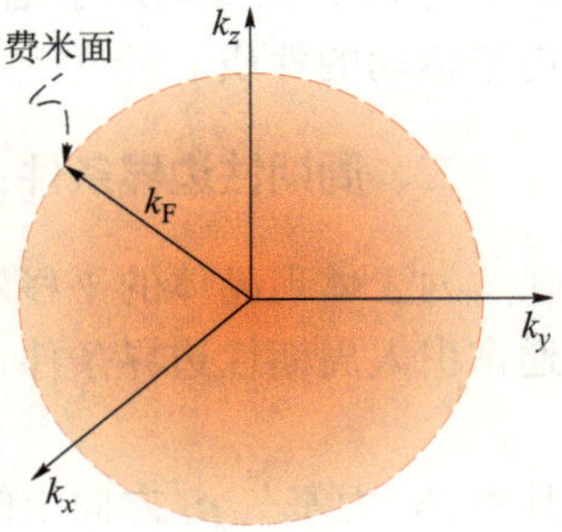

图 5.2　费米球示意图

考虑到费米球内的 $\boldsymbol{k}$ 态均被占据,对 N 电子系统,则有

$$N=2\times\left(\frac{V}{8\pi^3}\right)\times\frac{4}{3}\pi k_{\mathrm{F}}^3 \tag{5.13}$$

若 $n=N/V$ 为晶体中的电子数密度,则费米波矢为

$$k_{\mathrm{F}}=(3\pi^2 n)^{1/3} \tag{5.14}$$

对应的费米能量 ε_{F}、费米温度 T_{F}、费米动量 p_{F}、费米速度 v_{F} 和费米波长 λ_{F} 分别为

$$\varepsilon_{\mathrm{F}}=\frac{\hbar^2 k_{\mathrm{F}}^2}{2m}=\frac{\hbar^2}{2m}(3\pi^2 n)^{2/3} \tag{5.15a}$$

$$T_{\mathrm{F}}=\frac{\varepsilon_{\mathrm{F}}}{k_{\mathrm{B}}}=\frac{\hbar^2}{2mk_{\mathrm{B}}}(3\pi^2 n)^{2/3} \tag{5.15b}$$

$$p_{\mathrm{F}}=\hbar k_{\mathrm{F}}=\hbar\,(3\pi^2 n)^{1/3} \tag{5.15c}$$

$$v_{\mathrm{F}}=\frac{p_{\mathrm{F}}}{m}=\frac{\hbar}{m}(3\pi^2 n)^{1/3} \tag{5.15d}$$

$$\lambda_{\mathrm{F}}=\frac{2\pi}{k_{\mathrm{F}}}=2\pi\,(3\pi^2 n)^{-1/3} \tag{5.15e}$$

对于简单立方结构的单价金属,设晶格常量 $a=3$ Å,则 $n=a^{-3}\approx 3.704\times10^{28}\ \mathrm{m}^{-3}$, $k_{\mathrm{F}}=1.031\times10^{10}\ \mathrm{m}^{-1}$, $\varepsilon_{\mathrm{F}}=6.491\times10^{-19}\ \mathrm{J}=4.052\ \mathrm{eV}$, $T_{\mathrm{F}}=4.701\times10^{4}\ \mathrm{K}$, $p_{\mathrm{F}}=1.087\times10^{-24}\ \mathrm{J\cdot s/m}$, $v_{\mathrm{F}}=1.194\times10^{6}\ \mathrm{m/s}$, $\lambda_{\mathrm{F}}=6.094$ Å. 可见,费米能量很高.

对于简单立方结构的 n' 价金属晶体，费米球体积 V_F 与 FBZ 体积 Ω 之比为

$$\frac{V_F}{\Omega}=\frac{\frac{4}{3}\pi k_F^3}{\left(\frac{2\pi}{a}\right)^3}=\frac{4\pi^3 n}{8\pi^3\frac{n}{n'}}=\frac{n'}{2} \tag{5.16}$$

若 n' 分别取 1、2、3 和 4，则 V_F/Ω 将分别为 0.5、1、1.5 和 2. 可见，FBZ 内的态可以被电子部分占据或全部占据；电子(费米子)填充的状态可能超出第一布里渊区，这与声子(玻色子)的填充不同.

四、费米-狄拉克分布

可以证明，理想费米气体处于热平衡时，能量为 ε 的轨道被占据的概率满足

$$f(\varepsilon)=\frac{1}{e^{(\varepsilon-\mu)/k_BT}+1} \tag{5.17}$$

上式称为费米-狄拉克(Fermi-Dirac)分布函数，简称费米分布. 其中，μ 为系统的化学势，表示体积不变的条件下，系统增加一个电子所需要的自由能.

当 $T=0$ K 时，由式(5.17)直接得到基态电子分布：

$$\lim_{T\to 0\text{ K}} f(\varepsilon)=\begin{cases}1, & \varepsilon<\mu\\ 0, & \varepsilon>\mu\end{cases} \tag{5.18}$$

可见，$\varepsilon=\mu$ 为占据态和非占据态的分界处，恰好与基态下的费米能量相对应，即 $\mu(T=0)=\varepsilon_F$.

为认识有限温度的分布特点，不同温度下的 $f(\varepsilon)-(\varepsilon-\mu)/k_B$ 曲线如图 5.3 所示. 当 $T\neq 0$ K 时，$\varepsilon=\mu$ 对应的分布概率 $f(\mu)=1/2$. 由于 $T_F\approx 10^4$ K，常温下的化学势非常接近费米能量. 当 $T=300$ K 时，由式(5.17)得到

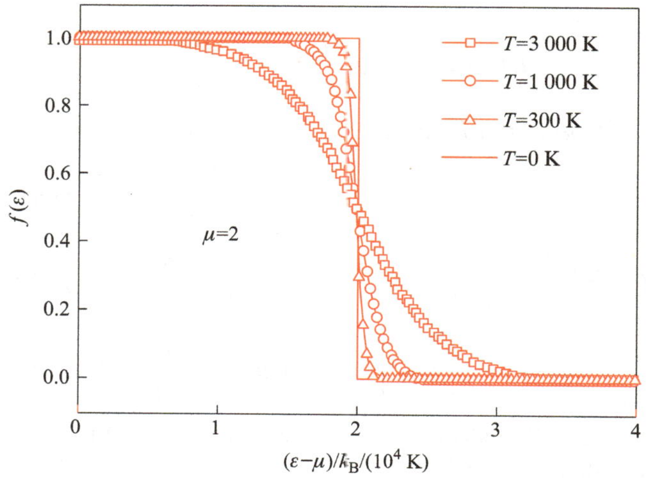

图 5.3 费米-狄拉克分布函数示意图

$$\lim_{T\to 300\ \mathrm{K}} f(\varepsilon)=\begin{cases}1, & -(\varepsilon-\mu)\ll k_{\mathrm{B}}T\\ 0.999\,2>f>0.000\,9, & -7k_{\mathrm{B}}T<(\varepsilon-\mu)<7k_{\mathrm{B}}T\\ 0, & (\varepsilon-\mu)\gg k_{\mathrm{B}}T\end{cases} \tag{5.19}$$

可见，常温下只有费米面附近的电子才能被激发，采用 $T=0$ K 下的分布描述自由电子系统的常温性质也是合理的近似.

§5.2 态密度与化学势

若要获取有限温度下自由电子系统的总能量，不仅要知道每个能量状态对应的电子分布概率 $f(\varepsilon)$，还要知道系统状态按能量的分布函数：态密度 $D(\varepsilon)$. 同时，只有知道了化学式 μ 与温度和能量的具体形式，才能确定电子分布概率 $f(\varepsilon)$ 随能量 ε 的变化关系. 为此，本节将介绍自由电子态密度和化学势的描述.

一、自由电子态密度

前面获得了自由电子在 d 维 $\boldsymbol{k}$ 空间的占据分布：单位体积内允许的 $\boldsymbol{k}$ 态（点）数为 $(L/2\pi)^d$. 与晶格振动中引入模式密度类似，将 $\boldsymbol{k}$ 表示的电子状态密度变成能量 ε 表示的态密度，从而简化对物理量计算的难度. 电子的态密度通常也有两种表示：一是用 $D(\varepsilon)$ 表示的单位能量间隔内的电子态数；二是用 $g(\varepsilon)=D(\varepsilon)/V$ 表示的单位体积单位能量间隔内的电子态数. 在连续介质近似下，能量空间 $\varepsilon\sim\varepsilon+\mathrm{d}\varepsilon$ 内的电子态数等于 $\boldsymbol{k}$ 空间 $k\sim k+\mathrm{d}k$ 壳层的电子态数：

$$D(\varepsilon)\mathrm{d}\varepsilon=\int_{\text{闭合薄层}} 2\times\left(\frac{L}{2\pi}\right)^{d}\times \mathrm{d}S\mathrm{d}k_{\perp} \tag{5.20}$$

其中，2 表示每个 $\boldsymbol{k}$ 态上可容纳自旋向上和向下共 2 个电子. 可见，d 维空间的态密度为

$$D(\varepsilon)=\int_{\text{薄层面}} 2\left(\frac{L}{2\pi}\right)^{d}\frac{\mathrm{d}S}{|\nabla_{k}\varepsilon(k)|} \tag{5.21}$$

对于自由电子气，$\varepsilon(k)=\hbar^2k^2/2m$，$|\nabla_k\varepsilon(k)|=2\varepsilon/k$，则

$$D(\varepsilon)=\left(\frac{L}{2\pi}\right)^{d}\frac{k}{\varepsilon}\int\mathrm{d}S=\begin{cases}\dfrac{L}{2\pi}\dfrac{k}{\varepsilon}2=\dfrac{\sqrt{2m}L}{\pi\hbar}\varepsilon^{-1/2}, & d=1\\[2ex] \dfrac{S}{4\pi^2}\dfrac{k}{\varepsilon}2\pi k=\dfrac{mS}{\pi\hbar^2}, & d=2\\[2ex] \dfrac{V}{8\pi^3}\dfrac{k}{\varepsilon}4\pi k^2=\dfrac{\sqrt{2m^3}V}{\pi^2\hbar^3}\varepsilon^{1/2}, & d=3\end{cases} \tag{5.22}$$

特别注意的是，二维电子气的态密度与能量无关，而一维和三维有关. 当然，也可以利用 $D(\varepsilon)=\mathrm{d}N/\mathrm{d}\varepsilon$ 求出式(5.22). 其中

$$
N=\begin{cases} 2\times\dfrac{L}{2\pi}\times 2k, & d=1 \\ 2\times\dfrac{S}{4\pi^2}\times\pi k^2, & d=2, \quad k=\dfrac{\sqrt{2m\varepsilon}}{\hbar} \\ 2\times\dfrac{V}{8\pi^3}\times\dfrac{4}{3}\pi k^3, & d=3 \end{cases} \tag{5.23}
$$

可见,三维自由电子态密度随能量的升高在逐步增加,其等能面为球面. 对于实际固体,电子不再是自由电子,态密度沿不同方向会有不同.

在获得态密度 $D(\varepsilon)$ 的情况下,容易得到晶体中的电子数 N 和总能量 U_e 表达式:

$$
N=\int_0^{\infty} D(\varepsilon)f(\varepsilon)\mathrm{d}\varepsilon \tag{5.24}
$$

$$
U_e(T)=\int_0^{\infty} \varepsilon D(\varepsilon)f(\varepsilon)\mathrm{d}\varepsilon \tag{5.25}
$$

例 5.1

试求基态下三维自由电子气的平均能量和总能量,并与经典理想气体相比较.

解: 设晶体的体积为 V,共有 N 个电子,则电子数密度 $n=N/V$. 利用式(5.22),三维自由电子气的态密度 $D(\varepsilon)=\sqrt{2m^3}V\varepsilon^{1/2}/(\pi^2\hbar^3)$;利用式(5.17),基态电子填充的最高能量为费米能量 ε_F,在此能量以下(上)费米分布 $f(\varepsilon)=1(0)$. 由式(5.24)和式(5.25),基态电子系统的总电子数 N 和总能量 U_e 分别为

$$
N=\int_0^{\varepsilon_F} D(\varepsilon)\mathrm{d}\varepsilon=\frac{\sqrt{2m^3}V}{\pi^2\hbar^3}\int_0^{\varepsilon_F}\varepsilon^{1/2}\mathrm{d}\varepsilon=\frac{\sqrt{2m^3}V}{\pi^2\hbar^3}\frac{2}{3}\varepsilon_F^{3/2}
$$

$$
U_e(0)=\int_0^{\varepsilon_F}\varepsilon D(\varepsilon)\mathrm{d}\varepsilon=\frac{\sqrt{2m^3}V}{\pi^2\hbar^3}\int_0^{\varepsilon_F}\varepsilon^{3/2}\mathrm{d}\varepsilon=\frac{\sqrt{2m^3}V}{\pi^2\hbar^3}\frac{2}{5}\varepsilon_F^{5/2}=\frac{3}{5}N\varepsilon_F
$$

每个电子的平均能量为

$$
\bar{u}_e=\frac{U_e(0)}{N}=\frac{\int_0^{\varepsilon_F}\varepsilon D(\varepsilon)\mathrm{d}\varepsilon}{\int_0^{\varepsilon_F}D(\varepsilon)\mathrm{d}\varepsilon}=\frac{3}{5}\varepsilon_F
$$

对于简单立方结构的单价金属,若将价电子看成经典理想气体,$T=0$ K 时每个电子的平均能量为 $3k_BT/2\to 0$. 可见,$\bar{u}_e=3\varepsilon_F/5\approx 2.431$ eV 体现了自由电子的费米分布特征.

二、化学势 μ 的温度变化关系

由式(5.17)可以看到,费米分布 f 既是能量 ε 和温度 T 的函数,也是化学势 μ 的函数. 显然,只有确定了化学势,才能描述不同温度下的费米分布随能量变化规律. 以下,我们利用自由电子的数目 N 为常量确定系统的化学势.

定义 $Q(\varepsilon)\equiv\int_0^{\varepsilon}D(\varepsilon)\mathrm{d}\varepsilon$,即 $Q'(\varepsilon)=D(\varepsilon)$. 利用分部积分法,式(5.24)变为

$$N=\int_0^{\infty} Q'(\varepsilon) f(\varepsilon)\mathrm{d}\varepsilon=[Q(\varepsilon) f(\varepsilon)]_0^{\infty}-\int_0^{\infty} Q(\varepsilon)\frac{\partial f}{\partial \varepsilon}\mathrm{d}\varepsilon=\int_0^{\infty} Q(\varepsilon)\left(-\frac{\partial f}{\partial \varepsilon}\right)\mathrm{d}\varepsilon \tag{5.26a}$$

因$(-\partial f/\partial\varepsilon)$随$(\varepsilon-\mu)$的变化类似于一个位于$\varepsilon=\mu$的δ函数(图5.4)，所以只有$\mu$附近的$Q(\varepsilon)$对积分结果有贡献. 将$Q(\varepsilon)$在$\mu$附近作泰勒展开，式(5.26a)变为

$$N=\int_0^{\infty}\left[Q(\mu)+(\varepsilon-\mu) Q'(\mu)+\frac{1}{2!}(\varepsilon-\mu)^2 Q''(\mu)+\cdots\right]\left(-\frac{\partial f}{\partial \varepsilon}\right)\mathrm{d}\varepsilon \tag{5.26b}$$

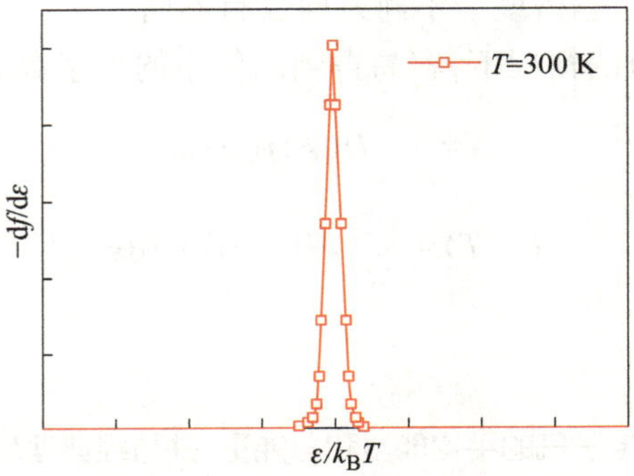

图 5.4　费米分布的能量导数示意图

其中，因$f(\infty)=0$和$f(0)=1$，第一项的积分等于$Q(\mu)$；因$(-\partial f/\partial\varepsilon)$为$(\varepsilon-\mu)$的偶函数，第二项的积分为零；令$x=\beta(\varepsilon-\mu)$，整理第三项积分，式(5.26b)变为

$$N=Q(\mu)+\frac{1}{2!}Q''(\mu)(k_B T)^2 I+\cdots \tag{5.26c}$$

其中，$I=\int_{-\beta\mu}^{\infty}\frac{x^2 e^x}{(e^x+1)^2}\mathrm{d}x$.

由于μ与ε_F非常接近，可将$Q(\mu)$在ε_F附近展开，则式(5.26c)变为

$$N=Q(\varepsilon_F)+(\mu-\varepsilon_F) Q'(\varepsilon_F)+\frac{1}{2!}[(\mu-\varepsilon_F)^2+(k_B T)^2 I] Q''(\varepsilon_F)+\cdots \tag{5.26d}$$

利用$Q(\varepsilon_F)=\int_0^{\varepsilon_F} D(\varepsilon)\mathrm{d}\varepsilon=N$, $Q'(\varepsilon_F)=D(\varepsilon_F)$, $Q''(\varepsilon_F)=D'(\varepsilon_F)$，式(5.26d)变为

$$(\mu-\varepsilon_F) D(\varepsilon_F)+\frac{1}{2!}[(\mu-\varepsilon_F)^2+(k_B T)^2 I] D'(\varepsilon_F)+\cdots=0 \tag{5.27a}$$

丢掉$(\mu-\varepsilon_F)^2$以上的项，利用$I\approx\int_{-\infty}^{\infty}\frac{x^2 e^x}{(e^x+1)^2}\mathrm{d}x=\frac{\pi^2}{3}$，式(5.27a)变为

$$(\mu-\varepsilon_F)^2+2\frac{D(\varepsilon_F)}{D'(\varepsilon_F)}(\mu-\varepsilon_F)+\frac{\pi^2}{3}(k_B T)^2\approx 0 \tag{5.27b}$$

显然，$(\mu-\varepsilon_F)$有两个解. 考虑到$T=0$ K时，化学势与费米能量相等，有物理意义的解为

$$\mu\approx\varepsilon_F-\frac{\pi^2}{6}\left|\frac{D'(\varepsilon_F)}{D(\varepsilon_F)}\right|(k_B T)^2 \tag{5.27c}$$

利用式(5.22)，由于一维和三维电子气的态密度分别与能量的$-1/2$和$1/2$次方成正比，则化学势均为

$$\mu_{1,3}=\varepsilon_F\left[1-\frac{\pi^2}{12}\left(\frac{k_BT}{\varepsilon_F}\right)^2\right] \tag{5.28}$$

然而，式(5.27)的化学势近似形式并不能描述二维体系．可以严格证明，二维电子气的化学势满足

$$\mu_2=(k_BT)\ln(e^{\varepsilon_F/k_BT}-1) \tag{5.29}$$

例 5.2

试证明二维自由电子的化学势满足式(5.29)．

证明： 由于二维电子气的态密度与能量无关，电子数表达式(5.24)是可积的．基态下

$$N=\int_0^{\varepsilon_F}D(\varepsilon)f(\varepsilon)\mathrm{d}\varepsilon=D\int_0^{\varepsilon_F}\mathrm{d}\varepsilon=D\varepsilon_F$$

温度不为零时

$$N=D\int_0^{\infty}\frac{1}{e^{(\varepsilon-\mu)/k_BT}+1}\mathrm{d}\varepsilon=-Dk_BT\ln\left[1+e^{-\frac{\varepsilon-\mu}{k_BT}}\right]_0^{\infty}=Dk_BT\ln(1+e^{\mu/k_BT})$$

对比两式，得到

$$\varepsilon_F=k_BT\ln(e^{\mu/k_BT}+1)$$

容易得到 $e^{\varepsilon_F/k_BT}=(e^{\mu/k_BT}+1)$，即

$$\mu=(k_BT)\ln(e^{\varepsilon_F/k_BT}-1)$$

尽管晶体中的价电子不是理想的自由电子，但前面自由电子的讨论预示着，① 如果知道了晶体中价电子的本征值，就可以获得电子的态密度；② 如果再知道了晶体中价电子的能量分布概率，就可以求出有关电子物理量的统计平均值．考虑到后者更为复杂，以下集中讨论能量本征值问题．

§ 5.3 单电子运动方程与布洛赫定理

尽管自由电子模型可以成功地解释金属的输运性质，但是其哈密顿量显然没有体现晶体的主要特征：周期性势场．由此得到的能量本征值也就无法体现金属、半导体和绝缘体的主要差异：能带结构．为了合理描述晶体中的电子状态：本征态和本征值，需要计入晶体中电子与电子和离子实的相互作用．正如第 4 章晶格振动问题的处理，若要描述电子的运动通常也需要作合理近似．

一、晶体中的单电子运动方程

获得单电子薛定谔方程的过程，也是将价电子系统去耦合的过程．通常，对作用在电子上的晶体势场要作三大近似．

- **绝热近似**

在第 4 章中，介绍了玻恩-奥本海默绝热近似．反过来，当考虑电子体系的运动时，可以认为离子实固定，从而剥离了离子实运动的影响．由式(4.34)，假设系统中有 N 个相同的原子，每个原子提供 Z^* 个价电子，某原子上位于 $\boldsymbol{r}_i$ 处的电子势能为

$$V(\boldsymbol{r}_i)=V_{\rm E}(\boldsymbol{r}_i)+V_{\rm E,C}(\boldsymbol{r}_i,\boldsymbol{T}) \tag{5.30}$$

其中,$V_{\rm E}(\boldsymbol{r}_i)$和 $V_{\rm E,C}(\boldsymbol{r}_i,\boldsymbol{T})$分别为晶体中电子−电子和电子−不动离子实相互作用的贡献:

$$V_{\rm E}(\boldsymbol{r}_i)=\frac{1}{2}\sum_{i,j=1,j\neq i}^{NZ^*}\frac{1}{4\pi\varepsilon_0}\frac{e^2}{|\boldsymbol{r}_i-\boldsymbol{r}_j|} \tag{5.31a}$$

$$V_{\rm E,C}(\boldsymbol{r}_i,\boldsymbol{T})=-\sum_{n=1}^{N}\frac{1}{4\pi\varepsilon_0}\frac{Z^*e^2}{|\boldsymbol{r}_i-\boldsymbol{T}_n|} \tag{5.31b}$$

- **单电子近似**

为了去掉 $V_{\rm E}(\boldsymbol{r}_i)$中电子间的关联,通常采用平均场代替其它电子对 $\boldsymbol{r}_i$ 处电子的作用,即

$$V_{\rm E}(\boldsymbol{r}_i)=\frac{1}{2}\sum_{i,j=1,j\neq i}^{NZ^*}\frac{1}{4\pi\varepsilon_0}\frac{e^2}{|\boldsymbol{r}_i-\boldsymbol{r}_j|}\to V_{\rm e}(\boldsymbol{r}_i) \tag{5.32}$$

此时,第 i 个电子受到离子实和其它电子的作用势为

$$V(\boldsymbol{r}_i)=V_{\rm e}(\boldsymbol{r}_i)-\sum_{n=1}^{N}\frac{1}{4\pi\varepsilon_0}\frac{Z^*e^2}{|\boldsymbol{r}_i-\boldsymbol{T}_n|} \tag{5.33}$$

可见,原来耦合的电子系统,变成了单电子问题,称之为单电子近似. 这一近似假定了所有电子是全同电子,且单电子系统波函数必须满足反对称.

- **周期势场近似**

利用晶体平移对称性,假设单电子近似势式(5.33)也具有平移对称性. 省去脚标,则有

$$V(\boldsymbol{r}+\boldsymbol{T})=V(\boldsymbol{r}) \tag{5.34}$$

其中,$\boldsymbol{T}$ 为晶格的平移矢量. 虽然难以严格证明式(5.34),但对于原子周期性排列的晶体,这一近似总是合理的.

基于以上三大近似,晶体电子的描述演变成了求解如下单电子薛定谔方程:

$$\left[-\frac{\hbar^2\nabla^2}{2m}+V(\boldsymbol{r})\right]\psi_{n\boldsymbol{k}}(\boldsymbol{r})=\varepsilon_{n\boldsymbol{k}}\psi_{n\boldsymbol{k}}(\boldsymbol{r}) \tag{5.35}$$

将会发现,其本征态为满足平移对称性的布洛赫波形式,而相应的本征值呈能带结构(energy band structure),而不是原子中的能级结构.

二、布洛赫定理

布洛赫定理(Bloch theorem):周期势场中,单电子薛定谔方程式(5.35)的本征态是按布拉维格子周期性调幅的平面波,即

$$\psi_{n\boldsymbol{k}}(\boldsymbol{r})=u_{n\boldsymbol{k}}(\boldsymbol{r})\mathrm{e}^{\mathrm{i}\boldsymbol{k}\cdot\boldsymbol{r}} \tag{5.36a}$$

$$u_{n\boldsymbol{k}}(\boldsymbol{r})=u_{n\boldsymbol{k}}(\boldsymbol{r}+\boldsymbol{T}) \tag{5.36b}$$

若在实空间平移波函数,则

$$\psi_{n\boldsymbol{k}}(\boldsymbol{r}+\boldsymbol{T})=u_{n\boldsymbol{k}}(\boldsymbol{r}+\boldsymbol{T})\mathrm{e}^{\mathrm{i}\boldsymbol{k}\cdot(\boldsymbol{r}+\boldsymbol{T})}=[u_{n\boldsymbol{k}}(\boldsymbol{r})\mathrm{e}^{\mathrm{i}\boldsymbol{k}\cdot\boldsymbol{r}}]\mathrm{e}^{\mathrm{i}\boldsymbol{k}\cdot\boldsymbol{T}}$$

即,同一能带 n 中,波矢为 $\boldsymbol{k}$ 的本征态还可以写成

$$\psi_{n\boldsymbol{k}}(\boldsymbol{r}+\boldsymbol{T})=\psi_{n\boldsymbol{k}}(\boldsymbol{r})\mathrm{e}^{\mathrm{i}\boldsymbol{k}\cdot\boldsymbol{T}} \tag{5.37}$$

式(5.36)和式(5.37)分别为布洛赫定理的两种形式. 在实空间,布洛赫波的振幅具有

平移对称性,布洛赫波本身并不具有平移对称性. 基于平移对称性的布洛赫定理也适用于描述晶体内部其它微观粒子的波函数,例如前面讲的格波和第 6 章要讲的自旋波等.

例 5.3

试证明布洛赫定理.

证明: 引入平移算符 $\hat{T}_{T_n}$,它作用在任意算符 $\hat{f}(\boldsymbol{r})$ 上满足:$\hat{T}_{T_n}\hat{f}(\boldsymbol{r})=\hat{f}(\boldsymbol{r}+\boldsymbol{T}_n)$. 将其作用到单电子哈密顿量 $\hat{H}$ 上,利用微分算符∇与坐标原点平移无关,若 $V(\boldsymbol{r}+\boldsymbol{T})=V(\boldsymbol{r})$ 是周期势场,则

$$\hat{T}_{T_n}\hat{H}(\boldsymbol{r})=\hat{H}(\boldsymbol{r}+\boldsymbol{T}_n)=\hat{H}(\boldsymbol{r})$$

若作用到薛定谔方程式(5.35)的左边部分,得到

$$\hat{T}_{T_n}[\hat{H}(\boldsymbol{r})\psi_{nk}(\boldsymbol{r})]=\hat{H}(\boldsymbol{r}+\boldsymbol{T}_n)\psi_{nk}(\boldsymbol{r}+\boldsymbol{T}_n)=[\hat{H}(\boldsymbol{r})\hat{T}_{T_n}]\psi_{nk}(\boldsymbol{r})$$

即 $\hat{T}_{T_n}$ 与 $\hat{H}(\boldsymbol{r})$ 对易. 按量子力学一般原理,两对易算符具有共同的本征函数. 设 $\psi_{nk}(\boldsymbol{r})$ 是 $\hat{T}_{T_n}$ 和 $\hat{H}(\boldsymbol{r})$ 的共同本征函数,则

$$\hat{T}_{T_n}\psi_{nk}(\boldsymbol{r})=\psi_{nk}(\boldsymbol{r}+\boldsymbol{T}_n)=\lambda_{T_n}\psi_{nk}(\boldsymbol{r})$$

其中,λ_{T_n} 为平移算符 $\hat{T}_{T_n}$ 的本征值.

利用波函数的正交归一性,由上式得到

$$1=\int|\psi_{nk}(\boldsymbol{r}+\boldsymbol{T}_n)|^2\mathrm{d}\boldsymbol{r}=|\lambda_{T_n}|^2\int|\psi_{nk}(\boldsymbol{r})|^2\mathrm{d}\boldsymbol{r}=|\lambda_{T_n}|^2$$

故可将本征值写为 $\lambda_{T_n}=\mathrm{e}^{\mathrm{i}\beta_{T_n}}$. 此时

$$\lambda_{T_n}\lambda_{T_m}\psi_{nk}(\boldsymbol{r})=\hat{T}_{T_n}\hat{T}_{T_m}\psi_{nk}(\boldsymbol{r})=\hat{T}_{T_n+T_m}\psi_{nk}(\boldsymbol{r})=\lambda_{T_n+T_m}\psi_{nk}(\boldsymbol{r})$$

平移算符的本征值满足 $\lambda_{T_n+T_m}=\lambda_{T_n}\lambda_{T_m}$. 将 $\lambda_{T_n}=\mathrm{e}^{\beta_{T_n}}$代入,得到

$$\beta_{T_n+T_m}=\beta_{T_n}+\beta_{T_m}$$

意味着,只有 β 与 $\boldsymbol{T}_n$ 呈线性关系时才能成立.

取 $\beta_{T_n}=\boldsymbol{k}\cdot\boldsymbol{T}_n$,则

$$\psi_{nk}(\boldsymbol{r}+\boldsymbol{T}_n)=\hat{T}_{T_n}\psi_{nk}(\boldsymbol{r})=\lambda_{T_n}\psi_{nk}(\boldsymbol{r})=\mathrm{e}^{\mathrm{i}\boldsymbol{k}\cdot\boldsymbol{T}_n}\psi_{nk}(\boldsymbol{r})$$

哈密顿量 $\hat{H}(\boldsymbol{r})$ 的本征函数满足布洛赫定理的第二种形式.

三、能带指标 n 的意义

将第一种形式的布洛赫波函数代入单电子薛定谔方程式(5.35),并左乘 $\mathrm{e}^{-\mathrm{i}\boldsymbol{k}\cdot\boldsymbol{r}}$,整理得到波函数振幅 $u_{nk}(\boldsymbol{r})$ 满足方程

$$\hat{H}_k u_{nk}(\boldsymbol{r})=\varepsilon_{nk}u_{nk}(\boldsymbol{r}) \tag{5.38}$$

其中

$$\hat{H}_k=\mathrm{e}^{-\mathrm{i}\boldsymbol{k}\cdot\boldsymbol{r}}\hat{H}\mathrm{e}^{\mathrm{i}\boldsymbol{k}\cdot\boldsymbol{r}}=\frac{\hbar^2}{2m}(-\mathrm{i}\nabla+\boldsymbol{k})^2+V(\boldsymbol{r}) \tag{5.39}$$

因 $u_{nk}(\boldsymbol{r}+\boldsymbol{T})=u_{nk}(\boldsymbol{r})$,$u_{nk}(\boldsymbol{r})$ 方程的求解可简化为正格子初级晶胞内的求解. 这完全

类似于势阱中粒子运动的情况. 即,$u_{nk}(\boldsymbol{r})$ 的方程实际上属于有限区域内的厄米本征值问题. 每一个波矢 $\boldsymbol{k}$ 对应着无穷多个分立的本征值 ε_{1k}、ε_{2k}、ε_{3k}、…,属于多值问题. 因此,布洛赫电子的状态应有两个量子数 n 和 $\boldsymbol{k}$ 来标记:$\psi_{nk}(\boldsymbol{r})$ 表示本征态,ε_{nk} 表示本征值. 对于确定的 n,不同 $\boldsymbol{k}$ 的电子能量 ε_{nk} 构成能带,n 称为能带指标(band index). 每一个确定的波矢 $\boldsymbol{k}$ 描述一组能带 $\{\varepsilon_{nk}\}$ 和状态 $\{\psi_{nk}(\boldsymbol{r})\}$.

对于确定的能带指标 n,本征值和波函数均为 $\boldsymbol{k}$ 的周期函数. 利用第一种形式的布洛赫定理式(5.36),在倒格子中平移波函数得到

$$\psi_{nk+G}(\boldsymbol{r})=u_{nk+G}(\boldsymbol{r})\mathrm{e}^{\mathrm{i}(k+G)\cdot r}=[u_{nk+G}(\boldsymbol{r})\mathrm{e}^{\mathrm{i}G\cdot r}]\mathrm{e}^{\mathrm{i}k\cdot r}\equiv u^{@}_{nk+G}(\boldsymbol{r})\mathrm{e}^{\mathrm{i}k\cdot r} \tag{5.40a}$$

类似于式(5.38)的处理,将式(5.40a)代入式(5.35),并左乘 $\mathrm{e}^{-\mathrm{i}k\cdot r}$,整理得到

$$\hat{H}_k\, u^{@}_{nk+G}(\boldsymbol{r})=\varepsilon_{nk+G}u^{@}_{nk+G}(\boldsymbol{r}) \tag{5.40b}$$

由于式(5.40b)与式(5.38)中的 $\hat{H}_k$ 是同一个物理量,其对应的本征态和本征值应完全一样:

$$u^{@}_{nk+G}(\boldsymbol{r})=u_{nk}(\boldsymbol{r}) \tag{5.41a}$$

$$\varepsilon_{nk+G}=\varepsilon_{nk} \tag{5.41b}$$

结合式(5.40a)、(5.41a)以及(5.36),得到

$$\psi_{nk+G}(\boldsymbol{r})=\psi_{nk}(\boldsymbol{r}) \tag{5.42a}$$

$$u_{nk}(\boldsymbol{r})=u_{nk+G}(\boldsymbol{r})\mathrm{e}^{\mathrm{i}G\cdot r} \tag{5.42b}$$

可见,布洛赫波函数的振幅 $u_{nk}(\boldsymbol{r})$ 在倒格子中不满足平移对称性.

基于本征值在倒格子为 $\boldsymbol{k}$ 的周期函数,可将波矢 $\boldsymbol{k}$ 限定在 FBZ 内. 对于确定的 n 值,ε_{nk} 有上下界,从而构成第 n 能带(energy band). $\{\varepsilon_{nk}\}$ 的总体称为晶体的能带结构(energy band structure),也称为电子结构(electronic structure). 若将所有能带表示在 FBZ 内,称之为能带的简约区表示(reduced zone scheme),FBZ 也因此称为简约区. 若 $\boldsymbol{k}$ 在全空间按照自然大小的变化,将不同能带 ε_{nk} 绘于 $\boldsymbol{k}$ 空间中不同的布里渊区(BZ)内,称之为能带的扩展区表示(extended zone scheme). 若 $\boldsymbol{k}$ 的取值类似于扩展区表示,在每个 BZ 中画出所有可能的能带(类似于简约图示),称之为能带的周期区表示(repeated zone scheme). 图 5.5 给出了一维晶体的能带结构示意图. 考虑到能量本征值的平移对称性,人们通常给出的是简约区表示.

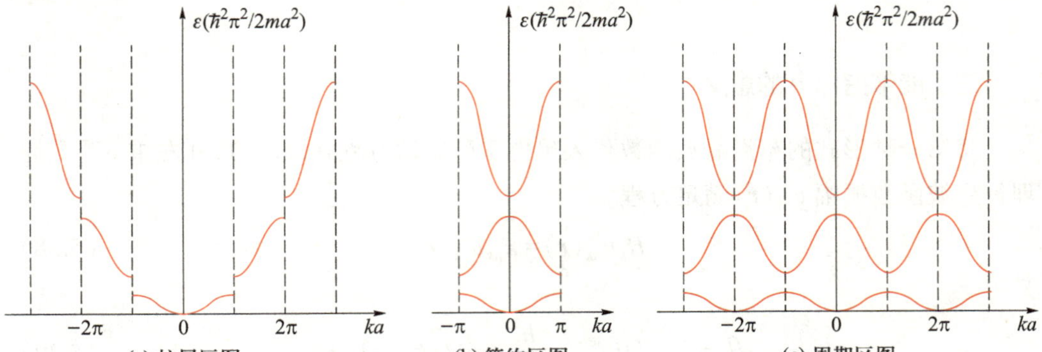

图 5.5　一维晶体的能带结构示意图

例 5.4

空点阵近似．以自由电子为例说明“能带”的扩展区、简约区和周期区表示．

解：空点阵是周期势场为零的点阵，此时的电子只有动能．为简单起见，首先考虑一个沿 x 方向晶格常量为 a 的一维空点阵，其自由电子的能量为 $\varepsilon(k_x)=\hbar^2k_x^2/2m$．其中，$k_x$ 是自由电子波矢，m 为电子质量．若在波矢空间直接画出 $\varepsilon(k_x)-k_x$ 关系，即 “能带” 的扩展区表示，如图 5.6(a)所示．假设 k_x 为 FBZ 的波矢，则电子的动能变为

$$\varepsilon(k_x)=\hbar^2(k_x+G_x)^2/2m$$

其中，$G_x=\pm2\pi n/a, n=0,1,2,\cdots$为倒格子平移矢量．利用能量本征值在倒格子中的平移对称性，将不同 BZ 区的结果平移到 FBZ，即“能带” 的简约区表示，如图 5.6(b)所示．若将简约区表示在倒空间平移，则得到“能带”的周期区表示，如图 5.6(c)所示．

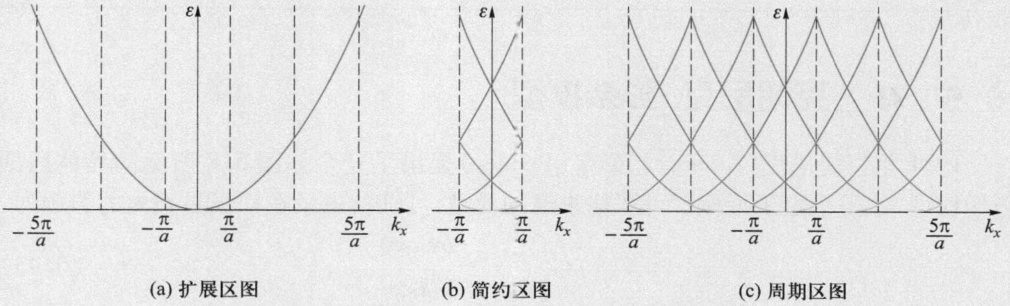

图 5.6　一维空点阵“能带”结构

对于晶格常量为 a 的简单立方晶体，假设 $\boldsymbol{k}$ 为 FBZ 内的波矢，自由电子能量可表示成

$$\varepsilon(\boldsymbol{k})=\frac{\hbar^2(\boldsymbol{k}+\boldsymbol{G})^2}{2m}=\frac{\hbar^2}{2m}[(k_x+G_x)^2+(k_y+G_y)^2+(k_z+G_z)^2]$$

其中，$\boldsymbol{G}$ 为倒易点阵平移矢量．沿 k_x 方向的“能带”满足

$$\varepsilon(k_x)=\frac{\hbar^2}{2m}[(k_x+G_x)^2+G_y^2+G_z^2]$$

按照能量逐渐增加的次序，构建 k_x 方向的“能带”．首先取 $\boldsymbol{G}=0$，电子能量 $\varepsilon(k_x)\propto k_x^2$，标记此时的能带为 $n=1$．其次，取 k_x 方向的最短倒格矢 $G_x=\pm2\pi/a$，电子能量 $\varepsilon(k_x)\propto(k_x\pm2\pi/a)^2$，能量随波矢 k_x 的变化规律不同．标记此时的“能带”为 $n=2,3$．第三，分别在 $k_{y,z}$ 方向取最短的倒格矢 $G_{y,z}=\pm2\pi/a$，电子能量均满足 $\varepsilon(k_x)\propto[k_x^2+(2\pi/a)^2]$，为 4 重兼并，标记此时的“能带”为 $n=4,5,6,7$．以此类推，可以得到 k_x 方向的不同“能带”，如表 5.1 所示．将这些 $\varepsilon(k_x)-k_x$ 关系在 FBZ 内表示出来，即 k_x 方向“能带”的简约区表示，如图 5.7 所示．

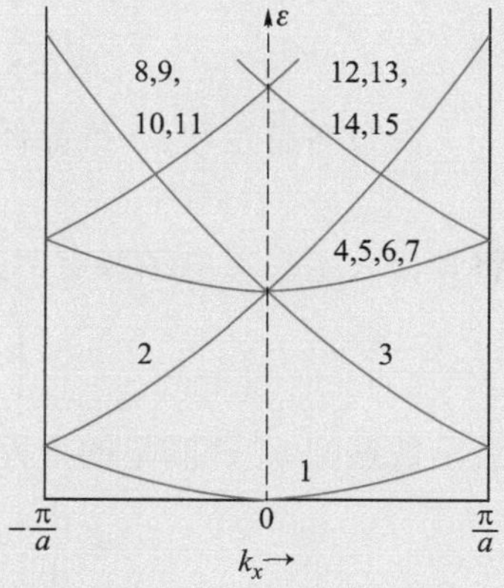

图 5.7　SC 结构 k_x 方向的简约区“能带”

表 5.1 简单立方结构中 k_x 方向的“能带”

能带	$G/(2\pi/a)$	$\varepsilon(0,0,0)/(\hbar^2/2m)$	$\varepsilon(k_x,0,0)/(\hbar^2/2m)$
1	000	0	k_x^2
2、3	100、$\bar{1}00$	$(2\pi/a)^2$	$(k_x \pm 2\pi/a)^2$
4、5、6、7	010、$0\bar{1}0$、001、$00\bar{1}$	$(2\pi/a)^2$	$k_x^2+(2\pi/a)^2$
8、9、10、11 12、13、14、15	110、101、$10\bar{1}$、$1\bar{1}0$ $\bar{1}10$、$\bar{1}01$、$\bar{1}\,\bar{1}0$、$\bar{1}0\bar{1}$	$2(2\pi/a)^2$	$(k_x+2\pi/a)^2+(2\pi/a)^2$ $(k_x-2\pi/a)^2+(2\pi/a)^2$
16、17、18、19	011、$0\bar{1}1$、$01\bar{1}$、$0\bar{1}\,\bar{1}$	$2(2\pi/a)^2$	$k_x^2+2(2\pi/a)^2$

§ 5.4 克朗尼克-彭奈模型

1931 年克朗尼克(Kronig)和彭奈(Penney)提出了一个如图 5.8 所示的晶体周期势场模型,这是单电子近似下可严格求解的模型. 此时,电子在初级晶胞内的势场为

$$V(x)=\begin{cases}V_0, & -b<x<0\\ 0, & 0<x<c\end{cases} \tag{5.43}$$

且满足周期性平移条件:$V(x+na)=V(x)$,$a=b+c$.

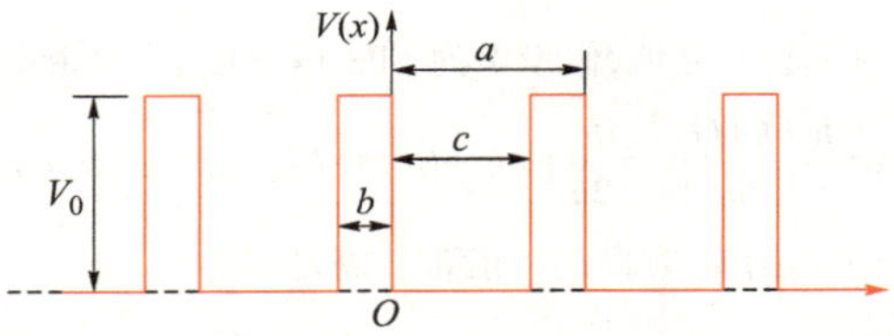

图 5.8 克朗尼克-彭奈(Kronig-Penney)模型

由布洛赫定理,一维晶体的单电子波函数为

$$\psi(x)=u(x)\mathrm{e}^{\mathrm{i}kx} \tag{5.44}$$

将其代入定态单电子薛定谔方程

$$\left[-\frac{\hbar^2}{2m}\frac{\mathrm{d}^2}{\mathrm{d}x^2}+V(x)\right]\psi(x)=\varepsilon\psi(x) \tag{5.45}$$

波函数振幅 $u(x)$ 满足的方程为

$$\frac{\mathrm{d}^2u}{\mathrm{d}x^2}+2\mathrm{i}k\frac{\mathrm{d}u}{\mathrm{d}x}+\left\{\frac{2m}{\hbar^2}[\varepsilon-V(x)]-k^2\right\}u=0 \tag{5.46}$$

在 $0<x<c$ 和 $-b<x<0$ 两个区间,式(5.46)分别表示成

$$\frac{\mathrm{d}^2u}{\mathrm{d}x^2}+2\mathrm{i}k\frac{\mathrm{d}u}{\mathrm{d}x}+(\alpha^2-k^2)u=0,\quad 0<x<c \tag{5.47a}$$

$$\frac{\mathrm{d}^2u}{\mathrm{d}x^2}+2\mathrm{i}k\frac{\mathrm{d}u}{\mathrm{d}x}-(\beta^2+k^2)u=0,\quad -b<x<0 \tag{5.47b}$$

其中

$$\alpha^2=\frac{2m\varepsilon}{\hbar^2},\quad \beta^2=\frac{2m}{\hbar^2}(V_0-\varepsilon)=\frac{2mV_0}{\hbar^2}-\alpha^2 \tag{5.48}$$

式(5.47a)和(5.47b)两个二阶常系数微分方程的通解分别为

$$u(x)=A_0\mathrm{e}^{\mathrm{i}(\alpha-k)x}+B_0\mathrm{e}^{-\mathrm{i}(\alpha+k)x},\quad 0<x<c \tag{5.49a}$$

$$u(x)=C_0\mathrm{e}^{(\beta-\mathrm{i}k)x}+D_0\mathrm{e}^{-(\beta+\mathrm{i}k)x},\quad -b<x<0 \tag{5.49b}$$

由此推广,势阱和势垒处的解分别为

$$u(x+na)=A_n\mathrm{e}^{\mathrm{i}(\alpha-k)(x+na)}+B_n\mathrm{e}^{-\mathrm{i}(\alpha+k)(x+na)},\quad na<x+na<c+na \tag{5.50a}$$

$$u(x+na)=C_n\mathrm{e}^{(\beta-\mathrm{i}k)(x+na)}+D_n\mathrm{e}^{-(\beta+\mathrm{i}k)(x+na)},\quad -b+na<x+na<na \tag{5.50b}$$

利用 $u(x+na)=u(x)$,由式(5.49)和(5.50)得到

$$A_n=A_0\mathrm{e}^{-\mathrm{i}(\alpha-k)na},\quad B_n=B_0\mathrm{e}^{\mathrm{i}(\alpha+k)na} \tag{5.51a}$$

$$C_n=C_0\mathrm{e}^{-(\beta-\mathrm{i}k)na},\quad D_n=D_0\mathrm{e}^{(\beta+\mathrm{i}k)na} \tag{5.51b}$$

为了确定 A_0、B_0、C_0 和 D_0 四个系数,引入势垒和势阱的边界条件. 考虑电子空间位置变化的连续性,要求在势场突变处波函数 $\psi(x)$ 及其导数连续. 利用 $u(x)$ 及 $\mathrm{d}u(x)/\mathrm{d}x$ 在 $x=0$ 处连续,由式(5.50)和(5.51)得到

$$A_0+B_0=C_0+D_0 \tag{5.52a}$$

$$\mathrm{i}(\alpha-k)A_0-\mathrm{i}(\alpha+k)B_0=(\beta-\mathrm{i}k)C_0-(\beta+\mathrm{i}k)D_0 \tag{5.52b}$$

同理,利用 $u(x)$ 及 $\mathrm{d}u(x)/\mathrm{d}x$ 在 $x=c$ 处连续,由式(5.50)和(5.51)得到

$$\mathrm{e}^{\mathrm{i}(\alpha-k)c}A_0+\mathrm{e}^{-\mathrm{i}(\alpha+k)c}B_0=\mathrm{e}^{-(\beta-\mathrm{i}k)b}C_0+\mathrm{e}^{(\beta+\mathrm{i}k)b}D_0 \tag{5.52c}$$

$$\begin{aligned}&\mathrm{i}(\alpha-k)\mathrm{e}^{\mathrm{i}(\alpha-k)c}A_0-\mathrm{i}(\alpha+k)\mathrm{e}^{-\mathrm{i}(\alpha+k)c}B_0\\&=(\beta-\mathrm{i}k)\mathrm{e}^{-(\beta-\mathrm{i}k)b}C_0-(\beta+\mathrm{i}k)\mathrm{e}^{(\beta+\mathrm{i}k)b}D_0\end{aligned} \tag{5.52d}$$

可见,式(5.52)是关于 A_0、B_0、C_0 和 D_0 的齐次线性方程组. 它有非零解的条件是其系数行列式等于零,整理得到

$$\frac{\beta^2-\alpha^2}{2\alpha\beta}\sinh(\beta b)\sin(\alpha c)+\cosh(\beta b)\cos(\alpha c)=\cos ka \tag{5.53}$$

由于能量本征值 ε 隐含在 α 和 β 中,式(5.53)是一个关于 ε 的超越方程.

为简化式(5.53),假设势垒为 δ 函数形式. 即 $V_0\to\infty$,$b\to0(c\approx a)$,但 V_0b 保持有限值. 令

$$P\equiv\frac{\beta^2ab}{2} \tag{5.54}$$

由于 $\beta b\ll1$,$\sinh(\beta b)\approx\beta b$,$\cosh(\beta b)\approx1$,则式(5.53)简化为

$$f(\alpha a)\equiv\frac{P\sin(\alpha a)}{\alpha a}+\cos(\alpha a)=\cos ka \tag{5.55}$$

为了获得周期势场中的 $\varepsilon-k$ 关系,在图 5.9 中画出了 $f(\alpha a)$ 随 αa 变化的函数曲线(实线). 由于 $-1\leqslant\cos ka\leqslant1$,满足 $f(\alpha a)=\cos ka$ 的解只能在两条水平的虚线之间. 意味着 αa 只能在分离的粗实线线段内取值. 利用 $\alpha^2=2m\varepsilon/\hbar^2$,可以求出能量本征值. 同时,在许可的 αa 的范围内找出相应的 $f(\alpha a)$,利用 $f(\alpha a)=\cos ka$ 求出对应的波矢 k,从而确定了 $\varepsilon-k$ 关系,如图 5.5 所示.

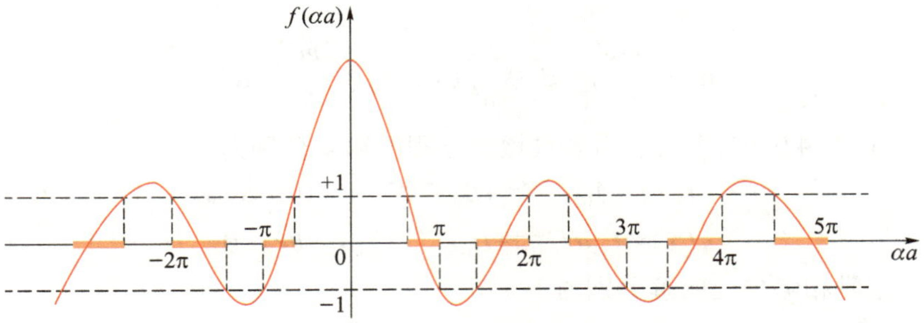

图 5.9　超越方程图解示意图

可见，无周期势场下的准连续自由电子能量本征值，在周期势场下变成了分离的准连续能带．在布里渊区边界上，能带之间出现了不允许的能量范围，称之为能隙(energy gap)，也叫禁带．克朗尼克- 彭奈模型的意义在于：这样一个能严格求解的模型证明了在周期势场中的电子能量形成了能带结构，出现了禁带．这既不同于自由电子的连续结构，也不同于原子中的离散能级结构．

然而，对于实际的晶体，$V(\boldsymbol{r})$很复杂，一般不可能严格求解单电子薛定谔方程．由于得不到解析形式的能量本征值，给理解不同晶体的能带带来了困难．为了获得如何简化处理的思路，不妨重新分析一下克朗尼克-彭奈模型的解．由式(5.55)可以看到，① 若 $P\to0$，方程的解为 $\alpha a=2n\pi\pm ka$，对能量没有限制，相当于 $V_0\to0$ 的自由电子，类似于导体中的情况；② $P\to\infty$ 时，方程的解为 $\alpha a=n\pi, n\geqslant1$，能量 $\varepsilon=(n\pi\hbar/a)^2/2m$ 与 k 无关，电子只能有分离的能级，相当于 $V_0\to\infty$ 的情况，类似于绝缘体中的电子．可见，P 反映了电子被束缚的程度．为此，先从弱周期势场和强周期势场极限入手，分别讨论其相应的近自由电子近似(near free electron approximation)和紧束缚近似(tight-binding approximation)两个重要的模型．然后，再讨论一般周期势场中单电子薛定谔方程的求解问题．

§ 5.5　近自由电子近似

近自由电子近似是指固体中的能带电子仅仅受到离子实弱周期势场的微扰．此时，系统的波函数可以看成自由电子平面波的组合，而体系的本征值可以通过弱周期势场对自由电子的微扰获得．虽然近自由电子近似不是严格求解薛定谔方程，但是解析解的获得，有利于理解能带和能隙与波函数和势场的关系．

一、一维晶体的近自由电子近似

长度为 L 的一维晶体，若最近邻原子间距为 a，则单电子哈密顿量为

$$\hat{H}=\hat{H}_0+\hat{H}_1 \tag{5.56a}$$

$$\hat{H}_0=-\frac{\hbar^2}{2m}\frac{\mathrm{d}^2}{\mathrm{d}x^2} \tag{5.56b}$$

$$\hat{H}_1=V(x) \tag{5.56c}$$

其中,零级近似哈密顿量 $\hat{H}_0$ 对应的自由电子波函数和本征值分别为

$$\psi_k^0(x)=\frac{1}{\sqrt{L}}\mathrm{e}^{\mathrm{i}kx},\quad \varepsilon_k^0=\frac{\hbar^2k^2}{2m} \tag{5.57}$$

微扰势 $\hat{H}_1$ 具有平移对称性 $V(x)=V(x+na)$,故可将其作傅里叶展开

$$V(x)=\sum_{n\neq 0}V_n\mathrm{e}^{\mathrm{i}n\frac{2\pi}{a}x} \tag{5.58}$$

考虑到 $V(x)$ 是实数,此处的傅里叶系数满足

$$V_n^*=V_n=V_{-n} \tag{5.59}$$

在非简并情况下,一级近似下的近自由电子波函数满足

$$\psi_k(x)=\psi_k^0(x)+\psi_k^1(x)=\psi_k^0(x)+\sum_{k'\neq k}\frac{H'_{k'k}}{\varepsilon_k^0-\varepsilon_{k'}^0}\psi_{k'}^0(x) \tag{5.60}$$

其中

$$H'_{k'k}=\langle k'|\hat{H}_1|k\rangle=\frac{1}{L}\int_0^L\sum_{n\neq 0}V_n\mathrm{e}^{\mathrm{i}n\frac{2\pi}{a}x}\mathrm{e}^{\mathrm{i}(k-k')x}=\sum_{n\neq 0}V_n\delta\left[(k'-k)-n\frac{2\pi}{a}\right]=V_n \tag{5.61}$$

n 满足劳厄定理

$$k'-k=n\frac{2\pi}{a}=G \tag{5.62}$$

式(5.60)描述的波函数变为

$$\psi_k(x)=\frac{1}{\sqrt{L}}\mathrm{e}^{\mathrm{i}kx}\left[1+\frac{2m}{\hbar^2}\sum_{n\neq 0}\frac{V_n}{k^2-(k+2\pi n/a)^2}\mathrm{e}^{\mathrm{i}n\frac{2\pi}{a}x}\right] \tag{5.63}$$

此时,[⋯]内的函数具有平移对称性. 可见,平面波组合构成的近自由电子波函数具有布洛赫波的形式.

对应的一级修正能量为

$$\varepsilon_k=\varepsilon_k^0+\varepsilon_k^1=\varepsilon_k^0+H'_{kk}=\varepsilon_k^0 \tag{5.64}$$

由于 $H'_{kk}=0$,即周期势场的平均值为零,一级近似下对本征能量没有影响. 若要得到与自由电子不同的能量本征值,则需要进行更高级的修正. 能量的二级修正结果为

$$\varepsilon_k=\varepsilon_k^0+\varepsilon_k^2=\varepsilon_k^0+\sum_{k'\neq k}\frac{|H'_{k'k}|^2}{\varepsilon_k^0-\varepsilon_{k'}^0}=\varepsilon_k^0+\frac{2m}{\hbar^2}\sum_{n\neq 0}\frac{V_n^2}{k^2-(k+2\pi n/a)^2} \tag{5.65}$$

可见,非简并微扰下,$k^2\neq(k+2\pi n/a)^2$,由于周期势很弱,ε_k 依然约等于 ε_k^0. 即使作更高阶的微扰,弱周期势场的作用依然可以忽略. 然而,当 $k^2=(k+2\pi n/a)^2$ 或$\varepsilon_k=\varepsilon_{k'}$ 时,式(5.65)中的 ε_k^2 项发散,非简并微扰不再成立. 这意味着,讨论周期势场中能隙的产生,应考虑 $\varepsilon_k=\varepsilon_{k'}$ 的简并微扰.

二、能隙的产生

为简单起见,我们考虑 $k^2=k'^2=(k+2\pi n/a)^2$ 两个简并态,即 $\varepsilon_k^0=\varepsilon_{k'}^0$. 此时,波函数可以写为

$$\psi_k(x)=b\psi_k^0(x)+c\psi_{k'}^0(x) \tag{5.66}$$

代入一维晶体的单电子薛定谔方程式(5.45),并左乘 $\psi_k^{0*}(x)$ 后积分,得到

$$\frac{1}{L}\int_0^L \psi_k^{0*}(x)(\hat{H}_0+\hat{H}_1)[b\psi_k^0(x)+c\psi_{k'}^0(x)]\mathrm{d}x$$
$$=\frac{1}{L}\int_0^L \psi_k^{0*}(x)\varepsilon[b\psi_k^0(x)+c\psi_{k'}^0(x)]\mathrm{d}x$$

利用波函数的正交性,得到

$$(\varepsilon_k^0-\varepsilon)b+V_nc=0 \tag{5.67a}$$

同理,右乘 $\psi_{k'}^{0*}(x)$ 后积分,得到

$$V_nb+(\varepsilon_{k'}^0-\varepsilon)c=0 \tag{5.67b}$$

b 和 c 有非零解的条件是式(5.67)的系数行列式为零,即

$$(\varepsilon_k^0-\varepsilon)(\varepsilon_{k'}^0-\varepsilon)-V_n^2=0 \tag{5.68a}$$

其解为

$$\varepsilon_{\pm}=\varepsilon_k^0\pm V_n=\frac{\hbar^2k^2}{2m}\pm V_n \tag{5.68b}$$

说明弱周期势中最低能量电子具有抛物线形式的能量本征值 ε_k^0 趋势,且在波矢 $k=\pm n\pi/a$ 处断开. $n=1$ 时,能量关系发生突变,如图 5.10 所示,出现了大小为 $2V_n$ 的能隙,形成了准连续的能带. 特别注意的是,只要存在周期势场,就能打开所有布拉格面上的能带,形成带隙.

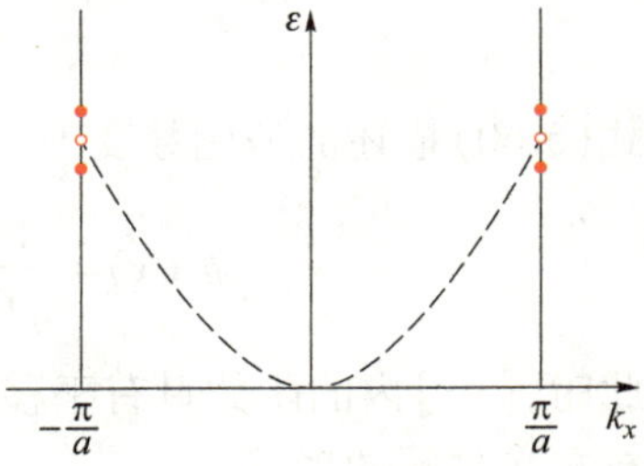

图 5.10　近自由电子近似的能隙打开示意图

产生能隙的根本原因在于,$k=\pm n\pi/a$ 对应着两个波 $\mathrm{e}^{\pm\mathrm{i}(n\pi/a)x}$,它们运动方向相反,形成驻波. 这也说明晶体结构的周期性造成的布拉格反射 $k'-k=G$ 是产生能隙的原因. 反过来讲,能隙的存在反映了晶体电子运动在布拉格面上的反射. 结合克朗尼克-彭奈模型,能隙的存在是固体中原子周期性排列的必然结果. 这一结论预示着声子、磁子等晶体中的准粒子能量也具有能带结构,存在带隙.

§ 5.6　紧束缚近似

前面从近自由电子出发,讨论了 BZ 边界上能隙的形成. 如何处理另一个极端:绝缘体呢? 理想的绝缘体没有自由电子,周期势场强,所有电子都紧紧束缚在离子实的周围. 此时,可以用孤立原子波函数的线性组合来描述晶体中电子的波函数,这就是所谓的紧束缚近似. 它适合于处理 d 和 f 等内壳层电子.

一、模型

设 $\varphi_i(\boldsymbol{r})$ 是孤立原子中电子的第 i 本征态,对应本征能量 ε_i,满足单电子薛定谔方程

$$\hat{H}_{at}\varphi_i(\boldsymbol{r})=\left[-\frac{\hbar^2\nabla^2}{2m}+V_{at}(\boldsymbol{r})\right]\varphi_i(\boldsymbol{r})=\varepsilon_i\varphi_i(\boldsymbol{r}) \tag{5.69}$$

其中,$V_{at}(\boldsymbol{r})$是单原子势场. 远离的 N 个孤立原子,每个原子有相同的能量本征态 $\varphi_i(\boldsymbol{r})$,整个体系的单电子态是 N 重简并的. 对于 N 格点的单原子晶体,紧束缚近似下 $\boldsymbol{T}_m=0$ 处原子波函数可用 N 重简并的孤立原子波函数 $\varphi_i(\boldsymbol{r})$ 的线性组合来表示:

$$\psi(\boldsymbol{r})=\sum_{\boldsymbol{T}_m}a_m\varphi_i(\boldsymbol{r}-\boldsymbol{T}_m) \tag{5.70a}$$

且近似认为不同格点上的原子波函数因交叠小而正交归一:

$$\int_V\varphi_i(\boldsymbol{r}-\boldsymbol{T}_n)\varphi_i(\boldsymbol{r}-\boldsymbol{T}_m)\,\mathrm{d}\boldsymbol{r}=\delta_{mn} \tag{5.70b}$$

由于在每个原子附近,$\psi(\boldsymbol{r})$ 近似为该处的原子波函数,故称之为原子轨道的线性组合 LCAO.

晶体的原子波函数 $\psi(\boldsymbol{r})$ 应满足布洛赫定理,这要求系数 a_m 为

$$a_m=N^{-1/2}\mathrm{e}^{\mathrm{i}\boldsymbol{k}\cdot\boldsymbol{T}_m} \tag{5.71}$$

就是说,$\psi(\boldsymbol{r})$ 可以用 $\boldsymbol{k}$ 来标记,即

$$\psi_{\boldsymbol{k}}(\boldsymbol{r})=\frac{1}{\sqrt{N}}\sum_{\boldsymbol{T}_m}\varphi_i(\boldsymbol{r}-\boldsymbol{T}_m)\mathrm{e}^{\mathrm{i}\boldsymbol{k}\cdot\boldsymbol{T}_m} \tag{5.72}$$

显然

$$\begin{aligned}\psi_{\boldsymbol{k}}(\boldsymbol{r}+\boldsymbol{T}_n)&=\frac{1}{\sqrt{N}}\sum_{\boldsymbol{T}_m}\varphi_i(\boldsymbol{r}+\boldsymbol{T}_n-\boldsymbol{T}_m)\mathrm{e}^{\mathrm{i}\boldsymbol{k}\cdot\boldsymbol{T}_m}=\frac{1}{\sqrt{N}}\mathrm{e}^{\mathrm{i}\boldsymbol{k}\cdot\boldsymbol{T}_n}\sum_{\boldsymbol{T}_m}\varphi_i[\boldsymbol{r}-(\boldsymbol{T}_m-\boldsymbol{T}_n)]\mathrm{e}^{\mathrm{i}\boldsymbol{k}\cdot(\boldsymbol{T}_m-\boldsymbol{T}_n)}\\&=\mathrm{e}^{\mathrm{i}\boldsymbol{k}\cdot\boldsymbol{T}_n}\left[\frac{1}{\sqrt{N}}\sum_{\boldsymbol{T}_l=\boldsymbol{T}_m-\boldsymbol{T}_n}\varphi_i(\boldsymbol{r}-\boldsymbol{T}_l)\mathrm{e}^{\mathrm{i}\boldsymbol{k}\cdot\boldsymbol{T}_l}\right]=\psi_{\boldsymbol{k}}(\boldsymbol{r})\mathrm{e}^{\mathrm{i}\boldsymbol{k}\cdot\boldsymbol{T}_n}\end{aligned} \tag{5.73}$$

具有布洛赫函数的形式. 将波函数 $\psi_{\boldsymbol{k}}$ 代入晶体的单电子薛定谔方程

$$\left[-\frac{\hbar^2\nabla^2}{2m}+V(\boldsymbol{r})\right]\psi_{\boldsymbol{k}}(\boldsymbol{r})=\varepsilon(\boldsymbol{k})\psi_{\boldsymbol{k}} \tag{5.74a}$$

得到

$$\sum_{\boldsymbol{T}_m}\mathrm{e}^{\mathrm{i}\boldsymbol{k}\cdot\boldsymbol{T}_m}\left[-\frac{\hbar^2\nabla^2}{2m}+V(\boldsymbol{r})-\varepsilon(\boldsymbol{k})\right]\varphi_i(\boldsymbol{r}-\boldsymbol{T}_m)=0 \tag{5.74b}$$

在[…]内加减孤立原子的势场 $V_{at}(\boldsymbol{r}-\boldsymbol{T}_m)$,利用其对应的薛定谔方程式(5.69),得到

$$\sum_{\boldsymbol{T}_m}\mathrm{e}^{\mathrm{i}\boldsymbol{k}\cdot\boldsymbol{T}_m}[\varepsilon_i-V_{at}(\boldsymbol{r}-\boldsymbol{T}_m)+V(\boldsymbol{r})-\varepsilon(\boldsymbol{k})]\varphi_i(\boldsymbol{r}-\boldsymbol{T}_m)=0 \tag{5.74c}$$

令 $\Delta V(\boldsymbol{r},\boldsymbol{T}_m)\equiv V(\boldsymbol{r})-V_{at}(\boldsymbol{r}-\boldsymbol{T}_m)$(图 5.11),将式(5.74c)左乘 $\varphi_i^*(\boldsymbol{r})$,并对 $\boldsymbol{r}$ 作积分,得到

$$\varepsilon(\boldsymbol{k})=\varepsilon_i+\sum_{\boldsymbol{T}_m}\mathrm{e}^{\mathrm{i}\boldsymbol{k}\cdot\boldsymbol{T}_m}\int_V\varphi_i^*(\boldsymbol{r})\Delta V(\boldsymbol{r},\boldsymbol{T}_m)\varphi_i(\boldsymbol{r}-\boldsymbol{T}_m)\,\mathrm{d}\boldsymbol{r} \tag{5.75}$$

其中,利用了 $\varphi_i(\boldsymbol{r})$ 的正交归一性. 定义相距 $\boldsymbol{T}_m$ 的格点上电子对被研究电子的影响为

$$J_{\boldsymbol{T}_m}=-\int_V\varphi_i^*(\boldsymbol{r})\Delta V(\boldsymbol{r},\boldsymbol{T}_m)\varphi_i(\boldsymbol{r}-\boldsymbol{T}_m)\,\mathrm{d}\boldsymbol{r} \tag{5.76}$$

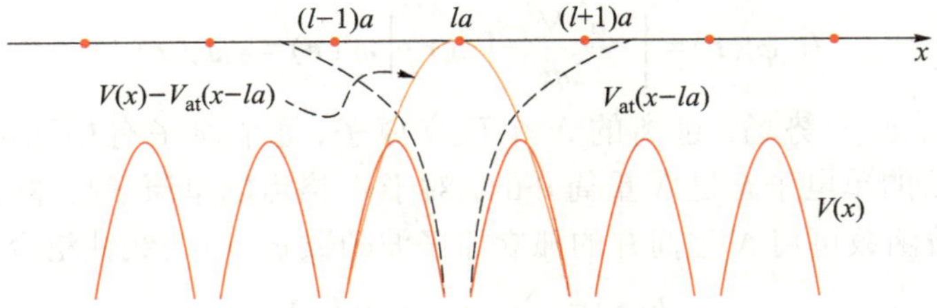

图 5.11　晶体势场与原子势场示意图

紧束缚近似下的能量本征值式(5.75)变为

$$\varepsilon(\boldsymbol{k})=\varepsilon_i-J_0-\sum_m J_{\boldsymbol{T}_m}\mathrm{e}^{\mathrm{i}\boldsymbol{k}\cdot\boldsymbol{T}_m}\approx\varepsilon_i-J_0-J_1\sum_{nn}\mathrm{e}^{\mathrm{i}\boldsymbol{k}\cdot\boldsymbol{T}_{nn}} \tag{5.77}$$

其中,只考虑最近邻(nearest neighbor,nn)原子贡献的原因在于,只有两格点上原子波函数交叠时,交叠积分才不为零,格点自身的电子交叠积分为

$$J_0=-\int_V\varphi_i^*(\boldsymbol{r})\Delta V(\boldsymbol{r},\boldsymbol{T}_m=0)\varphi_i(\boldsymbol{r})\mathrm{d}\boldsymbol{r} \tag{5.78}$$

通常,因 $\Delta V<0, J_0>0$,但是很小,该项使 $\varepsilon(\boldsymbol{k})$ 相对于原子能级 ε_i 有一个小的偏离.

二、能带形成

对于 N 格点单原子晶体,最近邻原子波函数发生交叠,N 重简并解除而展宽成能带,该能带含有 N 个不等价的 k 标记的扩展态,如图 5.12 所示.由于晶格的平移对称性存在逆元,参考格点的最近邻一定是成对($\pm\boldsymbol{T}_m$)出现.若 $\boldsymbol{a}$ 为连接最近邻格点的矢量,成对出现的 $\boldsymbol{T}_m=\pm\boldsymbol{a}$,在能量表达式(5.77)中的贡献为 $2J_1\cos(\boldsymbol{k}\cdot\boldsymbol{a})$.利用最近邻间距相等,因原子波函数交叠引起的带宽为 $2ZJ_1$,其中 Z 为配位数.

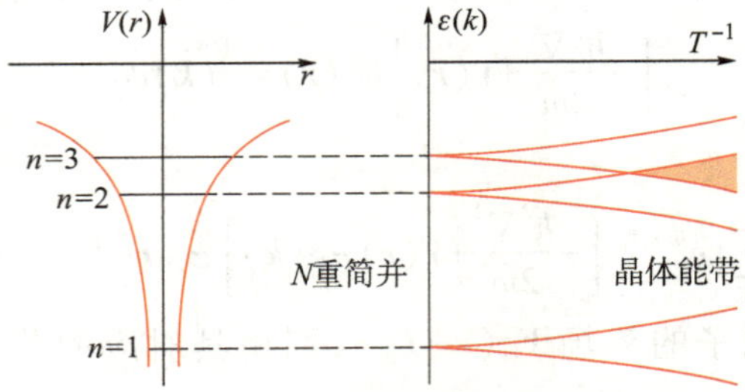

图 5.12　原子势中的非简并能级与晶体中的能带

对于晶格常量为 a 的立方晶格,原子 s 态电子波函数 $\varphi_{\mathrm{s}}(\boldsymbol{r})$ 呈球对称分布,自然满足 $\varphi_{\mathrm{s}}(-\boldsymbol{r})=\varphi_{\mathrm{s}}(\boldsymbol{r})$.设最近邻交叠积分均为 J_1,将惯用晶胞格矢描述的最近邻原子坐标代入能量本征值式(5.77),得到紧束缚近似下简单、体心和面心立方单原子点阵中 s 态电子的能量本征值分别为

$$\varepsilon_{\mathrm{sc}}(\boldsymbol{k})=\varepsilon_i-J_0-2J_1(\cos k_xa+\cos k_ya+\cos k_za) \tag{5.79a}$$

$$\varepsilon_{\mathrm{bcc}}(\boldsymbol{k})=\varepsilon_i-J_0-8J_1\left(\cos\frac{k_xa}{2}\cos\frac{k_ya}{2}\cos\frac{k_za}{2}\right) \tag{5.79b}$$

$$\varepsilon_{\text{fcc}}(\boldsymbol{k})=\varepsilon_i-J_0-4J_1\left(\cos\frac{k_x a}{2}\cos\frac{k_y a}{2}+\cos\frac{k_y a}{2}\cos\frac{k_z a}{2}+\cos\frac{k_z a}{2}\cos\frac{k_x a}{2}\right) \quad (5.79\text{c})$$

例 5.5

试求二维正方点阵的紧束缚 s 电子能带.

解：如图 5.13(a)所示，晶格常量为 a 的二维正方点阵. 选择参考原子处在坐标原点，则 4 个最近邻原子的坐标分别为$(\pm a,0)$和$(0,\pm a)$. 不考虑 s 电子与其它类型(p、d、f)电子的交叠，利用式(5.77)，紧束缚 s 电子能带为

$$\varepsilon(\boldsymbol{k})=\varepsilon_i-J_0-J_1\sum_{nn}\mathrm{e}^{\mathrm{i}\boldsymbol{k}\cdot\boldsymbol{T}_{nn}}=\varepsilon_i-J_0-2J_1(\cos k_x a+\cos k_y a)$$

当 $k_x=k_y=0$ 时，能量最小 $\varepsilon_{\min}(\boldsymbol{k})=\varepsilon_i-J_0-4J_1$. 当 $k_x=k_y=\pi/a$ 时，能量最大 $\varepsilon_{\max}(\boldsymbol{k})=\varepsilon_i-J_0+4J_1$. 可见，带宽为 $8J_1$.

第一布里渊区内的能量等值线，如图 5.13(b)所示. 只讨论两个特殊情况.

(1) 当 $k_{x,y}a\ll 1$ 时，$\cos k_{x,y}a\approx 1-(k_{x,y}a)^2/2$，

$$\varepsilon(\boldsymbol{k})=(\varepsilon_i-J_0-4J_1)+(J_1a^2)k^2$$

此时的等值线为圆环.

(2) 当$(k_x\pm k_y)=\pm\pi/a$ 时，直线 AB、BC、CD 和 DA 为能量等值线. 由于 A、B、C 和 D 四个点的坐标分别为

$$A(0,\pi/a),B(-\pi/a,0),C(0,-\pi/a),D(\pi/a,0)$$

由能量表达式得到

$$\varepsilon_A=\varepsilon_B=\varepsilon_C=\varepsilon_D=\varepsilon_i-J_0$$

可见，$\varepsilon(k)=\varepsilon_i-J_0$ 的能量等值线方程为

$$\cos k_x a+\cos k_y a=0$$

即

$$k_x\pm k_y=\pm\pi/a$$

它对应于四条直线 AB、BC、CD 和 DA，即布拉格面.

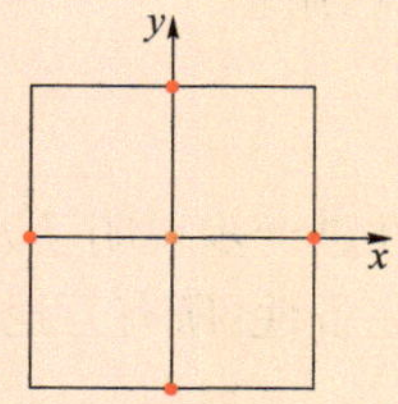

(a) 点阵

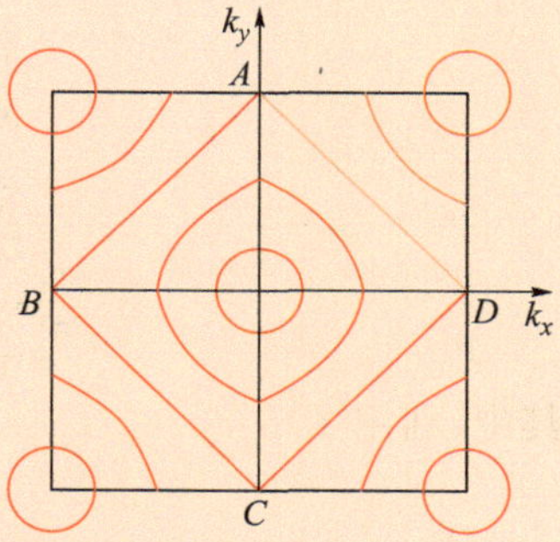

(b) 等势面

图 5.13 二维正方点阵

三、万尼尔函数

晶体周期势场中的电子波函数 $\psi_{n\boldsymbol{k}}(\boldsymbol{r})$是 $\boldsymbol{k}$ 空间的周期函数：$\psi_{n\boldsymbol{k}+\boldsymbol{G}}(\boldsymbol{r})=\psi_{n\boldsymbol{k}}(\boldsymbol{r})$. 因此，可以将 $\psi_{n\boldsymbol{k}}(\boldsymbol{r})$按正格矢展为傅里叶级数的形式：

$$\psi_{n\boldsymbol{k}}(\boldsymbol{r})=\frac{1}{\sqrt{N}}\sum_{\boldsymbol{T}_m}b_n(\boldsymbol{T}_m,\boldsymbol{r})\mathrm{e}^{\mathrm{i}\boldsymbol{k}\cdot\boldsymbol{T}_m} \quad (5.80)$$

其中，$\boldsymbol{T}_m$ 为正格子平移矢量，系数 $b_n(\boldsymbol{T}_m,\boldsymbol{r})$称为万尼尔函数(Wannier function)，满足

$$b_n(\boldsymbol{T}_m,\boldsymbol{r})=\frac{1}{\sqrt{N}}\sum_{\boldsymbol{k}}\psi_{n\boldsymbol{k}}(\boldsymbol{r})\mathrm{e}^{-\mathrm{i}\boldsymbol{k}\cdot\boldsymbol{T}_m} \quad (5.81\text{a})$$

利用布洛赫定理 $\psi_{n\boldsymbol{k}}(\boldsymbol{r})=u_{n\boldsymbol{k}}(\boldsymbol{r})\mathrm{e}^{\mathrm{i}\boldsymbol{k}\cdot\boldsymbol{r}}$，$u_{n\boldsymbol{k}}(\boldsymbol{r}-\boldsymbol{T}_m)=u_{n\boldsymbol{k}}(\boldsymbol{r})$，上式变为

$$b_n(\boldsymbol{T}_m,\boldsymbol{r})=\frac{1}{\sqrt{N}}\sum_{\boldsymbol{k}}u_{n\boldsymbol{k}}(\boldsymbol{r}-\boldsymbol{T}_m)\mathrm{e}^{\mathrm{i}\boldsymbol{k}\cdot(\boldsymbol{r}-\boldsymbol{T}_m)} \quad (5.81\text{b})$$

说明万尼尔函数仅依赖于$(\boldsymbol{r}-\boldsymbol{T}_m)$，常记为$b_n(\boldsymbol{T}_m,\boldsymbol{r})\equiv b_n(\boldsymbol{r}-\boldsymbol{T}_m)$. 也就是说，每个万尼尔函数都是以一个格点$\boldsymbol{T}_m$为中心的函数. 利用$n$和$\boldsymbol{k}$描述的布洛赫函数，定义用$n$和$\boldsymbol{T}_m$描述的万尼尔函数满足正交性和完备性.

正交性：不同格点或/和不同能带的万尼尔函数正交.

$$\int_V b_n^*(\boldsymbol{r}-\boldsymbol{T}_m)b_{n'}(\boldsymbol{r}-\boldsymbol{T}_{m'})\mathrm{d}\boldsymbol{r}=\frac{1}{N}\sum_{\boldsymbol{k}}\sum_{\boldsymbol{k}'}\mathrm{e}^{\mathrm{i}(\boldsymbol{k}\cdot\boldsymbol{T}_m-\boldsymbol{k}'\cdot\boldsymbol{T}_{m'})}\int_V\psi_{n\boldsymbol{k}}^*(\boldsymbol{r})\psi_{n'\boldsymbol{k}'}(\boldsymbol{r})\mathrm{d}\boldsymbol{r}$$

$$=\frac{1}{N}\sum_{\boldsymbol{k}}\sum_{\boldsymbol{k}'}\mathrm{e}^{\mathrm{i}(\boldsymbol{k}\cdot\boldsymbol{T}_m-\boldsymbol{k}'\cdot\boldsymbol{T}_{m'})}\delta_{nn'}\delta_{\boldsymbol{k}\boldsymbol{k}'}=\frac{1}{N}\sum_{\boldsymbol{k}}\mathrm{e}^{\mathrm{i}\boldsymbol{k}\cdot(\boldsymbol{T}_m-\boldsymbol{T}_{m'})}\delta_{nn'}=\delta_{\boldsymbol{T}_m\boldsymbol{T}_{m'}}\delta_{nn'} \tag{5.82a}$$

其中，利用了

$$\frac{1}{N}\sum_{\boldsymbol{k}}\mathrm{e}^{\mathrm{i}\boldsymbol{k}\cdot(\boldsymbol{T}_m-\boldsymbol{T}_{m'})}=\delta_{\boldsymbol{T}_m\boldsymbol{T}_{m'}}$$

正交性进一步说明了万尼尔函数的局域性.

完备性：所有万尼尔函数之和满足归一性.

$$\sum_n\sum_{\boldsymbol{T}_m}b_n^*(\boldsymbol{r}-\boldsymbol{T}_m)b_n(\boldsymbol{r}'-\boldsymbol{T}_m)$$

$$=\frac{1}{N}\sum_{\boldsymbol{k}}\sum_{\boldsymbol{k}'}\sum_n\psi_{n\boldsymbol{k}}^*(\boldsymbol{r})\psi_{n\boldsymbol{k}'}(\boldsymbol{r}')\sum_{\boldsymbol{T}_m}\mathrm{e}^{\mathrm{i}(\boldsymbol{k}-\boldsymbol{k}')\cdot\boldsymbol{T}_m} \tag{5.82b}$$

$$=\sum_{\boldsymbol{k}}\sum_{\boldsymbol{k}'}\sum_n\psi_{n\boldsymbol{k}}^*(\boldsymbol{r})\psi_{n\boldsymbol{k}'}(\boldsymbol{r}')\delta_{\boldsymbol{k}\boldsymbol{k}'}$$

$$=\sum_{\boldsymbol{k}}\sum_n\psi_{n\boldsymbol{k}}^*(\boldsymbol{r})\psi_{n\boldsymbol{k}}(\boldsymbol{r}')=\delta(\boldsymbol{r}-\boldsymbol{r}')$$

其中，利用了

$$\frac{1}{N}\sum_{\boldsymbol{T}_m}\mathrm{e}^{\mathrm{i}(\boldsymbol{k}-\boldsymbol{k}')\cdot\boldsymbol{T}_m}=\delta_{\boldsymbol{k}\boldsymbol{k}'}$$

可见，一组扩展的布洛赫函数线性叠加可以得到定域的万尼尔函数；反过来，由一组定域的万尼尔函数也能定义扩展的布洛赫函数. 万尼尔函数是布洛赫函数的一种等价表示，适合于研究空间定域性的电子. 而紧束缚近似实际上是用原子波函数近似描述的万尼尔函数.

§ 5.7 一般周期势场的中心方程

以上从三个简单模型出发，讨论了晶体中电子能带的形成，并说明了能带的存在和能隙的产生是晶体中原子周期性排列的必然结果这一重要结论. 然而，实际的晶体势场既不像克朗尼克-彭奈模型那样理想，也不像近自由电子近似和近束缚近似那样简单，甚至并不知道它的具体形式和大小. 如何处理任意固体中电子的能带结构呢？在此，从一般势场的中心方程近似出发，解析处理电子能带. 试图看清本征值和带隙与势场和波函数之间的关系. 实际电子结构的处理方案，将在第 7 章中讨论.

一、一般势场中的中心方程

利用布洛赫波函数$\psi_{n\boldsymbol{k}}(\boldsymbol{r})$的振幅是$\boldsymbol{r}$空间的周期函数：$u_{n\boldsymbol{k}}(\boldsymbol{r}+\boldsymbol{T})=u_{n\boldsymbol{k}}(\boldsymbol{r})$，将

$u_{nk}(\boldsymbol{r})$ 按倒格矢展开为傅里叶级数的形式：

$$u_{nk}(\boldsymbol{r})=\sum_{\boldsymbol{G}}C_{nk}\mathrm{e}^{\mathrm{i}\boldsymbol{G}\cdot\boldsymbol{r}}\tag{5.83}$$

其中,$\boldsymbol{G}$ 为倒格矢. 对应的布洛赫函数为

$$\psi_{nk}(\boldsymbol{r})=u_{nk}(\boldsymbol{r})\mathrm{e}^{\mathrm{i}\boldsymbol{k}\cdot\boldsymbol{r}}=\sum_{\boldsymbol{G}}C_{nk}\mathrm{e}^{\mathrm{i}(\boldsymbol{k}+\boldsymbol{G})\cdot\boldsymbol{r}}\tag{5.84a}$$

利用 $\psi_{nk}(\boldsymbol{r})=\psi_{nk-\boldsymbol{G}}(\boldsymbol{r})$

$$\psi_{nk}(\boldsymbol{r})=\sum_{\boldsymbol{G}}C_{nk-\boldsymbol{G}}\mathrm{e}^{\mathrm{i}\boldsymbol{k}\cdot\boldsymbol{r}}=\sum_{\boldsymbol{G}}(C_{nk-\boldsymbol{G}}\mathrm{e}^{-\mathrm{i}\boldsymbol{G}\cdot\boldsymbol{r}})\mathrm{e}^{\mathrm{i}(\boldsymbol{k}+\boldsymbol{G})\cdot\boldsymbol{r}}\tag{5.84b}$$

对比式(5.84a)和式(5.84b),得到系统波函数的系数关系满足

$$C_{nk}=C_{nk-\boldsymbol{G}}\mathrm{e}^{-\mathrm{i}\boldsymbol{G}\cdot\boldsymbol{r}}\tag{5.85a}$$

利用 $\psi_{nk}(\boldsymbol{r})=\psi_{nk-l\boldsymbol{G}}(\boldsymbol{r}),l=\pm1,\pm2,\pm3,\cdots$,以此类推,可以得到

$$\cdots=C_{nk-2\boldsymbol{G}}\mathrm{e}^{-\mathrm{i}2\boldsymbol{G}\cdot\boldsymbol{r}}=C_{nk-\boldsymbol{G}}\mathrm{e}^{-\mathrm{i}\boldsymbol{G}\cdot\boldsymbol{r}}=C_{nk}=C_{nk+\boldsymbol{G}}\mathrm{e}^{\mathrm{i}\boldsymbol{G}\cdot\boldsymbol{r}}=C_{nk+2\boldsymbol{G}}\mathrm{e}^{\mathrm{i}2\boldsymbol{G}\cdot\boldsymbol{r}}=\cdots\tag{5.85b}$$

显然,这样构造的系统波函数满足布洛赫定理

$$\psi_{nk}(\boldsymbol{r}+\boldsymbol{T})=\sum_{\boldsymbol{G}}C_{nk-\boldsymbol{G}}\mathrm{e}^{\mathrm{i}\boldsymbol{k}\cdot(\boldsymbol{r}+\boldsymbol{T})}=\mathrm{e}^{\mathrm{i}\boldsymbol{k}\cdot\boldsymbol{T}}\left(\sum_{\boldsymbol{G}}C_{nk-\boldsymbol{G}}\mathrm{e}^{\mathrm{i}\boldsymbol{k}\cdot\boldsymbol{r}}\right)=\psi_{nk}(\boldsymbol{r})\mathrm{e}^{\mathrm{i}\boldsymbol{k}\cdot\boldsymbol{T}}\tag{5.86}$$

同理,晶体势场也是 $\boldsymbol{r}$ 空间的周期函数:$V(\boldsymbol{r}+\boldsymbol{T})=V(\boldsymbol{r})$. 类似地,也将 $V(\boldsymbol{r})$ 按倒格矢展开为傅里叶级数的形式

$$V(\boldsymbol{r})=\sum_{\boldsymbol{G}}v_{\boldsymbol{G}}\mathrm{e}^{\mathrm{i}\boldsymbol{G}\cdot\boldsymbol{r}}\tag{5.87}$$

由于 $V(\boldsymbol{r})$ 为实数,傅里叶展开系数满足 $v_{-\boldsymbol{G}}=v_{\boldsymbol{G}}=v_{\boldsymbol{G}}^{*}$.

将系统波函数和周期势场的傅里叶展开式(5.84b)和(5.87)代入单电子薛定谔方程式(5.35). 动能、势能和本征值项分别为

$$\hat{T}\psi_{nk}(\boldsymbol{r})=-\frac{\hbar^2\nabla^2}{2m}\sum_{\boldsymbol{G}}C_{nk-\boldsymbol{G}}\mathrm{e}^{\mathrm{i}\boldsymbol{k}\cdot\boldsymbol{r}}=\sum_{\boldsymbol{G}}\frac{\hbar^2k^2}{2m}C_{nk-\boldsymbol{G}}\mathrm{e}^{\mathrm{i}\boldsymbol{k}\cdot\boldsymbol{r}}\tag{5.88a}$$

$$\hat{V}(\boldsymbol{r})\psi_{nk}(\boldsymbol{r})=\sum_{\boldsymbol{G}'}v_{\boldsymbol{G}'}\mathrm{e}^{\mathrm{i}\boldsymbol{G}'\cdot\boldsymbol{r}}\sum_{\boldsymbol{G}}C_{nk-\boldsymbol{G}}\mathrm{e}^{\mathrm{i}\boldsymbol{k}\cdot\boldsymbol{r}}=\sum_{\boldsymbol{G}}\sum_{\boldsymbol{G}'}v_{\boldsymbol{G}'}C_{nk-\boldsymbol{G}}\mathrm{e}^{\mathrm{i}(\boldsymbol{k}+\boldsymbol{G}')\cdot\boldsymbol{r}}\tag{5.88b}$$

$$\varepsilon_{nk}\psi_{nk}(\boldsymbol{r})=\varepsilon_{nk}\sum_{\boldsymbol{G}}C_{nk-\boldsymbol{G}}\mathrm{e}^{\mathrm{i}\boldsymbol{k}\cdot\boldsymbol{r}}=\sum_{\boldsymbol{G}}\varepsilon_{nk}C_{nk-\boldsymbol{G}}\mathrm{e}^{\mathrm{i}\boldsymbol{k}\cdot\boldsymbol{r}}\tag{5.88c}$$

薛定谔方程变为

$$\mathrm{e}^{\mathrm{i}\boldsymbol{k}\cdot\boldsymbol{r}}\sum_{\boldsymbol{G}}\left[\left(\frac{\hbar^2k^2}{2m}-\varepsilon_{nk}\right)C_{nk-\boldsymbol{G}}+\sum_{\boldsymbol{G}'}v_{\boldsymbol{G}'}C_{nk-\boldsymbol{G}}\mathrm{e}^{\mathrm{i}\boldsymbol{G}'\cdot\boldsymbol{r}}\right]=0\tag{5.89a}$$

为保证上式成立,要求每一个 $\boldsymbol{G}$ 的对应项[⋯]相等,即

$$\left(\frac{\hbar^2k^2}{2m}-\varepsilon_{nk}\right)C_{nk-\boldsymbol{G}}+\sum_{\boldsymbol{G}'}v_{\boldsymbol{G}'}C_{nk-\boldsymbol{G}}\mathrm{e}^{\mathrm{i}\boldsymbol{G}'\cdot\boldsymbol{r}}=0\tag{5.89b}$$

令 $\lambda_{nk}=\hbar^2k^2/2m$,利用式(5.85b),式(5.89b)简化为

$$(\lambda_{nk}-\varepsilon_{nk})C_{nk-\boldsymbol{G}}+\sum_{\boldsymbol{G}}v_{\boldsymbol{G}}C_{nk-(\boldsymbol{G}-\boldsymbol{G}')}=0\tag{5.89c}$$

上式称为中心方程. 方程两边同乘以 $\mathrm{e}^{-\mathrm{i}\boldsymbol{G}\cdot\boldsymbol{r}}$,利用式(5.85a),并取 $\boldsymbol{G}'\to\boldsymbol{G}$,中心方程变为

$$(\lambda_{nk}-\varepsilon_{nk})C_{nk}+\sum_{\boldsymbol{G}}v_{\boldsymbol{G}}C_{nk-\boldsymbol{G}}=0\tag{5.89d}$$

同一能带 n 中，对于任一波矢 $\boldsymbol{k}$，$\boldsymbol{G}$ 都要遍及所有的倒易点阵矢量．中心方程实际上是一个系数 $C_{n\boldsymbol{k}-\boldsymbol{G}}$ 关联的方程组．该代数方程组取代了微分形式的薛定谔方程，可由中心方程求解确定体系的本征值．

二、中心方程的解

考虑一维晶体周期势场

$$V(x)=\sum_{l} v_{lg}\mathrm{e}^{\mathrm{i}lgx} \tag{5.90}$$

其中，g 为最短的倒格矢，$l=\pm1,\pm2,\pm3,\cdots$．对应的中心方程式(5.89d)变为

$$(\lambda_{nk}-\varepsilon_{nk})C_{nk}+\sum_{l} v_{lg}C_{n,k-lg}=0 \tag{5.91a}$$

为简单起见，只讨论 $l=\pm1$ 的情况．令 $v_{\pm g}=v$，对应的中心方程式(5.91a)变为

$$vC_{nk-g}+(\lambda_{nk}-\varepsilon_{nk})C_{nk}+vC_{nk+g}=0 \tag{5.91b}$$

由于 C_{nk} 与 $C_{nk\pm g}$ 关联，$C_{nk+g}(C_{nk-g})$ 又与 $C_{nk+2g}(C_{nk-2g})$ 关联，以此类推，中心方程对应如下代数方程组

$$\begin{gathered}\cdots\cdots\\ vC_{nk-2g}+(\lambda_{nk-g}-\varepsilon_{nk})C_{nk-g}+vC_{nk}=0\\ vC_{nk-g}+(\lambda_{nk}-\varepsilon_{nk})C_{nk}+vC_{nk+g}=0\\ vC_{nk}+(\lambda_{nk+g}-\varepsilon_{nk})C_{nk+g}+vc_{nk+2g}=0\\ \cdots\cdots\end{gathered} \tag{5.91c}$$

能量本征值可由 C_{nk} 的系数行列式等于零确定．

若仅取波函数展开式中的 C_{nk} 项，能量本征值 $\varepsilon_{nk}=\lambda_{nk}$，为自由电子的结果．在 FBZ 内对应于能量最低的能带，如图 5.14(a)所示．若取波函数展开式中的 C_{nk} 和 C_{nk-g} 两项，对应的系数行列式为

$$\begin{vmatrix}(\lambda_{nk-g}-\varepsilon_{nk}) & v\\ v & (\lambda_{nk}-\varepsilon_{nk})\end{vmatrix}=0 \tag{5.92a}$$

简化为

$$\varepsilon_{nk}^{2}-(\lambda_{nk}+\lambda_{nk-g})\varepsilon_{nk}+\lambda_{nk}\lambda_{nk-g}-v^{2}=0 \tag{5.92b}$$

有两个解

$$\varepsilon_{nk}^{\pm}=\frac{1}{2}\left\{(\lambda_{nk}+\lambda_{nk-g})\pm\sqrt{(\lambda_{nk}-\lambda_{nk-g})^{2}+4v^{2}}\right\} \tag{5.92c}$$

即

$$\varepsilon_{nk}^{\pm}=\frac{\hbar^{2}}{4m}\left\{[k^{2}+(k-g)^{2}]\pm\sqrt{[k^{2}-(k-g)^{2}]^{2}+\left(\frac{4mv}{\hbar^{2}}\right)^{2}}\right\} \tag{5.92d}$$

如图 5.14(b)所示．令 $k=g/2+\kappa$，在 FBZ 边界附近，两个能带的解满足

$$\varepsilon_{n\kappa}^{\pm}=\frac{\hbar^{2}}{2m}\left\{\left(\frac{g^{2}}{4}+\kappa^{2}\right)\pm\sqrt{(g\kappa)^{2}+\left(\frac{2mv}{\hbar^{2}}\right)^{2}}\right\}\approx\frac{\hbar^{2}}{2m}\left(\frac{g^{2}}{4}+\kappa^{2}\right)\pm\left[v+\frac{1}{2v}\left(\frac{\hbar^{2}g\kappa}{2m}\right)^{2}\right] \tag{5.93}$$

对应的能隙宽度和能隙中心分别为

$$\Delta\varepsilon\left(k=\frac{g}{2}\right)=\varepsilon_{nk}^{+}-\varepsilon_{nk}^{-}=2v,\quad \bar{\varepsilon}\left(k=\frac{g}{2}\right)=\varepsilon_{nk}^{+}+\varepsilon_{nk}^{-}=\frac{\hbar^{2}}{2m}\left(\frac{g}{2}\right)^{2} \tag{5.94}$$

同理，若取波函数展开式中的 C_{nk} 和 C_{nk+g} 两项，将得到类似的结果．此时，打开的是 $k=-g/2$ 边界上的带隙，如图 5.14(c) 所示．然而，两能带近似的明显缺点是，违背了 k 空间能带结构满足平移对称性的一般性原则．

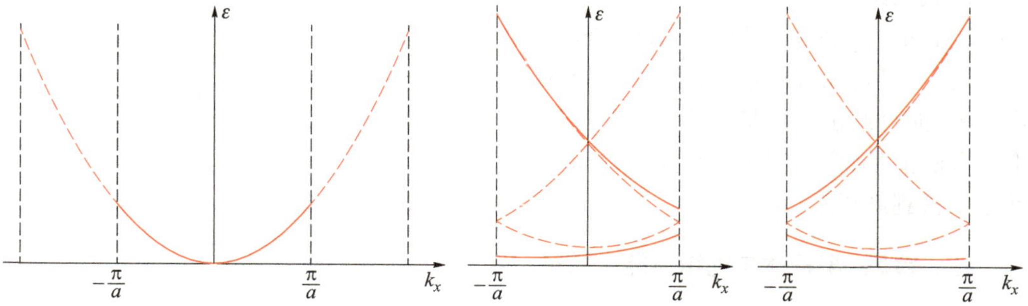

(a) C_{nk}的单能带解　　(b) C_{nk}和C_{nk-g}项的二能带解　　(c) C_{nk}和C_{nk+g}项的二能带解

图 5.14　一维点阵电子能带近似解

若取 C_{nk-g}、C_{nk} 和 C_{nk+g} 三个能带，式(5.91c)的系数行列式为

$$\begin{vmatrix} (\lambda_{nk-g}-\varepsilon_{nk}) & v & 0 \\ v & (\lambda_{nk}-\varepsilon_{nk}) & v \\ 0 & v & (\lambda_{nk+g}-\varepsilon_{nk}) \end{vmatrix}=0 \tag{5.95a}$$

得到

$$(\lambda_{nk-g}-\varepsilon_{nk})(\lambda_{nk}-\varepsilon_{nk})(\lambda_{nk+g}-\varepsilon_{nk})-v^2(\lambda_{nk-g}+\lambda_{nk+g}-2\varepsilon_{nk})=0 \tag{5.95b}$$

令 $\epsilon_{nk}=2m\varepsilon_{nk}/\hbar^2$，$u=2mv/\hbar^2$，展开得到

$$\epsilon_{nk}^3-(3k^2+2g^2)\epsilon_{nk}^2+(3k^4+g^4-2u^2)\epsilon_{nk}-[k^2(k^2-g^2)^2+2u^2[k^2+g^2]=0 \tag{5.95c}$$

将其化为标准一元三次方程的形式：

$$\left(\epsilon_{nk}-\frac{3k^2+2g^2}{3}\right)^3-\frac{12g^2k^2+g^4+6u^2}{3}\left(\epsilon_{nk}-\frac{3k^2+2g^2}{3}\right)$$
$$-\frac{72k^2g^4-2g^6-18g^2u^2}{27}=0 \tag{5.95d}$$

利用 $p<0$ 时，$x^3+px+q=0$ 的实数解，得到三个能带的解：

$$\epsilon_{nk}=\begin{cases} k^2+\dfrac{2g^2+2\sqrt{12g^2k^2+g^4+6u^2}\cos(\theta+120^\circ)}{3}, & n=1 \\ k^2+\dfrac{2g^2+2\sqrt{12g^2k^2+g^4+6u^2}\cos\theta}{3}, & n=2 \\ k^2+\dfrac{2g^2+2\sqrt{12g^2k^2+g^4+6u^2}\cos(\theta+240^\circ)}{3}, & n=3 \end{cases} \tag{5.96}$$

其中

$$\theta=\frac{1}{3}\arccos\left(\frac{36g^4k^2-g^6-9u^2g^2}{9\sqrt{12g^2k^2+g^4+6u^2}}\right) \tag{5.97}$$

能带结构的数值计算结果如图 5.15 所示. 三能带近似,不仅打开了能量最低的能带与能量次低能带在第一布里渊区边界上的带隙,而且打开了空点阵近似呈交叉形式的第 2 和 3 “能带” 间的带隙,形成了新的第 2 和 3 能带. 比较二能带和三能带处理,① 奇数个波函数近似,满足能带对称性,② 不仅在 BZ 边界上呈现出带隙,而且给出了能带变化,③ 要使计算准确,需要取更多的能带,会看到更多高能量能带的能隙打开,当然很难得到解析解.

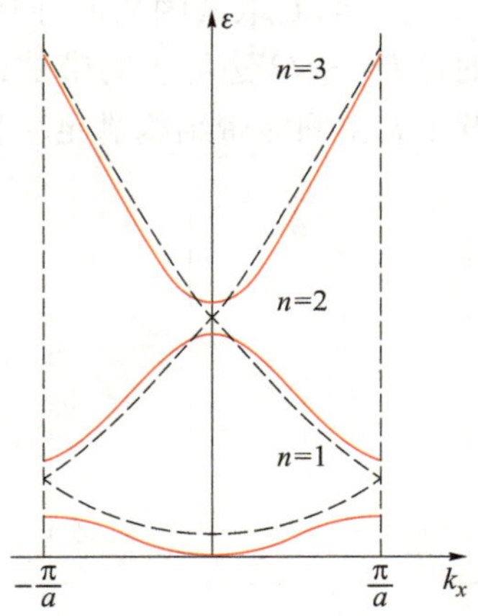

图 5.15 C_{nk}、C_{nk-g} 和 C_{nk+g} 构成的三能带近似解

三、金属、半导体与绝缘体能带特征

通过克朗尼克-彭奈模型、近自由电子模型、紧束缚近似模型和中心方程处理,可以看到能隙的存在是晶体中原子周期性排列的必然结果. 由于电子的性质主要来自费米面附近的电子,所以依据晶体的性质,可以原则性地分析不同固体性质的能带特点. 绝缘体在绝对零度下没有导电性,说明所有费米面附近没有空能带,如图 5.16(a)所示;而导体的导电性能很好,说明导体的费米面附近有很多的空能态,而且导电粒子是电子,如图 5.16(b)所示.

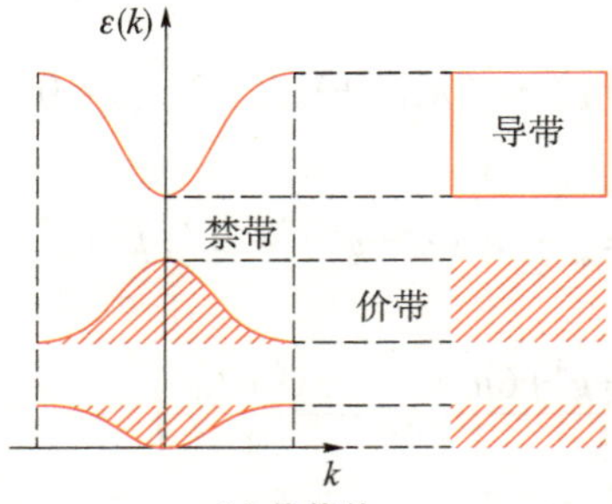

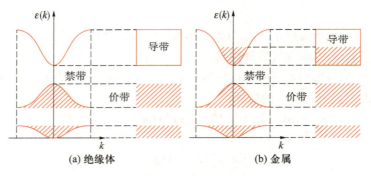

图 5.16 能带示意图

本征半导体在绝对零度下没有导电性,说明所有费米面附近没有空能带,如图 5.17(a)所示,但是在常温下由于价带中电子越过禁带,激发到导带,导带中的电子和价带中的空穴造成了导电性的产生,如图 5.17(b)所示. 随着温度的升高,激发电子越多,导电性越好;而且随着掺杂的增加,导电性越好,如图 5.17(c)和(d)所示. 其中,图 5.17(c)对应于施主掺杂,而图 5.17(d)对应于受主掺杂.

需要注意的是,在金属和半导体之间还有另一类重要的材料,那就是半金属(semi-metal). 其导电性规律类似于金属,但是其大小类似于半导体. 说明其主要导电粒子是电子,但是费米面附近的空能态或可以跃迁的电子数有限,其能带示意图如图 5.18(a)所示. 为了比较起见,同时给出了多数金属的能带示意图,如图 5.18(b)所示. 实际上,还有另外一种半金属(half-metal),如图 5.19 所示,它是指铁磁性金属中费米面附近只有自旋向上或自旋向下的电子.

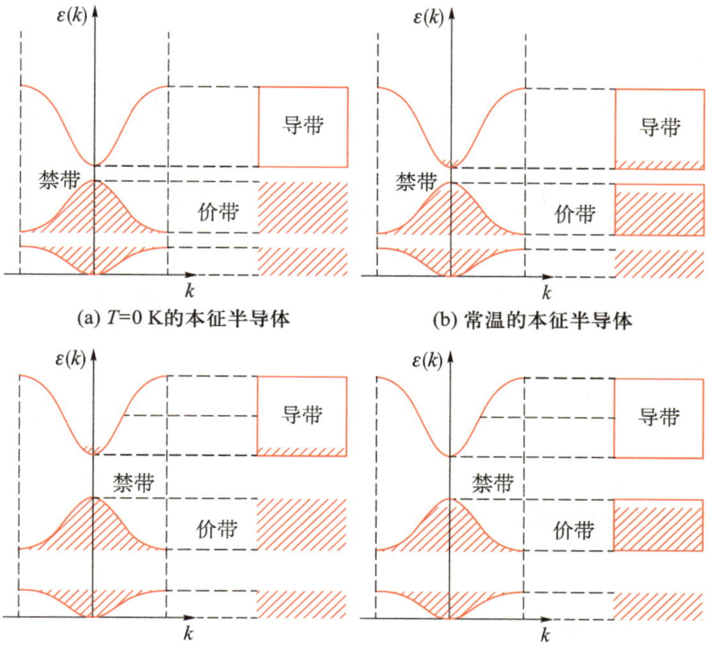

(a) T=0 K的本征半导体　(b) 常温的本征半导体

(c) T=0 K的施主掺杂半导体　(d) T=0 K的受主掺杂半导体

图 5.17　半导体能带示意图

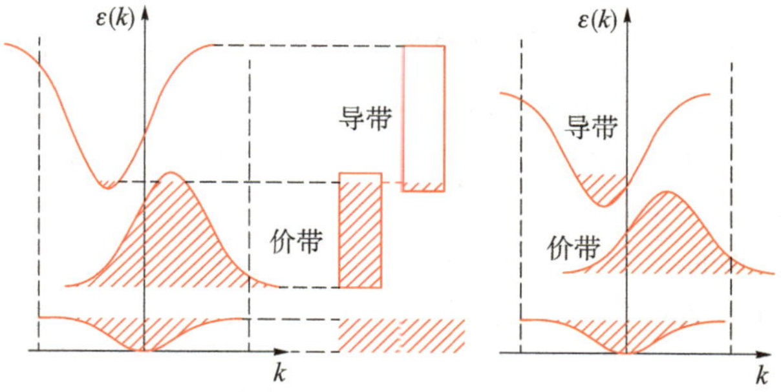

(a) 半金属　(b) 金属

图 5.18　金属能带示意图

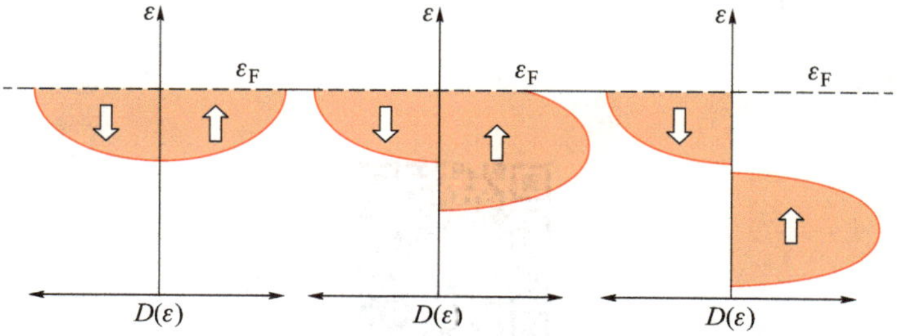

(a) 非铁磁性金属　(b) 一般铁磁性金属　(c) 铁磁性半金属

图 5.19　自旋有关的固体能带示意图

习题五

5.1　自由电子气的基态量．对于三维自由电子气，试证明基态下的动能 U_0、压强 p 和体弹性模量 B 分别为

$$U_0=\frac{3}{5}N\varepsilon_{\mathrm{F}},\quad p=\frac{2}{5}n\varepsilon_{\mathrm{F}},\quad B=\frac{2}{3}n\varepsilon_{\mathrm{F}}$$

其中，N 为电子数，ε_{F} 为费米能量，n 为电子数密度．

5.2　空点阵的“能带”．考虑简单立方结构的空点阵近似，试求第一布里渊区内[111]方向上的电子“能带”结构．

5.3　椭球等能面的态密度．锗硅晶体导带极值附近的等能面可近似为旋转椭球

$$\varepsilon(k)=\frac{\hbar^2}{2}\left(\frac{k_x^2}{m_1}+\frac{k_y^2+k_z^2}{m_2}\right)$$

试求极值点附近的态密度．

5.4　周期 δ 函数势场的能带．利用中心方程，在倒空间中严格求解 δ 函数晶体势的克朗尼克-彭奈模型．找出第一布里渊区中心和边界上能量最低能带的能量值．

5.5　布里渊边界上的能隙．设二维正方点阵的晶体势场 $U(x,y)=-4u\cos(2\pi x/a)\cos(2\pi y/a)$ 是弱周期势，利用中心方程，试求其倒易点阵中第一布里渊区角点处的能隙．

5.6　石墨烯的能带结构．设 a 为石墨烯中相邻碳原子的距离，取基矢 $\boldsymbol{a}_1=(a/2)(3,\sqrt{3})$，$\boldsymbol{a}_2=(a/2)(3,-\sqrt{3})$．在紧束缚近似下，若仅考虑电子只能在相邻的原子轨道之间跃迁，试求电子的能量本征值为

$$\varepsilon(\boldsymbol{k})=\varepsilon_{\mathrm{F}}\pm\gamma\sqrt{3+2\cos(\sqrt{3}ak_y)+4\cos\left(\frac{3a}{2}k_x\right)\cos\left(\frac{\sqrt{3}a}{2}k_y\right)}$$

其中，ε_{F} 为费米能，γ 为近邻原子间的交叠积分．分析该能带的特点．

5.7　复波矢对跃迁的影响．若实际晶体的电子波矢为复数，试求布里渊区边界带隙中心的波矢虚部表达式，并说明其在带间跃迁中的意义．

5.8　一维能带的 Mathieu 方程．电子在一维势周期势场 $V(x)=V_0\cos(2\pi x/a)$ 中运动，a 为晶格常量．若令 $x=(a/\pi)y$，试将单电子薛定谔方程化成 Mathieu 方程的形式：

$$\frac{\mathrm{d}^2\psi(y)}{\mathrm{d}y^2}+\left[\epsilon-\frac{1}{2}s\cos(2y)\right]\psi(y)=0$$

可以证明随着周期势场变化，该方程的解可以反映从类原子态的深能级到弱键合传导电子态的连续变化．

5.9　论述哈斯勒(Heusler)合金的特点．

参考文献

第6章

晶体电子自旋进动的自旋波

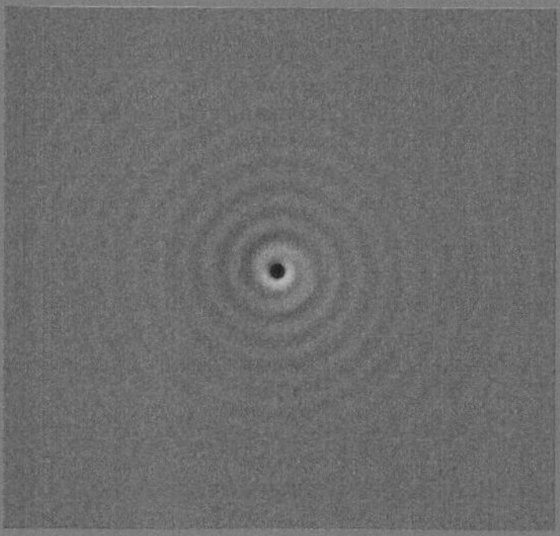

超短波长偶极-交换自旋行波的X射线显微成像. 图中显示的是直径3 μm、厚度80 nm的$Ni_{81}Fe_{19}$合金圆盘中心处涡旋结构的自旋波结果. 引自G. Dieterle, et al., Phys. Rev. Lett. 122, 117202 (2019).

本章将介绍电子的自旋和交换作用来源,并由此讨论晶体电子自旋进动的自旋波与自旋波的能量量子.

电子同时具有电荷和自旋属性. 类似原子中电子能级的计算,固体的电子结构不仅要考虑电荷间的库仑相互作用,还要考虑电子自旋间的相互作用,尤其是对铁磁性物质. 晶体中的电子自旋涉及交换作用、偶极相互作用和 *LS* 耦合,从而引起了比电荷更多的效应. 其主要表现在:原子外层未满价电子的重新分布使原子磁矩发生了变化;原子之间的交换作用使固体产生了磁有序、自旋玻璃和自旋液体;*LS* 耦合使固体原子磁矩稳定在某些特殊的方向上,而偶极相互作用的存在导致了实际铁磁性物质形成分畴结构. 本章类似于晶格振动部分,将重点介绍电子的自旋、交换作用来源以及自旋进动的自旋波. 自旋波也是自旋流的主要来源之一.

§ 6.1 电子的自旋与磁矩

电子除具有轨道角动量外,还具有自旋角动量. 乌伦贝克(Uhlenbeck)和古德斯密特(Goudsmit)在解释原子光谱时,最早引入了自旋角动量的概念. 之后,狄拉克(Dirac)利用相对论量子力学证明了自旋是电子的本征属性.

一、自旋角动量

电子自旋角动量可以用矢量算符 $\boldsymbol{S}$ 表示,其分量满足角动量对易关系:

$$[S_i, S_j] = i\hbar \epsilon_{ijk} S_k \tag{6.1a}$$

其中,ϵ_{ijk}为列维-奇维塔(Levi-Civita)符号. 利用 $\boldsymbol{S}$ 在任意方向的分量只有$\pm\hbar/2$ 两个值,得

$$S_x^2 = S_y^2 = S_z^2 = \frac{\hbar^2}{4}, \quad \boldsymbol{S}^2 = S(S+1) = \frac{3\hbar^2}{4} \tag{6.1b}$$

自旋分量之间互不对易,它们没有共同的本征函数. 若取自旋 z 分量的本征函数 $\chi_{\pm 1/2}$,则

$$S_z \chi_{\pm 1/2} = (\pm\hbar/2)\chi_{\pm 1/2} \tag{6.2}$$

以$\chi_{\pm 1/2}$作为自旋态矢空间的基矢,电子的任意自旋态可表示成这些本征态的线性叠加:

$$\chi = C_1 \chi_{+1/2} + C_2 \chi_{-1/2} = \begin{pmatrix} C_1 \\ C_2 \end{pmatrix} \tag{6.3}$$

其中,$|C_1|^2$ 和 $|C_2|^2$ 为波函数取$\chi_{+1/2}$和$\chi_{-1/2}$的概率. 若将基矢波函数表示成二阶矩阵形式:

$$\chi_{+1/2} = \begin{pmatrix} 1 \\ 0 \end{pmatrix}, \quad \chi_{-1/2} = \begin{pmatrix} 0 \\ 1 \end{pmatrix} \tag{6.4a}$$

则两者构成自旋波函数的一组完备基,满足正交关系

$$\chi_i^* \chi_j = \delta_{ij} \tag{6.4b}$$

值得注意的是,一个粒子态的空间波函数描述了粒子在空间某处的概率,而自旋波函数确定了该粒子自旋的方向. 由式(6.2)和式(6.4),自旋算符的 z 分量为

$$S_z=\frac{\hbar}{2}\begin{pmatrix}1 & 0\\0 & -1\end{pmatrix} \tag{6.5}$$

若将电子自旋角动量 $\boldsymbol{S}$ 表示成二阶矩阵 $\boldsymbol{\sigma}$ 的形式：

$$\boldsymbol{S}=\frac{\hbar}{2}\boldsymbol{\sigma} \tag{6.6}$$

则可以得到式(6.1)的等价形式：

$$\boldsymbol{\sigma}\times\boldsymbol{\sigma}=2\mathrm{i}\boldsymbol{\sigma},\quad \boldsymbol{S}\times\boldsymbol{S}=\mathrm{i}\hbar\boldsymbol{S} \tag{6.7}$$

其中，$\boldsymbol{\sigma}$ 为泡利矩阵：

$$\sigma_x=\begin{pmatrix}0 & 1\\1 & 0\end{pmatrix},\quad \sigma_y=\begin{pmatrix}0 & -\mathrm{i}\\\mathrm{i} & 0\end{pmatrix},\quad \sigma_z=\begin{pmatrix}1 & 0\\0 & -1\end{pmatrix} \tag{6.8}$$

二、磁矩与自旋的关系

按照经典模型，在磁感应强度为 $\boldsymbol{B}$ 的均匀磁场中，作半径为 r 的圆周运动的电子会产生一个圆电流 $I=e(\omega_L/2\pi)$．该电流对应的轨道磁矩为

$$\boldsymbol{\mu}_{\mathrm{orb}}\equiv I(\pi r^2)=-\frac{1}{2}er^2\omega_{\mathrm{L}} \tag{6.9a}$$

其中，$\omega_{\mathrm{L}}=eB/m$ 为圆频率，也称为拉莫尔(Larmor)进动频率．另一方面，电子运动的轨道角动量为

$$L\equiv|\boldsymbol{r}\times\boldsymbol{p}|=mr^2\omega_{\mathrm{L}} \tag{6.9b}$$

其中，m 为电子的质量．可见，电子的轨道磁矩可写为轨道角动量 $\boldsymbol{L}$ 的形式：

$$\boldsymbol{\mu}_{\mathrm{orb}}=-\frac{e}{2m}\boldsymbol{L}\equiv-\gamma_L L \tag{6.10a}$$

其中，$\gamma_L=e/2m$ 为电子轨道运动的旋磁比．类似地，电子自身的自旋角动量 $\boldsymbol{S}$ 对应的自旋磁矩为

$$\boldsymbol{\mu}_{\mathrm{spin}}=-g_S\frac{e}{2m}\boldsymbol{S}\equiv-\gamma_S\boldsymbol{S} \tag{6.10b}$$

其中，$g_S=2$ 为电子的自旋朗德因子，$\gamma_S=e/m$ 为电子自旋运动的旋磁比．电子的总磁矩来自两者的共同贡献：

$$\boldsymbol{\mu}=\boldsymbol{\mu}_{\mathrm{orb}}+\boldsymbol{\mu}_{\mathrm{spin}} \tag{6.10c}$$

三、狄拉克方程与自旋

狄拉克将量子力学与相对论结合起来，证明了自旋是电子的内禀属性．为简单起见，我们从自由电子出发进行检验．若将能量 ε 和动量 p 的量子力学形式

$$\varepsilon=\mathrm{i}\hbar\frac{\mathrm{d}}{\mathrm{d}t},\quad p=-\mathrm{i}\hbar\nabla \tag{6.11}$$

代入经典的能量色散关系

$$\varepsilon=\frac{p^2}{2m} \tag{6.12a}$$

即可获得非相对论电子的薛定谔(Schrödinger)方程

$$\left(\mathrm{i}\hbar\frac{\mathrm{d}}{\mathrm{d}t}+\frac{\hbar^2}{2m}\nabla^2\right)\psi=0 \tag{6.12b}$$

类似地,对于狭义相对论形式的电子能量色散关系

$$\varepsilon^2=(cp)^2+(mc^2)^2 \tag{6.13a}$$

若将式(6.11)的能量和动量代入式(6.13a),得到

$$\left[\nabla^2-\frac{1}{c^2}\frac{\partial^2}{\partial t^2}-\left(\frac{mc}{\hbar}\right)^2\right]\psi=0 \tag{6.13b}$$

上式称为克莱因-高登(Klein-Gordon)方程. 按照波函数 $\psi(\boldsymbol{r})$ 的概率解释,$\psi^*(\boldsymbol{r})\psi(\boldsymbol{r})$ 等于 $\boldsymbol{r}$ 处发现电子的概率,$\int\psi^*(\boldsymbol{r})\psi(\boldsymbol{r})\mathrm{d}\boldsymbol{r}$ 是与时间 t 无关的常数,即

$$\frac{\mathrm{d}}{\mathrm{d}t}\int\psi^*(\boldsymbol{r})\psi(\boldsymbol{r})\mathrm{d}\boldsymbol{r}=0 \tag{6.14}$$

这意味着不能独立地选择 ψ 和 $\mathrm{d}\psi/\mathrm{d}t$. 然而,式(6.13b)中包含了时间 t 的二阶微分,求解 KG 方程必须独立地知道 ψ 和 $\mathrm{d}\psi/\mathrm{d}t$ 的起始条件. 因此,KG 方程无法直接应用于自由电子的处理.

为了得到类似薛定谔方程形式的方程,即有关时间 t 的一阶微分方程,狄拉克引入了参数 $\boldsymbol{\alpha}$ 和 β. 将相对论形式的能量色散关系式(6.13a)参数化为

$$[\varepsilon+(c\boldsymbol{\alpha}\cdot\boldsymbol{p}+\beta mc^2)][\varepsilon-(c\boldsymbol{\alpha}\cdot\boldsymbol{p}+\beta mc^2)]=0 \tag{6.15}$$

其中

$$\alpha_i^2=\beta^2=1(i=x,y,z),\quad \alpha_i\alpha_j+\alpha_j\alpha_i=0(i\neq j),\quad \alpha_i\beta+\beta\alpha_i=0 \tag{6.16a}$$

狄拉克证明了要满足式(6.16a),α_i 和 β 至少是 4×4 的矩阵:

$$\alpha_x=\begin{pmatrix}0&0&0&1\\0&0&1&0\\0&1&0&0\\1&0&0&0\end{pmatrix},\quad \alpha_y=\begin{pmatrix}0&0&0&-\mathrm{i}\\0&0&\mathrm{i}&0\\0&-\mathrm{i}&0&0\\\mathrm{i}&0&0&0\end{pmatrix}$$

$$\alpha_z=\begin{pmatrix}0&0&1&0\\0&0&0&-1\\1&0&0&0\\0&-1&0&0\end{pmatrix},\quad \beta=\begin{pmatrix}1&0&0&0\\0&1&0&0\\0&0&-1&0\\0&0&0&-1\end{pmatrix} \tag{6.16b}$$

若

$$(\varepsilon-c\boldsymbol{\alpha}\cdot\boldsymbol{p}-\beta mc^2)\psi=0 \tag{6.17a}$$

则总能保证式(6.15)成立. 将式(6.11)的能量和动量代入式(6.17a),得到一个有关时间 t 的一阶微分方程:

$$\left(\mathrm{i}\hbar\frac{\partial}{\partial t}+\mathrm{i}\hbar c\boldsymbol{\alpha}\cdot\nabla-\beta mc^2\right)\psi=0 \tag{6.17b}$$

这就是自由电子薛定谔方程的相对论形式,称为狄拉克方程.

由于自由电子系统具有转动对称性,所以狄拉克哈密顿量

$$\hat{H}=c\boldsymbol{\alpha}\cdot\boldsymbol{p}+\beta mc^2 \tag{6.18}$$

必须满足角动量守恒. 然而,运动电子的轨道角动量 $\boldsymbol{L}=\boldsymbol{r}\times\boldsymbol{p}$ 不是常量,即 $\boldsymbol{L}$ 与 $\hat{H}$ 不对

易. 例如，$L_x=yp_z-zp_y$，则

$$[L_x,H]=c[(yp_z-zp_y),\boldsymbol{\alpha}\cdot\boldsymbol{p}+\beta mc]=c\sum_j\alpha_j[yp_z-zp_y,p_j]=-\mathrm{i}\hbar c(\alpha_z p_y-\alpha_y p_z)$$

意味着 L_x 不守恒. 为了保证总角动量守恒，必须假设除轨道角动量 $\boldsymbol{L}$ 外，电子本身还有一个内在的自旋角动量 $\boldsymbol{S}$. 两个角动量之和 $\boldsymbol{J}=\boldsymbol{L}+\boldsymbol{S}$ 与哈密顿量对易：

$$[\boldsymbol{J},\hat{H}]=[\boldsymbol{L},\hat{H}]+[\boldsymbol{S},\hat{H}]=0 \tag{6.19a}$$

即假设了对易关系

$$[\boldsymbol{S},\hat{H}]=-[\boldsymbol{L},\hat{H}] \tag{6.19b}$$

若设 $\boldsymbol{S}=(\hbar/2)\widetilde{\boldsymbol{\sigma}}$，$\widetilde{\boldsymbol{\sigma}}$ 的分量为

$$\widetilde{\sigma}_x=\begin{pmatrix}0&1&0&0\\1&0&0&0\\0&0&0&1\\0&0&1&0\end{pmatrix},\quad \widetilde{\sigma}_y=\begin{pmatrix}0&-\mathrm{i}&0&0\\\mathrm{i}&0&0&0\\0&0&0&-\mathrm{i}\\0&0&\mathrm{i}&0\end{pmatrix},\quad \widetilde{\sigma}_z=\begin{pmatrix}1&0&0&0\\0&-1&0&0\\0&0&1&0\\0&0&0&-1\end{pmatrix} \tag{6.20a}$$

满足式(6.19)，意味着 $\boldsymbol{S}$ 对应于狄拉克方程中的自旋算符，满足

$$\alpha_x\alpha_y=\mathrm{i}\,\widetilde{\sigma}_z,\quad \alpha_y\alpha_z=\mathrm{i}\,\widetilde{\sigma}_x,\quad \alpha_z\alpha_x=\mathrm{i}\,\widetilde{\sigma}_y, \tag{6.20b}$$

如果将电子放在电磁场中，式(6.18)描述的哈密顿量中必须增加电场势 ϕ 的影响 $-e\phi$，且将 $\boldsymbol{p}\to\boldsymbol{p}+e\boldsymbol{A}$ 来反映磁矢势 $\boldsymbol{A}$ 的影响，由此得到

$$\left[\mathrm{i}\hbar\frac{\partial}{\partial t}+e\phi-c\boldsymbol{\alpha}\cdot(\boldsymbol{p}+e\boldsymbol{A})-\beta mc^2\right]\psi=0 \tag{6.21}$$

此乃电子在电磁场中的狄拉克方程.

四、非相对论近似

在式(6.21)的左边乘以$\left[\left(\mathrm{i}\hbar\dfrac{\partial}{\partial t}+e\phi\right)+c\boldsymbol{\alpha}\cdot(\boldsymbol{p}+e\boldsymbol{A})+\beta mc^2\right]$，利用式(6.16)和式(6.20)，得到

$$\left[\left(\mathrm{i}\hbar\frac{\partial}{\partial t}+e\phi\right)^2-c^2(\boldsymbol{p}+e\boldsymbol{A})^2-m^4c^4+\mathrm{i}\hbar c\boldsymbol{\alpha}\cdot\boldsymbol{E}+\hbar c^2e\widetilde{\boldsymbol{\sigma}}\cdot\boldsymbol{B}\right]\psi=0 \tag{6.22}$$

其中，波函数 ψ 的四个分量描述了四个自由度：负电子的自旋向上和向下、正电子的自旋向上和向下. 若从中剥出负电子的自由度，则可以得到非相对论近似结果. 假设式(6.22)的自由电子波函数为

$$\psi(\boldsymbol{r},t)=\begin{pmatrix}\psi_1(\boldsymbol{r})\\\psi_2(\boldsymbol{r})\\\psi_3(\boldsymbol{r})\\\psi_4(\boldsymbol{r})\end{pmatrix}\exp\left(-\mathrm{i}\frac{\varepsilon}{\hbar}t\right) \tag{6.23}$$

其中

$$\varepsilon=mc^2+\varepsilon' \tag{6.24}$$

ε'为非相对论能量. 将式(6.23)、式(6.24)和式(6.20)代入式(6.22)，得到

$$[(\varepsilon'+e\phi)^2+2mc^2(\varepsilon'+e\phi)-c^2(\boldsymbol{p}+e\boldsymbol{A})^2-\hbar c^2e\boldsymbol{\sigma}\cdot\boldsymbol{B}]\begin{pmatrix}\psi_1(\boldsymbol{r})\\\psi_2(\boldsymbol{r})\end{pmatrix}$$

$$+\mathrm{i}\hbar c\boldsymbol{\alpha}\cdot\boldsymbol{E}\begin{pmatrix}\psi_3(\boldsymbol{r})\\\psi_4(\boldsymbol{r})\end{pmatrix}=0 \tag{6.25}$$

将上式除以 $2mc^2$，并丢掉包含 c 的项，得到

$$\left[\frac{(\boldsymbol{p}+e\boldsymbol{A})^2}{2m}-\frac{e\hbar}{2m}\boldsymbol{\sigma}\cdot\boldsymbol{B}-e\phi\right]\begin{pmatrix}\psi_1(\boldsymbol{r})\\\psi_2(\boldsymbol{r})\end{pmatrix}=\varepsilon'\begin{pmatrix}\psi_1(\boldsymbol{r})\\\psi_2(\boldsymbol{r})\end{pmatrix} \tag{6.26}$$

此乃非相对论形式的薛定谔方程，习惯上称之为泡利(Pauli)方程. 其中，$\boldsymbol{\sigma}$ 为泡利矩阵，自旋自由度 $\boldsymbol{\sigma}$ 与磁感应强度 $\boldsymbol{B}$ 的相互作用自然包含在方程中. 若将[…]中的第二项写为

$$\frac{e\hbar}{2m}\boldsymbol{\sigma}\cdot\boldsymbol{B}=g_S\mu_B\boldsymbol{s}\cdot\boldsymbol{B}=-\boldsymbol{\mu}_{\text{spin}}\cdot\boldsymbol{B} \tag{6.27}$$

就是大家熟悉的塞曼(Zeeman)能. 其中，μ_B 为玻尔磁子，$\boldsymbol{s}$ 为新定义的自旋算符，满足

$$\mu_B=\frac{e\hbar}{2m}=9.274\times10^{-24}\ \mathrm{A\cdot m^2(J/T)},\quad \boldsymbol{s}=\frac{1}{2}\boldsymbol{\sigma} \tag{6.28}$$

相当于将前面 $\boldsymbol{S}$ 中的 $\hbar$ 放到了 μ_B 中，使 $\boldsymbol{S}\to\boldsymbol{s}$. 因此，电子的自旋与塞曼作用是相对论量子力学的自然结论.

§6.2 晶体电子的交换作用

铁磁固体的磁有序说明原子磁矩之间存在相互作用. 考虑到固体原子的主要变化来自价电子的变化，可以推测不同原子的价电子自旋之间存在相互作用. 实验发现，该作用不是特斯拉(T)量级的磁偶极相互作用，而是 10^3 T 量级的交换作用.

一、原子间的电子交换作用

考虑如图 6.1 所示的 H_2 分子，a 和 b 双核与 1 和 2 两电子体系的哈密顿量为

$$\hat{H}=\left(\sum_{i=1}^{2}\frac{\hbar^2\nabla_i^2}{2m}-\frac{e^2}{r_{a1}}-\frac{e^2}{r_{b2}}\right)+\left(\frac{e^2}{R}+\frac{e^2}{r_{12}}-\frac{e^2}{r_{a2}}-\frac{e^2}{r_{b1}}\right) \tag{6.29}$$

利用单电子波函数 ϕ 的线性组合，系统轨道波函数

$$\psi=c_1\phi_a(1)\phi_b(2)+c_2\phi_a(2)\phi_b(1)=c_1\psi_1+c_2\psi_2 \tag{6.30}$$

满足薛定谔方程

$$\hat{H}\psi=\varepsilon\psi \tag{6.31}$$

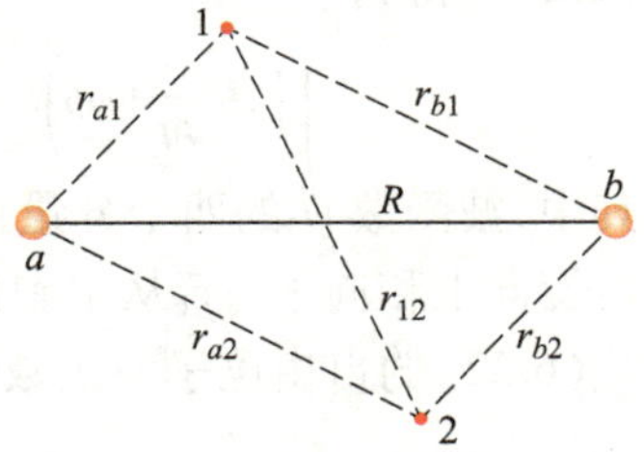

图 6.1 H_2 中双核与两电子位置示意图

在式(6.31)两端分别左乘 ψ_1^* 和 ψ_2^*，并对空间积分. 利用波函数的正交性，得到

$$c_1H_{11}+c_2H_{12}=c_1\varepsilon+c_2\varepsilon S^2 \tag{6.32a}$$

$$c_1H_{21}+c_2H_{22}=c_1\varepsilon S^2+c_2\varepsilon \tag{6.32b}$$

其中

$$H_{11}=\int\psi_1^*\hat{H}\psi_1\mathrm{d}V_1\mathrm{d}V_2=2E_0+\frac{e^2}{R}+K \tag{6.33a}$$

$$H_{22}=\int\psi_2^*\hat{H}\psi_2\mathrm{d}V_1\mathrm{d}V_2=2E_0+\frac{e^2}{R}+K \tag{6.33b}$$

$$H_{12}=\int\psi_1^*\hat{H}\psi_2\mathrm{d}V_1\mathrm{d}V_2=\left(2E_0+\frac{e^2}{R}\right)S^2+A \tag{6.33c}$$

$$H_{21}=\int\psi_2^*\hat{H}\psi_1\mathrm{d}V_1\mathrm{d}V_2=\left(2E_0+\frac{e^2}{R}\right)S^2+A \tag{6.33d}$$

且

$$2E_0=\int\phi_a^*(1)\phi_b^*(2)\left(\sum_{i=1}^{2}\frac{\hbar^2\nabla_i^2}{2m}-\frac{e^2}{r_{a1}}-\frac{e^2}{r_{b2}}\right)\phi_a(1)\phi_b(2)\mathrm{d}V_1\mathrm{d}V_2 \tag{6.34a}$$

$$K=\int\phi_a^*(1)\phi_b^*(2)\left(\frac{e^2}{r_{12}}-\frac{e^2}{r_{a2}}-\frac{e^2}{r_{b1}}\right)\phi_a(1)\phi_b(2)\mathrm{d}V_1\mathrm{d}V_2 \tag{6.34b}$$

$$A=\int\phi_a^*(1)\phi_b^*(2)\left(\frac{e^2}{r_{12}}-\frac{e^2}{r_{a2}}-\frac{e^2}{r_{b1}}\right)\phi_a(2)\phi_b(1)\mathrm{d}V_1\mathrm{d}V_2 \tag{6.34c}$$

$$S^2=\int\phi_a^*(1)\phi_b^*(2)\phi_a(2)\phi_b(1)\mathrm{d}V_1\mathrm{d}V_2 \tag{6.34d}$$

其中，$2E_0$ 为孤立原子系统的电子能量，K 为电子 1(2) 在 $a(b)$ 上对应的电子-电子和电子-核之间的库仑能，A 为处在 $a(b)$ 上电子 1(2) 交换位置成 2(1) 对应的交换能，S^2 为电子交换位置的交叠积分．可见，交换能完全是量子效应，来源于全同粒子的特性，与库仑能在同一量级．

此时，积分方程式(6.32)可写为

$$c_1\left[\varepsilon-\left(2E_0+\frac{e^2}{R}+K\right)\right]+c_2\left\{\varepsilon S^2-\left[\left(2E_0+\frac{e^2}{R}\right)S^2+A\right]\right\}=0 \tag{6.35a}$$

$$c_1\left\{\varepsilon S^2-\left[\left(2E_0+\frac{e^2}{R}\right)S^2+A\right]\right\}+c_2\left[\varepsilon-\left(2E_0+\frac{e^2}{R}+K\right)\right]=0 \tag{6.35b}$$

利用系数 $c_{1,2}$ 不为零的条件是其系数行列式为零，得到系统的本征值：

$$\varepsilon=\left(2E_0+\frac{e^2}{R}\right)+\frac{K\pm A}{1\pm S^2} \tag{6.36}$$

相应的系数 $c_1\equiv c=\pm c_2$．将系数 c 代入轨道波函数式(6.30)，分别得到对称和反对称的两种波函数：

$$\psi_{\mathrm{S}}=c[\phi_a(1)\phi_b(2)+\phi_a(2)\phi_b(1)] \tag{6.37a}$$

$$\psi_{\mathrm{A}}=c[\phi_a(1)\phi_b(2)-\phi_a(2)\phi_b(1)] \tag{6.37b}$$

其对应的本征值分别为

$$\varepsilon_{\mathrm{S}}=\left(2E_0+\frac{e^2}{R}\right)+\frac{K+A}{1-S^2} \tag{6.38a}$$

$$\varepsilon_{\mathrm{A}}=\left(2E_0+\frac{e^2}{R}\right)+\frac{K-A}{1-S^2} \tag{6.38b}$$

二、基态能量和电子自旋趋向

设氢分子中两个电子的自旋算符为 $\boldsymbol{s}_1$ 和 $\boldsymbol{s}_2$．若以 $\hbar$ 为单位，它们均可取两个量子

化方向的值±1/2. 因此,氢分子中的电子自旋波函数有四种可能:

$$\chi(s_1,s_2)=\begin{cases}\chi(s_{1,1/2})\chi(s_{2,1/2})\\ \chi(s_{1,-1/2})\chi(s_{2,-1/2})\\ \chi(s_{1,1/2})\chi(s_{2,-1/2})+\chi(s_{1,-1/2})\chi(s_{2,1/2})\\ \chi(s_{1,1/2})\chi(s_{2,-1/2})-\chi(s_{1,-1/2})\chi(s_{2,1/2})\end{cases}\tag{6.39}$$

其中,前三种是自旋对称态,而最后一种是自旋反对称态. 由于电子是费米子,轨道波函数和自旋波函数组成的系统波函数必须是反对称形式:

$$\psi_1=c[\phi_a(1)\phi_b(2)+\phi_a(2)\phi_b(1)][\chi(s_{1,1/2})\chi(s_{2,-1/2})-\chi(s_{1,-1/2})\chi(s_{2,1/2})]\tag{6.40a}$$

$$\psi_2=c[\phi_a(1)\phi_b(2)-\phi_a(2)\phi_b(1)][\chi(s_{1,1/2})\chi(s_{2,-1/2})+\chi(s_{1,-1/2})\chi(s_{2,1/2})]\tag{6.40b}$$

$$\psi_3=c[\phi_a(1)\phi_b(2)-\phi_a(2)\phi_b(1)]\chi(s_{1,1/2})\chi(s_{2,1/2})\tag{6.40c}$$

$$\psi_4=c[\phi_a(1)\phi_b(2)-\phi_a(2)\phi_b(1)]\chi(s_{1,-1/2})\chi(s_{2,-1/2})\tag{6.40d}$$

ψ_1 相应的本征值为 ε_S,总自旋量子数为 0,对应于自旋单态. $\psi_{2,3,4}$ 相应的本征值为 ε_A,总自旋量子数分别为 0、1 和−1,对应于自旋三重简并态. 若 $A>0,\varepsilon_S>\varepsilon_A$,$\varepsilon_A$ 为基态,预示着两电子自旋平行. 反过来,若 $A<0,\varepsilon_S<\varepsilon_A$,$\varepsilon_S$ 为基态,两电子自旋反平行.

考虑两个电子耦合后的总自旋算符

$$\boldsymbol{s}=\boldsymbol{s}_1+\boldsymbol{s}_2,\quad s^2=s(s+1)\tag{6.41}$$

本征值为 1 和 0. 将式(6.41)平方,得到 $s^2=s_1^2+2\boldsymbol{s}_1\cdot\boldsymbol{s}_2+s_2^2$,即

$$2\boldsymbol{s}_1\cdot\boldsymbol{s}_2=s(s+1)-\frac{3}{2}=\begin{cases}-3/2, & s=0\\ 1/2, & s=1\end{cases}\tag{6.42}$$

将能量本征值式(6.36)中的相互作用能($K\pm A$)写成 $\hat{H}_1$ 的形式:设 $s=0$ 时,$\hat{H}_1$ 的本征值为 $K+A$;$s=1$ 时,$\hat{H}_1$ 的本征值为 $K-A$. 利用式(6.42)得到

$$\hat{H}_1-K+\frac{1}{2}A+2A\boldsymbol{s}_1\cdot\boldsymbol{s}_2=0\tag{6.43a}$$

即式(6.43a)具有恒等于零的本征值. 由式(6.43a)直接得到

$$\hat{H}_1=K-\frac{1}{2}A-2A\boldsymbol{s}_1\cdot\boldsymbol{s}_2\tag{6.43b}$$

反映了与自旋耦合方向相关的相互作用能量算符. 由于前两项是常数,令

$$\hat{H}_{ex}\equiv-2A\boldsymbol{s}_1\cdot\boldsymbol{s}_2\tag{6.44}$$

称之为交换作用. 可见,交换相互作用的本质是静电作用,它与电子的交换常数(积分)A 密切相关. A 的正负预示着两自旋趋向平行还是反平行. 如果将自旋算符看成经典矢量,电子间的交换作用能可以写成

$$E_{ex}=-2A\boldsymbol{s}_1\cdot\boldsymbol{s}_2\tag{6.45}$$

三、固体的交换作用模型

海森伯直接交换作用. 1928 年海森伯(Heisenberg)将氢气中的单电子原子结果直接推广到多电子原子的固体系统. 假设每个原子中局域 d 电子的总自旋 $\boldsymbol{S}$ 代表以上单电子的自旋,利用相邻原子的直接交换作用 $-2A\boldsymbol{S}_i\cdot\boldsymbol{S}_{i+1}$,系统的交换作用可以

写成

$$\hat{H}_{ex}=-\sum_{i<j} J_{ij}\boldsymbol{S}_i\cdot\boldsymbol{S}_j \tag{6.46a}$$

其中，$J_{ij}=2A_{ij}$正比于两原子的电子直接交换积分A_{ij}. 可见，$J_{ij}>0$时固体出现铁磁性，$J_{ij}<0$时固体出现反铁磁性，从而说明了铁磁性物质中发生自发磁化的根源. 直接交换作用多存在于铁磁性金属及其合金中.

安德森间接交换作用. 1934年克拉默斯(Kramers)首先提出了间接交换(又称超交换)模型. 即通过O的p电子耦合了磁性离子的d电子自旋，揭示了反铁磁性的成因. 奈尔(Néel)和安德森(Anderson)等对这个模型作了精确化，尤其是安德森用这一模型成功地说明了反铁磁性的基本特征. 故该模型又称为安德森间接交换作用

$$\hat{H}_{ex}=-\sum_{i<j} F_{ij}\boldsymbol{S}_i\cdot\boldsymbol{S}_j \tag{6.46b}$$

虽然间接交换作用形式上与直接交换类似，但交换作用的本质完全不一样. 通常，间接交换比直接交换要弱. 间接交换作用多存在于亚铁磁性氧化物中.

RKKY交换作用. 1954年茹德曼(Ruderman)和基特尔(Kittel)引入了核自旋与导电电子的交换作用，解释了^{110}Ag的核磁共振谱线展宽现象. 1956年糟谷(Kasuya)和1957年芳田(Yosida)在此基础上研究了Mn-Cu合金的超精细结构，提出了Mn的d电子和导电电子的交换作用. 事实上，RKKY模型更适合于描述稀土金属的情况. 局域的f电子与巡游的s之间存在交换作用，使磁性离子的f电子自旋之间产生交换，即

$$\hat{H}_{ex}=-\sum_{i<j} R_{ij}(\boldsymbol{r}-\boldsymbol{R})\boldsymbol{S}_i\cdot\boldsymbol{S}_j \tag{6.46c}$$

其中，$\boldsymbol{r}$和$\boldsymbol{R}$分别是电子和离子实的位矢. RKKY交换的主要特征在于交换系数随磁性离子间距呈振荡形式. 也正是如此，稀土合金中呈现了复杂的磁结构.

§ 6.3 晶体的磁性类型与特征

从磁性角度讲，固体可以分为三大类：无交换作用的抗磁性和顺磁性非磁有序物质，有交换作用的铁磁性、反铁磁性和亚铁磁性磁有序物质，以及交换作用变化导致的螺旋磁性、散磁性和自旋玻璃等复杂磁有序物质.

若第i个原子的磁矩为$\boldsymbol{\mu}_i$，定义磁化强度$\boldsymbol{M}$为单位体积内的原子磁矩矢量和：

$$\boldsymbol{M}=\frac{1}{V}\sum_i \boldsymbol{\mu}_i \tag{6.47}$$

磁感应强度$\boldsymbol{B}$、磁场强度$\boldsymbol{H}$和磁化强度$\boldsymbol{M}$的关系为

$$\boldsymbol{B}=\mu_0(\boldsymbol{H}+\boldsymbol{M})=\mu_0(1+\chi)\boldsymbol{H}=\mu_0\mu_r\boldsymbol{H} \tag{6.48}$$

其中，μ_0为真空磁导率，μ_r为相对磁导率，磁化率χ满足

$$\chi=M/H \tag{6.49}$$

若外磁场是交变磁场，则磁化率通常为复数.

一、非磁有序物质

它是 19 世纪后半叶发现和研究的两类弱磁性物质. 对于抗磁性物质,外磁场中产生的磁化强度与磁场方向相反. 抗磁性物质的主要特点是磁化率$\chi<0$,且$|\chi|$非常小,约为 $10^{-7}\sim10^{-6}$. 典型抗磁性物质的磁化率不随温度变化,如图 6.2(a)所示. 抗磁性物质包括惰性气体、某些金属(Bi、Zn、Ag、Mg 等)、某些非金属(Si、P、S 等)、水以及许多有机化合物. 其中,Bi 的抗磁性不仅仅与温度有关.

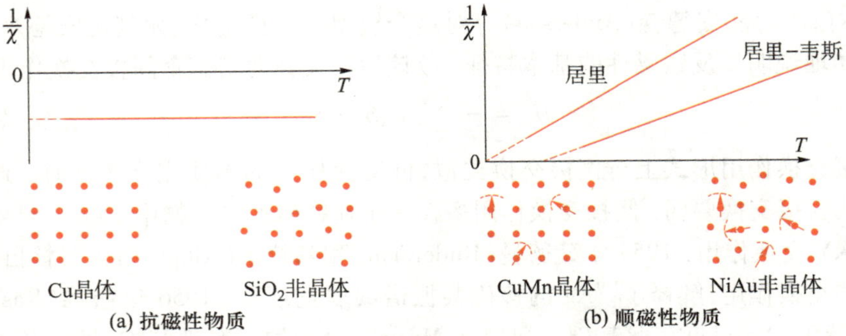

图 6.2　非磁有序物质的特征

顺磁性物质的特点是磁化率$\chi>0$,且$|\chi|$很小,约为 $10^{-6}\sim10^{-5}$. 多数顺磁性物质的磁化率随温度升高而减小,且$\chi^{-1}\propto T$,如图 6.2(b)所示. 顺磁性物质包括某些碱土金属(Li、Na、K、Ba 等)、过渡金属(Sc、Ti、Cr、Pa、Pt 等)、稀土金属(La、Ce、Pr、Nd、Sm 等)、过渡金属化合物($MnSO_4\cdot4H_2O$)以及某些气体(O_2、NO、NO_2 等). 其中,Li、Na 和 K 的顺磁性基本与温度无关.

二、磁有序物质

原子磁矩因交换作用的存在形成三种典型的磁有序物质. 原子磁矩平行排列,构成铁磁性物质,如图 6.3(a)所示;相邻磁性原子磁矩反平行排列,且磁矩大小相等,构成反铁磁性物质,如图 6.3(b)所示;相邻磁性原子磁矩反平行排列,但反平行排列的磁矩大小不相等,构成亚铁磁性物质,如图 6.3(c)所示. 所有这些物质的原子磁矩形成共线磁结构.

铁磁性物质是最早研究的强磁性物质. 其特点是磁化率$\chi>0$,且$|\chi|$很大,约为 $10^{-1}\sim10^{5}$;χ 不仅随温度和磁场变化,而且与磁化历史有关;磁性变化存在临界温度(居里温度),当温度低(高)于居里温度时,呈铁(顺)磁性. 铁磁性物质主要是过渡金属及其合金(Fe、Co、Ni、Mn、$SmCo_5$、$Nd_2Fe_{14}B$ 等),以及少量的稀土金属(Ga)、过渡金属化合物(CrO_2、Fe_4N、$CrBr_3$ 等)和稀土金属化合物(EuO、$GdCl_2$ 等).

反铁磁性物质也是一类弱磁性物质,通常的外磁场对反铁磁性的影响不大. 其特点是磁化率$\chi>0$,约为 $10^{-5}\sim10^{-3}$;磁性变化存在临界温度(奈尔温度),当温度低(高)于奈尔温度时,呈反铁(顺)磁性. 反铁磁性物质主要是过渡金属氧化物(Cr_2O_3、MnO、FeO、CoO、NiO 等)、卤化物(MnF_2、FeF_2、$FeCl_2$、$CoCl_2$、$NiCl_2$ 等)和硫化物(MnS).

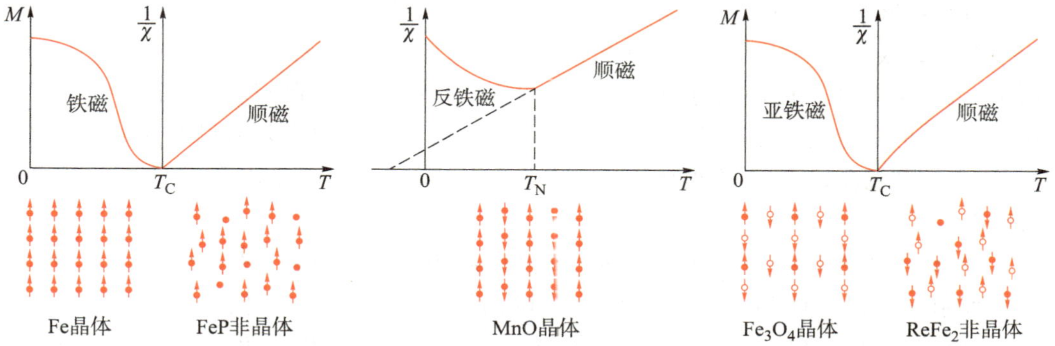

(a) 铁磁　(b) 反铁磁　(c) 亚铁磁

图 6.3　典型磁有序物质的特征

亚铁磁性物质是另一类强磁性物质,宏观磁性类似于铁磁性. 其特点是磁化率$\chi>0$,约为 $10^{-1}\sim10^{4}$;χ 随温度和磁场变化且与磁化历史有关;磁性变化存在居里温度,当温度低(高)于居里温度时,呈亚铁(顺)磁性. 在磁结构上,又类似于反铁磁性,相邻磁性原子磁矩反平行排列. 亚铁磁性物质主要是铁氧体材料,常见的类型有:尖晶石铁氧体(Fe_3O_4、$NiFe_2O_4$ 等)、磁铅石铁氧体($BaFe_{12}O_{19}$、$SrFe_{12}O_{19}$等)、石榴石铁氧体($Y_3Fe_5O_{12}$、$Sm_3Fe_5O_{12}$等)和钙钛矿型铁氧体($LaFeO_3$).

三、复杂磁有序物质

螺旋磁性主要发生在稀土合金及其化合物中. 由于每个原子自旋受到 RKKY 交换作用,原子磁矩之间会发生非共线的磁结构. 螺旋磁性磁结构主要有平面型螺旋反铁磁体(221 K≤T≤228 K 的 Tb、85 K≤T≤179 K 的 Dy、20 K≤T≤132 K 的 Ho)[图 6.4(a)]、锥面型螺旋铁磁体(T≤20 K 的 Ho、T≤20 K 的 Er)、锥面型螺旋反铁磁体(20 K≤T≤53 K 的 Er). 这些磁结构在 R_2Fe_{17}型稀土合金中大量存在.

散磁性主要存在于稀土过渡金属非晶中. 由于原子距离和类型分布的变化,原子之间的磁矩排列表现为散磁性,如图 6.4(b)所示. 散磁结构主要有 Tb-Ag 非晶合金中的散反铁磁性,原子磁矩的方向呈辐射状;Nd-Fe、Dy-Ni 和 Nd-Co 非晶合金中的散铁磁性,原子磁矩的方向分布在一个圆锥角内;Dy-Co 和 Dy-Fe 非晶合金中的散亚磁性,稀土原子磁矩分布在一个圆锥内,其磁矩又与过渡金属的原子磁矩相反.

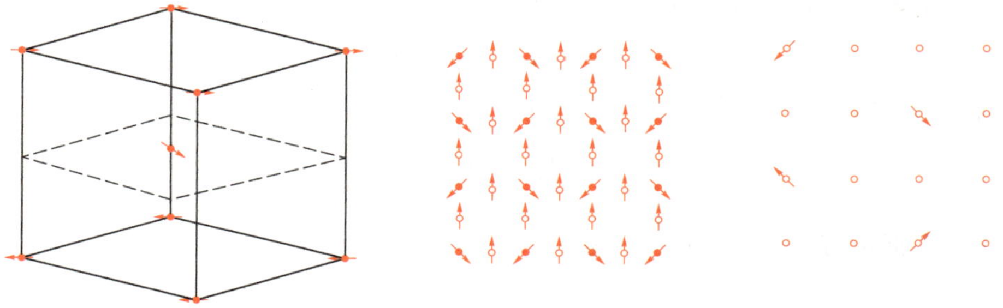
(a) 平面螺旋磁性　(b) 散亚铁磁性　(c) 自旋玻璃

图 6.4　复杂磁有序物质的磁结构

自旋玻璃主要存在于铁磁与反铁磁相互作用竞争的体系. 随着温度的降低,整个磁矩系统的取向状态经历一个较为复杂的过程,最终冻结为自旋玻璃态,如图 6.4(c)所示. 由于各个磁矩的冻结方向是无序的,宏观磁矩等于零. 自旋玻璃的磁性有两个重要特征:低场磁化率在冻结温度时出现一尖峰,峰值的尖锐度随磁场的降低而愈加显著;在冻结温度以下,自旋玻璃不具有自发磁化,其磁化过程是不可逆的,且存在剩磁影响及时间效应.

传统上,磁性材料是指微观上存在交换作用的铁磁性材料. 为降低原子磁矩一致排列引起的退磁场,大块材料通常会分畴(磁畴),形成多畴结构. 在外磁场 $\boldsymbol{H}$ 作用下,磁畴会以畴壁移动、一致转动和成核三种机制实现磁化反磁化. 宏观上,铁磁材料磁化强度 $\boldsymbol{M}$ 随 $\boldsymbol{H}$ 的变化呈现出磁滞现象. 软磁材料的磁滞回线窄,硬磁材料的磁滞回线宽. 若定义磁滞回线中磁化强度等于零时对应的磁化场为矫顽力,则硬磁材料的矫顽力远大于软磁材料的矫顽力. 无论哪种磁性材料,总是希望磁化强度越大越好.

§ 6.4 自旋波的半经典模型

自旋波的概念最初由布洛赫(Bloch)提出,又称为布洛赫自旋波理论. 该理论描述了交换作用耦合的自旋系统在等效磁场作用下的运动特征.

一、自旋的动力学方程

在海森伯表象中,任一力学量算符 $\hat{F}(t)$ 随时间的变化遵从

$$\frac{\mathrm{d}\hat{F}(t)}{\mathrm{d}t}=\frac{1}{\mathrm{i}\hbar}\,[\hat{F}(t),\hat{H}] \tag{6.50a}$$

故自旋角动量算符分量 $\hat{S}_i$ 的动力学方程为

$$\frac{\mathrm{d}\hat{S}_i}{\mathrm{d}t}=\frac{1}{\mathrm{i}\hbar}(\hat{S}_i\hat{H}-\hat{H}\hat{S}_i),\quad i=x,y,z \tag{6.50b}$$

利用 $\boldsymbol{\mu}=-\gamma\boldsymbol{S}$, $\gamma=\mu_0\gamma_S$,在磁场强度为 $\boldsymbol{H}$ 的磁场中,自旋与磁场作用的哈密顿量为

$$\hat{H}=-\boldsymbol{\mu}\cdot\boldsymbol{H}=\gamma\boldsymbol{S}\cdot\boldsymbol{H} \tag{6.51}$$

利用对易关系 $[S_i,S_j]=\mathrm{i}\hbar\,\epsilon_{ijk}S_k$, $\boldsymbol{S}\times\boldsymbol{S}=\mathrm{i}\hbar\boldsymbol{S}$,可以证明

$$(\hat{\boldsymbol{S}}\hat{H}-\hat{H}\hat{\boldsymbol{S}})=-\mathrm{i}\hbar\gamma\boldsymbol{S}\times\boldsymbol{H} \tag{6.52}$$

因此,自旋角动量 $\boldsymbol{S}$ 在磁场作用下的动力学方程为

$$\frac{\mathrm{d}\boldsymbol{S}}{\mathrm{d}t}=-\gamma\boldsymbol{S}\times\boldsymbol{H} \tag{6.53a}$$

上式称为布洛赫方程. 对应的磁矩运动方程为

$$\frac{\mathrm{d}\boldsymbol{\mu}}{\mathrm{d}t}=-\gamma\boldsymbol{\mu}\times\boldsymbol{H} \tag{6.53b}$$

例 6.1

试证明自旋在均匀恒定磁场中作圆锥进动,如图 6.5 所示.

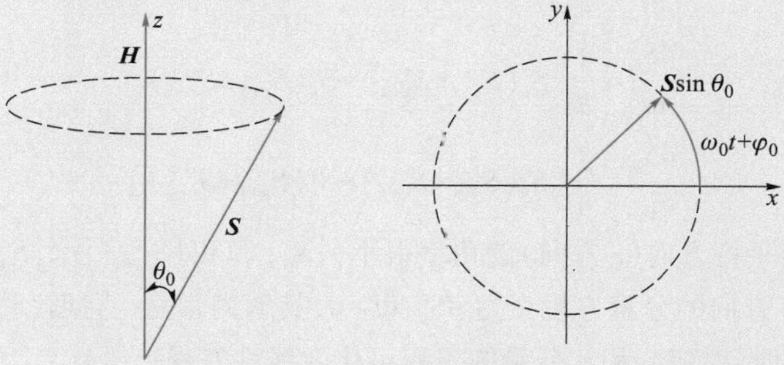

图 6.5 自旋在磁场中的进动示意图

解:假设均匀恒定磁场沿 z 方向,$\boldsymbol{H}=H\boldsymbol{k}$,自旋角动量 $\boldsymbol{S}$ 的动力学方程式(6.53)变为

$$\frac{\mathrm{d}\boldsymbol{S}}{\mathrm{d}t}=-\gamma\begin{vmatrix}\boldsymbol{e}_x & \boldsymbol{e}_y & \boldsymbol{e}_z\\ S_x & S_y & S_z\\ 0 & 0 & H\end{vmatrix}$$

其分量形式为

$$\dot{S}_x=-\gamma HS_y,\quad \dot{S}_y=\gamma HS_x,\quad \dot{S}_z=0$$

可见,z 分量 $S_z=S\cos\theta_0$ 为常量,θ_0 为 $\boldsymbol{S}$ 偏离 z 方向的极距角;而 x 和 y 分量满足

$$\dot{S}_x+\mathrm{i}\dot{S}_y=\mathrm{i}\gamma H(S_x+\mathrm{i}S_y)$$

即 xy 面内的投影($S\sin\theta_0$)作匀速右旋运动:

$$S_x=(S\sin\theta_0)\cos(\omega_0 t+\varphi_0),\quad S_y=(S\sin\theta_0)\sin(\omega_0 t+\varphi_0)$$

其中,$\omega_0=\gamma_S H$ 为进动圆频率,φ_0 为初相位.

二、一维单原子链中的自旋波

若只考虑间距为 a 的最近邻格点原子的交换作用 J,利用式(6.46a),第 n 个原子自旋的直接交换作用哈密顿量

$$\begin{aligned}\hat{H}_n&=-J\boldsymbol{S}_n\cdot(\boldsymbol{S}_{n+1}+\boldsymbol{S}_{n-1})\\&=-J[S_n^x(S_{n+1}^x+S_{n-1}^x)+S_n^y(S_{n+1}^y+S_{n-1}^y)+S_n^z(S_{n+1}^z+S_{n-1}^z)]\end{aligned}\tag{6.54}$$

利用 $\boldsymbol{S}$ 分量的对易关系:$[S_m^i,S_n^j]=\mathrm{i}\,\epsilon_{ijk}S_m^k\delta_{mn}$,$i,j=x,y,z$,省去了 $\hbar$,则

$$[S_n^i,\hat{H}_n]=\mathrm{i}J[S_n^j(S_{n+1}^k+S_{n-1}^k)-S_n^k(S_{n+1}^j+S_{n-1}^j)]\tag{6.55a}$$

即

$$(\boldsymbol{S}_n\hat{H}_n-\hat{H}_n\boldsymbol{S}_n)=\mathrm{i}J\boldsymbol{S}_n\times(\boldsymbol{S}_{n+1}+\boldsymbol{S}_{n-1})\tag{6.55b}$$

对比式(6.52),自旋在交换作用下的动力学方程为

$$\frac{\mathrm{d}\boldsymbol{S}_n}{\mathrm{d}t}=\frac{J}{\hbar}\boldsymbol{S}_n\times(\boldsymbol{S}_{n+1}+\boldsymbol{S}_{n-1})\tag{6.56a}$$

若写为式(6.53a)的形式:

$$\frac{\mathrm{d}\boldsymbol{S}}{\mathrm{d}t}=-\gamma\boldsymbol{S}\times\boldsymbol{H}_{\mathrm{eff}}\tag{6.56b}$$

其中，交换作用等效场 $\boldsymbol{H}_{\text{eff}}=-J(\boldsymbol{S}_{n+1}+\boldsymbol{S}_{n-1})/\gamma\hbar$. 式(6.56)的分量形式为

$$\begin{aligned}\frac{\mathrm{d}S_n^x}{\mathrm{d}t}&=\frac{J}{\hbar}[S_n^y(S_{n+1}^z+S_{n-1}^z)-S_n^z(S_{n+1}^y+S_{n-1}^y)]\\\frac{\mathrm{d}S_n^y}{\mathrm{d}t}&=\frac{J}{\hbar}[S_n^z(S_{n+1}^x+S_{n-1}^x)-S_n^x(S_{n+1}^z+S_{n-1}^z)]\\\frac{\mathrm{d}S_n^z}{\mathrm{d}t}&=\frac{J}{\hbar}[S_n^x(S_{n+1}^y+S_{n-1}^y)-S_n^y(S_{n+1}^x+S_{n-1}^x)]\end{aligned}\tag{6.57}$$

若偏离自旋平行方向(z 方向)的角度很小，$|S_{n,n\pm1}^x|$和$|S_{n,n\pm1}^y|\ll|S_{n,n\pm1}^z|$，略去二次以上高阶小量，$z$ 方向的分量方程变为 $\mathrm{d}S_n^z/\mathrm{d}t=0$，其解为常量. 同理，$S_{n\pm1}^z$ 也为常量，即 $S_n^z=S_{n\pm1}^z\equiv S^z$. 此时，对应 x 和 y 分量的方程可化为线性方程：

$$\frac{\mathrm{d}S_n^x}{\mathrm{d}t}=\frac{J}{\hbar}S^z[2S_n^y-(S_{n+1}^y+S_{n-1}^y)]\tag{6.58a}$$

$$-\frac{\mathrm{d}S_n^y}{\mathrm{d}t}=\frac{J}{\hbar}S^z[2S_n^x-(S_{n+1}^x+S_{n-1}^x)]\tag{6.58b}$$

令 $S_n^{xy}\equiv S_n^x+\mathrm{i}S_n^y$，则以上两个方程合为一个标量方程：

$$\frac{\mathrm{d}S_n^{xy}}{\mathrm{d}t}=-\mathrm{i}\frac{J}{\hbar}S^z[2S_n^{xy}-(S_{n+1}^{xy}+S_{n-1}^{xy})]\tag{6.58c}$$

类似格波处理，利用晶体的平移对称性，由布洛赫定理，其解一定具有形式

$$S_n^{xy}=C_0\mathrm{e}^{\mathrm{i}(nka-\omega t)}\tag{6.59}$$

称之为自旋波，如图 6.6 所示. 将该解代入式(6.58c)，得到

$$\hbar\omega=JS^z[2-(\mathrm{e}^{\mathrm{i}ka}+\mathrm{e}^{-\mathrm{i}ka})]=2JS^z(1-\cos ka)\tag{6.60}$$

此乃一维铁磁链的自旋波色散关系. 可见，所有自旋绕自发磁化强度方向(z 方向)作同频率的进动，相邻自旋之间有一个固定的相位差 ka.

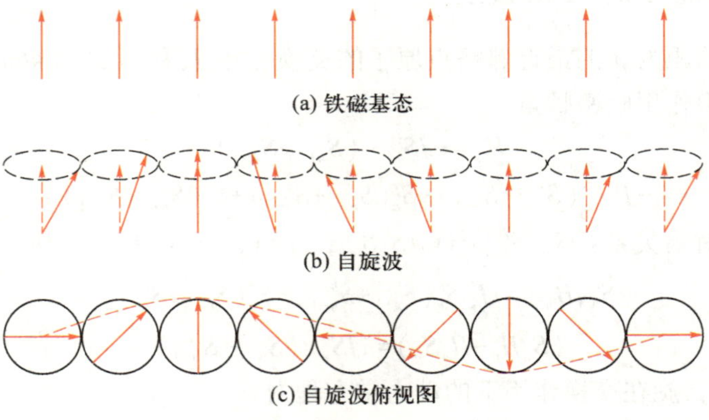

图 6.6　一维单原子自旋链中的自旋

若将该能量 $\hbar\omega$ 看成一个波矢为 $\boldsymbol{k}$ 的准粒子——磁子(magnon)，则磁子的能量和动量分别为 $\varepsilon=\hbar^2k^2/2m^*$ 和 $\boldsymbol{p}=\hbar\boldsymbol{k}$. 其中，$m^*$ 为磁子的等效质量. 长波近似下，色散关系式(6.60)变为

$$\hbar\omega = JS^z a^2 k^2 \tag{6.61}$$

其具有抛物线形式. 设 $a=10^{-10}$ m, $J=1\ 000$ K, $S^z=1/2$, 对应磁子的等效质量为

$$m^* = \frac{\hbar^2}{2JS^z a^2} \approx 10^{-28}\ \text{kg} \tag{6.62}$$

可见,其大小比自由电子的质量大两个量级.

例 6.2

自旋为 S_A 和 S_B 的两原子交替排列形成一维铁磁自旋链,试求最近邻近似下的色散关系.

解: 假设最近邻之间的交换作用常数为 J,利用式(6.56),n 格点上 A 和 B 原子自旋受到的交换作用等效场分别为

$$\boldsymbol{H}_{\text{Aeff}} = -\frac{J}{\gamma\hbar}(\boldsymbol{S}_{\text{B}n}+\boldsymbol{S}_{\text{B}n-1}),\ \boldsymbol{H}_{\text{Beff}} = -\frac{J}{\gamma\hbar}(\boldsymbol{S}_{\text{A}n}+\boldsymbol{S}_{\text{A}n+1})$$

小角近似下,略去式(6.56)中的二次以上高阶小量,z 方向的分量为常量. 此时,令 $S_j^{xy}\equiv S_j^x+\text{i}S_j^y$,自旋 S_A 和 S_B 的动力学方程(6.58c)变为

$$\frac{\text{d}S_{\text{A}n}^{xy}}{\text{d}t} = -\text{i}\frac{J}{\hbar}S_\text{A}^z\left[2S_{\text{A}n}^{xy}-(S_{\text{B}n}^{xy}+S_{\text{B}n-1}^{xy})\right]$$

$$\frac{\text{d}S_{\text{B}n}^{xy}}{\text{d}t} = -\text{i}\frac{J}{\hbar}S_\text{B}^z\left[2S_{\text{B}n}^{xy}-(S_{\text{A}n+1}^{xy}+S_{\text{A}n}^{xy})\right]$$

将布洛赫形式的解 $S_{jn}^{xy}=C_{j0}\text{e}^{\text{i}(nka-\omega t)}$, $j=$A、B 代入两个方程,整理得到

$$(2JS_\text{A}^z-\hbar\omega)C_{\text{A}0}-JS_\text{A}^z(1+\text{e}^{-\text{i}ka})C_{\text{B}0}=0$$

$$-JS_\text{B}^z(1+\text{e}^{\text{i}ka})C_{\text{A}0}+(2JS_\text{B}^z-\hbar\omega)C_{\text{B}0}=0$$

利用 C_{j0} 不为零的条件是,其系数行列式等于零,得到

$$\hbar^2\omega^2-2J(S_\text{A}^z+S_\text{B}^z)\hbar\omega+2J^2S_\text{A}^zS_\text{B}^z(1-\cos ka)=0$$

解得色散关系为

$$\hbar\omega_\pm = J\left[(S_\text{A}^z+S_\text{B}^z)\pm\sqrt{(S_\text{A}^z+S_\text{B}^z)^2-4S_\text{A}^zS_\text{B}^z\sin^2\frac{ka}{2}}\right]$$

假设 $S_\text{A}^z>S_\text{B}^z$,如图 6.7 所示,$k=0$ 时,$\omega_+=2J(S_\text{A}^z+S_\text{B}^z)$,$\omega_-=0$;$k=\pm\frac{\pi}{a}$时,$\omega_+=2JS_\text{A}^z$,$\omega_-=2JS_\text{B}^z$. 与声子相比,晶体中的磁子也表现出类似的声学支和光学支结构,并且也形成了能带结构. 在布里渊区边界上出现了带隙.

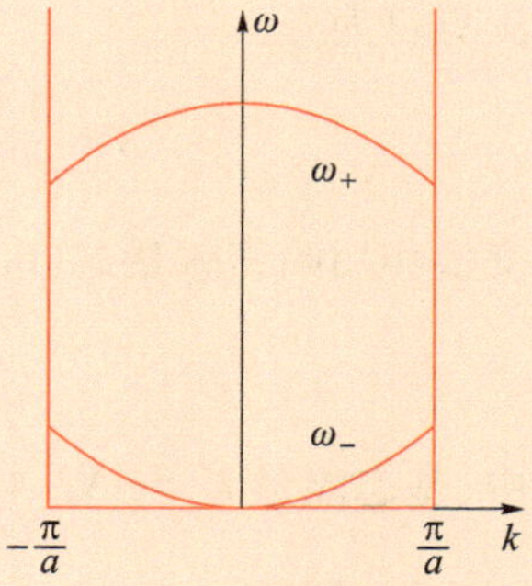

图 6.7 一维双原子链中的自旋波色散关系示意图

§ 6.5 自旋波的量子处理

为了简明地引入自旋波的量子力学处理,仅考虑直接交换作用部分. 最近邻近似下

$$\hat{H}_{\text{ex}} = -J\sum_{i<j}\boldsymbol{S}_i\cdot\boldsymbol{S}_j = -J\sum_{i<j}(S_i^xS_j^x+S_i^yS_j^y+S_i^zS_j^z) \tag{6.63}$$

其中,$[S_i^x,S_j^y]=\text{i}S_i^z\delta_{ij}$,省去了 $\hbar$. 引入自旋升降算符

$$S^{\pm} \equiv S^x \pm iS^y \tag{6.64a}$$

可以证明

$$[S_i^+, S_j^-] = 2S_i^z\delta_{ij}, \quad [S_i^{\pm}, S_j^z] = \mp S_i^{\pm}\delta_{ij} \tag{6.64b}$$

此时哈密顿量式(6.63)变为

$$\hat{H}_{ex} = -J\sum_{i<j}\left[\frac{1}{2}(S_i^+S_j^- + S_i^-S_j^+) + S_i^zS_j^z\right] \tag{6.65}$$

一、基态

考虑 N 个原子组成的一维线链，每个原子有一个未抵消的电子自旋，相邻原子间距为 a. α_i 和 β_i 分别表示第 i 个原子的自旋向上和向下波函数. 当系统处于基态时($T=0$ K)，假设所有原子自旋方向全部向上，则基态波函数可以写为

$$\psi_g = \alpha_1\alpha_2\alpha_3\cdots\alpha_N \tag{6.66}$$

利用自旋算符和自旋函数间的关系

$$\left.\begin{array}{ll} S^+\alpha = 0, & S^+\beta = \alpha \\ S^-\alpha = \beta, & S^-\beta = 0 \\ S^z\alpha = \dfrac{1}{2}\alpha, & S^z\beta = -\dfrac{1}{2}\beta \end{array}\right\} \tag{6.67}$$

其中，自旋波函数 α 和反向自旋波函数 β 分别为

$$\alpha = \begin{bmatrix}1\\0\end{bmatrix}, \quad \beta = \begin{bmatrix}0\\1\end{bmatrix} \tag{6.68}$$

自旋算符为

$$S^z = \frac{1}{2}\begin{bmatrix}1 & 0\\0 & -1\end{bmatrix}, \quad S^+ = \begin{bmatrix}0 & 1\\0 & 0\end{bmatrix}, \quad S^- = \begin{bmatrix}0 & 0\\1 & 0\end{bmatrix} \tag{6.69}$$

将交换作用哈密顿量式(6.65)作用于波函数式(6.66)，得到

$$\hat{H}_{ex}\psi_g = -J\sum_{i<j}\frac{1}{4}\psi_g = E_g\psi_g \tag{6.70}$$

其中，基态能量 $E_g = -NJ/4$ 全部来自 z 分量的贡献.

二、激发态

当 $T \geqslant 0$ K 时，有少数自旋倒向，称之为激发态. 假设 N 个自旋中有一个倒向，并令其为第 n 个自旋. 类似基态，构造激发态波函数

$$\psi_n = \alpha_1\cdots\alpha_{n-1}\beta_n\alpha_{n+1}\cdots\alpha_N \tag{6.71}$$

将哈密顿量式(6.65)作用于激发态波函数式(6.71)，得到

$$\hat{H}_{ex}\psi_n = -\frac{J}{4}[(N-4)\psi_n + 2\psi_{n-1} + 2\psi_{n+1}] \tag{6.72}$$

其中

$$\sum_{i<j} S_i^zS_j^z\psi_n = \frac{1}{2}\left(\frac{1}{2}\right) + \cdots + \frac{1}{2}\left(\frac{1}{2}\right) + \frac{1}{2}\left(-\frac{1}{2}\right) - \frac{1}{2}\left(\frac{1}{2}\right) + \frac{1}{2}\left(\frac{1}{2}\right) + \cdots + \frac{1}{2}\left(\frac{1}{2}\right)$$

$$=\frac{1}{4}(N-4)\psi_n$$

$$\sum_{i<j} S_i^- S_j^+ \psi_n = \psi_{n-1}, \quad \sum_{i<j} S_i^+ S_j^- \psi_n = \psi_{n+1}$$

可见,ψ_n 并不是系统的本征态.

由于自旋倒向不固定在某个原子上,而是等概率分布于所有的原子,所以系统本征波函数应该是 ψ_n 的线性组合,即

$$\psi^{(1)} = \sum_n c_n \psi_n \tag{6.73}$$

其中,n 为 1,2,3,…,N 中的任何一个值. 将哈密顿量式(6.65)作用于本征波函数式(6.73),得到

$$\begin{aligned}\hat{H}_{ex}\psi^{(1)} &= -J\sum_n \sum_{i<j}\left[\frac{1}{2}(S_i^+S_j^- + S_i^-S_j^+) + S_i^zS_j^z\right]c_n\psi_n \\ &= -\sum_n \frac{J}{4}c_n[(N-4)\psi_n + 2\psi_{n-1} + 2\psi_{n+1}] = E^{(1)}\sum_n c_n\psi_n\end{aligned} \tag{6.74}$$

将 ψ_m^* 乘以方程的两边,并利用正交归一化条件 $\int \psi_m^*\psi_n \mathrm{d}\boldsymbol{r} = \delta_{mn}$,得到

$$-\frac{J}{4}[(N-4)c_n + 2c_{n+1} + 2c_{n-1}] = E^{(1)}c_n \tag{6.75}$$

由方程(6.75)构成的 N 个齐次方程,可以确定系数 c_n. 设

$$c_n = \frac{1}{\sqrt{N}}\mathrm{e}^{\mathrm{i}kna} \tag{6.76}$$

本征波函数

$$\psi^{(1)} = \frac{1}{\sqrt{N}}\sum_n \psi_n \mathrm{e}^{\mathrm{i}kna} \tag{6.77}$$

具有复合平面波的形式. 对应的本征值为

$$E^{(1)} = -NJ/4 + J(1-\cos ka) \tag{6.78}$$

故一个自旋倒向引起的能量增加为

$$\varepsilon_k = E^{(1)} - E_g = J(1-\cos ka) \tag{6.79}$$

ε_k 称为自旋波的能量. 这一结果与经典近似下的结论式(6.60)一致,长波极限下 $\varepsilon_k \approx Jk^2a^2/2$. 利用周期性边界条件

$$\frac{1}{\sqrt{N}}\mathrm{e}^{\mathrm{i}kna} = c_n = c_{n+N} = \frac{1}{\sqrt{N}}\mathrm{e}^{\mathrm{i}k(n+N)a} \tag{6.80a}$$

可以得到

$$k = \frac{l}{N}\frac{2\pi}{a}, \quad l = \pm1, \pm2, \cdots \tag{6.80b}$$

可见,自旋波或磁子对应的波矢与声子和电子类似,也是量子化的.

三、布洛赫定律

若在线链中有 $l \ll N$ 个自旋倒向,不考虑倒向自旋相邻的情况下,即不考虑自旋波

之间的相互作用，则可以得到系统的能量本征值

$$E^{(l)}=E_g+J\sum_{n=1}^{l}(1-\cos k_n a) \tag{6.81a}$$

考虑波矢 k 相同的自旋波可以有 n_m 个，利用一个自旋波的能量式(6.79)，式(6.81a)改写为

$$E^{(l)}=E_g+\sum_{k}n_m\varepsilon_k \tag{6.81b}$$

对于三维铁磁晶体，若 z 为最近邻原子数，可以证明波矢 k 的自旋波能量为

$$\varepsilon_k=Jz(1-\gamma_k)/2 \tag{6.82a}$$

其中

$$\gamma_k=\frac{1}{z}\sum_{\boldsymbol{T}}\mathrm{e}^{-\mathrm{i}\boldsymbol{k}\cdot\boldsymbol{T}} \tag{6.82b}$$

$\boldsymbol{T}$ 为最近邻原子的位矢. 若将自旋波等效为磁子，则磁子的能量为 ε_k. 热力学平衡态下，磁子数量 n_m 服从玻色分布：

$$n_m=\frac{1}{\mathrm{e}^{\varepsilon_k/k_BT}-1} \tag{6.83}$$

可见，每个原子对应一个电子自旋的 N 原子自旋体系，自旋波的总能量为

$$\varepsilon=\sum_{k}n_m\varepsilon_k \tag{6.84}$$

自由磁子气体的磁子总数满足

$$N^*=\left(\frac{L}{2\pi}\right)^3\int n_m\mathrm{d}\boldsymbol{k}=\frac{V}{8\pi^3}\int_0^{\infty}\frac{4\pi k^2\mathrm{d}k}{\mathrm{e}^{\varepsilon_k/k_BT}-1} \tag{6.85}$$

对于简单立方格子，长波近似下磁子能量 $\varepsilon_k\approx Jk^2a^2/2$. 令 $x^2=Jk^2a^2/(2k_BT)$，则

$$N^*=\frac{V}{2\pi^2}\left(\frac{2k_BT}{Ja^2}\right)^{3/2}\int_0^{\infty}\frac{x^2\mathrm{d}x}{\mathrm{e}^{x^2}-1}=\frac{V}{a^3}\left(\frac{k_BT}{2\pi J}\right)^{3/2}\sum_{n=1}^{\infty}n^{-3/2} \tag{6.86}$$

体系的相对磁化强度为

$$\frac{M}{M_S}=\frac{N-2N^*}{N}=1-2\left(\frac{k_BT}{2\pi J}\right)^{3/2}\sum_{1}^{\infty}n^{-3/2} \tag{6.87a}$$

其中，$N=V/a^3$. 可见，系统的磁化强度随温度的变化满足

$$M=M_S(1-CT^{\frac{3}{2}}) \tag{6.87b}$$

称之为布洛赫的 $T^{3/2}$ 定律. 在低温下，磁子激发量少，实验结果很好地符合这一定律. 在高温下，通常需要考虑自旋波间的相互作用，修正布洛赫定律.

§ 6.6 自旋波的相互作用

戴森(Dyson)最早讨论了这一问题，并提出了处理自旋波相互作用的一般理论. 在此，介绍小口(Oguchi)借助霍尔斯坦-普里马科夫(Holstein-Primakoff)二次量子化提出的一种简便方法. 设 N 原子的三维铁磁晶体中每个原子的自旋量子数为 S. 在最近邻近似下，外加磁场 $\boldsymbol{H}$ 沿 z 方向时，系统的哈密顿量为

$$\hat{H}=-J\sum_{i<j}\left[\frac{1}{2}(S_i^+S_j^-+S_i^-S_j^+)+S_i^zS_j^z\right]-g_S\mu_BH\sum_{i=1}^{n}S_i^z \tag{6.88}$$

在$(1/S^2)$近似下,利用式(6.88)可以得到与戴森理论相同的结果.

一、H-P 变换

为了方便哈密顿量对角化,引入自旋偏离量子数 n:

$$n\equiv S-m,\quad m=0,\pm1,\cdots,\pm S \tag{6.89}$$

表示自旋在量子化轴方向投影的偏离量,取值为 $n=0,1,2,\cdots,2S$. 若用 n 表记自旋态,则自旋升降算符的角动量公式

$$\hat{S}^{\pm}\mid S,m\rangle=[(S\mp m)(S\pm m+1)]^{\frac{1}{2}}\mid S,\quad m\pm1\rangle \tag{6.90}$$

变为

$$\hat{S}^+\mid n\rangle=\sqrt{2S-(n-1)}\sqrt{n}\mid n-1\rangle \tag{6.91a}$$

$$\hat{S}^-\mid n\rangle=\sqrt{2S-n}\sqrt{n-1}\mid n+1\rangle \tag{6.91b}$$

显然,$\hat{S}^+$和 $\hat{S}^-$分别使偏离湮没和产生.

按常规引入 n 对应的产生和湮没算符 a^+和 a

$$a^+\mid n\rangle=\sqrt{n+1}\mid n+1\rangle,\quad a\mid n\rangle=\sqrt{n}\mid n-1\rangle \tag{6.92}$$

此时

$$a^+a\mid n\rangle=\sqrt{n}a^+\mid n-1\rangle=n\mid n\rangle \tag{6.93}$$

使量子数 n 的算符为 a^+a. 利用式(6.92)、(6.93),由式(6.91)得到

$$\hat{S}^+\mid n\rangle=\sqrt{2S-(n-1)}\sqrt{n}\mid n-1\rangle\rightarrow\hat{S}^+\mid n+1\rangle=\sqrt{2S-n}\sqrt{n+1}\mid n\rangle=\sqrt{2S-n}\,a\mid n+1\rangle$$

$$\hat{S}^-\mid n\rangle=\sqrt{2S-n}\sqrt{n+1}\mid n+1\rangle=\sqrt{2S-n}\,a^+\mid n\rangle$$

结合

$$\hat{S}^z\mid n\rangle=m\mid n\rangle=(S-n)\mid n\rangle=(S-a^+a)\mid n\rangle$$

可以得到

$$\left.\begin{aligned}\hat{S}^+&=(\sqrt{2S-a^+a})a\\\hat{S}^-&=a^+(\sqrt{2S-a^+a})\\S^z&=(S-a^+a)\end{aligned}\right\} \tag{6.94}$$

若定义

$$f_i(S)=(1-a_i^+a_i/2S)^{1/2} \tag{6.95}$$

式(6.94)可改写成

$$\left.\begin{aligned}S_i^+&=(2S)^{\frac{1}{2}}f_i(S)c_i\\S_i^-&=(2S)^{\frac{1}{2}}a_i^+f_i(S)\\S_i^z&=S-a_i^+a_i\end{aligned}\right\} \tag{6.96a}$$

称之为霍尔斯坦-普里马科夫变换,即 H-P 变换. 其中,$n_i=a_i^+a_i$ 为自旋偏差算符,a_i^+和 a_i 分别是自旋偏差的产生和湮没算符. 可以证明,a_i^+ 和 a_j 满足

$$[a_i, a_j^+] = \delta_{ij}, \quad [a_i, a_j] = [a_i^+, a_j^+] = 0 \tag{6.96b}$$

二、哈密顿量的 H-P 形式

利用 H-P 变换，将哈密顿量式(6.88)写成自旋偏差算符的形式：

$$\hat{H} = -J \sum_{<i,j>} \{S[f_i(S)a_i a_j^+ f_j(S) + a_i^+ f_i(S) f_j(S) a_j] + (S - a_i^+ a_i)(S - a_j^+ a_j)\}$$
$$-g_S \mu_B H \sum_{i=1}^{n} (S - a_i^+ a_i) \tag{6.97a}$$

展开整理，得到

$$\hat{H} = -NzJS^2 - Ng\mu_B H + g\mu_B H \sum_{i=1}^{n} a_i^+ a_i$$
$$-J \sum_{<i,j>} \{S[f_i(S)a_i a_j^+ f_j(S) + a_i^+ f_i(S) f_j(S) a_j] - S(a_i^+ a_i + a_j^+ a_j) + a_i^+ a_i a_j^+ a_j\} \tag{6.97b}$$

第一项是基态能，第二项是基态下与外磁场的作用能，第三项是磁场与偏离的作用能，第四项是偏离引起的能量．略去常数项，得到

$$\hat{H} = g\mu_B H \sum_{i=1}^{N} a_i^+ a_i - J \sum_{<i,j>} \{S[f_i(S)a_i a_j^+ f_j(S) + a_i^+ f_i(S) f_j(S) a_j]$$
$$- 2Sa_i^+ a_i + a_i^+ a_i a_j^+ a_j\} \tag{6.97c}$$

为了讨论自旋波及其相互作用，将$f_i(S)$作泰勒展开：

$$f_i(S) = \left(1 - \frac{n_i}{2S}\right)^{1/2} = 1 - \frac{n_i}{4S} - \frac{n_i^2}{32S^2} - \cdots$$

略去 $1/S^2$ 以上项，代入式(6.97c)，哈密顿量变为

$$\hat{H} = \left[g\mu_B H \sum_{i=1}^{N} a_i^+ a_i + JS \sum_{<i,j>} (a_i^+ a_i + a_j^+ a_j) - JS \sum_{<i,j>} (a_i a_j^+ + a_i^+ a_j)\right]$$
$$- \left[J \sum_{<i,j>} a_i^+ a_i a_j^+ a_j - \frac{J}{4} \sum_{<i,j>} (a_i a_j^+ a_j^+ a_j + a_i^+ a_i a_i a_j^+ + a_i^+ a_i^+ a_i a_j + a_i^+ a_j^+ a_j a_j)\right] \tag{6.98}$$

第一项为自旋波能量（外磁场中的能量、格点 i 上的自旋偏离能、不同格点的耦合能），第二项为自旋波的相互作用能（同一格点自旋偏离的相互作用能、不同格点耦合能引起的自旋波相互作用能）.

三、相互作用结果

类似声子处理，为了使相互作用哈密顿量对角化，再将 a_i 和 a_i^+ 作傅里叶变换：

$$a_i = \frac{1}{\sqrt{N}} \sum_{\boldsymbol{k}} \mathrm{e}^{\mathrm{i}\boldsymbol{k}\cdot\boldsymbol{T}_i} a_k, \quad a_i^+ = \frac{1}{\sqrt{N}} \sum_{\boldsymbol{k}} \mathrm{e}^{-\mathrm{i}\boldsymbol{k}\cdot\boldsymbol{T}_i} a_k^+ \tag{6.99}$$

代入哈密顿量式(6.98)，去掉常数项，式(6.98)的第一项和第二项分别记为$\hat{H}^0$ 和 $\hat{H}'$，则

$$\hat{H} = \hat{H}^0 + \hat{H}' \tag{6.100}$$

其中

$$\hat{H}^0 = \sum_k \hbar\omega_k a_k^+ a_k \tag{6.101a}$$

$$\hat{H}' = \sum_{k_1\cdots k_4} \delta(\boldsymbol{k}_1+\boldsymbol{k}_2-\boldsymbol{k}_3-\boldsymbol{k}_4)a_k^+ a_k \tag{6.101b}$$

$$\hbar\omega_k = g\mu_B H+2SJz(1-\gamma_k), \quad \gamma_k = \frac{1}{z}\sum_{\rho} e^{i\boldsymbol{k}\cdot\boldsymbol{\rho}}, \quad \boldsymbol{\rho}=\boldsymbol{T}_i-\boldsymbol{T}_j \tag{6.101c}$$

其中,$\boldsymbol{k}_i(i=1,2,3,4)$代表不同的波矢.

考虑自旋波相互作用后,自旋波量子与温度的关系为

$$\hbar\omega_k(T) = g\mu_B H+2SJz(1-\gamma_k)\left[1-\frac{e(T)}{S}\right] \tag{6.102a}$$

其中

$$e(T) = \frac{1}{N}\sum_{\boldsymbol{k}'} (1-\gamma_{k'})n_m(k') \tag{6.102b}$$

利用巨配分函数 $Z=\mathrm{Tr}\ e^{-\beta H}$,$\beta=1/k_B T$,系统的磁化强度可以写为

$$M=k_B T\frac{\partial}{\partial H}\ln Z \tag{6.103a}$$

将对角化的哈密顿量式(6.101)代入,得到

$$M=Ng\mu_B\left[S-\zeta\left(\frac{3}{2}\right)\left(\frac{k_B T}{8\pi JS}\right)^{\frac{3}{2}}-\frac{3\pi}{4}\zeta\left(\frac{5}{2}\right)\left(\frac{k_B T}{8\pi JS}\right)^{\frac{5}{2}}-\frac{33\pi^2}{32}\zeta\left(\frac{7}{2}\right)\left(\frac{k_B T}{8\pi JS}\right)^{\frac{7}{2}}\right.$$
$$\left.-\frac{3\pi}{2S}\left(1+\frac{0.2}{S}\right)\zeta\left(\frac{3}{2}\right)\zeta\left(\frac{5}{2}\right)\left(\frac{k_B T}{8\pi JS}\right)^4-\cdots\right] \tag{6.103b}$$

其中,$\zeta(x)$为黎曼函数. 可见,低温下满足 $T^{3/2}$ 定律;高温下的复杂关系反映了磁子之间的相互作用.

§ 6.7 自旋波的测量方法

自旋波是磁有序系统自旋的集体激发,可以简单看成具有空间相移的磁化强度集体进动. 由于磁性系统的不同,自旋波覆盖的范围可以从 MHz 到 THz 频段. 依据对波的研究方式,自旋波的研究也主要有三类:微波激发的自旋波共振、光激发的自旋波以及脉冲驱动的自旋波衰变. 当然,如果在这些测量技术上附加显微学技术,就可以在实空间直接观测自旋波. 在此,重点介绍以上三类研究自旋波的技术原理.

一、铁磁共振技术

标准的 FMR 实验是测量谐振腔中样品的共振吸收. 将含样品的谐振腔放置在电磁铁的磁极之间,扫描直流磁场的同时,检测微波的吸收强度. 谐振腔固定在 GHz 频率上,以确保在共振峰附近扫描磁场时,样品始终处在饱和磁化状态. 当磁化强度进动频率和谐振腔频率相等时,吸收最大. 在确定的工作频率 ω_0 下,利用频率与共振场 H_r 关系

$$\omega_0=\gamma(H_r+H_{eff}) \tag{6.104}$$

确定有效场 H_{eff}. 依据有效场的大小判断吸收峰的来源. 铁磁共振的共振模式有:一致进动的铁磁共振模和厚度相关的自旋驻波. 特别注意的是,式(6.104)只适用于磁化强度作圆锥运动的体系,例如外磁场与材料单轴各向异性等效场平行时的情况. 其它情况下,虽然都可以测得铁磁共振信号,但分析该信号的来源需要特别小心.

传统铁磁共振的优点是灵敏度高,可实现信号强度的定量测量,但缺点是谐振腔的工作频率 ω_0 单一. 为了克服这一缺点,人们发展了微带线[图 6.8(a)]技术. 微带线的优点是不仅可以实现扫场,而且可以同时实现宽频段扫频. 其缺点是固定尺寸的微带线都有优化的匹配条件,不同频率下测量的信号强度通常不具有可比性. 图 6.8(b)给出了不同频率下,微带线技术测量的坡莫合金铁磁共振结果. 可以看到,除铁磁共振模(图中 FMR 标记的共振)之外,还可以看到不同模式的自旋波(图中 S 标记的共振). 当然,也可以利用微带线实现脉冲微波驱动. 例如,脉冲诱导的微波磁强计 PIMM 就利用了这一思路.

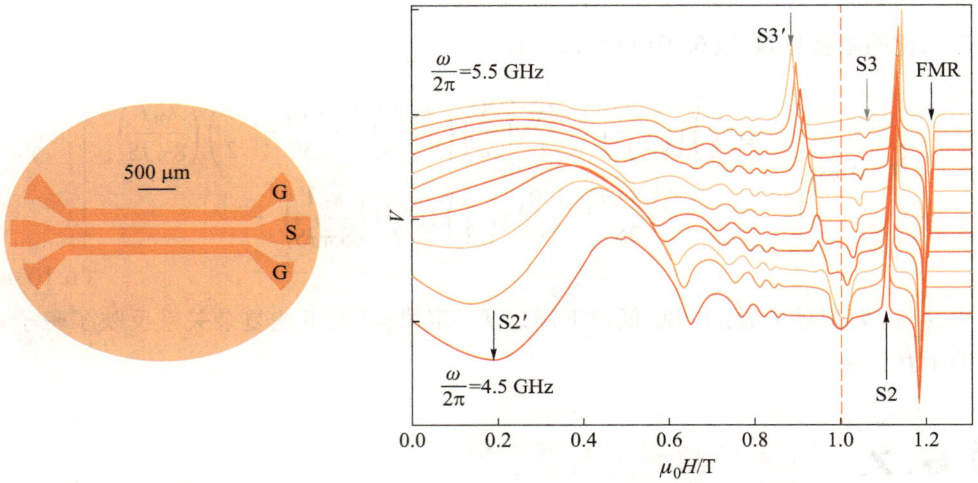

(a) 微带线　　(b) 坡莫合金薄膜的测试结果

图 6.8　微带线铁磁共振

二、布里渊散射技术

拉曼(Raman)散射和布里渊散射(BLS)都是研究入射光的非弹性散射. 拉曼散射研究的是光学支声子,反映了分子的振动;而布里渊散射研究的是声学支声子,可以测量自旋波. 前者的频率高达几 THz,而后者的频率通常低于 500 GHz. 前者采用的是光栅光谱,后者用的是串联法布里-珀罗干涉仪.

在布里渊光散射中,斯托克斯(Stokes)和反斯托克斯(anti-Stokes)峰的能量和动量分别满足如下守恒定律:

$$\omega_{\mathrm{S}}=\omega_i-\omega,\quad \omega_{\mathrm{AS}}=\omega_i+\omega \tag{6.105a}$$

$$\boldsymbol{k}_{\mathrm{S}}=\boldsymbol{k}_i-\boldsymbol{k},\quad \boldsymbol{k}_{\mathrm{AS}}=\boldsymbol{k}_i+\boldsymbol{k} \tag{6.105b}$$

如图 6.9(a)所示. 利用布里渊散射可以实现时间分辨、相位分辨和波矢分辨三种测量. 其中,图 6.9(b)所示的波矢分辨是最基本的测量.

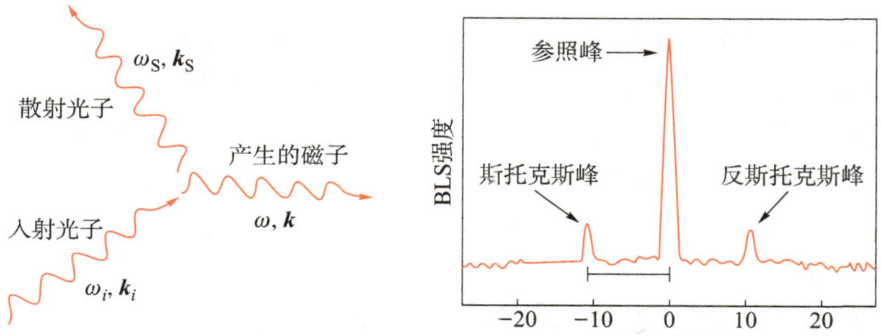

(a) 能量动量关系　　(b) 斯托克斯和反斯托克斯散射

图 6.9　布里渊散射示意图

通常的实验装置采用背散射观测几何,即聚焦入射光的光路也是探测散射光的光路. 在实际测量中,由于入射光的波矢大小固定,通过波矢分辨可以确定磁子的动量,可变的参数只有入射束相对样品表面的方向. 分析光子和磁子间的动量转换,需要考虑样品表面的对称性破缺. 根据诺特(Noether)定理,只有平行于样品表面的动量守恒. 所以,布里渊散射中的动量转换通常是指光子波矢在样品平面内的投影. 该投影的变化可以通过改变入射角实现,如图 6.10(a)所示. 在实验过程中,固定入射光轴,即入射和探测光路保持不变,沿垂直入射平面的轴转动样品实现对 φ 的改变. 此时,由动量守恒得到自旋波的波矢满足

$$k_{\parallel}=2\frac{2\pi}{\lambda_L}\sin\varphi \tag{6.106}$$

其中,λ_L 是激光的入射波长,φ 为入射角.

在布里渊散射中,还可以通过控制光斑或样品的大小,实现微区测量;也可以通过改变外加磁场,实现不同磁场下的磁共振模式测量,如图 6.10(b)所示. 该技术最大的特色在于,它是直接研究材料声子和磁子色散关系及其带结构的强有力手段.

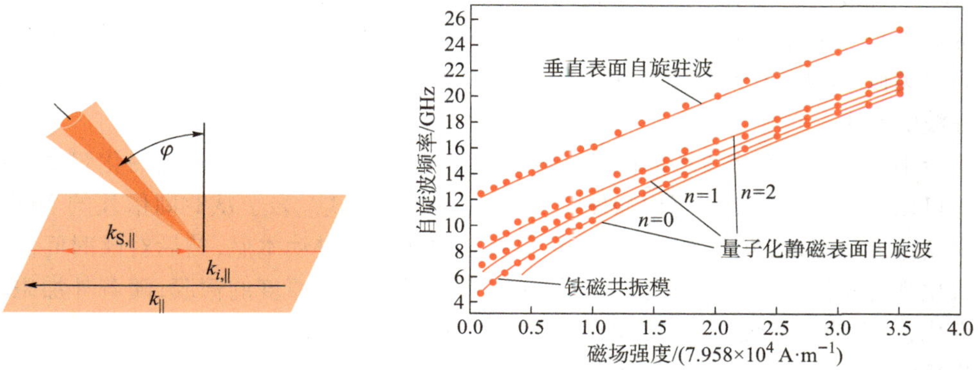

(a) 波矢关系　　(b) 不同磁场下的自旋波模

图 6.10　布里渊背散射观测几何

三、超快技术

超快技术是利用飞秒脉冲激发固体原子磁矩变化，利用时间分辨的磁光克尔效应(TRMOKE)测量飞秒尺度自旋动力学的技术．它的特点是利用超快脉冲实现对原子磁矩随时间弛豫的研究．如图 6.11(a)所示，固体原子磁矩的自旋进动在 1 ps~1 ns 量级，自旋轨道耦合在 0.1 ps~1 ns 量级，而交换作用在 0.01~0.1 ps 量级．因此，超快激光造成电子激发，从而改变原子磁矩，主要有退磁过程、退磁恢复过程和恢复之后的自旋进动弛豫过程，从而可以用来研究不同模式的自旋波．与 FMR 技术相比，超快激光脉冲对模式没有选择性，可激发高能量自旋波．与 BLS 技术相比，超快技术对波矢也没有选择性，被激发的自旋波波矢分布宽．

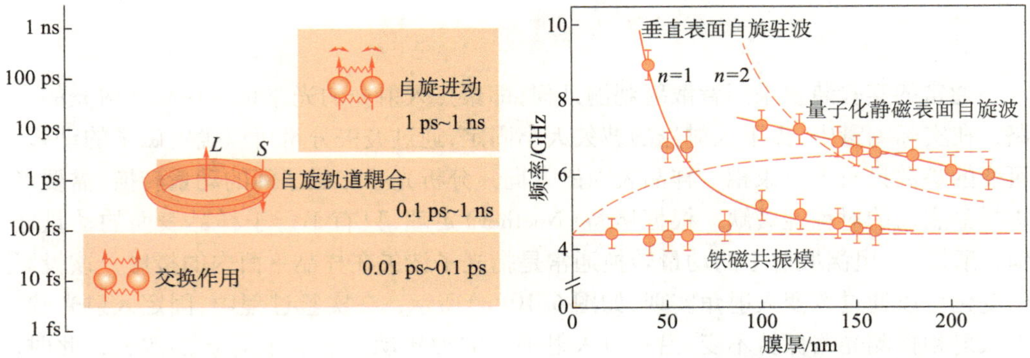

(a) 驱动的相互作用时间尺度　　(b) 自旋波模式随厚度的变化

图 6.11　超快技术

在此，只讨论超快激光驱动连续薄膜中的偶极和交换作用自旋波．由于超快技术利用磁光克尔效应测量磁化强度随时间的演化，所以只有共振模式贡献一致进动信号，其它模式作为非一致进动本底存在．通常薄膜中的共振模式有三种：自旋的一致进动的铁磁共振(Kittel)模，反映了薄膜的磁各向异性，可以直接求解朗道-栗夫席兹-吉尔伯特(LLG)方程获得；集中在样品表面处的长波长量子化静磁表面自旋波(Damon-Eshbach，DE)模，反映了各向异性与交换作用的竞争，可以利用麦克斯韦方程确定的边界条件与 LLG 方程联立求解；垂直薄膜表面的自旋驻波(PSSW)，它的求解完全类似 DE 模，在磁性薄膜中表现为量子化波矢垂直样品表面，交换作用主导了该驻波的产生．

若不考虑最初几个皮秒的磁化强度的恢复过程，由 30 ps 到 1 ns 的磁化强度振荡过程可以看到铁磁薄膜中可以激发以上三种自旋波模式．为了从时间依赖的 MOKE 谱中获得进动频率，需要首先去除声子和磁子的非一致进动本底，然后对随时间演化的磁化强度作傅里叶变换，得到振动的频率谱．对于给定厚度的薄膜，随着外加磁场的变化，共振峰位和幅度均随外场发生变化．对于不同厚度的薄膜，频率谱随厚度的变化反映了三种进动模式起源的不同．如图 6.11(b)所示，Kittel 模式随厚度基本不变，而垂直表面的自旋驻波随厚度的负 2 次方降低．DE 模只在低外磁场 90 mT 中才能被激发，且存在于 80 nm 以上厚度的 Ni 薄膜中．这是因为磁激发的深度由激光场的穿透深度决定，表现为 DE 自旋波在表面处最强，垂直表面向里指数衰减越来越弱.

习题六

6.1　α_x 和 β 间的关系. 利用式(6.16b)中参数 α_x 和 β 的行列式形式，证明 $\alpha_x^2=\beta^2=1$，$\alpha_x\beta+\beta\alpha_x=0$.

6.2　自发磁化的必要条件. 对于 N 个自旋矢量 $\boldsymbol{s}$ 的晶体，有 $\sum_{i\neq j}\boldsymbol{s}_i\cdot\boldsymbol{s}_j=\left(\sum_i \boldsymbol{s}_i\right)^2-\sum_i \boldsymbol{s}_i^2$. 如果每个 $\boldsymbol{s}_i$ 的大小为 1/2，利用海森伯交换作用模型，证明电子取向一致向上的数量 r 远大于取向一致向下的数量 l 时，$A>0$ 使系统的本征值 $E_{ex}<0$，说明 $A>0$ 是自发磁化的必要条件.

6.3　原子磁矩的稳定方向. 磁晶各向异性的易磁化方向是晶体中平行排列原子磁矩的稳定方向. 假设球形颗粒的磁晶各向异性自由能为 $F=K\sin^2\theta$，其中 θ 为磁化强度偏离易磁化轴的极角，若外加磁场 $\boldsymbol{H}$ 作用在 θ_0 方向，磁化强度发生一致转动时，试求该 Stoner–Wohlfarth 模型下磁化强度在外场方向的投影.

6.4　超顺磁阻截温度. 随着颗粒的减小，铁磁性物质的各向异性能与热运动能可比时，颗粒的磁化强度不再稳定在易磁化方向上. 当温度高于某一临界温度时，尽管颗粒内部的原子磁矩依然平行排列，但颗粒磁矩作为整体作无规则热运动，宏观表现为顺磁性，称之为超顺磁性. 试求由铁磁到超顺磁的转变温度，称之为超顺磁阻截温度.

6.5　自旋角动量与磁场的关系. 利用电子自旋 $\boldsymbol{S}$ 在外场 $\boldsymbol{H}$ 中的哈密顿量 $\hat{H}=\gamma\boldsymbol{S}\cdot\boldsymbol{H}$，证明电子 $\boldsymbol{S}$ 与 $\hat{H}$ 满足如下对易关系：

$$(\boldsymbol{S}\hat{H}-\hat{H}\boldsymbol{S})=-\mathrm{i}\hbar\gamma\boldsymbol{S}\times\boldsymbol{H}$$

6.6　亚铁磁体系的色散关系. 考虑自旋 $\boldsymbol{S}^{\mathrm{A}}$ 构成的 A 格子与自旋 $\boldsymbol{S}^{\mathrm{B}}$ 构成的 B 格子形成的三维亚铁磁系统，每个格点的周围存在 z_0 个与其相反的最近邻自旋. 若作用在 A 格子 i 格点自旋的交换作用哈密顿量为

$$\hat{H}_{i,\mathrm{ex}}=-2A\boldsymbol{S}_i^{\mathrm{A}}\times\sum_j \boldsymbol{S}_j^{\mathrm{B}}$$

利用长波近似下，$\sum_j \boldsymbol{S}_j^{\mathrm{B}}=z\boldsymbol{S}_i^{\mathrm{B}}+a^2\nabla^2\boldsymbol{S}_i^{\mathrm{B}}$，试求色散关系，并作分析讨论.

6.7　算符对易关系. 利用$[a_i,a_j^+]=\delta_{ij}$，试求傅里叶变换

$$a_i=\frac{1}{\sqrt{N}}\sum_{\boldsymbol{k}}\mathrm{e}^{\mathrm{i}\boldsymbol{k}\cdot\boldsymbol{T}_i}a_{\boldsymbol{k}},\quad a_i^+=\frac{1}{\sqrt{N}}\sum_{\boldsymbol{k}}\mathrm{e}^{-\mathrm{i}\boldsymbol{k}\cdot\boldsymbol{T}_i}a_{\boldsymbol{k}}^+$$

对应逆变换

$$a_{\boldsymbol{k}}=\frac{1}{\sqrt{N}}\sum_{\boldsymbol{T}_i}\mathrm{e}^{-\mathrm{i}\boldsymbol{k}\cdot\boldsymbol{T}_i}a_i,\quad a_{\boldsymbol{k}}^+=\frac{1}{\sqrt{N}}\sum_{\boldsymbol{T}_i}\mathrm{e}^{\mathrm{i}\boldsymbol{k}\cdot\boldsymbol{T}_i}a_i^+$$

满足$[a_{\boldsymbol{k}},a_{\boldsymbol{k}}^+]=1$. 对于该玻色算符，同样有 $a_{\boldsymbol{k}}^+a_{\boldsymbol{k}}=n_{\boldsymbol{k}}$.

6.8　常用关系. 利用平移群不可约表示的正交关系

$$\frac{1}{N}\sum_i^N \mathrm{e}^{-\mathrm{i}(\boldsymbol{k}-\boldsymbol{k}')\cdot\boldsymbol{T}_i}=\delta_{\boldsymbol{k},\boldsymbol{k}'}$$

证明

$$\sum_{<i,j>}a_i^+a_j=\frac{1}{2}z_0\sum_{\boldsymbol{k}}\gamma_{\boldsymbol{k}}a_{\boldsymbol{k}}^+a_{\boldsymbol{k}}$$

6.9　铁磁体系的自旋波能量. 利用 $S=1/2$ 的铁磁系统哈密顿量

$$\hat{H}=-J\sum_{i<j}\left[\frac{1}{2}(S_i^+S_j^-+S_i^-S_j^+)+S_i^zS_j^z\right]$$

证明低温下三维铁磁晶体的自旋波能量为 $\varepsilon_k = Jz_0(1-\gamma_k)/2$. 其中, z_0 为最近邻原子数,

$$\gamma_k = \frac{1}{z_0}\sum_{T} \mathrm{e}^{-\mathrm{i}\boldsymbol{k}\cdot\boldsymbol{T}}$$

$\boldsymbol{T}$ 为最近邻原子的位矢. 并由此写出简单、体心和面心立方晶格的自旋波色散关系.

6.10　讨论 LLG 方程的局限性.

参考文献

第 7 章

电子结构计算与费米面测量

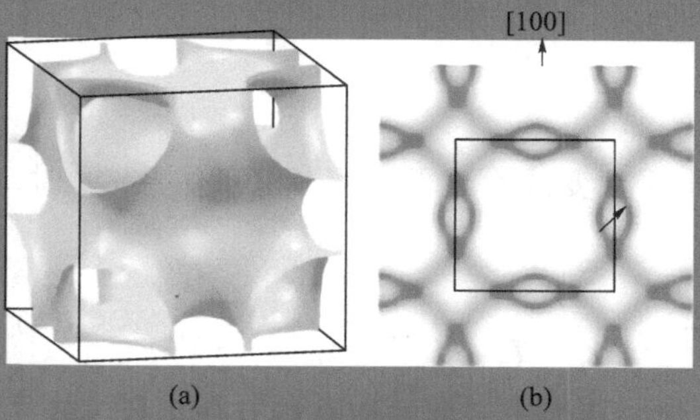

$Ni_{0.68}Al_{0.32}$ 合金．(a) KKR 计算的布里渊区内费米面，(b) $k_z=0.48\pi/a$ 平面上布洛赫谱函数的强度，阴影越黑表示态密度越高．引自 S. B. Dugdale, et al., Phys. Rev. Lett. 96, 046406 (2006).

本章围绕晶体的电子结构，介绍精确计算的基础理论、关键量处理以及实验测量方法.

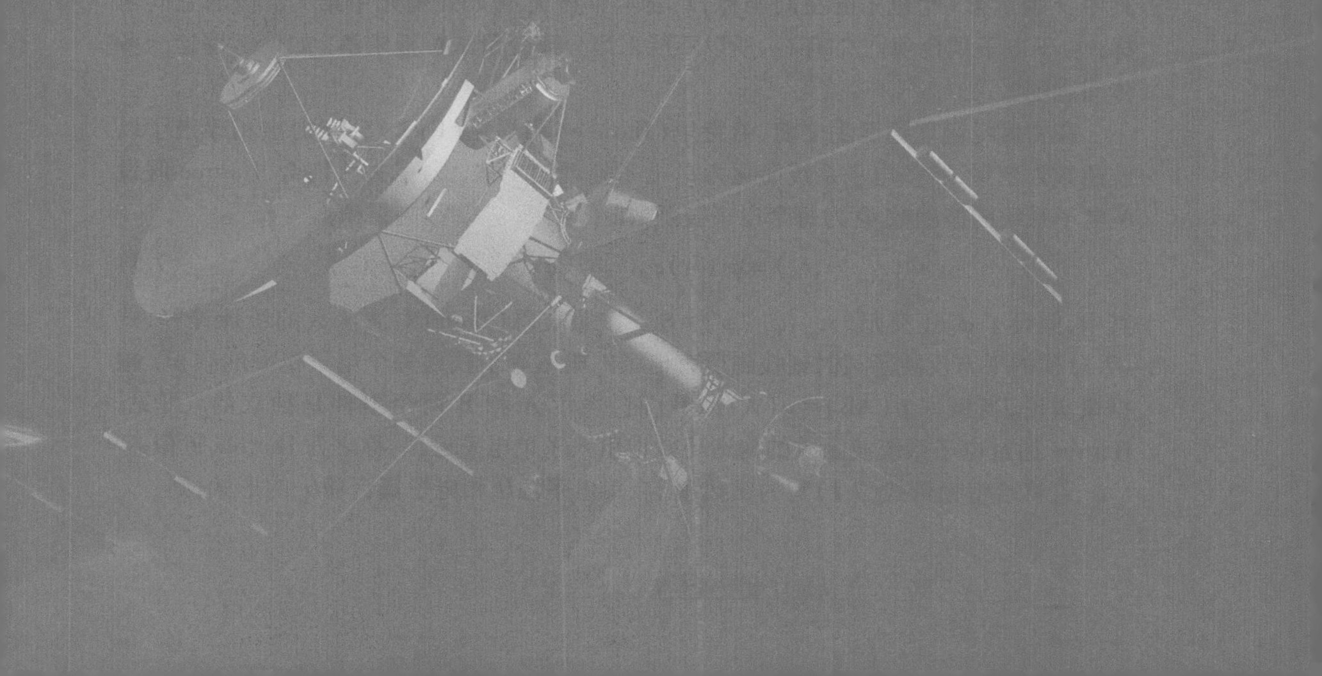

固体之所以有磁性和非磁性的金属、半导体和绝缘体之分，电子结构(electronic structure)在其中的地位至关重要. 通常，电子结构包含能带结构、态密度和费米面三方面. 在第5章中介绍了近自由电子近似、紧束缚近似和一般势场的中心方程三大类电子结构处理思想. 然而，一旦需要精确的电子结构，仅有以上思想是远远不够的，必须进入具体处理的细节. 至少必须引入电子的自旋态，才能完整地描述电子波函数. 在本章中，先介绍实际求解晶体电子结构的理论依据以及单电子运动方程的处理思路；然后，讨论电子在电磁场中的运动，并介绍能带结构、态密度和费米面测试方法.

§ 7.1 HF 单电子运动方程

绝热近似下，晶体中与原子核耦合的电子演变成绝热于核的多电子体系. 此时，晶体中电子体系的哈密顿量为

$$\hat{H}=\sum_i\left(-\frac{1}{2}\nabla_i^2\right)+\frac{1}{2}\sum_{i,j\neq i}\frac{1}{|\boldsymbol{r}_i-\boldsymbol{r}_j|}+\sum_i\left(-\sum_l\frac{Z_l}{|\boldsymbol{r}_i-\boldsymbol{T}_l|}\right)+\frac{1}{2}\sum_{I,I'\neq I}\frac{Z_IZ_{I'}}{|\boldsymbol{T}_I-\boldsymbol{T}_{I'}|} \tag{7.1}$$

其中，等式右边的第一项为电子的动能 $\hat{T}$，第二项为电子间的库仑相互作用$\hat{V}_{\text{int}}$，第三项为电子受核的库仑相互作用$\hat{V}_{\text{ext}}$，第四项为核之间的库仑相互作用能E_{II}. 所有项中均采用了哈特里(Hartree)原子单位：$\hbar=m_e=e=a_0=1$，a_0为玻尔半径. 此时

$$\hat{T}=\sum_i-\frac{1}{2}\nabla_i^2 \tag{7.2a}$$

$$\hat{V}_{\text{int}}=\frac{1}{2}\sum_{i,j\neq i}\frac{1}{|\boldsymbol{r}_i-\boldsymbol{r}_j|} \tag{7.2b}$$

$$\hat{V}_{\text{ext}}=\sum_{i,l}-\frac{Z_l}{|\boldsymbol{r}_i-\boldsymbol{T}_l|}=\sum_i V_{\text{ext}}(\boldsymbol{r}_i) \tag{7.2c}$$

$$E_{II}=\frac{1}{2}\sum_{I,I'\neq I}\frac{Z_IZ_{I'}}{|\boldsymbol{T}_I-\boldsymbol{T}_{I'}|} \tag{7.2d}$$

其中，$\boldsymbol{r}_i$表示第 i 个电子的空间坐标，$\boldsymbol{T}_I$表示平移矢量 $\boldsymbol{T}$ 处基元中第 I 个核的空间坐标. 由于电子耦合项V_{int}的存在，所以不能采用分离变量法解析求解. 如何处理这一多体问题呢？

在密度泛函理论诞生之前，哈特里(Hartree)和福克(Fock)分别提出和改进了以波函数为变量，将多电子系统简化为单电子处理的方法. 为了去除耦合，Hartree 假设 N 电子系统的波函数 $\boldsymbol{\Phi}$ 为每个电子波函数$\varphi_i(i=1,2,\cdots,N)$的乘积：

$$\boldsymbol{\Phi}(r_1,\cdots,r_N)\equiv\varphi_1(r_1)\varphi_2(r_2)\cdots\varphi_N(r_N)=\prod_i\varphi_i(r_i) \tag{7.3}$$

其中，假设了 φ_i 正交归一，$\langle\varphi_i|\varphi_j\rangle=\delta_{ij}$. 按照玻恩(Born)对波函数的统计诠释，式(7.3)模的平方反映了某时刻找到所有电子的概率等于找到每个电子概率的乘积. 根据概率论，当概率 $p(\text{AB})=p(\text{A})p(\text{B})$时，表示 A 和 B 两个事件是独立的. 可见，Hartree 通过电子系统波函数的构造巧妙地引入了单电子近似，称之为 Hartree 近似.

若将哈密顿量式(7.1)写为常数项E_{II}、单电子项$\hat{H}_i$和电子耦合项$\hat{H}_{ij}$的形式，则

$$
\begin{aligned}
\hat{H} &= E_{II} + \sum_i \hat{H}_i + \sum_{i,j\neq i} \hat{H}_{ij} \\
&= \frac{1}{2}\sum_{I,I'\neq I} \frac{Z_I Z_{I'}}{|\boldsymbol{T}_I - \boldsymbol{T}_{I'}|} + \sum_i \left(-\frac{1}{2}\nabla_i^2 - \sum_l \frac{Z_l}{|\boldsymbol{r}_i - \boldsymbol{T}_l|}\right) + \frac{1}{2}\sum_{i,j\neq i} \frac{1}{|\boldsymbol{r}_i - \boldsymbol{r}_j|}
\end{aligned} \tag{7.4}
$$

由 Hartree 近似波函数可求得哈密顿量的期望值

$$
E = \langle \Phi | H | \Phi \rangle = E_{II} + \sum_i \langle \varphi_i | H_i | \varphi_i \rangle + \frac{1}{2}\sum_{i,j\neq i} \langle \varphi_i \varphi_j | H_{ij} | \varphi_i \varphi_j \rangle \tag{7.5}
$$

其中

$$
\langle \varphi_i | H_i | \varphi_i \rangle = \int \mathrm{d}\boldsymbol{r} \varphi_i^*(\boldsymbol{r}) \left(-\frac{1}{2}\nabla_i^2 - \sum_l \frac{Z_l}{|\boldsymbol{r} - \boldsymbol{T}_l|}\right) \varphi_i(\boldsymbol{r}) \tag{7.6a}
$$

$$
\langle \varphi_i \varphi_j | H_{ij} | \varphi_i \varphi_j \rangle = \int \mathrm{d}\boldsymbol{r}\mathrm{d}\boldsymbol{r}' \varphi_i^*(\boldsymbol{r}) \varphi_j^*(\boldsymbol{r}') \frac{1}{|\boldsymbol{r} - \boldsymbol{r}'|} \varphi_i(\boldsymbol{r}) \varphi_j(\boldsymbol{r}') \tag{7.6b}
$$

根据变分原理，每个 φ_i 描写的基函数必给出能量 E 的最小值．即，能量期望值的极小值就是体系的基态能量．在约束条件 $\langle \varphi_i | \varphi_i \rangle = 1$ 情况下，引入拉格朗日乘子(Lagrange multiplier) ε_i，构造拉格朗日函数 L：

$$
L = E - \sum_{i=1}^{N} \varepsilon_i (\langle \varphi_i | \varphi_i \rangle - 1) \tag{7.7}
$$

由变分原理，能量极小值满足

$$
\delta L = \delta E - \sum_{i=1}^{N} \varepsilon_i \delta(\langle \varphi_i | \varphi_i \rangle - 1) = 0 \tag{7.8a}
$$

将 L 对 φ_i^* 作变分，式(7.8a)变为

$$
\sum_i \langle \delta\varphi_i | \hat{H}_i + \sum_{j\neq i} \langle \varphi_j | \hat{H}_{ij} | \varphi_j \rangle - \varepsilon_i | \varphi_i \rangle = 0 \tag{7.8b}
$$

上式对任意 $\delta\varphi_i^*$ 均成立，则要求其系数为零．略去下标 i，得到

$$
\left[-\frac{1}{2}\nabla^2 + V_{\mathrm{ext}}(\boldsymbol{r}) + \sum_{j\neq i} \int \mathrm{d}\boldsymbol{r}' \frac{\varphi_j^*(\boldsymbol{r}')\varphi_j(\boldsymbol{r}')}{|\boldsymbol{r} - \boldsymbol{r}'|}\right] \varphi(\boldsymbol{r}) = \varepsilon \varphi(\boldsymbol{r}) \tag{7.9}
$$

上式称为 Hartree 方程．这一单电子薛定谔方程描写了电子在离子实势场和其它电子势场中的运动．此时的拉格朗日乘子 ε_i 具有单电子能量本征值的意义．

Hartree 近似下的多电子系统是全同的费米子体系，量子力学要求其波函数具有交换反对称性．即，两个电子交换坐标，波函数反号．为了克服 Hartree 近似没有考虑这一点的不足，Fock 利用 φ_i 的正交归一性，将系统波函数 Φ 写成了斯莱特(Slater)行列式的形式：

$$
\Phi = \frac{1}{\sqrt{N!}} \begin{vmatrix} \varphi_1(\boldsymbol{q}_1) & \cdots & \varphi_N(\boldsymbol{q}_1) \\ \vdots & & \vdots \\ \varphi_1(\boldsymbol{q}_N) & \cdots & \varphi_N(\boldsymbol{q}_N) \end{vmatrix} \tag{7.10a}
$$

其中，$1/\sqrt{N!}$ 为归一化系数，电子波函数 $\varphi_i(\boldsymbol{q})$ 计入了自旋分量 χ：

$$
\varphi_i(\boldsymbol{q}) = \varphi_i(\boldsymbol{r}) \chi_i(\boldsymbol{\sigma}) \tag{7.10b}
$$

其中，$\boldsymbol{\sigma}$ 为电子的自旋．显然，系统波函数的 Slater 行列式自然满足：① 泡利不相容原理：两电子不能处在同一状态上，即两电子坐标 $\boldsymbol{q}$ 相等(两行相等)，行列式的值为零；

② 波函数具有交换反对称性,两电子交换坐标 $\boldsymbol{q}$(两行互换),行列式的值变号.

采用 Hartree 近似类似的过程,利用 Slater 行列式形式的系统波函数,由变分原理求出单电子近似的薛定谔方程为

$$\left[-\frac{1}{2}\nabla^2+V_{\text{ext}}(\boldsymbol{r})-\int\mathrm{d}\boldsymbol{r}'\,\frac{n_\sigma(\boldsymbol{r}')-n_\sigma^{\text{exc}}(\boldsymbol{r},\boldsymbol{r}')}{|\boldsymbol{r}-\boldsymbol{r}'|}\right]\varphi^\sigma(\boldsymbol{r})=\varepsilon^\sigma\varphi^\sigma(\boldsymbol{r}) \tag{7.11}$$

称之为 Hartree-Fork(HF)方程. 其中,$\varphi^\sigma(\boldsymbol{r})=\varphi(\boldsymbol{r})\chi(\boldsymbol{\sigma})$,电子数密度和交换电子数密度分别为

$$n_\sigma(\boldsymbol{r}')=\sum_{i,\sigma}n_{i,\sigma}(\boldsymbol{r}')=-\sum_i|\varphi_i(\boldsymbol{r}')|^2 \tag{7.12a}$$

$$n_\sigma^{\text{exc}}(\boldsymbol{r},\boldsymbol{r}')=-\sum_j\frac{\varphi_j^*(\boldsymbol{r}')\varphi_i^*(\boldsymbol{r})\varphi_i(\boldsymbol{r}')\varphi_j(\boldsymbol{r})}{\varphi_i^*(\boldsymbol{r})\varphi_i(\boldsymbol{r})} \tag{7.12b}$$

式(7.11)中,与电子数密度 n_σ 有关的项为经典库仑相互作用,也称为 Hartree 项;与交换电子数密度 n_σ^{exc} 有关的项,称为交换作用项. 可见,要获得 $\varphi(\boldsymbol{r})$,需先知道 n;要知道 n,需先知道 $\varphi(\boldsymbol{r})$,这就需要所谓的自洽计算. 通常,除自由电子外,交换电荷密度的空间分布很难给出. 式(7.11)中[…]内第三项的存在,使得方程的求解实际上是一个 $3N$ 维的自洽求解问题.

特别注意的是,Slater 行列式形式的波函数一般不是系统本征函数. 一个行列式函数如果是 S_z 的本征函数,一般不是 S^2 完备的本征函数. 为了得到 S^2 的本征函数,必须构造具有确定 S_z 的行列式的线性组合,即 Slater 行列式的线性组合. 这样一来,按照对称性构筑的波函数不一定使系统能量最低. 反过来,若放松对称性要求,会得到能量更低的极值,系统能量的绝对极小值可以不满足所有的对称性. 此乃 HF 方程的对称性困难.

例 7.1

用均匀的正电荷背景代替离散的离子实,形成的电中性体系称为均匀电子气. 证明 Hartree-Fock 近似下,均匀电子气的本征态为平面波,并求其本征值.

解: 利用电子在均匀正电荷密度 n 中的势能代替离子实对电子的作用势 $V_{\text{ext}}(\boldsymbol{r})$,HF 单电子运动方程式(7.11)变为

$$\left[-\frac{1}{2}\nabla^2-\int\mathrm{d}\boldsymbol{r}'\,\frac{n}{|\boldsymbol{r}-\boldsymbol{r}'|}-\int\mathrm{d}\boldsymbol{r}'\,\frac{n_\sigma(\boldsymbol{r}')}{|\boldsymbol{r}-\boldsymbol{r}'|}+\int\mathrm{d}\boldsymbol{r}'\,\frac{n_\sigma^{\text{exc}}(\boldsymbol{r},\boldsymbol{r}')}{|\boldsymbol{r}-\boldsymbol{r}'|}\right]\varphi^\sigma(\boldsymbol{r})=\varepsilon^\sigma\varphi^\sigma(\boldsymbol{r})$$

假设电子波函数的空间分量为平面波 $\varphi(\boldsymbol{r})=V^{-1/2}\exp(\mathrm{i}\boldsymbol{k}\cdot\boldsymbol{r})$,利用式(7.12),可以求出电子数密度和交换电子数密度:

$$n_\sigma(\boldsymbol{r}')=-\sum_i|\varphi_i(\boldsymbol{r}')|^2=-\frac{N}{V}=-n$$

$$n_\sigma^{\text{exc}}(\boldsymbol{r},\boldsymbol{r}')=-\sum_j\frac{\varphi_j^*(\boldsymbol{r}')\varphi_i^*(\boldsymbol{r})\varphi_i(\boldsymbol{r}')\varphi_j(\boldsymbol{r})}{\varphi_i^*(\boldsymbol{r})\varphi_i(\boldsymbol{r})}=-\frac{1}{V}\sum_j\exp[-\mathrm{i}(\boldsymbol{k}_i-\boldsymbol{k}_j)\cdot(\boldsymbol{r}-\boldsymbol{r}')]$$

将以上两个密度公式代入 HF 方程,[…]中的动能项不变,第二和第三项相互抵消(即正电荷背景的引入防止了电子库仑相互作用项的发散),而交换项为

$$-\frac{1}{V}\sum_{j}\int \mathrm{d}\boldsymbol{r}'\frac{\mathrm{e}^{-\mathrm{i}(\boldsymbol{k}_i-\boldsymbol{k}_j)\cdot(\boldsymbol{r}-\boldsymbol{r}')}}{|\boldsymbol{r}-\boldsymbol{r}'|}=-\frac{1}{V}\sum_{j}\frac{4\pi}{|\boldsymbol{k}_i-\boldsymbol{k}_j|^2}$$

其中，利用了 $\int \mathrm{d}\boldsymbol{\tau}\frac{\mathrm{e}^{-\mathrm{i}\boldsymbol{k}\cdot\boldsymbol{\tau}-\beta\tau}}{\tau}=2\pi\int_0^{\infty}\tau\mathrm{e}^{-\beta\tau}\mathrm{d}\tau\int_{-1}^{1}\mathrm{d}(\cos\theta)\mathrm{e}^{-\mathrm{i}k\tau\cos\theta}=\frac{4\pi}{k^2+\beta^2}$.

将动能项和交换项作用到平面波上，得到

$$\left[-\frac{1}{2}\nabla^2-\frac{1}{V}\sum_{j}\frac{4\pi}{|\boldsymbol{k}_i-\boldsymbol{k}_j|^2}\right]\varphi(\boldsymbol{r})=\left[\frac{1}{2}k^2-\frac{1}{V}\sum_{j}\frac{4\pi}{|\boldsymbol{k}_i-\boldsymbol{k}_j|^2}\right]\varphi(\boldsymbol{r})$$

可见，平面波是本征态. 相应的本征值为

$$\varepsilon_i(\boldsymbol{k})=\frac{1}{2}k^2-\frac{1}{V}\sum_{j}\frac{4\pi}{|\boldsymbol{k}_i-\boldsymbol{k}_j|^2}$$

第一项为动能，第二项为交换能.

§ 7.2 KS 单电子运动方程

针对 HF 方程的对称性困难，人们从势场而不是波函数的角度来寻找新方案. 早在 1927 年托马斯（Thomas）和费米（Fermi）就将无相互作用均匀分布电子气的能量处理成了电子局域密度的形式. 1930 年狄拉克将该思想扩展到了存在交换-关联的均匀分布电子系统. 这种将多粒子系统的动能、外场对系统作用以及系统自身交换-关联作用能量表示成粒子数密度形式的处理方案，称为密度泛函理论.

对于一个 N 电子系统，密度泛函理论的优势在于只处理一个有关电子数密度的方程，而不是求解 $3N$ 个自由度的多体薛定谔方程. 早期 Thomas 和 Fermi 采用的均匀电子气近似过于简略，很难定量描述实际的原子结构、原子键合等重要物理和化学信息. 现代密度泛函理论起源于 1964 年 Hohenberg 和 Kohn（HK）提出的非均匀电子分布系统的两个定理. 密度泛函理论的核心思想是相互作用多粒子系统的任何性质均可以看成基态粒子数密度 $n_0(\boldsymbol{r})$ 的泛函. 也就是说，一个位置的标量函数 $n_0(\boldsymbol{r})$ 决定了基态和激发态多体波函数的所有信息. 密度泛函理论已成为描述多体系统的严格理论.

一、Hohenberg-Kohn 定理

HK 定理 Ⅰ：非简并多粒子相互作用系统，施加在系统上的外场势 $V_{\mathrm{ext}}(\boldsymbol{r})$ 由系统基态粒子数密度 $n_0(\boldsymbol{r})$ 唯一确定.

假设两个不同的外场势 $\hat{V}_{\mathrm{ext}}^{(1)}(\boldsymbol{r})$ 和 $\hat{V}_{\mathrm{ext}}^{(2)}(\boldsymbol{r})$ 作用在同一多粒子系统上，导致相同的基态粒子数密度 $n_0(\boldsymbol{r})$. 若考虑式(7.1)形式的哈密顿量 $\hat{H}=\hat{T}+\hat{V}_{\mathrm{int}}+\hat{V}_{\mathrm{ext}}+E_{II}$，这两个外势场对应的哈密顿量分别为 $\hat{H}^{(1)}$ 和 $\hat{H}^{(2)}$. 在以上假设下，按照波函数的统计诠释，相应的基态波函数 $\Psi^{(1)}$ 和 $\Psi^{(2)}$ 对应着相同的基态密度 $n_0(\boldsymbol{r})$. 下面用反证法证明.

假设 $\Psi^{(2)}$ 不是 $\hat{H}^{(1)}$ 的基态波函数，在非简并条件下

$$\begin{aligned}E^{(1)}&=\langle\Psi^{(1)}|\hat{H}^{(1)}|\Psi^{(1)}\rangle<\langle\Psi^{(2)}|\hat{H}^{(1)}|\Psi^{(2)}\rangle\\&=\langle\Psi^{(2)}|\hat{H}^{(2)}|\Psi^{(2)}\rangle+\langle\Psi^{(2)}|\hat{H}^{(1)}-\hat{H}^{(2)}|\Psi^{(2)}\rangle\\&=E^{(2)}+\int\mathrm{d}\boldsymbol{r}\,n_0(\boldsymbol{r})\left[V_{\mathrm{ext}}^{(1)}(\boldsymbol{r})-V_{\mathrm{ext}}^{(2)}(\boldsymbol{r})\right]\end{aligned}\tag{7.13a}$$

同理，若假设 $\Psi^{(1)}$ 不是 $\hat{H}^{(2)}$ 的基态波函数，则

$$E^{(2)}<E^{(1)}+\int \mathrm{d}\boldsymbol{r}\, n_0(\boldsymbol{r})\left[V_{\mathrm{ext}}^{(2)}(\boldsymbol{r})-V_{\mathrm{ext}}^{(1)}(\boldsymbol{r})\right] \tag{7.13b}$$

将式(7.13a)和式(7.13b)两式相加，得到一个与假设矛盾的不等式

$$E^{(1)}+E^{(2)}<E^{(2)}+E^{(1)} \tag{7.14}$$

说明不同的外场势 $\hat{V}_{\mathrm{ext}}^{(1)}(\boldsymbol{r})$ 和 $\hat{V}_{\mathrm{ext}}^{(2)}(\boldsymbol{r})$ 作用，对应着相同的本征态. 也就是说，不同外场势 $V_{\mathrm{ext}}(\boldsymbol{r})$ 一定对应着不同的基态粒子数密度. 反过来，基态粒子数密度唯一地决定了外场势 $V_{\mathrm{ext}}(\boldsymbol{r})$，最多相差一个常数. 这一点类似于电荷密度与静电势的关系.

HK 定理 I 说明，如果基态粒子数密度 $n_0(\boldsymbol{r})$ 已知，外场势就被确定，则多粒子系统的哈密顿量也就被确定. 求解多体薛定谔方程，所有态(基态和激发态)的多体波函数就被确定. 所以，系统的所有性质可以完全由 $n_0(\boldsymbol{r})$ 唯一地确定. 由于 $n_0(\boldsymbol{r})$ 是坐标的函数，而能量 $E[n_0]$ 是 $n_0(\boldsymbol{r})$ 的函数，可见函数 $E[n_0]$ 是函数 $n_0(\boldsymbol{r})$ 的泛函.

HK 定理 Ⅱ：对任意外场势 $V_{\mathrm{ext}}(\boldsymbol{r})$，若系统能量 $E[n]$ 可以统一地表示成粒子数密度 $n(\boldsymbol{r})$ 的泛函形式，则系统的基态能量等于泛函 $E[n]$ 的最小值，而使 $E[n]$ 最小的 $n(\boldsymbol{r})$ 一定是系统的基态粒子数密度 $n_0(\boldsymbol{r})$.

针对式(7.1)形式的哈密顿量 $\hat{H}=\hat{T}+\hat{V}_{\mathrm{int}}+\hat{V}_{\mathrm{ext}}+E_{II}$，对于确定的外势场 V_{ext}，若系统能量 $E[n]$ 为粒子数密度 $n(\boldsymbol{r})$ 的泛函形式

$$E[n]\equiv F[n]+\int \mathrm{d}^3 r\, V_{\mathrm{ext}}(\boldsymbol{r})n(\boldsymbol{r})+E_{II} \tag{7.15}$$

则相互作用粒子系统的动能和势能构成的未知泛函

$$F[n]\equiv\langle\Psi|\hat{T}+\hat{V}_{\mathrm{int}}|\Psi\rangle \tag{7.16}$$

必是粒子数密度 $n(\boldsymbol{r})$ 的函数，且与外势场无关. 其中，Ψ 为系统波函数.

根据变分原理，粒子数不变时，任意态 Ψ 的能量泛函为

$$E[\Psi]\equiv\langle\Psi|\hat{T}+\hat{V}_{\mathrm{int}}|\Psi\rangle+\langle\Psi|\hat{V}_{\mathrm{ext}}|\Psi\rangle+E_{II}=E[n] \tag{7.17}$$

若 Ψ^0 是与外场势 $V_{\mathrm{ext}}(\boldsymbol{r})$ 相对应的基态，则

$$\begin{aligned}E[\Psi]&=F[n]+\int \mathrm{d}^3 r\, V_{\mathrm{ext}}(\boldsymbol{r})n(\boldsymbol{r})+E_{II}>E[\Psi^0]=E[n_0]\\&=F[n_0]+\int \mathrm{d}^3 r\, V_{\mathrm{ext}}(\boldsymbol{r})n_0(\boldsymbol{r})+E_{II}\end{aligned} \tag{7.18}$$

可见，对于所有依赖于 $n(\boldsymbol{r})$ 的 $V_{\mathrm{ext}}(\boldsymbol{r})$，$E[\Psi]=E[n_0]$ 为能量最小值. 也就是说，只要知道了基态密度函数 $n_0(\boldsymbol{r})$，也就确定了能量泛函的最小值，而这个最小值等于 $E[n_0]$. HK 定理Ⅱ告诉我们，能量泛函 $E[n]$ 完全可以独立地确定基态能量和密度函数.

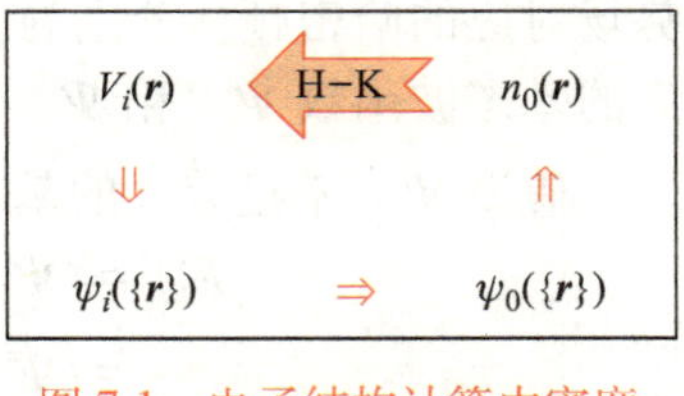

图 7.1　电子结构计算中密度泛函理论重要性的示意图

总之，HK 定理告诉我们，多电子体系的哈密顿量可以唯一地表示成电子数密度 $n(\boldsymbol{r})$ 的形式，而能量泛函对电子数密度的变分最小值一定是系统的基态能量，对应的电子数密度一定是基态密度. 如图 7.1 所示，在多电子系统中，HK 定理建立了正确计算电子结构的方案和判据，使单电子薛定谔方程的求解变成了一个闭合的自洽系统，从而可以精确地确定固体能带结构和基态

性质.

例 7.2

在外势场 $V_{ext}(\boldsymbol{r})$ 中，均匀电子气的能量泛函

$$E[n]=\int d^3r\left\{c_1[n(\boldsymbol{r})]^{5/3}+V_{ext}(\boldsymbol{r})n(\boldsymbol{r})+c_2[n(\boldsymbol{r})]^{4/3}+\frac{1}{2}\int d^3r'\frac{n(\boldsymbol{r})n(\boldsymbol{r}')}{|\boldsymbol{r}-\boldsymbol{r}'|}\right\}$$

第一项为动能局域近似，第二项为外势场中能量，第三项为局域交换作用近似，第四项为经典的静电 Hartree 能．试求系数 $c_1=3(3\pi^2)^{2/3}/10, c_2=-3(3/\pi)^{1/3}/4$，并求出外场势与基态电子数密度的关系．

解： 由例题 7.1 知，均匀分布电子气体的本征值为

$$\varepsilon_k=\frac{k^2}{2}-\frac{k_F}{\pi}\left(1+\frac{1-x^2}{2x}\ln\left|\frac{1+x}{1-x}\right|\right)=\frac{k^2}{2}-\frac{k_F}{\pi}f(x)$$

其中，$x=k/k_F$．可见，动能保持了自由电子的形式，基态下每个电子的平均动能为

$$\langle\hat{T}\rangle=\frac{\int_0^{k_F}(k^2/2)4\pi k^2 dk}{\int_0^{k_F}4\pi k^2 dk}=\frac{1}{2}\left(\frac{3}{5}k_F^2\right)=\frac{3}{10}(3\pi^2n)^{2/3}=c_1n^{2/3}$$

其中，利用了 $k_F=(3\pi^2n)^{1/3}$．每个电子的交换能为

$$\langle\varepsilon_{exc}\rangle=\frac{1}{2}\left[-\frac{k_F}{\pi}\langle f(x)\rangle\right]=-\frac{3}{4\pi}k_F=-\frac{3}{4}\left(\frac{3}{\pi}n\right)^{1/3}=c_2n^{1/3}$$

其中，利用了 $\langle f(x)\rangle=-3/2$．

考虑到基态密度 $n(\boldsymbol{r})$ 必须满足总电子数的限制条件

$$\int d^3r n(\boldsymbol{r})=N$$

利用拉格朗日乘子法，基态能量泛函的解可转换为以下无约束函数 $\Omega[n]$ 的最小化

$$\Omega[n]=E[n]-\varepsilon_F\left[\int d^3r n(\boldsymbol{r})-N\right]$$

其中，ε_F 为费米能．对于密度函数很小的变化 $\delta n(\boldsymbol{r})$，稳定点的条件为

$$\int d^3r\{\Omega[n(\boldsymbol{r})+\delta n(\boldsymbol{r})]-\Omega[n(\boldsymbol{r})]\}\to\int d^3r\left[\frac{5}{3}c_1[n(\boldsymbol{r})]^{2/3}+V(\boldsymbol{r})-\varepsilon_F\right]\delta n(\boldsymbol{r})=0$$

其中，势能 $V(\boldsymbol{r})=V_{ext}(\boldsymbol{r})+V_{exc}(\boldsymbol{r})+V_{Hartree}(\boldsymbol{r})$．为了保证基态密度和能量稳定，上式要对所有函数 $\delta n(\boldsymbol{r})$ 成立，要求电子数密度和势能必须满足如下关系：

$$\frac{5}{3}c_1[n(\boldsymbol{r})]^{2/3}+V(\boldsymbol{r})-\varepsilon_F=0$$

原理上，HK 定理可以解决所有问题．事实上，尽管 Mermin 证明了比热容等热力学平衡态性质可以由电子数密度的自由能函数直接决定，但对于激发态还是需要认真考虑．其根本原因在于不知道如何确定电子数密度 $n(\boldsymbol{r})$、如何确定动能泛函 $T[n]$ 以及如何确定交换-关联能泛函 $E_{exc}[n]$．也就是说，如果仅仅依据 HK 定理以及 Mermin 的原始工作，事实上什么都做不了．

二、Kohn-Sham 方程

当今,密度泛函理论之所以成为电子结构计算广泛采用的方法,完全得益于 Kohn 和 Sham(KS)在 1965 年提出的用辅助独立电子系统代替原始的耦合电子系统假设. 所谓辅助独立电子系统,并不是真正的独立电子,而是将耦合电子的势场变成易于处理的独立电子势场形式,将电子之间的耦合转移到系统电子数密度上,简称为 KS 辅助系统. 图 7.2 给出了 KS 假设与 HK 定理在处理电子结构上的关系. 其中,HK_0 指 HK 定理应用于无相互作用的独立电子系统. 为了理解图 7.2 的思想,以下介绍在 KS 假设下,如何获得辅助系统的单电子运动方程.

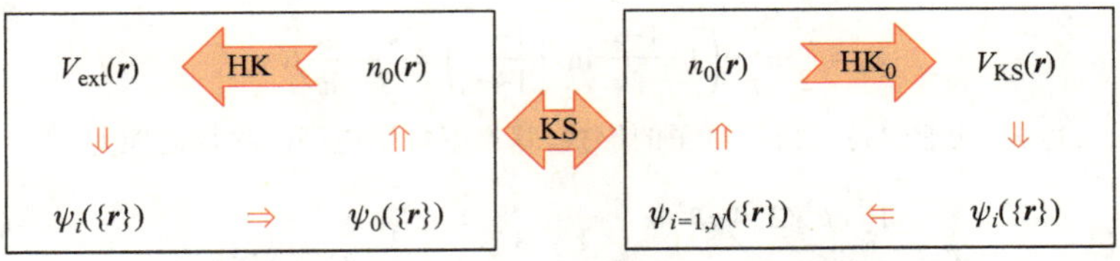

图 7.2　Kohn-Sham 假设与 HK 定理的关系示意图

Kohn-Sham 辅助系统,采用了如下两个假设.

假设Ⅰ:多电子系统的基态密度可以表示成无相互作用电子辅助系统的基态密度.

假设Ⅱ:辅助系统的哈密顿量由电子动能和作用在 $\boldsymbol{r}$ 处自旋 $\boldsymbol{\sigma}$=↑或↓电子上的局域有效势 $V_{eff}^{\sigma}(\boldsymbol{r})$ 组成.

按照 KS 假设,辅助系统的单电子哈密顿量为

$$\hat{H}_{aux}^{\sigma}=\frac{1}{2}\nabla^2+\hat{V}_{eff}^{\sigma}(\boldsymbol{r}) \tag{7.19}$$

对于 $N=N^{\uparrow}+N^{\downarrow}$ 个独立电子构成的辅助系统,每个基态轨道 $\psi_i^{\sigma}(\boldsymbol{r})$ 上只有一个电子,且这些轨道具有最低的能量本征值 ε_i^{σ}. 此时,辅助系统的电子密度为

$$n(\boldsymbol{r})=\sum_{\sigma} n(\boldsymbol{r},\boldsymbol{\sigma})=\sum_{\sigma}\sum_{i=1}^{N\sigma}|\psi_i^{\sigma}(\boldsymbol{r})|^2 \tag{7.20}$$

独立电子动能 T_s 为

$$T_s=-\frac{1}{2}\sum_{\sigma}\sum_{i=1}^{N\sigma}\langle\psi_i^{\sigma}|\nabla^2|\psi_i^{\sigma}\rangle \tag{7.21}$$

对于电子密度为 $n(\boldsymbol{r})$ 的系统,电子自身经典库仑相互作用能为

$$E_{Hartree}[n]=-\frac{1}{2}\int d^3r\int d^3r'\,\frac{n(\boldsymbol{r})n(\boldsymbol{r}')}{|\boldsymbol{r}-\boldsymbol{r}'|} \tag{7.22}$$

以下讨论基态. 对于式(7.1)描述的相互作用电子系统,由式(7.15)和式(7.16),其能量泛函可写为

$$E[n]\equiv\langle\Psi|\hat{T}|\Psi\rangle+\langle\Psi|\hat{V}_{int}|\Psi\rangle+\int d^3r\,V_{ext}(\boldsymbol{r})n(\boldsymbol{r})+E_{II} \tag{7.23}$$

后两项与自旋无关. 若将相互作用电子系统的基态能量泛函写为 HK 形式

$$E_{\mathrm{KS}}[n]=T_{\mathrm{s}}[n]+\{E_{\mathrm{Hartree}}[n]+E_{\mathrm{exc}}[n]\}+\int \mathrm{d}^3r\, V_{\mathrm{ext}}(\boldsymbol{r})n(\boldsymbol{r})+E_{II} \tag{7.24}$$

对比式(7.23)和式(7.24),得到交换-关联能为

$$E_{\mathrm{exc}}[n]=\{\langle \hat{T}\rangle-T_{\mathrm{s}}[n]\}+\{\langle \hat{V}_{\mathrm{int}}\rangle-E_{\mathrm{Hartree}}[n]\} \tag{7.25}$$

其中,n 是与位置 $\boldsymbol{r}$ 和自旋 $\boldsymbol{\sigma}$ 有关的密度函数 $n(\boldsymbol{r},\boldsymbol{\sigma})$. 可见,所有交换和关联的多体效应体现在了交换-关联能中. 按照 KS 假设,如果知道E_{exc},就可以通过求解无相互作用的单电子方程,获得相互作用系统的严格基态和电子密度.

将式(7.24)对波函数 $\psi_i^{\boldsymbol{\sigma}*}(\boldsymbol{r})$ 变分,可以得到单电子薛定谔方程形式的 KS 方程:

$$(\hat{H}_{\mathrm{KS}}^{\boldsymbol{\sigma}}-\varepsilon_i^{\boldsymbol{\sigma}})\psi_i^{\boldsymbol{\sigma}}=0 \tag{7.26}$$

其中,原子单位的哈密顿量为

$$\hat{H}_{\mathrm{KS}}^{\boldsymbol{\sigma}}=-\frac{1}{2}\nabla^2+\hat{V}_{\mathrm{KS}}^{\boldsymbol{\sigma}}(\boldsymbol{r}) \tag{7.27}$$

$$\begin{aligned}\hat{V}_{\mathrm{KS}}^{\boldsymbol{\sigma}}(\boldsymbol{r})&=\hat{V}_{\mathrm{ext}}(\boldsymbol{r})+\hat{V}_{\mathrm{Hartree}}(\boldsymbol{r})+\hat{V}_{\mathrm{exc}}^{\boldsymbol{\sigma}}(\boldsymbol{r})\\&=\hat{V}_{\mathrm{ext}}(\boldsymbol{r})+\frac{\delta E_{\mathrm{Hartree}}(\boldsymbol{r})}{\delta n(\boldsymbol{r},\boldsymbol{\sigma})}+\frac{\delta E_{\mathrm{exc}}(\boldsymbol{r})}{\delta n(\boldsymbol{r},\boldsymbol{\sigma})}\end{aligned} \tag{7.28}$$

至此,无相互作用的单电子方程已找到,密度泛函理论框架成功搭建.

KS 方程形式上类似于独立电子系统的单电子薛定谔方程,依然需要进行自洽场求解. 本质上与单电子薛定谔方程的不同在于,KS 将电子之间的交换关联等效到了电子数密度中. 用易于计算的无相互作用动能和势能来替代真实的动能和势能,用分离的、无相互作用的泛函来代替全体系的、有相互作用的泛函,将其近似值与真实值的差都放进交换关联泛函中,这就是密度泛函理论处理电子结构的亮点. 由于交换关联泛函包含了所有的误差和未知的效应,所以 KS 处理方案中能量泛函在原理上依然是准确表示. 然而,实际上能否精确地近似处理交换关联势是该自洽方案成功的关键.

三、电子结构计算流程

图 7.3 给出了 KS 方程自洽计算电子结构的流程. 其中,有效势和电子数密度均与空间位置和自旋相关. 在数值计算的每个循环中,输入有效势V^{in},求解 KS 方程,输出电子密度n^{out},即$V^{\mathrm{in}}\to n^{\mathrm{out}}$. 通常,除了期望的严格解出现之外,输入和输出的有效势和电子密度是不一致的. 为了得到合理的解,需要由输出的电子密度n^{out}求出新的输入有效势 $V_{\mathrm{new}}^{\mathrm{in}}$,并不断循环,即$V_i\to n_i\to V_{i+1}\to n_{i+1}\to\cdots$. 满足自洽的条件为

$$n_{i+1}^{\mathrm{in}}=n_i^{\mathrm{in}}+\alpha(n_{i+1}^{\mathrm{in}}-n_i^{\mathrm{in}}) \tag{7.29}$$

该条件等价于求能量极小值,相当于求输入态的能量等于输出态的能量.

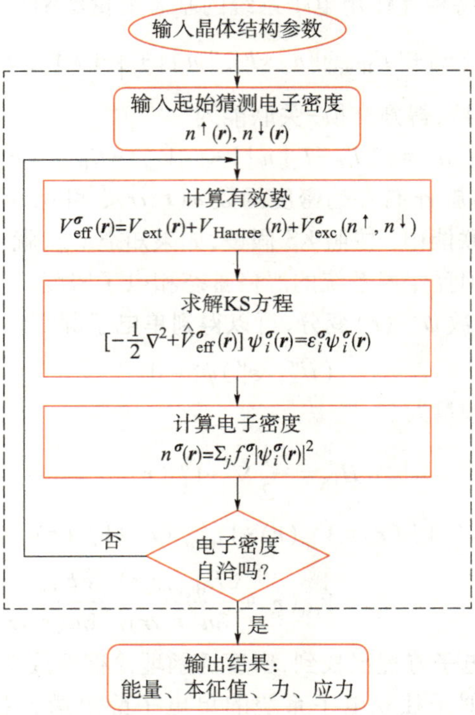

图 7.3　Kohn-Sham 方程自洽计算电子结构的流程图

§ 7.3　周期势场与波函数的构建

如果将固体看成理想晶体,KS 方程等价于第 5 章描述的单电子薛定谔方程,KS 有效势必须是周期势场 $V_{\rm KS}(\boldsymbol{T}+\boldsymbol{r})=V_{\rm KS}(\boldsymbol{r})$,对应的波函数一定满足布洛赫定理. 快速精确的电子结构计算必然涉及两个内容:一是建立合理的周期势场;二是寻找合理的基函数构造系统波函数. 常用的计算方法有三类:一是基于原子轨道线性组合产生的紧束缚法;二是基于平面波展开产生的正交平面波和赝势法;三是基于缀加函数产生的缀加平面波法、格林函数法和丸盒球法. 在此,重点介绍对势场和波函数均有利的选取思想和方案.

一、丸盒(muffin-tin)势场

丸盒势的思想起源于元胞法. 1933 年维格纳和塞茨(WS)在研究碱金属时,历史上第一个提出了定量计算电子结构的方法:元胞法. 其基本思想是,在只含一个原子的 WS 晶胞内,晶体周期势场具有球对称形式:

$$V(\boldsymbol{r})=V(r) \tag{7.30}$$

与氢原子处理类似,WS 晶胞内的单电子薛定谔方程可通过分离变量法求解. 状态为 $\boldsymbol{k}$ 的电子波函数可以用球谐函数 $Y_{lm}(\theta,\varphi)$ 和径向波函数 $R_l(E_k,r)$ 乘积的线性组合来表示,即

$$|\psi_k(\boldsymbol{r})\rangle=\sum_{l,m}a_{lm}(\boldsymbol{k})Y_{lm}(\theta,\varphi)R_l(E_k,r) \tag{7.31a}$$

其中,径向方程满足

$$\frac{1}{r^2}\frac{\mathrm{d}}{\mathrm{d}r}\left(r^2\frac{\mathrm{d}R_l}{\mathrm{d}r}\right)+\left\{\frac{2m}{\hbar^2}[E_k-V(r)]-\frac{l(l+1)}{r^2}\right\}R_l=0 \tag{7.31b}$$

考虑到电子是真实粒子,通常要求波函数在 WS 晶胞边界上不仅满足布洛赫定理限定的周期性边界条件,而且还要求波函数满足统计诠释限定的真实粒子运动的连续性条件:

$$\psi_k(\boldsymbol{T}+\boldsymbol{r})|_{\text{WS边界}}=\mathrm{e}^{\mathrm{i}\boldsymbol{k}\cdot\boldsymbol{T}}\psi_k(\boldsymbol{r})|_{\text{WS边界}} \tag{7.32a}$$

$$\nabla_{\boldsymbol{r}}\psi_k(\boldsymbol{T}+\boldsymbol{r})|_{\text{WS边界}}=-\mathrm{e}^{\mathrm{i}\boldsymbol{k}\cdot\boldsymbol{T}}\nabla_{\boldsymbol{r}}\psi_k(\boldsymbol{r})|_{\text{WS边界}} \tag{7.32b}$$

利用条件式(7.32),求得一组以 a_{lm} 为未知量的线性方程组,而 E_k 应由 a_{lm} 的非零解条件决定. 因此,在确定 a_{lm} 的同时,也确定了本征能量 E_k.

显然,元胞法难以保证球对称势场在 WS 晶胞边界上的连续性. 为了克服这一困难,斯莱特建议采用丸盒(muffin-tin)势. 如图 7.4 所示,所谓丸盒势即假定 WS 晶胞中球对称势只限于离子实周围半径为 r_i 的球体内,称之为丸盒球;而丸盒球外的势场假定为常量. 通过适当选择能量零点,可将 WS 晶胞内的丸盒势写为

$$V_{\mathrm{MT}}(r)=\begin{cases}V(r), & r<r_i\\ \text{常量}, & r\geqslant r_i\end{cases} \tag{7.33}$$

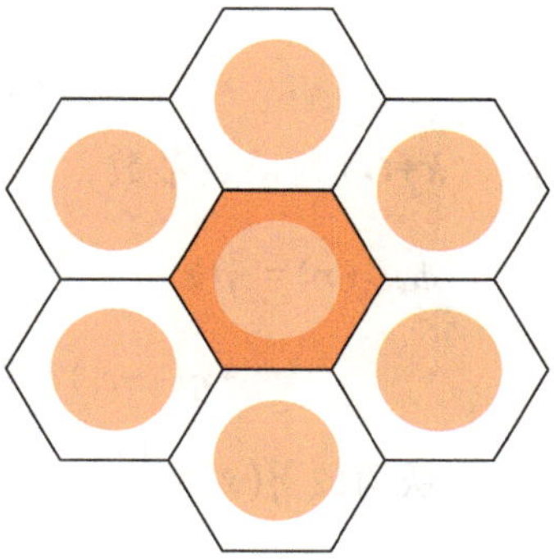

图 7.4　二维 WS 晶胞的丸盒球

这样选择的好处在于自然使 WS 晶胞边界上的势场满足连续性. 同时,若将各原子的势场均按照不同原子的中心取成半径不同的丸盒球形式,则可以将丸盒势推广到多原子基元的晶体,称之为原子球法. 原子势场通常按照 HF 自洽场计算.

二、波函数的构造

在第 5 章中,已经证明了电子波函数的平面波展开或万尼尔函数展开均满足布洛赫定理的正交完备性. 理论上,它们均能很好地描述扩展态或局域态电子,即金属和绝缘体的电子能带. 实际固体中的电子,既有扩展态又有局域态. 仅用平面波或万尼尔函数展开,都需要很多函数才能描述局域态或扩展态. 因此,多数电子结构计算的波函数是由平面波和万尼尔函数组合而成. 实际计算时,万尼尔函数通常用原子轨道波函数代替.

基于第三类电子结构计算的原子球势场近似,可以将晶胞分为两个区. 原子球外,势场取为常量,这些地方的解为平面波,平面波在多面体的边界上自动满足边界条件;在原子球内是球对称势场,电子波函数可严格地用球谐函数和径向波函数的乘积展开. 这样构造的基函数称为缀加平面波(APW):

$$\phi_k(\boldsymbol{r})=\begin{cases}\sum\limits_{l,m} b_{lm}(\boldsymbol{k})\,\mathrm{Y}_{lm}(\theta,\varphi)\,R_l(E_k,r), & r<r_i\\ \mathrm{e}^{\mathrm{i}\boldsymbol{k}\cdot\boldsymbol{r}}, & r\geqslant r_i\end{cases} \tag{7.34}$$

利用这套 APW 基函数可以构造满足边界条件的系统波函数.

将平面波用球谐函数展开

$$\mathrm{e}^{\mathrm{i}\boldsymbol{k}\cdot\boldsymbol{r}}=4\pi\sum_{l,m} i^l \mathrm{j}_l(kr)\,\mathrm{Y}_{lm}(\theta,\varphi)\,\mathrm{Y}_{lm}^*(\theta_k,\varphi_k) \tag{7.35}$$

其中,(θ,φ)是矢量 $\boldsymbol{r}$ 的方位角,(θ_k,φ_k)是矢量 $\boldsymbol{k}$ 的方位角,j_l 为球贝塞尔函数. 按照 $r=r_i$ 处波函数 $\phi_k(\boldsymbol{r})$连续,可以确定出系数b_{lm}:

$$b_{lm}(\boldsymbol{k})=4\pi i^l\frac{\mathrm{j}_l(kr)}{R_l(E_k,r)}\mathrm{Y}_{lm}^*(\theta_k,\varphi_k) \tag{7.36}$$

从而实现了两个区域波函数形式的一致. 布洛赫波 $\psi_k(\boldsymbol{r})$可由 APW 波作基函数展开为

$$\psi_k(\boldsymbol{r})=\sum_{G} c(\boldsymbol{k}+\boldsymbol{G})\phi_{\boldsymbol{k}+\boldsymbol{G}}(\boldsymbol{r}) \tag{7.37}$$

其中,$c(\boldsymbol{k}+\boldsymbol{G})$为待定系数,

$$\begin{aligned}\phi_{\boldsymbol{k}+\boldsymbol{G}}(\boldsymbol{r})=&\,\eta(r_i-r)\sum_{l,m}4\pi i^l \mathrm{j}_l(|\boldsymbol{k}+\boldsymbol{G}|r_i)\frac{R_l(E_k,r)}{R_l(E_k,r_i)}\mathrm{Y}_{lm}(\theta,\varphi)\,\mathrm{Y}_{lm}^*(\theta_k,\varphi_k)\\ &+\eta(r-r_i)\,\mathrm{e}^{\mathrm{i}(\boldsymbol{k}+\boldsymbol{G})\cdot\boldsymbol{r}}\end{aligned} \tag{7.38}$$

其中,阶跃函数 $\eta(x)=\begin{cases}1, & x>0\\ 0, & x<0\end{cases}$. 由于 $\phi_{\boldsymbol{k}+\boldsymbol{G}}(\boldsymbol{r})$在$r=r_i$处导数不连续,通常采用变分原理来确定$E_k$和系数 $c(\boldsymbol{k}+\boldsymbol{G})$. 应当指出的是,APW 波函数彼此不正交,$E_k$满足的久期行列式的非对角元中会明显含有 E_k.

基于原子球近似,除了缀加平面波法外,还发展了格林函数法. 它是 Korringa、Kohn 和 Rostoker 共同发展起来的,又称为 KKR 法. 它的核心不是求解微分形式的 KS 方程,而是求解积分形式的 KS 方程. 无论是 APW 还是 KKR,其共同的困难在于,它们的基函数或丸盒轨道函数都是能量的函数,矩阵元也都是能量的函数,需要求解一个久期方程. 为了解决这一问题,采用了十分有效的线性化方案,例如目前常用的 LAPW 和 LMTO 方法.

§ 7.4 布里渊区内 k 点的选择

求解 KS 方程得到的能带可在第一布里渊区内描述. 然而,每一个能带中的电子波矢 $\boldsymbol{k}$ 点数约在 $N\approx10^{23}$量级. 为了有效地计算电子结构,通常不能计算布里渊区内所有的 $\boldsymbol{k}$ 点,而是选择有限的 $\boldsymbol{k}$ 点进行计算. 本节的目的就是讨论如何选择 $\boldsymbol{k}$ 点,既能反映晶体的对称性特征,又能保证计算的精度,还能适应计算资源的能力.

一、电子能带的对称性特征

平移对称性:$\varepsilon_{n\boldsymbol{k}+\boldsymbol{G}}=\varepsilon_{n\boldsymbol{k}}$. 在式(5.41)和式(5.42)中,分别证明了本征值和波函数

在波矢 $\boldsymbol{k}$ 空间具有平移对称性. 这样一来,可以将能带结构的计算限制在第一布里渊区 FBZ 内,即取 $k=0$ 为中心的 WS 晶胞.

反演对称性: $\varepsilon_{n-\boldsymbol{k}}=\varepsilon_{n\boldsymbol{k}}$. 由于 KS 方程中的哈密顿量为实数,若 $\psi_{n\boldsymbol{k}}(\boldsymbol{r})$ 是其本征函数,则 $\psi^*_{n\boldsymbol{k}}(\boldsymbol{r})$ 亦为其解,且具有相同的本征值. 利用布洛赫定理的第二种形式,则

$$\hat{T}_m\psi^*_{n\boldsymbol{k}}(\boldsymbol{r})=\psi^*_{n\boldsymbol{k}}(\boldsymbol{r}+\boldsymbol{T}_m)=\mathrm{e}^{-\mathrm{i}\boldsymbol{k}\cdot\boldsymbol{T}_m}\psi^*_{n\boldsymbol{k}}(\boldsymbol{r}) \tag{7.39a}$$

$$\hat{T}_m\psi_{n-\boldsymbol{k}}(\boldsymbol{r})=\psi_{n-\boldsymbol{k}}(\boldsymbol{r}+\boldsymbol{T}_m)=\mathrm{e}^{-\mathrm{i}\boldsymbol{k}\cdot\boldsymbol{T}_m}\psi_{n-\boldsymbol{k}}(\boldsymbol{r}) \tag{7.39b}$$

即 $\psi^*_{n\boldsymbol{k}}(\boldsymbol{r})$ 与 $\psi_{n-\boldsymbol{k}}(\boldsymbol{r})$ 简并,满足 $\psi^*_{n\boldsymbol{k}}(\boldsymbol{r})=\psi_{n-\boldsymbol{k}}(\boldsymbol{r})$,且具有相同的本征值 $\varepsilon_{n-\boldsymbol{k}}=\varepsilon_{n\boldsymbol{k}}$. 可见,实际求解单电子薛定谔方程时,只需要处理 FBZ 中一半的 $\boldsymbol{k}$ 态. 对于铁磁性物质,由于自旋不满足时间反演对称性,这一条往往不成立.

点对称性: $\varepsilon_{n\alpha\boldsymbol{k}}=\varepsilon_{n\boldsymbol{k}}$. 若用 α 表示晶体所属点群中的任一操作,则可以证明由于点对称性的存在,在 FBZ 中存在很多等价的对称区域,即 $\varepsilon_{n\alpha\boldsymbol{k}}=\varepsilon_{n\boldsymbol{k}}$.

设 $\psi_{n\boldsymbol{k}}(\boldsymbol{r})$ 是 KS 方程中对应于本征值 $\varepsilon_{n\boldsymbol{k}}$ 的本征函数. 由于晶体在点对称操作 α 下保持不变,要求

$$\phi_n(\boldsymbol{r})=\psi_{n\boldsymbol{k}}(\alpha\boldsymbol{r}) \tag{7.40}$$

为同样本征值下的另一本征函数. 利用倒格子的点对称性 $\boldsymbol{G}\cdot\alpha^{-1}\boldsymbol{T}_m=\alpha\boldsymbol{G}\cdot\boldsymbol{T}_m=2\pi l$,则

$$\boldsymbol{k}\cdot\alpha\boldsymbol{T}_m=\alpha^{-1}\boldsymbol{k}\cdot\boldsymbol{T}_m \tag{7.41}$$

利用式(7.40)和式(7.41),由布洛赫定理的第二种形式,得到

$$\phi_n(\boldsymbol{r}+\boldsymbol{T}_m)=\psi_{n\boldsymbol{k}}(\alpha\boldsymbol{r}+\alpha\boldsymbol{T}_m)=\mathrm{e}^{-\mathrm{i}\boldsymbol{k}\cdot\alpha\boldsymbol{T}_m}\psi_{n\boldsymbol{k}}(\alpha\boldsymbol{r})=\mathrm{e}^{-\mathrm{i}\alpha^{-1}\boldsymbol{k}\cdot\boldsymbol{T}_m}\phi_n(\boldsymbol{r}) \tag{7.42}$$

若用 $\alpha^{-1}\boldsymbol{k}$ 来标记 $\phi_n(\boldsymbol{r})$,由式(7.40)得到

$$\phi_{n\alpha^{-1}\boldsymbol{k}}(\boldsymbol{r})=\psi_{n\boldsymbol{k}}(\alpha\boldsymbol{r})\rightarrow\varepsilon_{n\alpha^{-1}\boldsymbol{k}}=\varepsilon_{n\boldsymbol{k}} \tag{7.43}$$

由于 α^{-1} 同样包含了点群中所有的对称操作,所以

$$\varepsilon_{n\alpha\boldsymbol{k}}=\varepsilon_{n\boldsymbol{k}} \tag{7.44}$$

$\varepsilon_{n\boldsymbol{k}}$ 的对称性说明:① 可以将 FBZ 分成若干个等价的小区域,实际讨论时只需计算其中一个小区域就足够了;② 每个小区域只占 FBZ/f,其中 f 是晶体点群的元素数,如二维正方格子 $f=8$,三维立方晶体 $f=48$;③ 若点群中含有中心反演,则该部分包含在了②中. 然而,由②的证明过程可见,$\varepsilon_{n-\boldsymbol{k}}=\varepsilon_{n\boldsymbol{k}}$ 并不依赖晶体点阵的对称性,它来自时间反演对称性.

二、布里渊区中的高对称点

尽管利用以上对称性分析,将电子结构的处理变到了计算 FBZ 中的一部分 $\boldsymbol{k}$ 点,但是在这较小的部分中依然存在太多的 $\boldsymbol{k}$ 点. 能否处理较少的 $\boldsymbol{k}$ 点,又能反映晶体的对称性特征呢? 这是分析高对称 $\boldsymbol{k}$ 点的原因.

从数学上看,布里渊区内的能带是个图形,要画出这个图形,并不需要知道每一点. 如图 7.5 所示,若知道椭球的部分点就基本能确定椭球形状. 事实上,并不知道能带的结构,怎么选点呢? 物理量的变化多数是连续的,由它们构成的几何图形中,高低对称点之间一定有某些关系,比如等值、内陷或凸出等,正是这些特殊点决定了图形的

形状. 可以找到一些特殊方向,找到一些表面的特殊点(例如极值点)来构建图形的大体形状;再在这些点之间稀疏的地方加以细化,形成较小的间隔,利用内插法近似求出图形的准确形状.

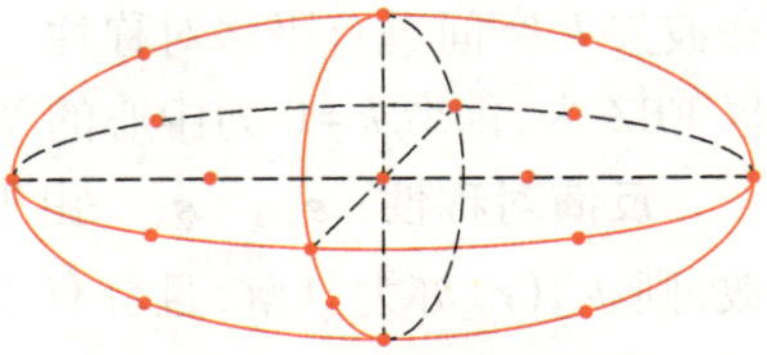

图 7.5　椭球高对称点线示意图

鉴于费米面很重要,若要很好地反映费米面的结构,在能带结构中就要重点考虑 $\boldsymbol{k}$ 点的两种变化. 一是在不同方向上,由 $\boldsymbol{k}=0$ 的点到费米面的变化;二是费米面附近的能带形状. 往往在费米面附近的这些高对称点包含了极大和极小,有利于画出能带形状. 在实际处理时,首先考虑这些高对称点,同时在它们之间规则的剖分网格,有利于减少 $\boldsymbol{k}$ 点数目.

正是以上原因,能带计算的结果 ε_{nk} 通常以图示的形式在 FBZ 中的一些高对称的点和线上给出. 这些高对称点和线满足 $\alpha\boldsymbol{k}=\boldsymbol{k}+\boldsymbol{G}$. 即在 α 操作下,$\boldsymbol{k}$ 要么回到原位($\boldsymbol{G}=\boldsymbol{0}$),要么变到等价的位置上($\boldsymbol{G}\neq\boldsymbol{0}$). 图 7.6 中给出了常见点阵 FBZ 高对称点线的惯用符号.

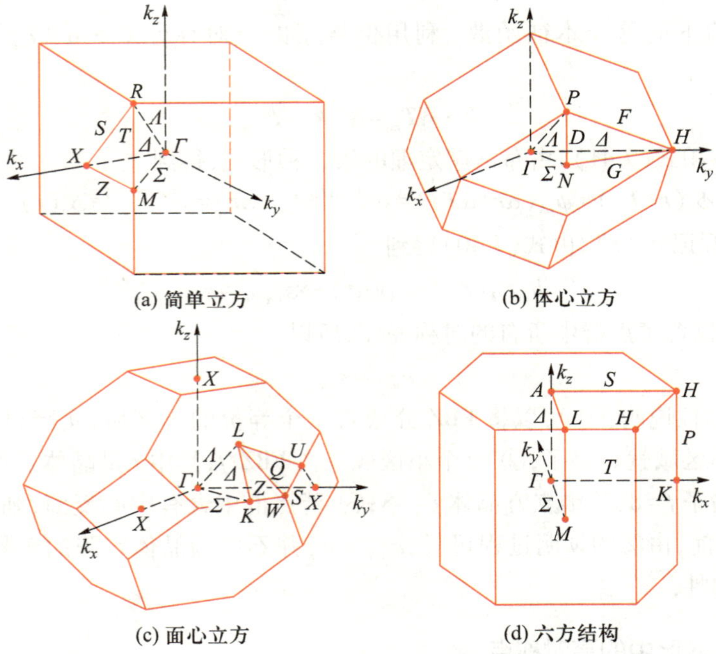

图 7.6　高对称点线示意图

三、规则 $\boldsymbol{k}$ 点的选择

除高对称点之外,为了保证计算的准确性,还需要在 FBZ 内选择尽可能多的 $\boldsymbol{k}$ 点. 为此,以晶体的电子结构总能 E 的计算为例,说明规则 $\boldsymbol{k}$ 点选择的重要性. 电子结构的总能 E 涉及 FBZ 内电子波函数和/或本征值的积分,即

$$E=\sum_{n\in\text{occ.}}\int_{\text{FBZ}}\varepsilon_{nk}\mathrm{d}^3k \tag{7.45a}$$

其中,求和是对 FBZ 内波矢 $\boldsymbol{k}$ 处的所有占据态求和. 在实际计算时,必须对 FBZ 离散,将积分用选择的 $\boldsymbol{k}$ 点求和作近似处理,即

$$E \approx \sum_{i=1}^{N} \sum_{n \in \text{occ.}} w_i \varepsilon_{n\boldsymbol{k}_i} \tag{7.45b}$$

其中,与晶格有关的权重 w_i 和 $\boldsymbol{k}_i$ 点的选择要使积分尽可能地精确.

在实际处理时,通常采用网格划分的思路选择 $\boldsymbol{k}$ 点. 网格划分有两类,一是规则 $\boldsymbol{k}$ 点网格("regular" k-point mesh),$\boldsymbol{k}$ 点的选择是从原点开始在 FBZ 内等间距的选取;二是特殊 $\boldsymbol{k}$ 点网格("special" k-point mesh),这些 $\boldsymbol{k}$ 点通常是那些高对称点,尽管它们偏离规则网格点,但可以降低需要的 $\boldsymbol{k}$ 点数. 一般来讲,$\boldsymbol{k}$ 点越多,计算越准,对计算资源的要求也越大.

§ 7.5 基态电子填充与费米面

电子结构计算不仅给出了固体电子的能带结构,而且给出了基态能带电子在 FBZ 的分布. 为了解电子的基态填充图像,我们首先介绍自由电子的填充,进而理解实际晶体费米面附近的电子分布.

一、高阶布里渊区

FBZ 可以填充 $2N$ 个电子. 如果基元中的价电子数超过 2,按照能量最低原理,基态电子的填充一定会超过 FBZ. 为此,人们引入了高阶布里渊区的概念,试图用第 n 布里渊区的概念和特点理解电子的填充.

利用 FBZ 可以看成是从倒格子空间 $k=0$ 的格点出发,不经过任何布拉格面所能达到的区域,第 nBZ 可以定义为:从第 $n-1$ 的外边界出发,只经过一个布拉格面所能达到的区域. 图 7.7 给出了二维正方格子各布里渊区在倒格子空间的分布. 可以看到,所有布里渊区填满整个倒空间. 如图 7.8 所示,若将同一布里渊区按照倒格子平移矢量平移到 FBZ,则发现不同布里渊区各自刚好填满 FBZ,说明它们的大小相等.

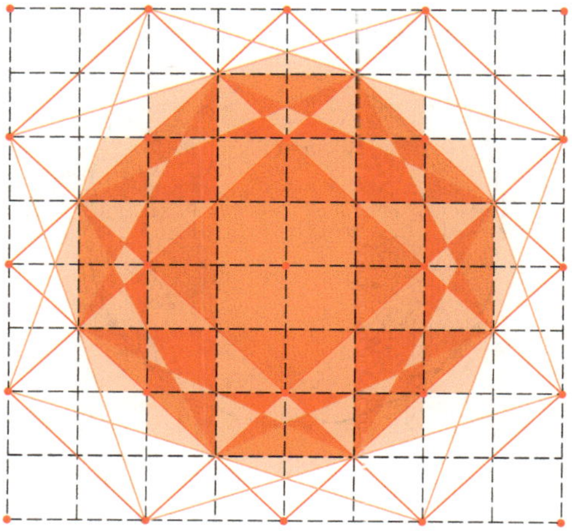

图 7.7　二维正方格子倒格子空间中不同布里渊区的分布

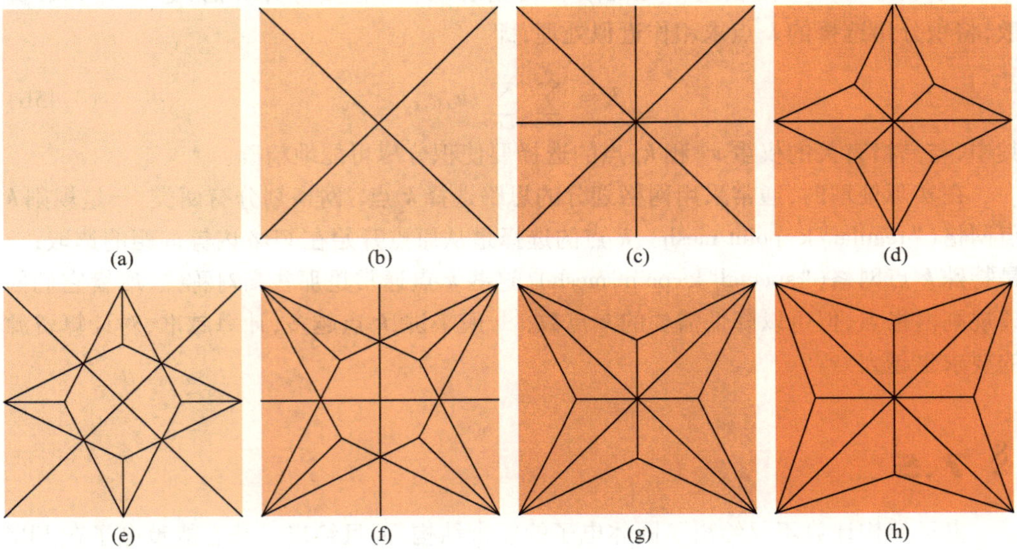

图 7.8 正方格子第 nBZ 在 FBZ 内的分布示意图

二、能带电子的类型

以 N 个基元的二维正方晶体为例，若基元内有 n 个价电子，FBZ 边长为 b，则基态自由电子填充区域的电子数为

$$(2N/b^2)(\pi k_F^2) = nN \tag{7.46a}$$

若将费米波矢k_F表示成 FBZ 边长和对角线长度一半的形式：

$$k_F = \sqrt{2n/\pi}\,(b/2) \quad 或 \quad \sqrt{n/\pi}\,(\sqrt{2}\,b/2) \tag{7.46b}$$

如图 7.9 所示，则 $n=1$ 时，费米面在 FBZ 内；$n=2$ 和 3 时，费米面分布在 FBZ 和第 2BZ 内；$n=4$、5 和 6 时，费米面分布在 FBZ 到第 4BZ 内. 可见，若基元电子数不同，费米面附近的电子分布就不同.

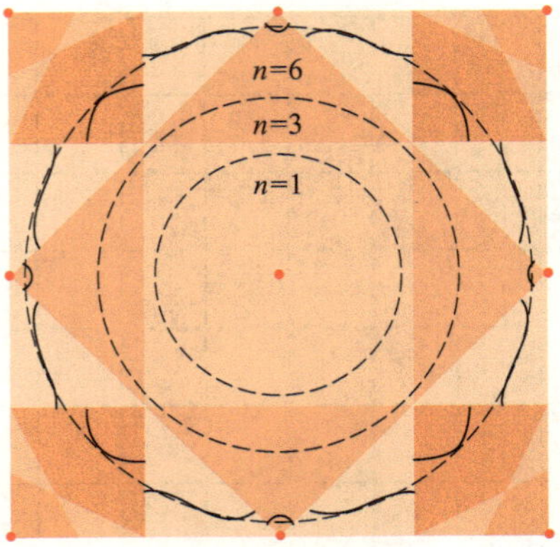

图 7.9 不同基元电子数对应的费米面示意图

对于实际的晶体，利用电子能带的平移对称性 $\varepsilon_n(\boldsymbol{k}+\boldsymbol{G})=\varepsilon_n(\boldsymbol{k})$ 和中心反演对称性 $\varepsilon_n(-\boldsymbol{k})=\varepsilon_n(\boldsymbol{k})$，分别得到

$$\frac{\partial\varepsilon_n(\boldsymbol{k}\pm\boldsymbol{G})}{\partial\boldsymbol{k}}=\frac{\partial\varepsilon_n(\boldsymbol{k})}{\partial\boldsymbol{k}} \quad 和 \quad -\frac{\partial\varepsilon_n(-\boldsymbol{k})}{\partial\boldsymbol{k}}=\frac{\partial\varepsilon_n(\boldsymbol{k})}{\partial\boldsymbol{k}} \tag{7.47}$$

当 $\boldsymbol{k}=-\boldsymbol{G}/2$ 或 $\boldsymbol{G}/2$ 时，由式(7.47)分别得到

$$\frac{\partial\varepsilon_n(-\boldsymbol{G}/2)}{\partial\boldsymbol{k}}=\pm\frac{\partial\varepsilon_n(\boldsymbol{G}/2)}{\partial\boldsymbol{k}} \quad 或 \quad \frac{\partial\varepsilon_n(\boldsymbol{G}/2)}{\partial\boldsymbol{k}}=\pm\frac{\partial\varepsilon_n(-\boldsymbol{G}/2)}{\partial\boldsymbol{k}} \tag{7.48}$$

可见，费米面总是与布拉格面垂直：

$$\frac{\partial\varepsilon_n(\pm\boldsymbol{G}/2)}{\partial\boldsymbol{k}}=0 \tag{7.49}$$

若将不同能带(在不同布里渊区)的填充平移到第一布里渊区，图 7.10(a)给出了二维正方格子基元含 6 个价电子时，自由电子近似下电子在不同布里渊区填充的结果. 可见，价电子在能带中有三种填充方式：完全填充(FBZ)、部分填充(2BZ、3BZ 和 4BZ)和完全空轨道(5BZ). 图 7.10(b)给出了二维正方格子可能的能带电子轨道填充. 若基元只有 1 个电子，能带电子在 FBZ 形成类球形的电子轨道. 若基元有 2 个电子，能带电子在 FBZ 形成开放轨道，而在 2BZ 形成空穴轨道. 若基元有 6 个电子，FBZ 完全被占满，2BZ 依然形成空穴轨道，3BZ 和 4BZ 为电子轨道. 总之，对不同金属或固体，基元中的价电子数不同，电子运动表现出不同的特征：电子轨道、空穴轨道和开放轨道三种.

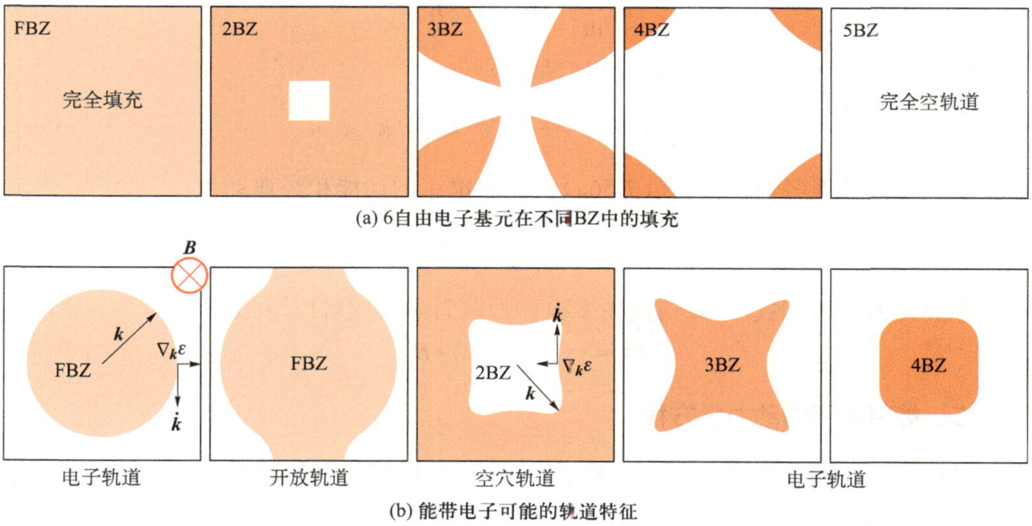

图 7.10　能带电子轨道填充

§ 7.6　电子在电磁场中的运动

实际晶体的费米面形状很复杂，这也是不同的固体性质不同的主要原因. 若要从实验上确定固体的费米面，自然就需要施加探测信号. 在多数情况下，施加的是电磁场. 因此，需要讨论固体电子在电磁场中的运动.

一、自由电子的动力学方程

经典电动力学告诉我们，电荷量为$-e$的电子在电磁场中的哈密顿量为

$$\hat{H}=\frac{1}{2m}(\boldsymbol{p}+e\boldsymbol{A})^2-e\phi \tag{7.50}$$

其中，$\boldsymbol{p}$ 是电子的运动动量，ϕ 和 $\boldsymbol{A}$ 是电磁场的标势和矢势．对应的正则方程为

$$\dot{x}_i=\frac{\partial\hat{H}}{\partial p_i},\quad \dot{p}_i=-\frac{\partial\hat{H}}{\partial x_i},\quad i=x,y,z \tag{7.51}$$

利用正则方程的第一个关系，可以求得速度：

$$m\boldsymbol{v}=\boldsymbol{p}+e\boldsymbol{A} \tag{7.52}$$

此时，电子运动的机械动能和势能分别为

$$E_{\mathrm{k}}=\frac{1}{2}mv^2=\frac{(\boldsymbol{p}+e\boldsymbol{A})^2}{2m},\quad V=\hat{H}-E_{\mathrm{k}}=-e\phi \tag{7.53}$$

将动量公式(7.52)对时间求导

$$m\frac{\mathrm{d}\boldsymbol{v}}{\mathrm{d}t}=\frac{\mathrm{d}\boldsymbol{p}}{\mathrm{d}t}-e\frac{\mathrm{d}\boldsymbol{A}}{\mathrm{d}t} \tag{7.54}$$

利用正则方程的第二个关系，结合 $m\boldsymbol{v}=\boldsymbol{p}+e\boldsymbol{A}$ 以及势与场的关系，可以求出自由电子在电磁场中的经典动力学方程：

$$m\frac{\mathrm{d}\boldsymbol{v}}{\mathrm{d}t}=-e(\boldsymbol{E}+\boldsymbol{v}\times\boldsymbol{B}) \tag{7.55}$$

量子力学描述的自由电子能量和动量分别为

$$\varepsilon(k)=\frac{\hbar^2k^2}{2m},\quad \boldsymbol{p}(\boldsymbol{k})=\hbar\boldsymbol{k} \tag{7.56a}$$

如果将电子等效为经典粒子，式(7.56a)对应于电子的动能和经典动量：

$$\frac{1}{2}mv^2=\frac{\hbar^2k^2}{2m},\quad m\boldsymbol{v}(\boldsymbol{k})=\hbar\boldsymbol{k} \tag{7.56b}$$

利用经典动力学方程式(7.55)，波矢 $\boldsymbol{k}$ 描述的动力学方程可以写为

$$\hbar\dot{\boldsymbol{k}}=-e[\boldsymbol{E}+\boldsymbol{v}(\boldsymbol{k})\times\boldsymbol{B}] \tag{7.57}$$

二、能带电子的动力学方程

晶体的电子结构告诉人们，能量为 $\varepsilon_n(\boldsymbol{k})$ 的能带电子可以等效成一个动量为 $\boldsymbol{p}_n(\boldsymbol{k})=\hbar\boldsymbol{k}$ 的准粒子．若将电子的运动看成这一准粒子的运动，利用自由电子动力学方程式(7.57)，能带电子波矢随时间演化的动力学方程依然取决于电磁场的作用力，即

$$\hbar\dot{\boldsymbol{k}}=-e[\boldsymbol{E}+\boldsymbol{v}_n(\boldsymbol{k})\times\boldsymbol{B}] \tag{7.58}$$

称之为能带电子的半经典近似．方程的经典性体现在方程具有牛顿第二定律的形式，其量子性体现在电子运动的速度取决于能带结构，而不是电磁场．可以证明，能带结构决定的电子速度 $\boldsymbol{v}_n(\boldsymbol{k})$ 满足

$$\boldsymbol{v}_n(\boldsymbol{k})=\frac{1}{\hbar}\nabla_{\boldsymbol{k}}\varepsilon_n(\boldsymbol{k}) \tag{7.59}$$

若外加电磁场微扰不改变电子的能带结构，则式(7.59)就是能带电子的波包解．可见，式(7.58)和式(7.59)的组合，即常用的能带电子在电磁场中的动力学方程．事实上，牛谦考虑电磁场对能带结构的微扰，由此构造的动力学方程更符合晶体的实际情况．

例 7.3

试求能带电子的动量期望值 $\boldsymbol{p}_n(\boldsymbol{k})$．

解：利用布洛赫函数 $\psi_{nk}(\boldsymbol{r})=u_{nk}(\boldsymbol{r})\mathrm{e}^{\mathrm{i}\boldsymbol{k}\cdot\boldsymbol{r}}$ 和电子动量 $\boldsymbol{p}=-\mathrm{i}\hbar\nabla$，动量的期望值为

$$\boldsymbol{p}_n(\boldsymbol{k})\equiv\langle\psi_{nk}(\boldsymbol{r})|\boldsymbol{p}|\psi_{nk}(\boldsymbol{r})\rangle=\int u_{nk}^*(\boldsymbol{r})(\boldsymbol{p}+\hbar\boldsymbol{k})u_{nk}(\boldsymbol{r})\mathrm{d}\boldsymbol{r}$$

将 $\psi_{nk}(\boldsymbol{r})=u_{nk}(\boldsymbol{r})\mathrm{e}^{\mathrm{i}\boldsymbol{k}\cdot\boldsymbol{r}}$ 代入单电子薛定谔方程

$$\left[\frac{\hbar^2\nabla^2}{2m}+V(\boldsymbol{r})\right]\psi_{nk}(\boldsymbol{r})=\varepsilon_n(\boldsymbol{k})\psi_{nk}(\boldsymbol{r})$$

得到振幅 $u_{nk}(\boldsymbol{r})$ 满足的方程

$$\hat{H}_k u_{nk}(\boldsymbol{r})=\varepsilon_n(\boldsymbol{k})u_{nk}(\boldsymbol{r})$$

其中

$$\hat{H}_k=\frac{(\boldsymbol{p}+\hbar\boldsymbol{k})^2}{2m}+V(\boldsymbol{r})$$

在$u_{nk}(\boldsymbol{r})$方程两端的左侧作用$u_{nk}^*(\boldsymbol{r})\nabla_k$，得到

$$u_{nk}^*(\boldsymbol{r})\frac{\hbar(\boldsymbol{p}+\hbar\boldsymbol{k})}{m}u_{nk}(\boldsymbol{r})+u_{nk}^*(\boldsymbol{r})\hat{H}_k\nabla_k u_{nk}(\boldsymbol{r})=u_{nk}^*(\boldsymbol{r})[\nabla_k\varepsilon_n(\boldsymbol{k})]u_{nk}(\boldsymbol{r})+u_{nk}^*(\boldsymbol{r})\varepsilon_n(\boldsymbol{k})\nabla_k u_{nk}(\boldsymbol{r})$$

可见，左右两边第二项相等而抵消．其中，利用了周期势场为实数

$$u_{nk}^*(\boldsymbol{r})\hat{H}_k=u_{nk}^*(\boldsymbol{r})\hat{H}_k^*=\hat{H}_k^*u_{nk}^*(\boldsymbol{r})=\varepsilon_n(\boldsymbol{k})u_{nk}^*(\boldsymbol{r})=u_{nk}^*(\boldsymbol{r})\varepsilon_n(\boldsymbol{k})$$

将剩下的项对实空间积分，得到

$$\frac{\hbar}{m}\int u_{nk}^*(\boldsymbol{r})(\boldsymbol{p}+\hbar\boldsymbol{k})u_{nk}(\boldsymbol{r})\mathrm{d}\boldsymbol{r}=\nabla_k\varepsilon_n(\boldsymbol{k})$$

其中，利用了 $\int u_{nk}^*(\boldsymbol{r})u_{nk}(\boldsymbol{r})\mathrm{d}\boldsymbol{r}=1$．将其与动量期望值的定义式比较，得到

$$\boldsymbol{p}_n(\boldsymbol{k})=\frac{m}{\hbar}\nabla_k\varepsilon_n(\boldsymbol{k})\xrightarrow{\boldsymbol{p}_n=m\boldsymbol{v}_n}\boldsymbol{v}_n(\boldsymbol{k})=\frac{1}{\hbar}\nabla_k\varepsilon_n(\boldsymbol{k})$$

三、能带电子的有效质量

若将能带电子的速度式(7.59)对时间求导

$$\dot{\boldsymbol{v}}_n(\boldsymbol{k})=\frac{1}{\hbar}\nabla_k[\nabla_k\varepsilon_n(\boldsymbol{k})]\frac{\mathrm{d}k}{\mathrm{d}t}=\left\{\frac{1}{\hbar^2}\nabla_k[\nabla_k\varepsilon_n(\boldsymbol{k})]\right\}\hbar\dot{\boldsymbol{k}}\tag{7.60}$$

考虑到能量本征值决定的动量期望值 $m\boldsymbol{v}_n$ 并不等于电磁场作用下电子表现出的动量 $\hbar\boldsymbol{k}$，若将能带电子看作自由电子，且在电磁场作用下满足动力学方程式(7.58)，则电子表现出的有效质量 m^* 应满足 $m^*\dot{\boldsymbol{v}}=\hbar\dot{\boldsymbol{k}}$．可见，有效质量 m^* 为

$$\frac{1}{m^*}=\frac{1}{\hbar^2}\nabla_k^2\varepsilon_n(\boldsymbol{k})=\frac{1}{\hbar}\nabla_k v_n(\boldsymbol{k})\quad 或\quad \frac{1}{m_{ij}^*}=\frac{1}{\hbar^2}\frac{\partial^2\varepsilon_n(\boldsymbol{k})}{\partial k_i\partial k_j}\tag{7.61}$$

有效质量 m^* 不等于自由电子质量 m 的根本原因，在于 $\varepsilon_n(\boldsymbol{k})$ 除含动能外还包含了势能. 对于真正的自由电子，利用式(7.56)的能量形式，可以求得 $m^*=m$. 因而，式(7.56)描述的能量动量关系也成立.

四、电子在均匀电场中的运动

由能带电子的动力学方程式(7.58)可知，电子在电场中的运动满足

$$\hbar\dot{\boldsymbol{k}}=-e\boldsymbol{E} \tag{7.62a}$$

其解为

$$\boldsymbol{k}(t)=\boldsymbol{k}(0)-\frac{e\boldsymbol{E}}{\hbar}t \tag{7.62b}$$

可见，波矢 $\boldsymbol{k}$ 的大小随时间不断增加. 事实上，电子在实空间的运动由速度 $\boldsymbol{v}$ 表征. 对于自由电子 $m\boldsymbol{v}=\hbar\boldsymbol{k}$，则

$$\boldsymbol{v}(\boldsymbol{k}(t))=\boldsymbol{v}(\boldsymbol{k}(0))-\frac{e\boldsymbol{E}}{m}t \tag{7.63}$$

电子速度的大小也不断增加. 对于能带电子情况则完全不同. 能带电子的能量在倒空间具有平移对称性，意味着电子的速度不会一直增加，而是具有振荡特征. 对应的有效质量随波矢也在变化.

例 7.4

试求 $\varepsilon(k)=b_0-b_1\cos(ka)$ 的一维能带电子的运动速度和有效质量.

解： 利用式(7.59)和式(7.61)，可以求出能带电子的速度和有效质量分别为

$$v=\frac{1}{\hbar}\frac{\partial\varepsilon(k)}{\partial k}=\frac{b_1a}{\hbar}\sin ka$$

$$\frac{1}{m^*}=\frac{1}{\hbar^2}\frac{\partial^2\varepsilon(k)}{\partial k^2}=\frac{b_1a^2}{\hbar^2}\cos ka$$

若取 $b_0=b_1=1$，则图 7.11 所示给出了 FBZ 内能量、速度和有效质量随波矢的变化. 可见，随着波矢的增加，速度先增加后减小，明显具有振荡特征，并不会出现趋于无穷的结果. 原因在于，若将能带电子看成自由电子，则随着速度达到极大值，其有效质量会由正变为负. 再次说明了能带电子的运动满足式(7.58)，而不是式(7.55)，尽管无法严格证明式(7.58)就是正确的.

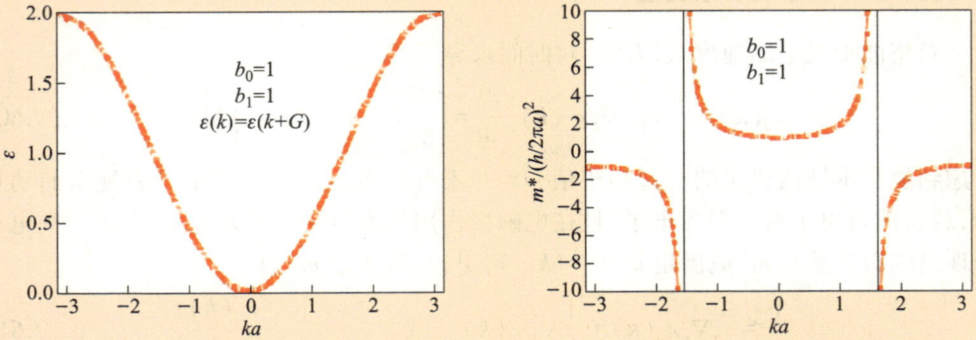

(a) 能量　　　　(b) 有效质量

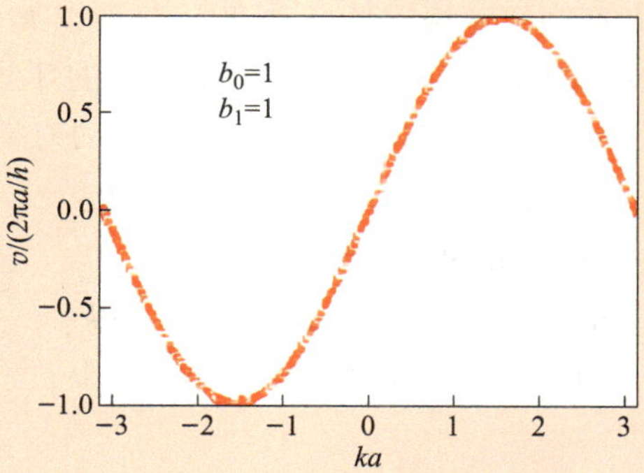

(c) 速度

图 7.11　一维能带电子随波矢变化示意图

五、电子在均匀磁场中的运动

动力学方程描述了波矢 $\boldsymbol{k}$ 随时间的变化，而所有测量都是在实空间看固体性质的变化. 因此，构建 $\boldsymbol{k}$ 空间和实空间电子随外加磁场的变化显得很有必要.

（1）波矢空间的轨道是垂直磁场的平面与等能面的交线. 利用磁场中能带电子的动力学方程

$$\hbar\dot{\boldsymbol{k}}=-e\boldsymbol{v}(\boldsymbol{k})\times\boldsymbol{B} \tag{7.64a}$$

设磁场沿 z 方向，式(7.64a)变为

$$\hbar\dot{\boldsymbol{k}}=-eB(v_y\boldsymbol{e}_x-v_x\boldsymbol{e}_y)=-e\boldsymbol{v}_\perp\times\boldsymbol{B} \tag{7.64b}$$

其中，$v_{x,y}$是速度的 x 和 y 分量，$\boldsymbol{v}_\perp$ 是垂直 $\boldsymbol{B}$ 的速度分量. 如图 7.12 所示，$\dot{\boldsymbol{k}}\perp\boldsymbol{B}$ 决定了 $\dot{\boldsymbol{k}}$ 的变化一定在 xy 平面内；$\dot{\boldsymbol{k}}\perp\boldsymbol{v}(\boldsymbol{k})$ 不仅决定了 $\dot{\boldsymbol{k}}$ 的变化只能在 xy 平面内沿垂直 $\boldsymbol{v}_\perp(\boldsymbol{k})$ 的方向，而且说明平行 $\dot{\boldsymbol{k}}$ 方向上能带电子的速度分量一定为零. 利用 $\boldsymbol{v}_n(\boldsymbol{k})=\nabla_{\boldsymbol{k}}\varepsilon_n(\boldsymbol{k})/\hbar$，可说明在 $\dot{\boldsymbol{k}}$ 的方向上能带电子的能量不变，电子在 xy 平面内的等能面上运动. 因此，电子在波矢空间的轨道一定是垂直磁场的平面与等能面的交线. 对于自由电子，费米面为球形，电子在磁场中的轨道一定为垂直 $\boldsymbol{B}$ 的圆轨道；对于能带电子，轨道是垂直磁场平面截取的费米环.

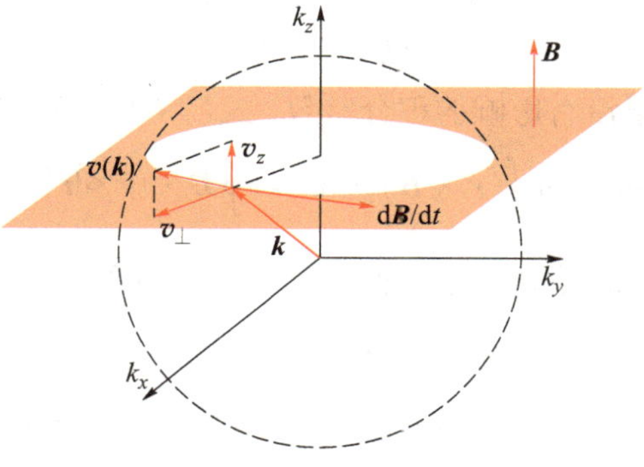

图 7.12　磁场中波矢空间 $\boldsymbol{k}$ 轨道特征

(2) 实空间轨道为 $\boldsymbol{k}$ 空间轨道绕磁场转动 90°,并乘以 $\hbar/eB$. 如图 7.12 所示,利用$m^*\dot{\boldsymbol{v}}(\boldsymbol{k})=\hbar\dot{\boldsymbol{k}}$,速度与波矢的变化均在垂直 $\boldsymbol{B}$ 的平面内的环线上,并沿同一方向. 为了讨论这两个环的关系,将磁场方向的单位矢量 $\boldsymbol{e}_B$ 叉乘动力学方程式(7.64b),得到

$$\boldsymbol{e}_B\times\hbar\dot{\boldsymbol{k}}=-e[\boldsymbol{e}_B\times(\boldsymbol{v}_\perp\times\boldsymbol{B})]=-eB\boldsymbol{v}_\perp \tag{7.65}$$

此时,垂直磁场的位置矢量随时间的变化为

$$\frac{\mathrm{d}\boldsymbol{r}_\perp}{\mathrm{d}t}=\boldsymbol{v}_\perp=-\frac{\hbar}{eB}\boldsymbol{e}_B\times\frac{\mathrm{d}\boldsymbol{k}}{\mathrm{d}t}=-\frac{\hbar}{eB}\boldsymbol{e}_B\times\frac{\mathrm{d}\boldsymbol{k}_\perp}{\mathrm{d}t} \tag{7.66a}$$

对其积分,得到

$$\boldsymbol{r}_\perp(t)-\boldsymbol{r}_\perp(0)=-\frac{\hbar}{eB}\boldsymbol{e}_B\times[\boldsymbol{k}(t)-\boldsymbol{k}(0)] \tag{7.66b}$$

如图 7.13 所示,$\boldsymbol{r}$ 轨道为 $\boldsymbol{k}$ 轨道绕磁场顺时针转动了 90°,并乘以 $\hbar/eB$. 与此同时,由于磁场对 z 方向运动没有作用,所以

$$z(t)=z(0)+\int_0^t v_z(t)\,\mathrm{d}t \tag{7.67a}$$

$$v_z(\boldsymbol{k})=\frac{1}{\hbar}\frac{\partial\varepsilon(\boldsymbol{k})}{\partial k_z} \tag{7.67b}$$

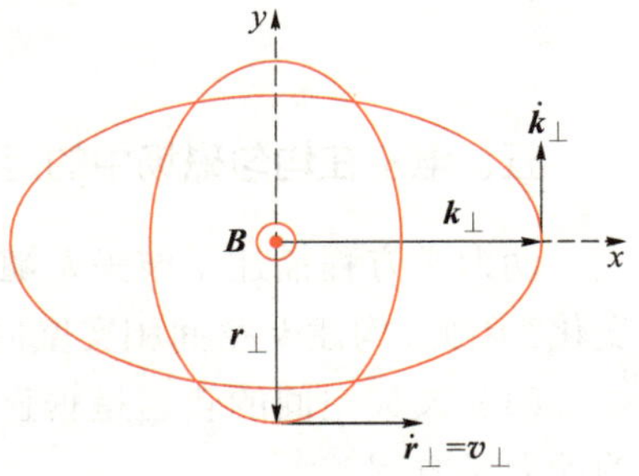

图 7.13 电子轨道的波矢空间和实空间关系

(3) 垂直磁场平面内的电子轨道是量子化轨道. 利用式(7.52),均匀磁场 $\boldsymbol{B}=\nabla\times\boldsymbol{A}$ 中电子动量 $\boldsymbol{p}$ 满足

$$\boldsymbol{p}=\hbar\boldsymbol{k}-e\boldsymbol{A} \tag{7.68}$$

根据昂萨格(Onsager)和栗弗席兹(Lifshitz)的半经典方法,假设磁场中的电子轨道按如下的玻尔-索末菲(Bohr-Sommerfeld)关系量子化:

$$\oint\boldsymbol{p}\cdot\mathrm{d}\boldsymbol{r}=(n+\gamma)2\pi\hbar \tag{7.69a}$$

其中,n 是整数,γ 是相修正因子,对于电子 $\gamma=1/2$.

利用式(7.68),则式(7.69a)变为

$$\oint\boldsymbol{p}\cdot\mathrm{d}\boldsymbol{r}=\oint\hbar\boldsymbol{k}\cdot\mathrm{d}\boldsymbol{r}-e\oint\boldsymbol{A}\cdot\mathrm{d}\boldsymbol{r}=(n+\gamma)2\pi\hbar \tag{7.69b}$$

对磁场中电子的经典运动方程(7.64)式进行时间积分,得到

$$\hbar\boldsymbol{k}=-e\boldsymbol{r}\times\boldsymbol{B} \tag{7.70}$$

其中,略去了对最后结果没有影响的积分常数. 式(7.69b)中的第一项积分为

$$\oint\hbar\boldsymbol{k}\cdot\mathrm{d}\boldsymbol{r}=-e\oint(\boldsymbol{r}\times\boldsymbol{B})\cdot\mathrm{d}\boldsymbol{r}=e\oint\boldsymbol{B}\cdot(\boldsymbol{r}\times\mathrm{d}\boldsymbol{r})=2e\Phi_{\mathrm{m}} \tag{7.71}$$

其中,利用了 $\oint(\boldsymbol{r}\times\mathrm{d}\boldsymbol{r})=2\times$轨道包围的面积,$\Phi_{\mathrm{m}}$是磁场穿越实空间轨道的磁通量. 根据斯托克斯定理,式(7.69b)中的第二项积分为

$$-e\oint\boldsymbol{A}\cdot\mathrm{d}\boldsymbol{r}=-e\oint(\nabla\times\boldsymbol{A})\cdot\mathrm{d}\boldsymbol{S}=-e\oint\boldsymbol{B}\cdot\mathrm{d}\boldsymbol{S}=-e\Phi_{\mathrm{m}} \tag{7.72}$$

其中,d$\boldsymbol{S}$ 是实空间轨道包围面积的面元. 利用式(7.71)和式(7.72),式(7.69b)变为

$$\oint \boldsymbol{p}\cdot \mathrm{d}\boldsymbol{r}=e\Phi_{\mathrm{m}}=(n+\gamma)2\pi\hbar \tag{7.73}$$

可见,电子轨道具有量子化的形式,且穿过轨道的磁通量为

$$\Phi_{\mathrm{m}}=(n+\gamma)\frac{2\pi\hbar}{e}\equiv 2(n+\gamma)\Phi_0 \tag{7.74}$$

其中,磁通量子$\Phi_0=\pi\hbar/e=2.07\times10^{-15}$ Wb.

例 7.5

若忽略电子的自旋,试求三维金属自由电子的量子化轨道大小和简并度.

解: 如图 7.14 所示,沿 z 方向的磁场对 z 方向的运动无影响,而在 xy 面内的运动电子类似磁场作用下的二维电子气. 因此,电子系统的能量可写为

$$\varepsilon(k_z,n)=\frac{\hbar^2k_z^2}{2m}+\left(n+\frac{1}{2}\right)\hbar\omega_{\mathrm{c}},n=0,1,2,\cdots$$

其中,周期性边界条件决定的波矢分量$k_z=2\pi l/L(l=1,2,3,\cdots)$,回旋频率 $\omega_{\mathrm{c}}=eB/m$. 第二项称为朗道能级.

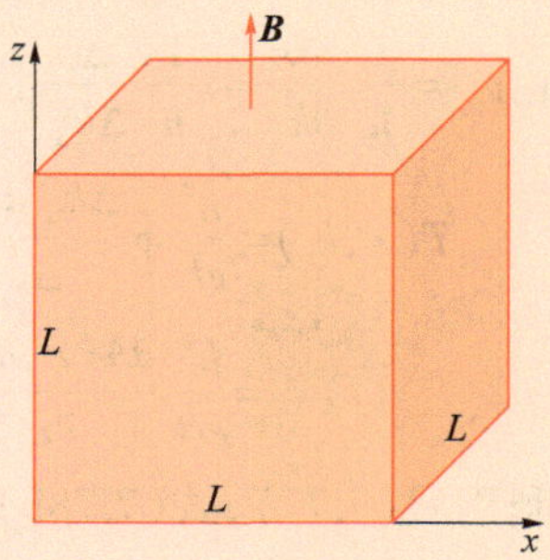

图 7.14　三维金属示意图

相邻朗道能级环之间的面积为

$$\Delta A=\pi\Delta(k_x^2+k_y^2)=\frac{2\pi m}{\hbar^2}\Delta\varepsilon=\frac{2\pi m}{\hbar^2}\hbar\omega_{\mathrm{c}}=\frac{2\pi eB}{\hbar}$$

朗道环上的能级简并度为

$$n_{\mathrm{L}}=\Delta A\frac{L^2}{(2\pi)^2}2=\frac{eL^2}{\pi\hbar}B$$

§ 7.7 实际固体费米面和态密度

固体的性质主要由费米面附近电子的行为决定,这就决定了费米面测量的重要性. 对三维金属而言,有怪物形、宝冠形、雪茄形、蝴蝶形、帽子形等复杂形状的费米面. 到目前为止,已经发展了多种确定费米面的实验方法. 由于不同方法均需要细致的理论分析,在此主要介绍两类常用的方案. 一是基于电子基态在磁场中的调制方案,二是基于电子激发的光谱方案. 当然,后者也是测量电子结构的方案.

一、能带电子的轨道面积和振荡频率

在均匀磁场中,将电子的量子化条件式(7.73)重新写为电子在实空间的轨道面积S_{r}形式:

$$\oint(\hbar\boldsymbol{k}-e\boldsymbol{A})\cdot \mathrm{d}\boldsymbol{r}=e\int \boldsymbol{B}\cdot \mathrm{d}\boldsymbol{S}=eBS_{\mathrm{r}}=(n+\gamma)2\pi\hbar \tag{7.75}$$

则

$$S_{\mathrm{r}}=(n+\gamma)\frac{2\pi\hbar}{eB} \tag{7.76a}$$

按照实空间轨道为 $\boldsymbol{k}$ 空间轨道乘以 $\hbar/eB$,则电子在 $\boldsymbol{k}$ 空间的轨道面积 $S_n(k_z)$为

$$S_n(k_z)=\left(\frac{eB}{\hbar}\right)^2 S_r=(n+\gamma)\frac{2\pi eB}{\hbar} \tag{7.76b}$$

如图 7.15 所示，假设电子在 $\boldsymbol{k}$ 空间的轨道呈准连续分布，重新定义轨道面积为连续变量 $A(\varepsilon,k_z)$，则

$$\frac{\partial A(\varepsilon,k_z)}{\partial\varepsilon}\to\frac{S_{n+1}(k_z)-S_n(k_z)}{\varepsilon_{n+1}(k_z)-\varepsilon_n(k_z)}=\frac{2\pi eB}{\hbar}\frac{1}{\varepsilon_{n+1}(k_z)-\varepsilon_n(k_z)} \tag{7.77}$$

利用式(7.64b)，电子运动的周期可写为

$$T(\varepsilon,k_z)=\oint\frac{|\mathrm{d}\boldsymbol{k}_\perp|}{|\dot{\boldsymbol{k}}_\perp|}=\frac{\hbar}{eB}\oint\frac{\mathrm{d}k_\perp}{|v_\perp|} \tag{7.78a}$$

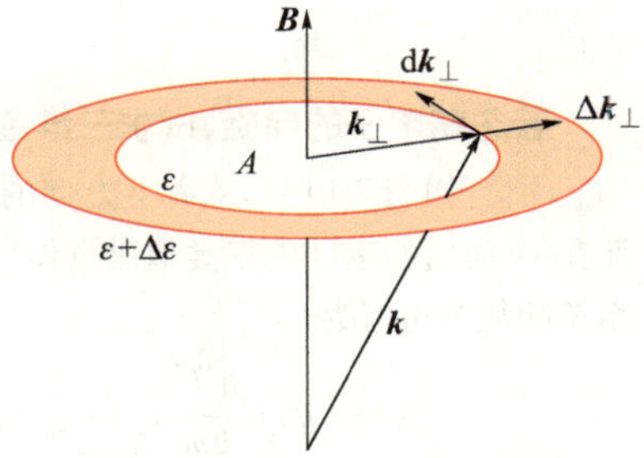

图 7.15　磁场中电子波矢空间轨道变化示意图

由 $v_\perp=\frac{1}{\hbar}\frac{\partial\varepsilon}{\partial k_\perp}\to\frac{1}{\hbar}\frac{\Delta\varepsilon}{\Delta k_\perp}$，式(7.78a)写为

$$\begin{aligned}T(\varepsilon,k_z)&=\frac{\hbar^2}{eB}\oint\frac{\Delta k_\perp\,\mathrm{d}k_\perp}{\Delta\varepsilon}\\&=\frac{\hbar^2}{eB}\frac{\partial A(\varepsilon,k_z)}{\partial\varepsilon}\end{aligned} \tag{7.78b}$$

利用式(7.77)，式(7.78b)变为

$$T(\varepsilon,k_z)=\frac{2\pi\hbar}{\varepsilon_{n+1}(k_z)-\varepsilon_n(k_z)} \tag{7.78c}$$

因此，轨道运动的振荡圆频率为

$$\hbar\omega_c=\hbar\frac{2\pi}{T(\varepsilon,k_z)}=\frac{2\pi eB}{\hbar}\left[\frac{\partial A(\varepsilon,k_z)}{\partial\varepsilon}\right]^{-1}=\varepsilon_{n+1}(k_z)-\varepsilon_n(k_z) \tag{7.79}$$

定义 $\omega_c\equiv eB/m_c^*$，电子的有效质量为

$$m_c^*=\frac{eB}{\omega_c}=\frac{\hbar^2}{2\pi}\frac{\partial A(\varepsilon,k_z)}{\partial\varepsilon}=\frac{eB\hbar}{\varepsilon_{n+1}(k_z)-\varepsilon_n(k_z)} \tag{7.80}$$

可见，利用电子在不同轨道上的频率变化可以确定费米面的能量. 值得注意的是，此处有效质量的定义与式(7.61)有效质量的定义不一样.

二、德哈斯-范阿尔芬效应

德哈斯-范阿尔芬(de Haas-van Alphen，dHvA)效应是指金属的磁化率随外磁场振荡的现象. 对低温下、强磁场中的纯金属，可以观测到这一效应. 之所以要有此特定的环境条件，是因为既不希望电子轨道的量子化由于碰撞而模糊，也不希望能带电子的振荡被相邻轨道的热分布平均化. 利用式(7.76b)，$\boldsymbol{k}$ 空间中能带电子相邻轨道的面积差为

$$\Delta S_n=2\pi eB/\hbar \tag{7.81}$$

对于边长为 L 的正方形样品，在 $\boldsymbol{k}$ 空间中单个轨道态占据的面积是 $(2\pi/L)^2$. 因此，单个磁能级的简并度(即简并为一个能级的电子轨道数目)为

$$D_n=2\Delta S_n(2\pi/L)^{-2}=(eL^2/\pi\hbar)B=\rho B \tag{7.82}$$

假设这些朗道能级被填满到磁量子数为 s 的能级时，更高能级 $(s+1)$ 上的轨道通常被

部分填充. 如果在$(s+1)$能级上有电子填充,那么费米能级将处在这个能级上. 当磁场增大时,由于朗道能级的简并度增加,$(s+1)$能级上的电子向较低能级移动,如图 7.16 所示. 对于 N 个电子的系统,当$(s+1)$能级刚好未被占据时,费米能级将自然地下移到下一个较低的朗道能级 s,此时满足 $sD_n=s\rho B=N$.

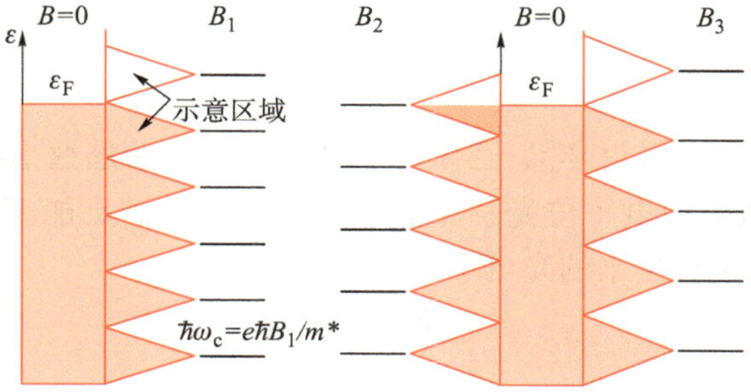

图 7.16 磁场引起的费米面附近电子分布振荡示意图

其中,B_1、B_2、B_3 逐渐增加

假设相邻轨道 s 和 $s+1$ 所包围的面积近似相等,即 $S_s\approx S_{s+1}=S$,由式(7.76b)得到

$$S\left(\frac{1}{B_{s+1}}-\frac{1}{B_s}\right)=\frac{2\pi e}{\hbar} \tag{7.83}$$

S 随 $1/B$ 的周期性变化是低温下金属性质(电阻率、磁化率、比热容)磁致振荡效应引人注目的特征. 当 B 变化时,费米面附近轨道的电子数发生振荡,从而引起很多效应. 根据振荡周期可以构造费米面.

例 7.6

试证明恒定磁场下,低温磁矩因朗道能级的变化而发生周期性振荡.

证明: 考虑磁量子数为 $n=s+1$ 朗道能级的能量$E_n=\left(n-\frac{1}{2}\right)\hbar\omega_c$,$\omega_c=eB/m_c^*$. 完全填满的 s 能级的电子总能量为

$$\sum_{n=1}^{s}D_n\left(n-\frac{1}{2}\right)\hbar\omega_c=\rho B\hbar\omega_c\sum_{n=1}^{s}\left(n-\frac{1}{2}\right)=\rho B\hbar\omega_c\left[\frac{s(s+1)}{2}-\frac{s}{2}\right]=\frac{s^2\rho\hbar\omega_c}{2}B$$

部分填充的$(s+1)$能级中的电子能量为

$$\left(s+\frac{1}{2}\right)\hbar\omega_c(N-sD_n)$$

两式之和即 N 个电子的总能量

$$U=\frac{1}{2}\hbar\omega_c[(2s+1)N-s(s+1)\rho B]$$

在绝对零度下,系统的磁矩为

$$\mu=-\frac{\partial U}{\partial B}=s(s+1)\rho\hbar\omega_c$$

可见,随着磁场的变化,磁矩因朗道能级的变化而发生周期性振荡.

三、光电子谱与电子结构

光电子能谱是指利用光电效应测试技术的总称. 角分辨(空间分辨)的光电子能谱(ARPES)可以测量不同散射方向的电子能量,因而成为电子结构和费米面测量的有效手段. 尤其是自旋分辨的角分辨光电子能谱(SARPES)的出现,为不同自旋取向电子结构的测量提供了可能. 在此,重点介绍用于电子结构测量的 ARPES 技术的原理.

若能量为 $h\nu$ 的光子入射样品,固体电子吸收该光子后逃逸出样品表面进入真空中. 在独立电子近似下的电子与光子和晶格构成的体系满足能量和动量守恒. 如图 7.17 所示,能量表明逃逸出来的光电子动能满足

$$E_{\text{kin}}=h\nu-\phi-|E_{\text{B}}| \tag{7.84}$$

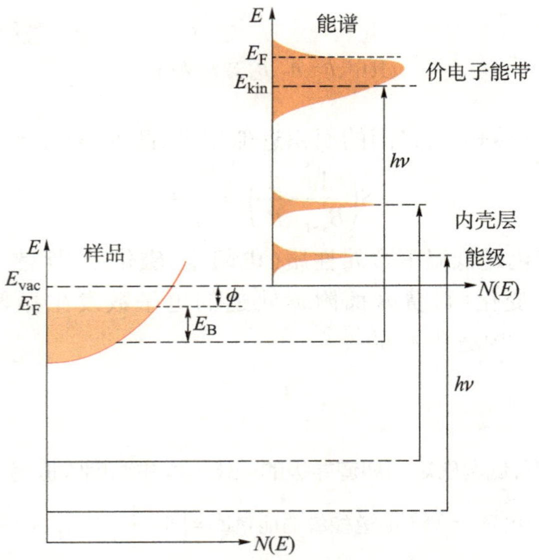

图 7.17　光电子谱与电子能量关系示意图

其中,ν 为光子频率,ϕ 为材料的功函数,E_{B}为固体电子的结合能. 功函数 ϕ 是样品表面阻止电子逃逸的势垒,金属大约在 4~5 eV. 通过测量激发出来的电子动能E_{kin},可以反推固体电子的结合能. 利用激发出来的电子数,反映不同结合能量下的态密度. 通常,选择费米面处的电子被激发出来的能量作为能量零点 $E_{\text{B}}(\varepsilon_{\text{F}})=0$.

角分辨光电子能谱(ARPES)就是通过 E_{kin}随电子波矢 $\boldsymbol{k}$ 的变化,反推固体的电子结构. ARPES 的测试几何示意图如图 7.18 所示,光电子发射的极角为 θ、方位角为 φ. 单色光入射单晶样品,光电效应激发的电子沿不同方向逃逸到真空中. 在有限的接收角内,用能量分析器收集这些光电子,可以得到确定发射角方向的光电子的能量E_{kin}. 同时,光电子的动量 $\boldsymbol{p}$ 也被完全确定 $p=\sqrt{2mE_{\text{kin}}}$. 在独立电子近似下,动量也守恒(在 ARPES 实验通用的低光子能量下,光子的动量可以忽略)说明平行样品表面的激发电子动量 $\boldsymbol{p}_{\parallel}$ 满足

$$\boldsymbol{p}_{\parallel}=\hbar\boldsymbol{k}_{\parallel}=\sqrt{2mE_{\text{kin}}}\sin\theta \tag{7.85}$$

其中，$\hbar\boldsymbol{k}_{\parallel}$ 是扩展区表示中电子平行于样品表面的动量. 若极角 θ 很大，实际测量的是高阶布里渊区中的波矢 $\boldsymbol{k}$. 减掉倒格子平移矢量 $\boldsymbol{G}$，得到简约区表示的 FBZ 中的电子动量. 值得注意的是，波矢 $\boldsymbol{k}$ 的垂直分量 $\boldsymbol{k}_{\perp}$ 穿越样品表面后是不守恒的，这是由于在垂直表面方向上不具有平移对称性. 这意味着，即使实验测到了所有的 $\boldsymbol{k}_{\parallel}$（在所有可能的方向上收集电子），也不能确定总的波矢 $\boldsymbol{k}$，除非采用一些先验假设. 例如，假设电子能量 $E(\boldsymbol{k})$ 的色散关系已包含在光电过程的最终态中，利用电子结构计算或近自由电子近似下的终态能量

$$E_{\text{f}}=\frac{\hbar^2k^2}{2m}-|E_0|=\frac{\hbar^2(\boldsymbol{k}_{\parallel}^2+\boldsymbol{k}_{\perp}^2)}{2m}-|E_0| \tag{7.86}$$

其中，E_0对应于价带底的能量，动量依然为扩展区的定义，E_{f}和E_0均相对于费米能量. 利用 $E_{\text{f}}=E_{\text{kin}}+\phi$ 和 $\hbar^2\boldsymbol{k}_{\parallel}^2/2m=E_{\text{kin}}^2\sin^2\theta$，可以得到

$$\boldsymbol{k}_{\perp}=\frac{1}{\hbar}\sqrt{2m(E_{\text{kin}}\cos^2\theta+E_{\text{kin}}+\phi)} \tag{7.87}$$

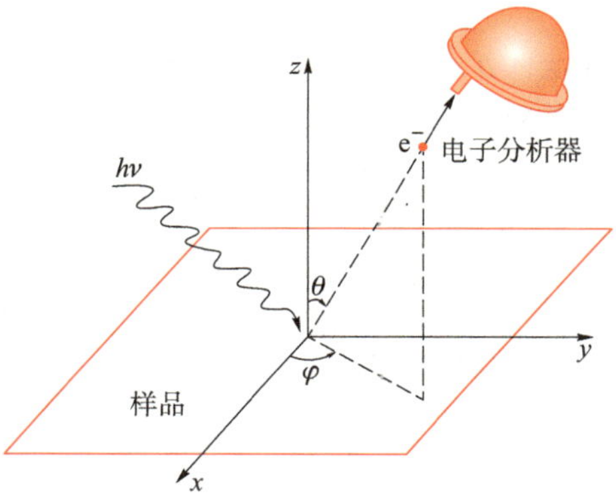

图 7.18　光电子发射空间测试几何示意图

习题七

7.1　Hartree-Fork 方程. 参照 Hartree 近似过程，利月变分法，证明 Hartree-Fork 方程式(7.11).

7.2　三维均匀分布电子气体的交换能. 利用三维均匀分布电子气体的本征值

$$\varepsilon_i(\boldsymbol{k})=\frac{1}{2}k^2-\frac{1}{V}\sum_j\frac{4\pi}{|\boldsymbol{k}_i-\boldsymbol{k}_j|^2}$$

证明均匀分布电子气体的交换能为

$$\varepsilon_{\text{exc}}=-(k_{\text{F}}/\pi)\left(1+\frac{1-x^2}{2x}\ln\left|\frac{1+x}{1-x}\right|\right)$$

其中 $x=k/k_{\text{F}}$. 并证明其平均值为$-3/2$.

7.3　Koopman 定理. 试证明 Hartree-Fock 近似的薛定谔方程中的$\boldsymbol{\varepsilon}^{\sigma}$具有单电子能量的意义. 即$-\boldsymbol{\varepsilon}^{\sigma}$是从该系统中移走一个电子所需的能量. 换句话说，将一个电子从 i 态移到 j 态，所需的能量为 $\varepsilon_j^{\sigma}-\varepsilon_i^{\sigma}$.

7.4　由电子数密度确定势场. 对于单电子问题，假设一维体系的电子数密度满足 $A\exp(-\alpha x^2)$，

求解满足该密度时对应的势场 $V(x)$. 其中,归一化系数 A 的选择要保证以上密度只对应于一个电子.

7.5 赝势法. 假设布洛赫函数具有正交平面波(OPW)的形式 $|\psi_k(\boldsymbol{r})\rangle = |\chi_k\rangle - \sum_c |\psi_c\rangle\langle\psi_c|\chi_k\rangle$, 其中 $|\chi_k\rangle = \sum_{\boldsymbol{G}} \alpha(\boldsymbol{k}+\boldsymbol{G})|\boldsymbol{k}+\boldsymbol{G}\rangle$. 将 $|\psi_k(\boldsymbol{r})\rangle$ 代入 KS 方程,证明有效势变为 $U = V + \sum_c (E-E_c)|\psi_c\rangle\langle\psi_c|$. 若将 U 称为赝势,则其对应的赝波函数 $|\chi_k(\boldsymbol{r})\rangle$ 不是唯一的.

7.6 二维石墨烯的有效质量. 紧束缚近似下,若考虑电子只能在相邻的原子轨道之间跃迁,电子的能量本征值为

$$\varepsilon(\boldsymbol{k}) = \varepsilon_{\mathrm{F}} \pm \gamma\sqrt{3+2\cos(\sqrt{3}ak_y)+4\cos\left(\frac{3a}{2}k_x\right)\cos\left(\frac{\sqrt{3}a}{2}k_y\right)}$$

其中,ε_{F} 为费米能,γ 为紧邻原子间的交叠积分,a 为 C 原子间的距离. 试求费米面上电子的有效质量,并证明费米速度趋于∞.

7.7 一维电子能带. 设一维电子能带为

$$\varepsilon(k) = \frac{\hbar^2}{ma^2}\left[\frac{7}{8} - \cos(ka) + \frac{1}{8}\cos(2ka)\right]$$

其中 a 是晶格常量. 试求能带宽度、电子在波矢 $\boldsymbol{k}$ 状态下的速度、能带底部和顶部的电子有效质量.

7.8 朗道能级. 假设外加磁场 $\boldsymbol{B}$ 施加在 z 方向上,取 $\boldsymbol{B} = \nabla\times\boldsymbol{A}$ 的朗道规范 $\boldsymbol{A} = (-By, 0, 0)$,试证明质量为 m、电荷量为 q 的微观粒子,在磁场中的能量为

$$E = -\frac{\hbar^2 k_z^2}{2m} + \left(n+\frac{1}{2}\right)\hbar\omega$$

其中,$\omega = qB/m$,$\left(n+\frac{1}{2}\right)\hbar\omega$ 为粒子在 xy 平面内的朗道能级.

7.9 试讨论任意一种常用的电子结构计算方法.

参考文献

第 8 章

电子能带结构中的拓扑

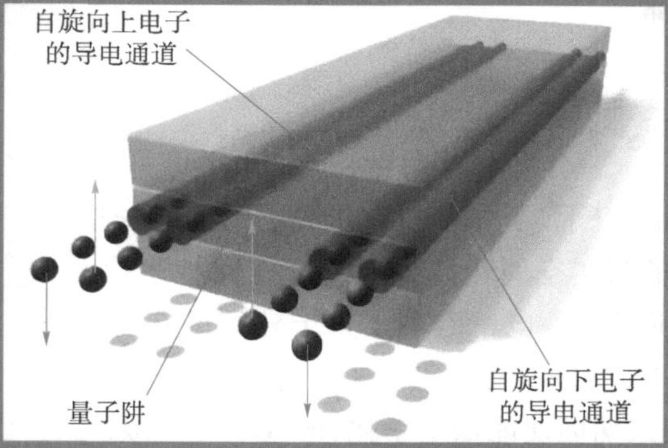

量子自旋霍尔绝缘体态中，自旋劈裂的一维导电边缘态. 引自 M. König, et al., Science 318, 766 (2007).

本章将从量子霍尔效应和贝里相位出发，介绍电子能带结构的拓扑认知，以及拓扑视角下的量子自旋霍尔效应和三维拓扑绝缘体等新发现.

电子能带结构是薛定谔方程的定态解. 研究固体性质时,需要求解能带电子在电磁场作用下的含时薛定谔方程. 无论是在电场还是在磁场作用下,能带电子的运动都是一种周期运动. 在倒空间,周期运动的轨迹是一闭合图形. 考虑到拓扑是研究图形(或集合)在连续形变下整体性质的几何学. 电子运动轨迹作为一种闭合几何结构,应具有拓扑属性. 量子霍尔效应、量子自旋霍尔效应、三维拓扑绝缘体、拓扑半金属和拓扑超导体的相继发现,为理解和发现新性质和新物质提供了新的认知视角. 为此,本章以固体的拓扑认知发展过程为脉络,重点介绍电子能带结构的拓扑概念、量子自旋霍尔效应、三维拓扑绝缘体和相关实验研究方案.

§ 8.1 二维晶体的量子霍尔效应

在 § 7.5 中,从准经典的角度讨论了恒定磁场下固体中的电子在实空间和波矢空间中的运动轨迹问题. 在洛伦兹力作用下,电子在实空间和波矢空间都作回旋运动. 由于恒定磁场对电子不做功,电子绕着等能轨道运动. 电子沿着垂直于外磁场方向的费米面切面作回旋运动,导致了电子在回旋面内的能量量子化. 对于二维晶体,电子仅在二维费米环上作回旋运动. 长时间的回旋运动促使能量量子化,形成朗道能级.

一、二维自由电子气的朗道能级

例题 7.5 给出了三维自由电子气在外磁场下的能量表达式. 在三维体系中,虽然存在朗道能级,但是电子总能量还是准连续的. 在二维体系中,朗道能级的出现使得电子的总能量实现了真正的量子化,由原本连续的能带转变为量子化的能级. 二维朗道能级中电子的能量表达式为

$$E(n)=\left(n+\frac{1}{2}\right)\hbar\omega_c \tag{8.1}$$

图 8.1 展示了二维自由电子气在波矢空间中的分布. 无外加磁场时,圆形费米环内部所有波矢位置均被电子占据,如图 8.1(a)所示. 当沿着 z 方向外加磁场后,由于朗道能级的形成,电子的均匀分布转变为分立朗道环,如图 8.1(b)所示. 电子只能占据朗道环上的波矢位置. 例题 7.5 指出,每一个朗道环上的电子数 n_L 相同. 定义朗道环上的电子数密度为朗道能级的简并度 p. 若不考虑自旋劈裂,朗道能级简并度为

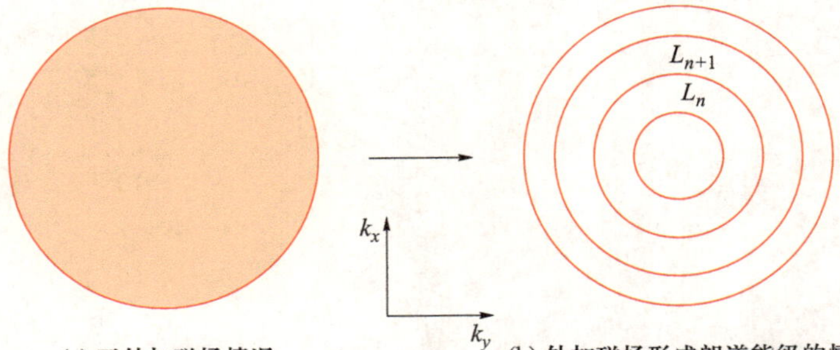

(a) 无外加磁场情况　(b) 外加磁场形成朗道能级的情况

图 8.1　二维自由电子在波矢空间的分布示意图

$$p=\frac{n_{\mathrm{L}}}{S}=\frac{B}{\Phi_0} \tag{8.2}$$

其中,S 为样品的面积,磁通量子 $\Phi_0=\pi\hbar/e=2.07\times10^{-15}$ Wb. 由式(8.2)发现,朗道能级简并度等于外加磁场和磁通量子之比. 若外加磁场大小为 1 T,则简并度 $p\approx0.5\times10^{11}\ \mathrm{cm}^{-2}$. 如果磁场足够大,最低能量的朗道能级就可以容纳晶体的全部自由电子,这种情况被称为量子极限.

图 8.2 为二维体系朗道能级态密度示意图. 当 $T=0$ K 时,二维电子气的朗道能级态密度没有展宽,如图 8.2(a)所示. 然而,温度引起的能量展宽无法避免,大小约为 $k_{\mathrm{B}}T$. 如要看到完全分立的朗道能级,相邻朗道能级的劈裂需大于温度展宽,即满足 $\hbar\omega_{\mathrm{c}}>k_{\mathrm{B}}T$. 鉴于 $\hbar\omega_{\mathrm{c}}$ 的大小在 meV 量级,而室温 300 K 对应约 26 meV 的能量,这意味着需要在非常低的温度才能观测到由朗道能级引起的显著效应. 在实际材料中,电子的运动还会受到各种散射,即使在零温下,朗道能级也存在能量展宽. 设散射的弛豫时间为 τ,根据海森伯不确定性原理,朗道能级的展宽可以表示为$\delta E\sim\hbar/\tau$. 也就是说 τ 越短,能级展宽就越大. 如果能级展宽过大,就会导致相邻朗道能级之间不存在真正的能隙. 反过来,要获得能量上完全分立的朗道能级,能级展宽要足够小,对应着 τ 要足够长,即定性满足 $\omega_{\mathrm{c}}\tau\gg1$. 图 8.2(b)展示了有能量展宽后的朗道能级态密度.

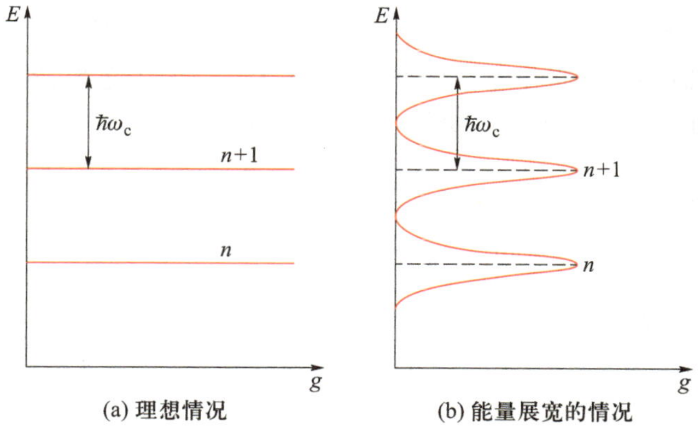

图 8.2　二维体系朗道能级态密度示意图

为了理解量子霍尔效应,接下来讨论朗道能级填充引起的电阻振荡效应. 考虑二维自由电子气,总载流子浓度为 N,由式(8.2)可见,通过改变磁场 B 的大小,可以实现恰好完全占据第 n 条朗道能级,而第 $n+1$ 条朗道能级完全未被占据. 此时

$$N=np=\frac{nB}{\Phi_0} \tag{8.3}$$

类比于通常的能带结构,第 n 条朗道能级相当于价带,而第 $n+1$ 条朗道能级相当于导带. 价带全满而导带全空,体系构成了一个绝缘体,呈现大电阻现象. 在上述基础上,逐步减小磁场 B,朗道能级简并度变小,每一条朗道能级上能够容纳的电子数变少. 考虑到 N 恒定,电子需要填充到第 $n+1$ 条朗道能级上. 当 B 继续减小,可以实现第二种比较特殊的条件,即第 n 条朗道能级全满,第 $n+1$ 条朗道能级半满. 此时

$$N=\left(n+\frac{1}{2}\right)p=\frac{(2n+1)B}{2\Phi_0} \tag{8.4}$$

类比于通常的能带结构，此时导带被半满填充，在费米能级附近有最多的空态用于电子移动．此时，电导极大，或者说电阻极小．

随着磁场 B 的持续变化，电阻会出现振荡．利用式(8.3)，振荡周期 $\Delta(1/B)=1/(N\Phi_0)$．在足够低的温度下，二维体系电导随着外加磁场的振荡在实验上已被普遍观察到．在二维体系中，载流子浓度正比于费米环包围的面积大小，若二维体系具有多个不同尺寸的费米面，电阻的振荡则是多个周期的叠加．通过提取振荡周期信息，可以得出各个费米面的大小．

二、二维体系的量子霍尔效应

为了获得更窄的朗道能级展宽，实验物理学家不断制备出弛豫时间更长的体系，并在更大的磁场和更低的温度下，检验朗道能级对体系电子传输的影响．当外加磁场达到 10 T 量级，温度达到 1 K 附近时，发生了奇异的行为．1980 年，克利青(Klitzing)等对半导体异质结构的二维电子气进行了极低温电阻和霍尔电阻测量，发现了量子霍尔效应．图 8.3 给出了观测到的实验数据．可见，体系的霍尔电阻(也称为横向电阻)呈现出量子化数值平台，平台数值的准确度好于 99.999 999 9%．同时，在出现霍尔平台的位置，体系的电阻(也称为纵向电阻)降为零．在该实验中，磁场大小固定，意味着固定了朗道能级的简并度，通过调节二维体系载流子总数，实现了对不同朗道能级的填充．为此，克利青荣获 1985 年的诺贝尔物理学奖．

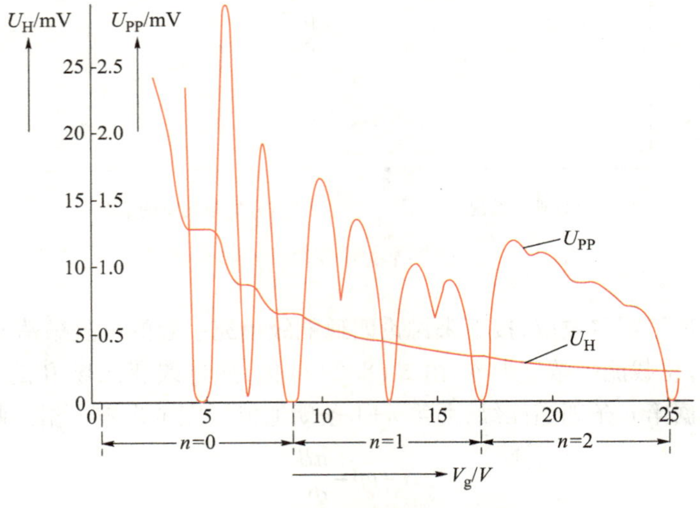

图 8.3　观测到的量子霍尔效应实验数据

实验温度为 1.5 K，外加磁场为 18 T，样品尺度为 400 μm×50 μm．U_H 代表霍尔电压，U_{pp} 代表纵向电压，纵向电阻的测量基于四电极法．横坐标是栅极电压，用来改变体系的载流子浓度．

例 8.1

为了理解图 8.3 的实验数据，试从经典角度写出二维各向同性系统的纵向和横向电阻率与电导率的关系.

解： 对于一个二维各向同性的系统，电流密度、电导矩阵和外加电场的关系如下：

$$\begin{pmatrix} J_x \\ J_y \end{pmatrix} = \begin{pmatrix} \sigma_{xx} & \sigma_{xy} \\ -\sigma_{xy} & \sigma_{xx} \end{pmatrix} \begin{pmatrix} E_x \\ E_y \end{pmatrix}$$

其中，$J_i(i=x,y)$ 为 i 方向的电流密度，E_i 为 i 方向的电场强度，σ_{ij} 为电导率矩阵元. 将上式展开，得到

$$\begin{cases} J_x = \sigma_{xx} E_x + \sigma_{xy} E_y \\ J_y = -\sigma_{xy} E_x + \sigma_{xx} E_y \end{cases}$$

对于霍尔测量，横向没有电流，$J_y=0$，则电阻率与电导率的关系为

$$\begin{cases} \rho_{xx} = \dfrac{E_x}{J_x} = \dfrac{\sigma_{xx}}{\sigma_{xx}^2 + \sigma_{xy}^2} \\ \rho_{xy} = \dfrac{E_y}{J_x} = \dfrac{\sigma_{xy}}{\sigma_{xx}^2 + \sigma_{xy}^2} \end{cases}$$

其中，ρ_{xx} 和 ρ_{xy} 分别为纵向和横向电阻率，σ_{xx} 和 σ_{xy} 分别为纵向和横向电导率.

当样品足够干净、磁场足够大且温度足够低时，相邻朗道能级之间的能量明显大于能量展宽. 在这种条件下，随着费米能级往能隙中间移动，体系逐步变成绝缘，纵向电导 $\sigma_{xx} \to 0$；横向电导（也称霍尔电导）远大于纵向电导，即 $\sigma_{xy} \gg \sigma_{xx}$. 此时

$$\begin{cases} \rho_{xx} \approx \dfrac{\sigma_{xx}}{\sigma_{xy}^2} \\ \rho_{xy} \approx \dfrac{1}{\sigma_{xy}} = \dfrac{B}{Ne} \end{cases} \tag{8.5}$$

其中，N 是载流子浓度，e 是载流子电荷，B 是外加磁场. 当电子完全沿纵向传导时（$\sigma_{xx}=0$），测量得到的电阻为零（$\rho_{xx}=0$），意味着体系进入了绝缘态. 根据前面的讨论，若要出现绝缘状态，则需要恰好有整数条的朗道能级被填满. 考虑到外加磁场很大，朗道能级发生塞曼劈裂，其简并度变为 $p=Be/h$. 在绝缘状态下，载流子浓度要满足 $N=nBe/h$，代入式(8.5)得到霍尔电阻率：

$$\rho_{xy} = \frac{1}{n} \frac{h}{e^2} \approx \frac{25.8}{n}\ \mathrm{k\Omega} \tag{8.6}$$

这个数值恰好等于图 8.3 中各个霍尔电压平台换算成霍尔电阻后的数值.

虽然以上的简单计算似乎能够用来解释实验数据，但其实与实验现象有很大偏离. 首先，实验测量是在恒流模式下进行的，当测量到纵向电压为零时，仍然有纵向电流流过样品. 这意味着，实验测量到的零电压并不是因为电流无法流过绝缘体而导致测量电压为零的现象，是真的出现了电阻为零的导电通道. 其次，式(8.6)仅对恰好填满第 n 条朗道能级的情况才成立，即量子化的霍尔电阻率数值只会出现在一个特定的载流子浓度或者特定的外加磁场下，并不会出现有一定宽度的霍尔平台. 基于固体中

的贝里相位(Berry phase),量子霍尔效应本质上是系统波函数特性的整体体现,被称为一种拓扑序.

§ 8.2 固体中的贝里相位和曲率

通常,外部条件缓慢变化的过程称为绝热过程. 物理系统的两个不同状态,如果通过一组参量的很缓慢(绝热可逆)变化而彼此互通,这些参量称为绝热不变量. 在经典力学中,用绝热不变量联系两个绝热可逆过程的力学系统早已成为常用方法. 玻恩(Born)和福克(Fock)针对含时的薛定谔方程,求得参量为无穷小量时,缓慢变化的哈密顿量驱动的波函数绝热解,称之为量子绝热定理. 1984 年贝里从绝热定理出发,发现了量子力学波函数的几何相位,常称之为贝里相位. 贝里相位的发现导致了量子力学相位概念的新认识,并被应用于物理学的各个领域.

一、动力学相位和绝热相位

量子绝热定理:假设哈密顿量由初值$\hat{H}_{\mathrm{i}}$ 逐渐变化到终值$\hat{H}_{\mathrm{f}}$,如果粒子开始处在$\hat{H}_{\mathrm{i}}$的第 n 本征态,系统将按含时薛定谔方程演化到$\hat{H}_{\mathrm{f}}$ 的第 n 本征态.

假设含时哈密顿量$\hat{H}(t)$的第 n 本征态为 $\psi_n(t)$,$\hat{H}(t)$的本征方程为

$$\hat{H}(t)\psi_n(t)=E_n(t)\psi_n(t) \tag{8.7}$$

其中,本征态 $\psi_n(t)$和本征值 $E_n(t)$也随时间变化,但 $\psi_n(t)$在瞬间依然构成正交归一完备集,$\langle\psi_m(t)\mid\psi_n(t)\rangle=\delta_{mn}$. 系统态函数 $\Psi(t)$随时间的演化遵从含时的薛定谔方程

$$\mathrm{i}\hbar\frac{\partial\Psi(t)}{\partial t}=\hat{H}(t)\Psi(t) \tag{8.8}$$

若系统的初态 $\Psi(0)=\psi_n(0)$,则 $\Psi(t)$仍然处在演化哈密顿量的第 n 本征态 $\psi_n(t)$上,即

$$\Psi(t)=\psi_n(t)\mathrm{e}^{\mathrm{i}\theta_n(t)}\ \mathrm{e}^{\mathrm{i}\gamma_n(t)} \tag{8.9}$$

其中,动力学相位 $\theta_n(t)$和绝热相位 $\gamma_n(t)$分别为

$$\theta_n(t)=-\frac{1}{\hbar}\int_0^t E_n(t')\mathrm{d}t' \tag{8.10}$$

$$\gamma_n(t)=\mathrm{i}\int_0^t\left\langle\psi_n(t')\left|\frac{\partial}{\partial t'}\psi_n(t')\right.\right\rangle\mathrm{d}t' \tag{8.11}$$

例 8.2

假设从 $\hat{H}_{\mathrm{i}}$ 到 $\hat{H}_{\mathrm{f}}$ 的演化过程中谱是分立的,且不简并,试证明式(8.9)—(8.11).

证明: 如果哈密顿量随时间演化,式(8.7)说明本征函数 $\psi_n(t)$在瞬间依然构成正交归一完备集. 因此,含时薛定谔方程(8.8)的一般解,可以表示成本征函数 $\psi_n(t)$的线性叠加,即

$$\Psi(t)=\sum_n c_n(t)\psi_n(t)\mathrm{e}^{\mathrm{i}\theta_n(t)}$$

对于哈密顿量不含 t 的情况,体系的初态可表示为 $\Psi(t=0)=\sum\limits_n c_n\psi_n$. 可以验证,含时的态函数

$$\Psi(t)=\sum_n c_n(t)\psi_n(t)\mathrm{e}^{\mathrm{i}\frac{E_n(t)}{\hbar}}$$

满足含时的薛定谔方程.

将这一处理思路推广到含时哈密顿量. 将 $\Psi(t)=\sum_n c_n(t)\psi_n(t)\mathrm{e}^{\mathrm{i}\theta_n(t)}$ 代入含时的薛定谔方程式(8.8),得到

$$\sum_n\left[\dot{c}_n(t)\psi_n(t)+c_n(t)\dot{\psi}_n(t)\right]\mathrm{e}^{\mathrm{i}\theta_n(t)}=0$$

对上式左乘 $\psi_m^*(t)$,并在实空间积分,得到

$$\sum_n\left[\dot{c}_n(t)\delta_{mn}+c_n(t)\langle\psi_m|\dot{\psi}_n\rangle\right]\mathrm{e}^{\mathrm{i}\theta_n(t)}=0$$

即
$$\dot{c}_m(t)=-\sum_n c_n(t)\langle\psi_m|\dot{\psi}_n\rangle\mathrm{e}^{\mathrm{i}[\theta_n(t)-\theta_m(t)]}$$

将式(8.7)对时间求微分,得到

$$\dot{\hat{H}}\psi_n+\hat{H}\dot{\psi}_n=\dot{E}_n\psi_n+E_n\dot{\psi}_n$$

再次取 ψ_m 的内积,得到

$$\langle\psi_m|\dot{\hat{H}}|\psi_n\rangle+\langle\psi_m|\hat{H}|\dot{\psi}_n\rangle=\dot{E}_n\delta_{mn}+E_n\langle\psi_m|\dot{\psi}_n\rangle$$

利用 $\hat{H}$ 的厄米性,$\langle\psi_m|\hat{H}|\dot{\psi}_n\rangle=E_m\langle\psi_m|\dot{\psi}_n\rangle$,$m\neq n$ 时,上式写为

$$\langle\psi_m|\dot{\hat{H}}|\psi_n\rangle=(E_n-E_m)\langle\psi_m|\dot{\psi}_n\rangle$$

将此式代入 $\dot{c}_m(t)$ 表达式,鉴于能级不简并,得到

$$\dot{c}_m(t)=-c_m(t)\langle\psi_m|\dot{\psi}_m\rangle-\sum_{n\neq m}c_n(t)\frac{\langle\psi_m|\dot{\hat{H}}|\psi_n\rangle}{E_n-E_m}\mathrm{e}^{\mathrm{i}[\theta_n(t)-\theta_m(t)]}$$

假设 $\dot{\hat{H}}$ 很小,绝热近似下,舍弃第二项,得到

$$\dot{c}_m(t)=-c_m(t)\langle\psi_m|\dot{\psi}_m\rangle$$

其解为

$$c_m(t)=c_m(0)\mathrm{e}^{\mathrm{i}\gamma_m(t)}$$

其中

$$\gamma_m(t)=\mathrm{i}\int_0^t\left\langle\psi_m(t')\left|\frac{\partial}{\partial t'}\psi_m(t')\right.\right\rangle\mathrm{d}t'$$

特别地,若体系的初态处于第 n 本征态,则有

$$c_n(0)=1,\quad c_m(0)=0,\quad m\neq n$$

因此

$$c_n(t)=\mathrm{e}^{\mathrm{i}\gamma_n(t)},\quad c_m(t)=0,\quad m\neq n$$

则
$$\Psi(t)=\psi_n(t)\mathrm{e}^{\mathrm{i}\theta_n(t)}\mathrm{e}^{\mathrm{i}\gamma_n(t)}$$

二、空间周期演化的贝里相位

考虑一个量子体系,其哈密顿量 $H(\boldsymbol{R}(t))$ 依赖于含时函数 $\boldsymbol{R}(t)$,且作周期为 τ 的演化. 即 $\boldsymbol{R}(\tau)=\boldsymbol{R}(0)$,且 $\hat{H}(\boldsymbol{R}(\tau))=\hat{H}(\boldsymbol{R}(0))$. 体系的量子态 $\Psi(t)$ 随时间的演化,遵从含时的薛定谔方程

$$
\mathrm{i}\hbar\frac{\partial}{\partial t}\Psi(\boldsymbol{R}(t))=\hat{H}(\boldsymbol{R}(t))\Psi(\boldsymbol{R}(t)) \tag{8.12}
$$

设 $\hat{H}(\boldsymbol{R}(t))$ 的瞬时本征方程为

$$
\hat{H}(\boldsymbol{R}(t))\psi_n(\boldsymbol{R}(t))=E_n(\boldsymbol{R}(t))\psi_n(\boldsymbol{R}(t)) \tag{8.13}
$$

其中,$E_n(\boldsymbol{R}(t))$ 为瞬时能量本征值,$\psi_n(\boldsymbol{R}(t))$ 构成 t 时刻体系量子态的一组正交归一完备集,n 是标记体系量子态的一组完备量子数. 体系任意量子态 $\Psi(\boldsymbol{R}(t))$ 均可用这一组完备集展开.

假定 $\hat{H}$ 随 $\boldsymbol{R}(t)$ 变化缓慢,量子绝热定理成立. 若初始时刻($t=0$)体系处于某一个给定的瞬时本征态 $\psi_n(\boldsymbol{R}(0))$,类似前面的处理,体系在 t 时刻的量子态 $\Psi(\boldsymbol{R}(t))$ 为

$$
\Psi(\boldsymbol{R}(t))=\psi_n(\boldsymbol{R}(t))\mathrm{e}^{\mathrm{i}[\theta_n(t)+\gamma_n(t)]} \tag{8.14}
$$

其中

$$
\theta_n(t)=-\frac{1}{\hbar}\int_0^t E_n(\boldsymbol{R}(t'))\mathrm{d}t' \tag{8.15}
$$

$$
\gamma_n(t)=\mathrm{i}\int_0^t\left\langle\psi_n(\boldsymbol{R}(t'))\left|\frac{\partial}{\partial t'}\psi_n(\boldsymbol{R}(t'))\right.\right\rangle\mathrm{d}t' \tag{8.16}
$$

可见,动力学相位 $\theta_n(t)$ 依赖于瞬时能量本征值 $E_n(\boldsymbol{R}(t))$,绝热相位 $\gamma_n(t)$ 依赖于瞬时能量本征态 $\psi_n(\boldsymbol{R}(t'))$ 及其随时间的变化,且 $\gamma_n(t)$ 由量子态 $\Psi(\boldsymbol{R}(t))$ 满足含时薛定谔方程确定. 考虑到 $\boldsymbol{R}(t)$ 以及引起的 $\hat{H}(\boldsymbol{R}(t))$ 随时间演化,$\gamma_n(t)$ 是不可积的. 特别是经过一个周期后,在参量空间 $\boldsymbol{R}(t)$ 画出一个闭合路径,一般来说 $\gamma_n(\tau)\neq\gamma_n(0)$,这是贝里的重要贡献.

贝里指出,$\gamma_n(\tau)$ 可以表示为参量空间的一个回路积分. 将式(8.16)对时间微分,得到

$$
\dot{\gamma}_n(t)=\mathrm{i}\left\langle\psi_n(\boldsymbol{R}(t))\left|\frac{\partial}{\partial t}\psi_n(\boldsymbol{R}(t))\right.\right\rangle=\mathrm{i}\langle\psi_n(\boldsymbol{R}(t))\mid\nabla_{\boldsymbol{R}}\psi_n(\boldsymbol{R}(t))\rangle\frac{\partial\boldsymbol{R}(t)}{\partial t} \tag{8.17}
$$

定义贝里联络(Berry connection)$\boldsymbol{A}_n(\boldsymbol{R}(t))$ 为

$$
\boldsymbol{A}_n(\boldsymbol{R}(t))\equiv\mathrm{i}\langle\psi_n(\boldsymbol{R}(t))\mid\nabla_{\boldsymbol{R}}\psi_n(\boldsymbol{R}(t))\rangle \tag{8.18}
$$

则

$$
\dot{\gamma}_n(t)=\dot{\boldsymbol{R}}(t)\cdot\boldsymbol{A}_n(\boldsymbol{R}(t)) \tag{8.19}
$$

将式(8.19)对时间积分,得到

$$
\gamma_n(\tau)-\gamma_n(0)=\int_0^\tau\dot{\boldsymbol{R}}(t)\cdot\boldsymbol{A}_n(\boldsymbol{R}(t))\mathrm{d}t=\oint_C\boldsymbol{A}_n(\boldsymbol{R})\cdot\mathrm{d}\boldsymbol{R} \tag{8.20}
$$

此处的 C 指 $\boldsymbol{R}(t)$ 从 $t=0$ 到 $t=\tau$ 演化一周的封闭路径.

贝里定义 $\gamma_n(\tau)-\gamma_n(0)$ 为几何相位,

$$
\gamma_n(C)=\oint_C\boldsymbol{A}_n(\boldsymbol{R})\cdot\mathrm{d}\boldsymbol{R} \tag{8.21}
$$

大家也常称之为贝里相位. 可见,只要绝热近似成立,$\gamma_n(C)$ 不依赖于 C 如何行走. 可以证明 $\boldsymbol{A}_n(\boldsymbol{R})$ 为实数,因而 $\gamma_n(C)$ 也为实数,是可观测的. 利用斯托克斯定理,$\gamma_n(C)$ 可化成参量空间的面积分:

$$\gamma_n(C)=\int_S[\nabla_{\boldsymbol{R}}\times\boldsymbol{A}_n(\boldsymbol{R})]\cdot\mathrm{d}\boldsymbol{S}=\int_S\boldsymbol{\Omega}_n(\boldsymbol{R})\cdot\mathrm{d}\boldsymbol{S} \tag{8.22}$$

其中，$\boldsymbol{\Omega}_n(\boldsymbol{R})$称为贝里曲率（Berry curvature），满足

$$\boldsymbol{\Omega}_n(\boldsymbol{R})=\nabla_{\boldsymbol{R}}\times\boldsymbol{A}_n(\boldsymbol{R}) \tag{8.23}$$

与实空间对应，$\boldsymbol{A}_n(\boldsymbol{R})$可看作参量空间的矢势，$\boldsymbol{\Omega}_n(\boldsymbol{R})$可看作参量空间的磁场强度，而$\gamma_n(C)$可看作通过以参量空间闭合曲线$C$为边界的曲面$S$的磁通量. 可以证明，虽然$\boldsymbol{A}_n(\boldsymbol{R})$依赖于瞬时能量本征态$\psi_n(\boldsymbol{R}(t))$，但$\boldsymbol{\Omega}(\boldsymbol{R})$和$\gamma_n(C)$都与此无关.

三、波矢空间的贝里相位和曲率

若将参量空间选为波矢$\boldsymbol{k}$空间，则式(8.20)可写为

$$\gamma_n(t)=\mathrm{i}\int_{k_i}^{k_f}\langle\psi_n(\boldsymbol{k})\mid\nabla_{\boldsymbol{k}}\psi_n(\boldsymbol{k})\rangle\cdot\mathrm{d}\boldsymbol{k} \tag{8.24}$$

其中，$\boldsymbol{k}_i$和$\boldsymbol{k}_f$分别为初始波矢和末态波矢，$\psi_n(\boldsymbol{k})$为第n个能带的本征态. 这个相位数值不确定，依赖于演化路径. 考虑从$t=0$变到$t=T$的周期变化，参量$\boldsymbol{k}$回到原先的数值，$\boldsymbol{k}_f=\boldsymbol{k}_i$. 也就是说，体系在波矢空间绝热地沿着一个闭合路径运动了一圈. 此时，该相位就有明确的意义，称为$\boldsymbol{k}$空间的贝里相位

$$\gamma_n(t)=\mathrm{i}\oint\langle\psi_n(\boldsymbol{k})\mid\nabla_{\boldsymbol{k}}\psi_n(\boldsymbol{k})\rangle\cdot\mathrm{d}\boldsymbol{k} \tag{8.25}$$

在第5章中已经讲过，晶体中的单电子波函数满足布洛赫定理，即

$$\psi_n(\boldsymbol{k})=\mathrm{e}^{\mathrm{i}\boldsymbol{k}\cdot\boldsymbol{r}}u_{n,\boldsymbol{k}}(\boldsymbol{r}) \tag{8.26}$$

将式(8.26)代入式(8.25)，可以得到振幅表示的$\boldsymbol{k}$空间贝里相位

$$\gamma_n(t)=\mathrm{i}\oint\langle u_n(\boldsymbol{k})\mid\nabla_{\boldsymbol{k}}u_n(\boldsymbol{k})\rangle\cdot\mathrm{d}\boldsymbol{k} \tag{8.27}$$

将式(8.27)的线积分变成面积分，得到

$$\gamma_n(t)=\mathrm{i}\int_S\nabla_{\boldsymbol{k}}\times\langle u_n(\boldsymbol{k})\mid\nabla_{\boldsymbol{k}}u_n(\boldsymbol{k})\rangle\cdot\mathrm{d}\boldsymbol{S} \tag{8.28}$$

定义$\boldsymbol{k}$空间的贝里联络$\boldsymbol{A}_n$为

$$\boldsymbol{A}_n=\mathrm{i}\langle u_n(\boldsymbol{k})\mid\nabla_{\boldsymbol{k}}u_n(\boldsymbol{k})\rangle \tag{8.29}$$

贝里相位变成

$$\gamma_n(t)=\int_S(\nabla_{\boldsymbol{k}}\times\boldsymbol{A}_n)\cdot\mathrm{d}\boldsymbol{S} \tag{8.30}$$

若定义$\boldsymbol{k}$空间的贝里曲率为

$$\boldsymbol{\Omega}_n=\nabla_{\boldsymbol{k}}\times\boldsymbol{A}_n=\mathrm{i}\langle\nabla_{\boldsymbol{k}}u_n(\boldsymbol{k})\mid\times\mid\nabla_{\boldsymbol{k}}u_n(\boldsymbol{k})\rangle \tag{8.31}$$

则贝里相位可写成

$$\gamma_n(t)=\int_S\boldsymbol{\Omega}_n\cdot\mathrm{d}\boldsymbol{S} \tag{8.32}$$

需要注意的是，对于时间反演和空间反演均对称的体系，$\boldsymbol{k}$空间的贝里曲率为零.

§ 8.3 量子霍尔效应与拓扑不变量

拓扑不变量的概念由数学家首先引入，用来描述几何图形的整体特性. 图 8.4 给

出两个简单的封闭曲面,一个是球形,另一个是面包圈状. 这两个图形的本质区别在于面包圈有个中间的孔洞,而球没有.

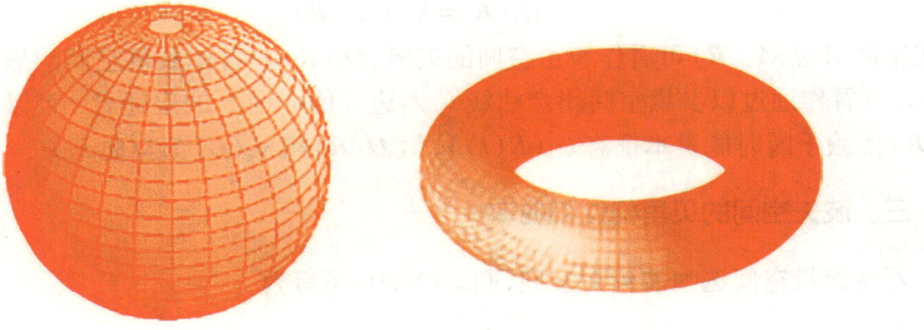

图 8.4　球和面包圈的封闭曲面结构示意图

一、几何结构的拓扑不变量

陈省生提出了利用拓扑不变量来描述上述两个图形的本质差别. 简单来说,曲面上任意一点的高斯曲率 κ 等于通过该点的两个互相垂直方向上的主曲率 κ_1 和 κ_2 的乘积,即

$$\kappa=\kappa_1\kappa_2 \tag{8.33}$$

对高斯曲率在整个封闭曲面 S 上进行面积分,得到一个和曲面的具体细节无关,只依赖于存在孔洞个数的值 g(genus):

$$\int_S \kappa \mathrm{d}S=2\pi(2-2g) \tag{8.34}$$

g 称为拓扑不变量. 对于球形,$g=0$,对于面包圈 $g=1$. 只要没有孔洞,g 永远为 0,例如橄榄形和碗形等.

二、量子霍尔效应的拓扑描述

数学上对于几何形状拓扑特性的描述是在实空间. 可以将同样的概念引入到波矢 $\boldsymbol{k}$ 空间,描述能带电子结构这一几何图形. 1982 年,Thouless 教授等人(TKNN)发现霍尔电导可以用贝里曲率来表示:

$$\sigma_{xy}=\sum_n \frac{\mathrm{i}e^2}{h}\int_{\mathrm{BZ}} \frac{\Omega_n(k_x,k_y)}{2\pi}\mathrm{d}\boldsymbol{k} \tag{8.35}$$

式中的积分是对二维布里渊区内所有被占据的波矢进行. 考虑到晶体的周期性边界条件,二维布里渊区可以看成类似具有面包圈形状的封闭曲面. 如果体系处于金属态,布里渊区里只有部分波矢被占据,式(8.35)中的积分依赖于具体的电子数密度,没有固定数值. 如果体系处于绝缘态,所有的波矢都被电子所占据,积分是对整个曲面. 从式(8.32)知道,贝里曲率是一个全微分,其在类似面包圈形状的封闭曲面上的积分有确定值$-2\pi\mathrm{i}$. 量子霍尔效应中出现霍尔电导平台的位置恰好对应着体系处于绝缘态,因此有

$$\sigma_{xy}=n\frac{e^2}{h} \tag{8.36}$$

其中，n 代表被占据的朗道能级条数. 从拓扑不变量的角度来说，n 就是拓扑不变量，被称为陈(省身)数. 量子霍尔效应态，也被称为陈绝缘体态，是一种拓扑有序态. 真空是普通绝缘体，陈数 $n=0$. 对于量子霍尔效应体系，其内部陈数是非零整数 n. 在它和真空的边界上陈数发生变化，从非零变成了零. 但是，陈数作为整数型的拓扑不变量，不能连续变化. 这意味着，在量子霍尔效应绝缘体和普通绝缘体的边界上必须出现金属态，金属态不存在陈数. 上述现象也被称为"体-边对应"关系. 体陈数为 n 对应着在边缘上出现 n 条导电的金属通道. 从实验知道，这些导电通道是能量无耗散的通道，电子只能沿一个方向运动，称之为手性运动.

例 8.3

在强磁场中，Thouless 等给出了二维电子气的霍尔电导率：

$$\sigma_{xy}=\frac{\mathrm{i}e^2}{2\pi h}\sum_n\oint \mathrm{d}^2k\int \mathrm{d}^2r\left(\frac{\partial u_n^*}{\partial k_x}\frac{\partial u_n}{\partial k_y}-\frac{\partial u_n^*}{\partial k_y}\frac{\partial u_n}{\partial k_x}\right)$$

试由此证明式(8.36).

证明： 对于二维系统，波矢 $\boldsymbol{k}$ 只有 x 和 y 分量，此时

$$\nabla_{\boldsymbol{k}}u_n^*(\boldsymbol{k})\times\nabla_{\boldsymbol{k}}u_n(\boldsymbol{k})=\begin{vmatrix}\boldsymbol{e}_x & \boldsymbol{e}_y & \boldsymbol{e}_z\\ \dfrac{\partial u_n^*}{\partial k_x} & \dfrac{\partial u_n^*}{\partial k_y} & 0\\ \dfrac{\partial u_n}{\partial k_x} & \dfrac{\partial u_n}{\partial k_y} & 0\end{vmatrix}=\frac{\partial u_n^*}{\partial k_x}\frac{\partial u_n}{\partial k_y}-\frac{\partial u_n^*}{\partial k_y}\frac{\partial u_n}{\partial k_x}$$

利用式(8.31)

$$\boldsymbol{\Omega}_n=\mathrm{i}\int \mathrm{d}^2r\left(\frac{\partial u_n^*}{\partial k_x}\frac{\partial u_n}{\partial k_y}-\frac{\partial u_n^*}{\partial k_y}\frac{\partial u_n}{\partial k_x}\right)\equiv\Omega_n(k_x,k_y)$$

代入霍尔电导率公式，得到式(8.35)，即

$$\sigma_{xy}=\frac{\mathrm{i}e^2}{2\pi h}\sum_n\oint\Omega_n(k_x,k_y)\,\mathrm{d}^2k$$

在类似面包圈形状的封闭曲面上，以上积分有确定积分值$-2\pi\mathrm{i}$. 因此，当出现霍尔平台时，对应着体系处于绝缘态，最高填充的朗道能级为 n. 此时，霍尔电导率为

$$\sigma_{xy}=n\frac{e^2}{h}$$

综上所述，从贝里相位出发，基于拓扑不变量的描述，可以很好地理解为什么量子霍尔效应的霍尔平台有如此精确的数值以及为什么存在无耗散导电通道. 需要指出的是，霍尔平台的宽度由体系的不均匀性决定，它不是一个可以精确计算的量. 这里的不均匀性指的是朗道能级的能量位置在实空间中存在起伏，这导致在一定的外磁场范围(或者一定的载流子浓度范围)内，体系都会处于绝缘状态. 正是因为拓扑不变量只依赖于绝缘状态而不依赖于具体细节，才使得量子霍尔效应具有令人难以置信的精确度.

三、 Haldane 模型

虽然 TKNN 模型预示着波函数的贝里曲率是产生量子霍尔效应的根源，但依然涉及朗道能级．试问在无朗道能级的情况下，是否存在量子霍尔效应？1988 年，Haldane 研究了具有六角蜂窝状晶格（honeycomb lattice）的石墨烯材料，并在晶胞中引入正反交替磁通．在紧束缚模型下，虽然单位晶胞中的总磁通量为零，系统仍呈现非零的量子霍尔电导．即利用时间反演对称性破缺（磁有序），依然可以实现量子霍尔效应．

Haldane 的结果可以作如下理解．如图 8.5 所示，在石墨烯的能带结构中，由于存在时间反演和空间反演双重对称性，六边形布里渊区的角点（$\pm K$）处存在导带底和价带顶的能量简并．在简并点附近，能带呈现出在 k_x-k_y 面内各向同性的奇特线性色散关系．能量和动量之间的线性依赖关系和光子类似，对此类能带结构中的电子可以用相对论性的狄拉克方程来描述．因此，这类能带被称为狄拉克圆锥（Dirac cone）形能带结构，其中的能带简并点被称为狄拉克点．

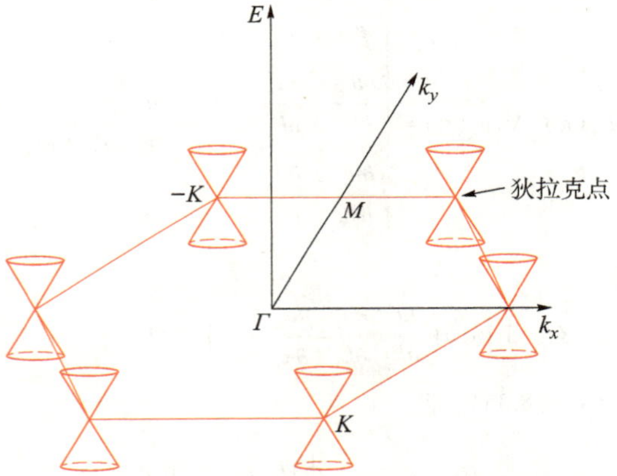

图 8.5　石墨烯布里渊区角点（$\pm K$）上的狄拉克圆锥形能带结构

电子在该能带结构中跃迁时，低能有效哈密顿量可以写为

$$\hat{H}=\tau k_x\sigma_x+k_y\sigma_y \tag{8.37}$$

其中，$\tau=\pm1$ 分别标记 K 和 $-K$ 点，蜂窝状晶格的两个子格子的赝自旋泡利矩阵为 σ．此时，除 $\pm K$ 处的狄拉克点，贝里曲率在任何位置均为零；在每个狄拉克点附近的贝里相位为 π，但贝里曲率发散．为了控制发散性，引入一个作用在 σ_z 上的场 Δ，从而在狄拉克点处打开带隙．这个场的产生可以是打破时间反演的磁场，或者是打破空间反演的电场．对于打破时间反演的场，$\Delta\sigma_z$ 在 $\pm K$ 点上具有相反的符号，而贝里曲率具有相同的符号，则对整个布里渊区内贝里曲率的积分不为零．也就是说，根据 TKNN 理论，霍尔电导一定是非零的，且是量子化的．Haldane 通过引入次紧邻之间的复杂跃迁积分，证明了 $\Delta\sigma_z$ 项打开 $\pm K$ 点带隙的作用．

尽管 Haldane 模型是一个玩具模型（toy model），但它依然很有价值．传统上，量子霍尔效应需要强磁场和低温辅助．Haldane 模型不仅证明了在总磁通为零的情况下可以在能带绝缘体中实现量子霍尔效应，而且也启发了后续量子自旋霍尔效应概念的提出.

§ 8.4 量子自旋霍尔效应与 Z_2 拓扑不变量

在二维体系中，量子霍尔效应态是一种拓扑态，用拓扑不变量陈数来表征，反映了朗道能级的贝里曲率. 量子霍尔效应体系的一维边缘存在能量无耗散的导电通道，可应用于低能耗电子器件. 但是，量子霍尔效应需要强磁场和极低温度，这严重阻碍在电子学方面的实际应用. 物理学家们以 Haldane 模型为起始，不断探索无须外加磁场以及室温条件下产生类似拓扑态的可能性.

一、自旋霍尔效应和量子自旋霍尔效应

在§8.2 中指出，贝里曲率相当于 $\boldsymbol{k}$ 空间中的磁场. 当施加电场 $\boldsymbol{E}$ 时，贝里曲率的存在会给载流子带来垂直于电场方向的横向异常速度

$$\boldsymbol{v}_{\mathrm{a}}=-\dot{\boldsymbol{k}}\times\boldsymbol{\Omega}=\frac{e}{\hbar}\boldsymbol{E}\times\boldsymbol{\Omega} \tag{8.38}$$

需要指出的是，贝里曲率可以依赖于自旋. 式(8.38)中，$\boldsymbol{\Omega}=\langle\boldsymbol{\Omega}\rangle$ 是旋量平均的贝里曲率(略去了带指数 n). 若系统存在自旋-轨道耦合，则自旋向上和向下电子的贝里曲率不同. 这样的自旋系统提供了内禀的自旋霍尔效应(spin Hall effect，SHE).

假设电子自旋在输运过程中守恒，即自旋向上流和自旋向下流彼此独立，若每一种自旋流都具有量子化的霍尔电导 $\sigma_{\mathrm{H}}^{\uparrow}$ 和 $\sigma_{\mathrm{H}}^{\downarrow}$，则自旋霍尔电导为

$$\sigma_{\mathrm{H}}^{\mathrm{s}}=(\sigma_{\mathrm{H}}^{\uparrow}-\sigma_{\mathrm{H}}^{\downarrow}) \tag{8.39}$$

也是量子化的，这是严格意义上的量子自旋霍尔效应(quantum spin Hall effect，QSHE).

然而，由于固体中自旋-轨道耦合的存在，电子的自旋并不守恒. 此时，自旋霍尔电导不是量子化的. 对于自旋-轨道耦合系统，自旋流也无法严格定义. 具备量子化自旋输运特性的量子自旋霍尔效应并不存在. 尽管如此，在二维系统中依然可以存在自旋霍尔效应的特定量子化版本，即体系的一维边缘存在稳定的金属性通道. 尽管该类体系的自旋输运非量子化，依然可称之为量子自旋霍尔效应. 二维体系中具备稳定边缘导电通道的量子自旋霍尔效应引领了后续各种拓扑量子态的研究.

二、量子自旋霍尔效应中的 Z_2 拓扑不变量

量子自旋霍尔效应态是一种不同于陈绝缘体态的拓扑态. 它的实现不需要外加磁场，实现的温度和材料体能隙的大小有关. 上面已经提到，稳定的金属性边缘态是量子自旋霍尔效应态的根本特征. 首先从边缘态的角度来展示普通绝缘态和量子自旋霍尔效应态的差异. 图 8.6 显示了两种不同类型二维绝缘体的能带示意图. 波矢范围是沿着波矢空间中两个时间反演不变点(Γ_{a} 和 Γ_{b}). 在导带和价带之间，均存在边缘态(黑色实线). 根据 Kramer 定理，自旋 1/2 体系在时间反演不变点处，不同自旋的

能量必须简并．当离开时间反演不变点，由于自旋-轨道耦合作用，边缘态的自旋简并会打开，能带发生劈裂，形成具有相反自旋取向的两条能带．

在图 8.6(a) 中，费米能级穿越边缘态能带，表示在绝缘体边缘具有金属性导电通道．但是这样的金属态并不稳定．如果发生扰动，费米能级可以往下移动到不穿越边缘态能带的能量位置．在这种情况下，体和边缘全都处于绝缘的状态．因此，图 8.6 (a) 本质上是对应普通绝缘体．图 8.6(b) 展示的边缘态则完全不同．不管费米能级如何移动，它总会穿越边缘态能带，这意味着该体系的边缘具有抗干扰的金属性导电通道．因此，图 8.6(b) 对应量子自旋霍尔效应绝缘体．

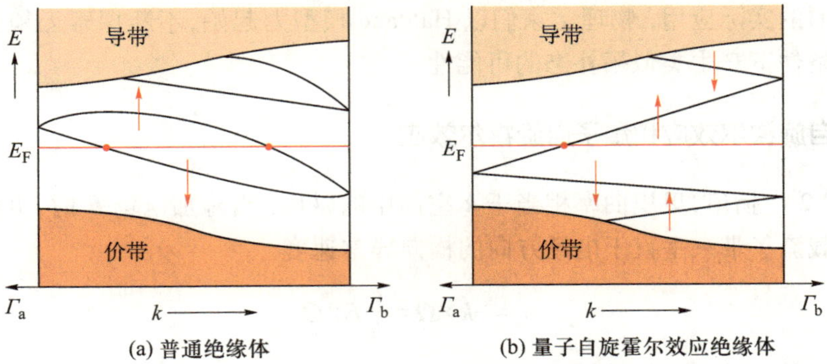

图 8.6　两种不同类型二维绝缘体的能带结构示意图

橙色线表示费米能级，Γ_a 和 Γ_b 是在波矢空间中的两个时间反演不变点，不同方向的橙色箭头表示相反的自旋取向．

可以采用一个简单的指标来区分图 8.6 中的两种绝缘体．根据上述描述，在图 8.6(a) 中，不管费米能级怎么移动，它总是偶数次（包括零次）穿越边缘态能带．在图 8.6(b) 中，费米能级总是奇数次（不考虑恰好穿越位于时间反演不变点处的能量简并点的特殊情况）穿越边缘态能带．定义 Z_2 拓扑不变量：

$$Z_2=(-1)^{\nu} \tag{8.40}$$

其中，指标 ν 为费米能级穿越边缘态次数除以 2 得到的余数，$Z_2=-1$ 表示量子自旋霍尔效应态，$Z_2=1$ 表示普通绝缘体态．

根据能带穿越费米能级的次数来计算 Z_2 的办法是，假定已经知道边缘态的能带结构，而边缘态的计算远比体能带结构的计算来得复杂．因此，一般情况下，Z_2 是根据体能带结构来进行计算．付亮等人提出计算 Z_2 不变量的普适方法，适用于任何晶体结构．当晶体结构具有空间反演对称性时，该方法简化为计算体能带波函数的宇称问题．以具有空间反演对称性的二维正方晶格绝缘体为例，在其布里渊区中存在四个独立的时间反演不变点 Γ_1—Γ_4．$\Gamma_1(0,0)$ 是布里渊区的中心，另外三个位于布里渊边界，分别是 $\Gamma_2(\pi,0)$ 点、$\Gamma_3(0,\pi)$ 点以及 $\Gamma_4(\pi,\pi)$ 点，其中坐标采用了晶格常量等于 1．根据时间反演不变点处波函数的宇称来计算 Z_2，得到

$$\begin{cases} Z_2=(-1)^{\nu}=\prod_{a=1}^{4}\delta_a \\ \delta_a=\prod_{m}\xi_m(\Gamma_a) \end{cases} \tag{8.41}$$

其中，$\xi_m(\Gamma_a)$表示在时间反演不变点Γ_a处，价带中第m条能带对应的本征波函数的宇称本征值. 如果第m条能带对应的波函数是关于波矢的偶函数，则$\xi_m(\Gamma_a)=1$，若波函数是关于波矢的奇函数，则$\xi_m(\Gamma_a)=-1$. 将位于Γ_a处的价带中所有能带的宇称值相乘，就得到Γ_a点的宇称数δ_a，$\delta_a=1$或者-1. 最后，将4个时间不变点的宇称数相乘得到Z_2值. 如果4个时间反演不变点的宇称数具有相同的符号，则$Z_2=1$，对应普通绝缘体.

要实现量子自旋霍尔效应态，需要将奇数个时间反演不变点的宇称数反号. 要将Γ_a的宇称数δ_a反号，最简单的方法是只改变价带顶（Γ_a处）的一条能带的宇称值. 在实际体系中，上述宇称值改变对应着在Γ_a点处导带底和价带顶能带的反转. 图8.7给出了能带反转的示意图. 为简单起见，只画出最靠近能隙的一条导带和一条价带. 在图8.7(a)中，Γ_a处的导带底和价带顶之间有能隙，并假定导带底的波函数的宇称值为+1，价带顶的波函数的宇称值为−1. 在图8.7(b)中，通过某种调控，将导带下移，价带上移，形成能带交叠. 交叠后两者发生杂化，重新打开能隙，如图8.7(c)所示. 此时，Γ_a处价带的波函数宇称值从−1变成了+1. 该宇称值反号导致Γ_a点的δ_a反号.

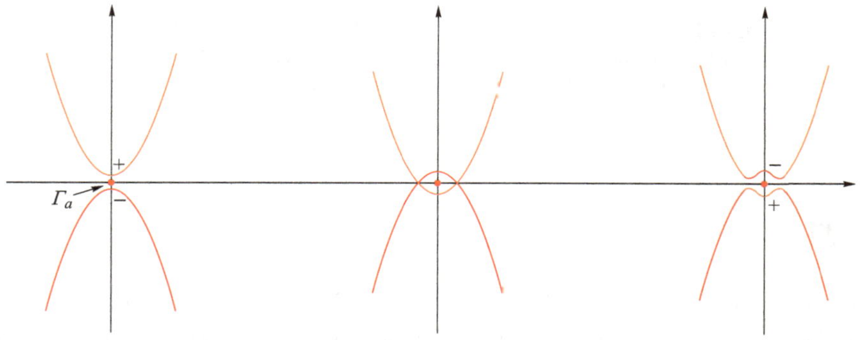

(a) 能带反转前，在Γ_a处，价带波函数宇称值为−1，导带波函数宇称值为+1

(b) 导带和价带形成了交叠

(c) 交叠的导带和价带形成杂化，重新打开能隙，实现能带反转，此时在Γ_a处，价带波函数宇称值变为+1，导带波函数宇称值变为−1

图8.7 位于时间反演不变点Γ_a处的能带反转示意图

张首晟等提出可进行实验验证的量子自旋霍尔效应体系CdTe/HgTe/CdTe量子阱. 体材料HgTe是一种零能隙的半导体，而体材料CdTe是能隙为1.4 eV的半导体. 在CdTe/HgTe/CdTe三明治结构构成的量子阱中，HgTe导带中的电子和价带中的空穴被束缚在CdTe能隙形成的势阱中. 势阱的高度对应CdTe的能隙，势阱的宽度由HgTe的厚度决定. 势阱中HgTe的导带和价带因为量子尺寸效应，各自形成分立的子能带，导致HgTe出现非零的能隙. 通过改变HgTe的厚度，可以改变导带和价带的子能带的相对位置. 在保持HgTe薄膜二维特性的情况下，理论计算发现，当HgTe的厚度大于6.3 nm时，布里渊区中心处的导带底和价带顶能带会发生反转，导致价带顶处波函数的宇称值反号，从而实现奇数个（1个）时间反演不变点的宇称数反号，形成量子自旋霍尔效应态.

量子自旋霍尔效应的特征是在一维边缘处存在稳定的金属性边缘态．如图 8.8(a)所示，由于自旋-轨道耦合作用，该边缘态中的电子具有自旋-动量锁定特性，沿着相反方向运动的电子具有相反的自旋取向，相反运动方向的电子之间不会发生散射．与量子霍尔效应类似，量子自旋霍尔效应的一维边缘态也具有能量无耗散特性．图 8.8(b)示意了位于图 8.8(a)中上部边缘处一维边缘态的能带示意图．边缘态能带具有三个特征：① 自旋-动量锁定；② 受时间反演对称性的保护，在时间反演不变点处，若无外加磁场，能带的自旋简并无法破坏；③ 在低能近似下，简并点附近的能带具有线性色散关系，简并点是个狄拉克点．

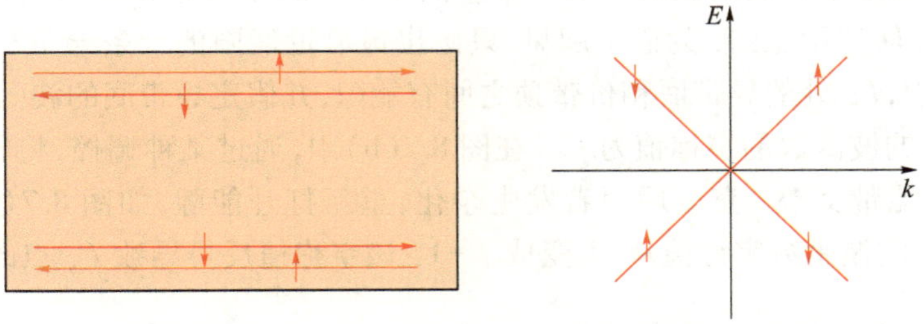

(a) 实空间中一维导电通道的示意图，沿着不同方向运动的电子具有不同的自旋取向

(b) 一维边缘态的能带示意图，方向相反的橙色箭头代表相反的自旋取向

图 8.8　量子自旋霍尔效应绝缘体中的一维金属边缘态

§ 8.5　三维拓扑绝缘体

与量子霍尔效应不同，量子自旋霍尔效应的概念可以自然地过渡到三维体系，形成三维拓扑绝缘体态．鉴于量子自旋霍尔效应也被称为二维拓扑绝缘体，最简单的方法是将量子自旋霍尔效应绝缘体沿着垂直二维平面方向叠在一起，形成一个三维体系．依赖于层与层之间的耦合强度，该三维体系可以变成普通绝缘体，也可以变成非普通绝缘体．非普通绝缘体态分为两种情况：① 强三维拓扑绝缘体(strong topological insulator)，简称为三维拓扑绝缘体；② 弱三维拓扑绝缘体(weak topological insulator)．

在 § 8.4 中，量子自旋霍尔效应态用 Z_2 不变量来描述，涉及一个指标 ν．基于相同的概念，对于三维体系则需要用 4 个指标来表述，记为$(\nu_0;\nu_1,\nu_2,\nu_3)$．$\nu_0$ 称为主拓扑指标，它的计算和量子自旋霍尔效应中指标 ν 的计算方法一致，参照式(8.41)，差别只在于三维结构的时间反演不变点 Γ_a 增多．立方晶格的时间反演不变点有 8 个．$\nu_0=1$ 代表三维拓扑绝缘体相；$\nu_0=0$ 对应弱三维拓扑绝缘体相或者拓扑平庸相．在最简单情况下，(ν_1,ν_2,ν_3)3 个指标表示倒格子矢量 $\nu_1\boldsymbol{b}_1+\nu_2\boldsymbol{b}_2+\nu_3\boldsymbol{b}_3$ 的系数．三维拓扑绝缘体意味着在三维材料的所有表面均存在稳定的金属性表面态．而弱三维拓扑绝缘体表示只有在特定的表面才存在稳定的金属性表面态．

根据式(8.41)，当存在奇数个 Γ_a 点，且这些点的宇称数 δ_a 与其他 Γ_a 点的宇称数 δ_a 符号相反时，$\nu_0=1$．考虑最简单情况，即仅有 1 个 Γ_a 点的宇称数与其他点相反．此时，(ν_1,ν_2,ν_3)表示这个宇称数反号的 Γ_a 点位于倒格矢(ν_1,ν_2,ν_3)方向上．假如某立方晶格三维绝缘体可以用 4 个指标(1;1,1,1)表示,这意味着该绝缘体是个三维拓扑绝缘体,且沿着倒格矢(111)方向上的 Γ_a 点宇称数发生了反号. 当有宇称数 δ_a 反号的 Γ_a 点数量为偶数时,$\nu_0=0$. 若此偶数为零,则体系是普通三维绝缘体,最简单的非平凡情况是有 2 个 Γ_a 点的宇称数发生反号. 此时,(ν_1,ν_2,ν_3) 表示这 2 个 Γ_a 点之间的连线沿着倒格矢(ν_1,ν_2,ν_3)方向. 假如某立方晶格三维绝缘体可以用 4 个指标(0;0,1,1)来表示,这意味着该绝缘体是个弱拓扑绝缘体,且 2 个宇称数反号的 Γ_a 点的连线沿着倒格矢(011)方向.

例 8.4

基于第一性原理计算的结果,计算具有菱方晶体结构锑(Sb)晶体的 ν_0,并说明它是否可能成为强拓扑绝缘体.

解:Sb 晶体具有菱方晶体结构,其布里渊区如图 8.9所示,共具有 8 个独立的时间反演不变点,分别位于布里渊区中心 Γ 点(1 个),布里渊区侧面中的六边形面中心 L 点(3 个),布里渊区侧面中的四边形面中心 X 点(3 个)和布里渊上下六边形面的中心 T 点(1 个). Sb 的价带总共有 5 条. 通过第一性原理计算,得到了时间反演不变点处能带波函数的宇称数,如下表所示.

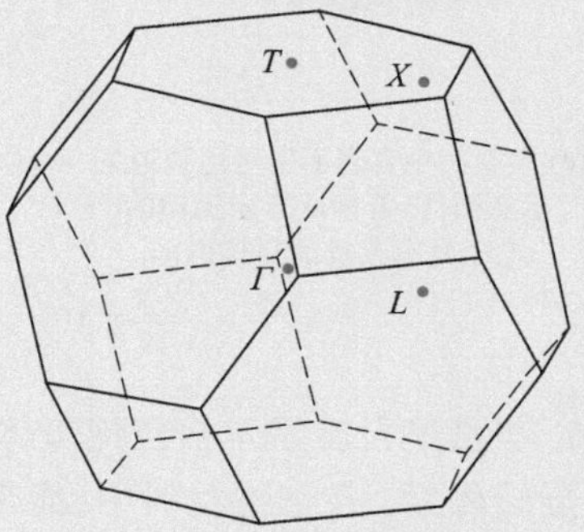

图 8.9 菱方晶体结构的布里渊区

独立的时间反演不变点 Γ_a	5 条价带的宇称值					δ_a(价带宇称值的乘积)
Γ(1 个)	1	−1	1	1	1	−1
L(3 个)	1	−1	1	−1	1	1
X(3 个)	−1	1	1	−1	−1	−1
T(1 个)	−1	1	−1	1	−1	−1

根据式(8.41),得

$$(-1)^{\nu_0}=\prod_{a=1}^{8}\delta_a=(-1)\times1^3\times(-1)^3\times(-1)=-1$$

得到 $\nu_0=1$. 可见,如果 Sb 处于绝缘态,它将是一个强三维拓扑绝缘体.

三维拓扑绝缘体的所有表面上都存在受时间反演对称性保护的表面导电通道,如图 8.10(a)所示. 与量子自旋霍尔效应绝缘体的边缘态能带类似,三维拓扑绝缘体的表面态能带同样具有自旋简并的狄拉克点和线性色散关系. 如图 8.10(b)所示,线性色散的表面态能带形成一个狄拉克圆锥. 圆锥的简并点是狄拉克点. 狄拉克点在二维波矢平面中的位置由发生宇称数 δ_a 反号的特定时间反演不变点决定. 发生宇称数反号的时间反演不变点往二维波矢平面上的垂直投影就是狄拉克点的位置. 图 8.10(c)示意了表面态能带的费米面特性. 能带围绕一个狄拉克点形成二维费米面,且具有自旋-动量锁定特性,相反波矢处的电子自旋方向相反,自旋取向在二维平面内形成螺旋状构型. 因此,三维拓扑绝缘体的表面态也被称为螺旋狄拉克态(helical Dirac state). 弱三维拓扑绝缘体的表面态包含偶数个狄拉克点.

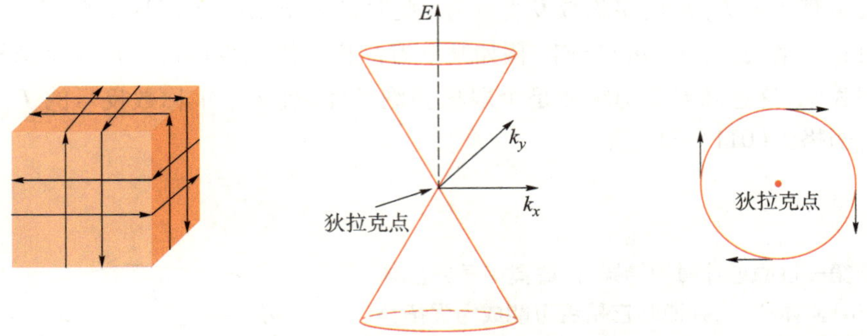

(a) 实空间中各表面上导电通道的示意图,沿着相反方向运动的电子具有相反的自旋取向

(b) 二维表面态的能带示意图,表面态能带形成一个狄拉克圆锥

(c) 二维表面态的费米面示意图,黑色箭头示意不同波矢位置上的电子自旋取向

图 8.10　三维拓扑绝缘体的二维表面金属态

与量子自旋霍尔效应绝缘体一样,寻找三维拓扑绝缘体的策略也是基于导带和价带反转体系. 在三维材料中,能带反转主要靠材料自身的自旋-轨道耦合,三维拓扑绝缘体的候选材料通常都包括重元素,因为重元素的自旋-轨道耦合作用比较强. 实验上第一个发现的三维拓扑绝缘体就含有重元素铋(Bi).

近年来,拓扑的概念已经从绝缘体体系发展到半金属(semi-metal)体系、超导体体系,甚至是磁性体系,形成了拓扑半金属、拓扑超导体、磁性拓扑等家族. 判定一种材料是否为拓扑材料也不再需要去直接计算 Z_2 不变量,而是采用更加高效的判定方法. 例如,利用对称性信息与拓扑不变量的映射关系来确定拓扑性;甚至完全放弃拓扑不变量的考量,只从晶体对称性角度出发来判断材料的拓扑性质. 基于这些高效的方法,已经发现众多的拓扑非平庸材料,国内外已形成若干拓扑材料计算库,供研究者自行搜索. 当然,也必须承认,特别理想化的拓扑绝缘体、拓扑半金属、拓扑超导体等仍然十分稀缺.

§ 8.6 拓扑态的实验测量简介

拓扑电子态的理论基石源于晶体的能带结构,因此,对其最直接的验证无疑应聚焦于能带结构的精确测定. 尽管拓扑不变量的精确计算依赖于体能带结构,但在实验上单纯依靠体能带色散关系的测量并不足以判断其是否属于拓扑态. 实验验证的关键在于能否精确测定边缘态的能带结构. 在现有的实验技术中,角分辨光电子能谱技术是测定能带结构的最直接手段. 然而,对于量子自旋霍尔效应而言,其边缘态的存在仅局限于一维尺度,空间范围极其有限,通常仅在样品边缘数纳米之内,这使得角分辨光电子能谱的测量变得异常困难. 因此,在实验验证量子自旋霍尔效应时,常采用测量一维边缘态上电子输运性质的方法. 三维拓扑绝缘体的边缘态是位于三维材料表面上的表面态. 表面态的测量非常适用于角分辨光电子能谱技术.

一、量子自旋霍尔效应态的实验测定

在 § 8.4 中提到, 理论计算预言, 当 HgTe 的厚度超过 6.3 nm 时, CdTe/HgTe/CdTe 三明治结构量子阱会成为量子自旋霍尔效应绝缘体. 在该量子阱中, HgTe 的体能隙约为几 meV. 在极低温度下, 当费米能级位于能隙中时, 体系进入体绝缘状态. 此时, 电子将只沿一维边缘传导. 一维边缘态的自旋-动量锁定特性意味着在没有磁性杂质的情况下, 电子的 180° 弹性背散射被严格禁止. 在电场作用下, 电子只能往一个方向运动. 在样品尺度小于非弹性散射平均自由程的条件下, 利用量子自旋霍尔效应的一维边缘态可实现无能量耗散的弹道输运. 在低于液氦温度的低温环境下, CdTe/HgTe/CdTe 量子阱的非弹性平均自由程可以达到微米量级. 因此, 在极低温条件下, 通过电子输运测量可验证量子自旋霍尔效应态.

2007 年, Molenkamp 研究组成功制备出符合理论预期的 CdTe/HgTe/CdTe 量子阱样品, 在 30 mK 温度下, 观测到反映弹道输运特性的量子化电导现象, 首次证实量子自旋霍尔效应态的存在. 样品面内典型尺寸约为 1 μm×1 μm, HgTe 层厚度为 7.3 nm. 实验测量结构如图 8.11(a) 所示, 制备有 6 个电极(图中用 1—6 表示). 请注意, "电极" 表示在标注电极的位置有金属材料(例如金)和样品接触. 整个样品通过栅极电压来精细调控载流子浓度. 在适当的栅极电压下, 样品进入体绝缘态, 电子只沿着一维边缘态传导. 此时, 若采用两电极法来测量纵向电阻, 例如在电极 1 和 4 之间施加电压并测量电流, 一维边缘态提供弹道输运, 应出现量子化电导现象, 其值为 $G=2e^2/h$. 无耗散弹道输运产生量子化电导现象来源于无耗散导电通道和测量电极之间的本征不匹配, 具体原理可参考介观输运相关教材. 但是, 两电极法会受到非本征接触电阻的干扰, 准确度差. 实验上通常采用四电极法来测量, 电极 1 和 4 之间通电流, 在电极 2 和 3 之间测电压. 由于是弹道输运, 电极 2 和 3 之间似乎应该测量到零电压. 在 § 8.1 图 8.3 中, 量子霍尔效应态的四电极测量的确给出纵向零电压. 但是, 在量子自旋霍尔效应中, 情况完全不同. 量子自旋霍尔效应的一维边缘态的无耗散特性由自旋-动量锁定特性决定, 一旦电子离开量子自旋霍尔效应体系, 该特性就会消失. 电极 2 和 3 处的金属材料并不具备自旋-动量锁定特性, 这导致四电极法测量到的纵向电阻并不会为零, 而是量子化电阻 $R=h/2e^2$. 如图 8.11(b) 所示, 在不符合理论要求的 Ⅰ 号和 Ⅱ 号样品中没有观测到量子化电导值, 在符合理论要求的 Ⅲ 号和 Ⅳ 号样品中均测量到量子化的电导值. 需要注意的是, 由量子自旋霍尔效应测量到的电导或电阻值并不像量子霍尔效应的霍尔平台那样严格量子化, 而是存在一定的起伏. 其原因在于: ① 样品质量不够好; ② 无耗散输运只在弹性散射情况下严格成立, 温度导致的非弹性散射也会引起涨落. 迄今为止, 在质量最好的量子自旋霍尔效应体系中, 量子化电导的精确度达到 99.9%. 除了量子阱以外, 很多二维晶体材料被预言或者被证实拥有量子自旋霍尔效应态, 例如单层 Bi、Sn、WTe_2 等材料.

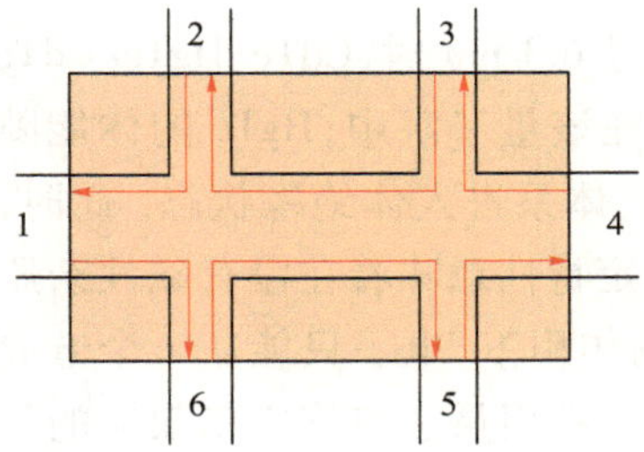

(a) 实验上的测量结构示意图，制备有6个电极

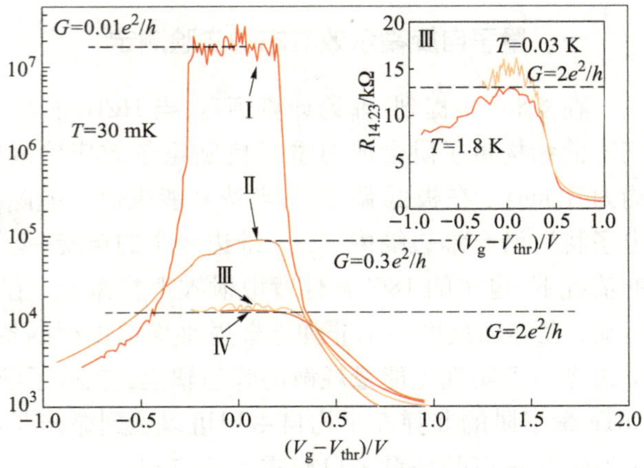

(b) 实验获得的数据

图 8.11　量子自旋霍尔效应绝缘体的实验测定

横坐标表示用来调控费米能级位置的栅极电压，纵坐标为测量到的纵向电阻，电极 1、4 之间通电流，在电极 2、3 之间测电压. Ⅰ、Ⅱ、Ⅲ、Ⅳ是实验中四个样品的编号. 插图是Ⅲ号样品在不同温度下的数据对比.

量子自旋霍尔效应一维边缘态中电子的输运特性可以利用 Landauer-Büttiker 公式来进行简单计算，从任意电极 i 中流出的电流可以用下式表示：

$$I_i=\frac{e^2}{h}\sum_j\left(T_{ji}V_i-T_{ij}V_j\right) \tag{8.42}$$

其中，T_{ji} 表示电子从电极 i 到电极 j 的透射系数，V_i 是电极 i 上的电势.

为了与图 8.10(a) 中的实验测量构型一致，采用六电极构型进行计算，如图 8.12 所示. 数值 1—6 表示六个电极的位置. 量子自旋霍尔效应态中的电子只能沿着一维导电通道单向运动，180°背散射被禁止. 如图 8.11 中箭头所示，电子可以从电极 1 无损耗地运动到电极 2，对应着透射系数 $T_{21}=1$. 一旦电子进入电极内部，背散射禁戒条件就不再成立. 因此，有且只有两个相邻电极之间的透射系数才为 1，即 $T_{i,i+1}=T_{i+1,i}=1$，其他都为零. 于是，六电极构型下透射系数矩阵为

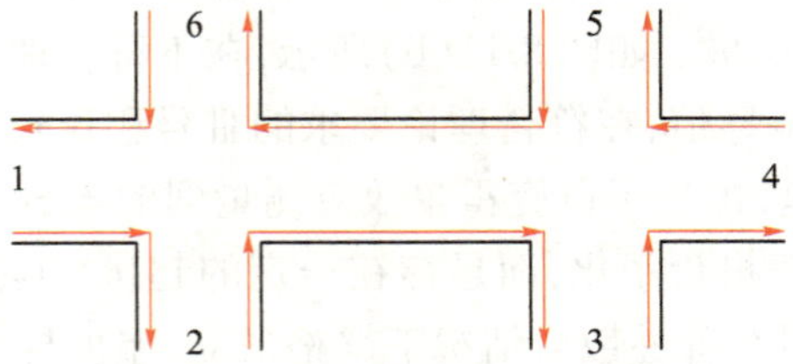

图 8.12　六电极的测量构型

蓝色线示意电子单向传输路线

$$
T=\begin{pmatrix} 0 & 1 & 0 & 0 & 0 & 1 \\ 1 & 0 & 1 & 0 & 0 & 0 \\ 0 & 1 & 0 & 1 & 0 & 0 \\ 0 & 0 & 1 & 0 & 1 & 0 \\ 0 & 0 & 0 & 1 & 0 & 1 \\ 1 & 0 & 0 & 0 & 1 & 0 \end{pmatrix} \tag{8.43}
$$

根据透射系数矩阵可以计算从各个电极流出的电流 I_i：

$$
\begin{pmatrix} I_1 \\ I_2 \\ I_3 \\ I_4 \\ I_5 \\ I_6 \end{pmatrix}=\frac{e^2}{h}\begin{pmatrix} 2 & -1 & 0 & 0 & 0 & -1 \\ -1 & 2 & -1 & 0 & 0 & 0 \\ 0 & -1 & 2 & -1 & 0 & 0 \\ 0 & 0 & -1 & 2 & -1 & 0 \\ 0 & 0 & 0 & -1 & 2 & -1 \\ -1 & 0 & 0 & 0 & -1 & 2 \end{pmatrix}\begin{pmatrix} V_1 \\ V_2 \\ V_3 \\ V_4 \\ V_5 \\ V_6 \end{pmatrix} \tag{8.44}
$$

在实际实验中，电流从 1 流向 4，也就是电流从电极 1 流出，电极 4 流入. $I_1=-I_4$，$I_2=I_3=I_5=I_6=0$. 测量电极 2 和 3 之间的电压 $V_{23}=V_2-V_3$，根据上述矩阵计算得到 $V_{23}=hI_1/2e^2$. 换算成纵向电阻为 $R_{14,23}=V_{23}/I_1=h/2e^2$，电导为 $G_{14,23}=2e^2/h$. 这与图 8.10(b)中的实验结果符合. 需要注意的是，具体测到的量子化电导值不仅取决于如何通电流和测电压，还取决于样品上制备的电极个数. 这是量子自旋霍尔效应和量子霍尔效应显著不同之处. 对于量子自旋霍尔效应体系，只要在样品上制作了电极，不管有没有在电极上进行实际测量，都会对测量到的电阻值有贡献.

二、三维拓扑绝缘体态的实验测定

2008 年，Hasan 研究组在实验上发现第一种三维拓扑绝缘体：$Bi_{1-x}Sb_x$ 合金体系. 其电子能带结构非常复杂，在此不作介绍. 下面主要介绍具有最简单表面态能带结构的拓扑绝缘体 Bi_2Se_3. 基于 Bi 或 Sb 自旋-轨道耦合作用强的特性，张海军等人利用第一性原理计算发现半导体 Bi_2Se_3、Bi_2Te_3 和 Sb_2Te_3 三个材料在布里渊区中心 Γ 点发生体能带反转，导致 $\nu_0=1$，形成三维拓扑绝缘体态. 相应地，表面上出现围绕表面布里渊区中心 $\overline{\Gamma}$ 点的单个狄拉克圆锥表面态. 其中 Bi_2Se_3 的体能隙最大，达到 0.3 eV 左右. Hasan 研究组也独立发现 Bi_2Se_3 是三维拓扑绝缘体. Bi_2Se_3 的晶体结构如图 8.13(a)所示. 它具有层状结构，基本单元由 Se-Bi-Se-Bi-Se 五层原子组成，称为一个 QL(quintuple layer)，相邻 QL 之间通过范德瓦耳斯力连接. 角分辨光电子能谱实验在 Bi_2Se_3 表面观测到狄拉克圆锥表面态，如图 8.13(b)所示，证实 Bi_2Se_3 是一种很理想的拓扑绝缘体. 表面态的自旋-动量锁定特性后续也被自旋分辨角分辨光电子能谱所证实. 在图 8.12(b)中，虽然导带和价带之间具有能隙，但是费米能级落在导带中. 这是因为 Bi_2Se_3 中存在 Se 空位，这导致材料产生电子掺杂. 通过其它价态元素的掺杂，可以实现真正的体绝缘态.

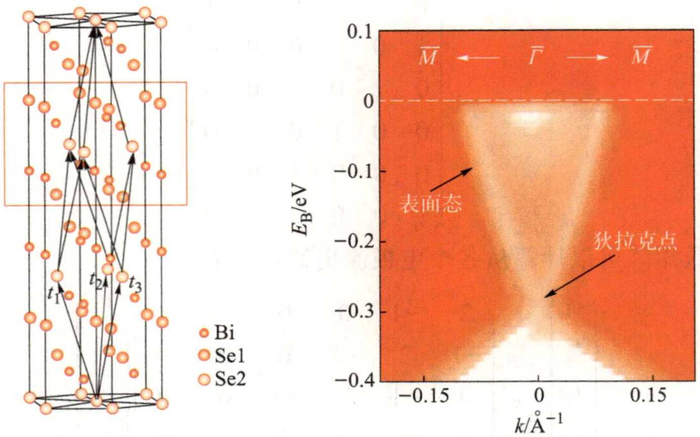

(a) Bi_2Se_3的晶体结构，蓝色方框内是Se-Bi-Se-Bi-Se五层结构

(b) 角分辨光电子能谱测量到的具有线性色散关系的狄拉克表面态

图 8.13　三维拓扑绝缘体 Bi_2Se_3

值得注意的是，三维拓扑绝缘体的表面态虽然具有自旋-动量锁定特性，但其并不具备无耗散电子传输特性. 和量子自旋霍尔效应的一维边缘态类似，三维拓扑绝缘体表面态中的电子在运动过程中 180° 的背向散射过程也是被禁止的. 但是，由于电子是在二维平面上运动，还可以发生非 180° 的散射，这导致了电阻的产生. 如果不考虑无耗散输运，实际上，三维拓扑绝缘体表面态的可调控性远比量子自旋霍尔效应的一维边缘态高，对表面态的调控能够产生众多奇特物性. 例如，通过将铁磁有序引入表面态中，薛其坤团队首次实现了量子反常霍尔效应，这是一种无须外磁场的陈绝缘体态. 又例如，通过将超导态引入表面态中，贾金锋团队实现了二维拓扑超导态，使之成为探索拓扑量子计算极为重要的载体之一.

习题八

8.1　朗道能级简并度. 对于具有线性色散关系的石墨烯材料，调研朗道能级的表达式，并计算朗道能级的简并度.

8.2　动力学相位. 试证明绝热近似下，量子系统的动力学相位具有如下形式：

$$\theta_n(t) = -\frac{1}{\hbar}\int_0^t E_n(t')\,dt'$$

其中，E_n 为哈密顿量演化对应的瞬时本征值，且满足 $\hat{H}(t)\psi_n(t) = E_n(t)\psi_n(t)$.

8.3　Zak 相位. 在一维晶格中，电子穿越第一布里渊区，具有如下贝里相位：

$$\gamma_n = \int_{-\pi/a}^{\pi/a} A_n\,dk$$

其中，a 为晶格常量，$A_n = i\frac{2\pi}{a}\int_0^a u_{nk}^*(x)\frac{\partial}{\partial k}u_{nk}(x)\,dx$.

8.4　贝里曲率. 论证同时具有时间反演和空间反演对称性的体系，其贝里曲率为零.

8.5　电导测量. 把量子自旋霍尔效应体系制备成"π"形状的器件，如习题 8.5 图所示，从左到右一共四个电极. 电极 1、4 之间通电流，2 和 3 之间测电阻，计算纵向电导大小. 讨论电极数目和测量构型对测量的电导值的影响规律，请举例说明.

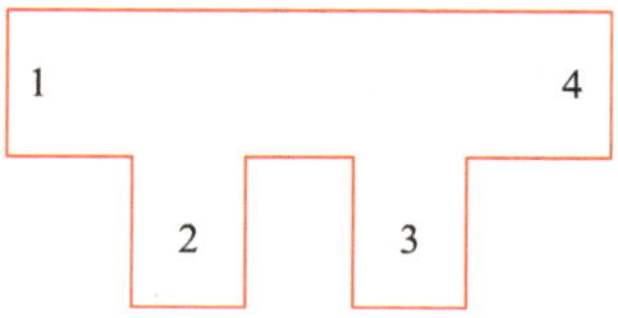

习题 8.5 图

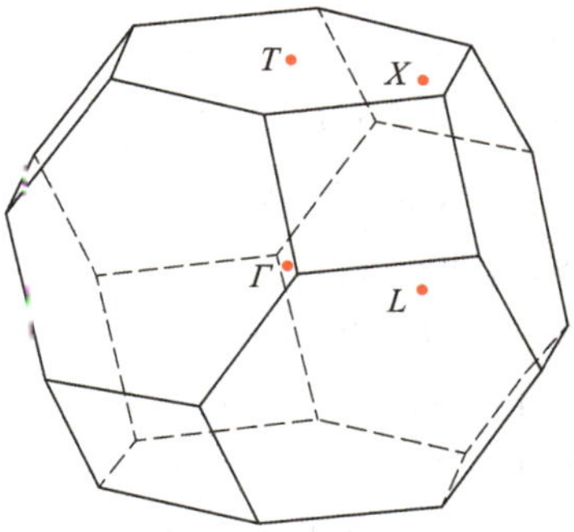

习题 8.6 图

8.6　拓扑指标. 根据下列表格计算菱方晶体结构 Bi 的主拓扑指标 ν_0，布里渊区如习题 8.6 图所示. 结合例 8.4，定性论述为什么 $Bi_{1-x}Sb_x$ 合金可以实现三维拓扑绝缘体. 对于 $Bi_{1-x}Sb_x$ 拓扑绝缘体，若在平行于题图布里渊区上表面的平面内观测表面态，则该表面态形成的费米面会包含几个狄拉克点? 画图说明该表面态的狄拉克点应该位于什么位置.

独立的时间反演不变点 Γ_a	5 条价带的宇称值				
Γ(1 个)	1	−1	1	1	1
L(3 个)	1	−1	1	−1	−1
X(3 个)	−1	1	1	−1	−1
T(1 个)	−1	1	−1	1	−1

8.7　自旋-动量锁定. 根据三维拓扑绝缘体表面态的自旋-动量锁定特性，设计一种能充分利用该特性的电子学、自旋电子学等器件，给出你的设计理由.

8.8　拓扑态材料. 通过访问中国科学院物理研究所的拓扑材料库，找出一种拓扑态材料，对它的能带结构进行分析，说明它为什么是一种拓扑材料，其表面态可能位于哪些动量和能量位置，给出其定性的色散关系和可能的自旋构型.

8.9　拓扑磁振子绝缘体. 拓扑的概念已经拓展到磁性自旋波系统，请调研拓扑磁振子绝缘体 (topological magnon insulator)，论述其和拓扑绝缘体可能的异同.

参考文献

郑重声明

读者意见反馈

为收集对教材的意见建议，进一步完善教材编写并做好服务工作，读者可将对本教材的意见建议通过如下渠道反馈至我社。

咨询电话　400-810-0598

反馈邮箱　hepsci@pub.hep.cn

通信地址　北京市朝阳区惠新东街4号富盛大厦1座

高等教育出版社理科事业部

邮政编码　100029

防伪查询说明

用户购书后刮开封底防伪涂层，使用手机微信等软件扫描二维码，会跳转至防伪查询网页，获得所购图书详细信息。

防伪客服电话　(010)58582300